"十二五"职业教育
国家规划教材修订版

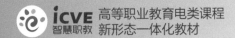iCVE 高等职业教育电类课程
智慧职教 新形态一体化教材

电机及拖动 （第6版）

◎主 编 许晓峰

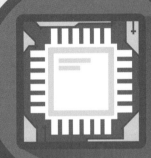

高等教育出版社·北京

内容提要

本书是在第 5 版的基础上修订而成的。全书共分 8 章,主要内容有直流电机、直流电动机的电力拖动、变压器、三相异步电动机、三相异步电动机的电力拖动、同步电机及同步电动机的电力拖动、微控电机和电力拖动系统中电动机的选择等。

本书实现了互联网与传统教育的完美融合,采用"纸质教材 + 数字课程"的出版形式,以新颖的留白编排方式,突出资源的导航,扫描二维码,即可观看动画、微课等视频类数字资源,随扫随学,突破传统课堂教学的时空限制,激发学生自主学习的兴趣,打造高效课堂。资源具体下载和获取方式请见"智慧职教服务指南"。

本书可作为高等职业院校的电气自动化技术、工业过程自动化技术、发电厂及电力系统、供用电技术、电力系统继电保护与自动化技术、机电一体化技术和铁道供电技术等专业的"电机及拖动"课程的教材,也可供相关工程技术人员参考。

图书在版编目(CIP)数据

电机及拖动 / 许晓峰主编. -- 6 版. -- 北京:高等教育出版社,2021.11

ISBN 978-7-04-056552-2

Ⅰ.①电… Ⅱ.①许… Ⅲ.①电机-高等职业教育-教材②电力传动-高等职业教育-教材 Ⅳ.①TM3②TM921

中国版本图书馆 CIP 数据核字(2021)第 146310 号

DIANJI JI TUODONG

策划编辑 曹雪伟	责任编辑 曹雪伟	封面设计 于 博	版式设计 杜微言
插图绘制 于 博	责任校对 马鑫蕊	责任印制 高 峰	

出版发行	高等教育出版社	网　址	http://www.hep.edu.cn
社　址	北京市西城区德外大街 4 号		http://www.hep.com.cn
邮政编码	100120	网上订购	http://www.hepmall.com.cn
印　刷	北京市密东印刷有限公司		http://www.hepmall.com
开　本	889 mm×1194 mm　1/16		http://www.hepmall.cn
印　张	16.25	版　次	2000 年 12 月第 1 版
字　数	440 千字		2021 年 11 月第 6 版
购书热线	010 - 58581118	印　次	2021 年 11 月第 1 次印刷
咨询电话	400 - 810 - 0598	定　价	52.00 元

本书如有缺页、倒页、脱页等质量问题,请到所购图书销售部门联系调换

版权所有　侵权必究

物 料 号　56552 - 00

"智慧职教" 服务指南

"智慧职教"是由高等教育出版社建设和运营的职业教育数字教学资源共建共享平台和在线课程教学服务平台,包括职业教育数字化学习中心平台(www.icve.com.cn)、职教云平台(zjy2.icve.com.cn)和云课堂智慧职教 App。用户在以下任一平台注册账号,均可登录并使用各个平台。

- **职业教育数字化学习中心平台(www.icve.com.cn)**:为学习者提供本教材配套课程及资源的浏览服务。

登录中心平台,在首页搜索框中搜索"电机及拖动",找到对应作者主持的课程,加入课程参加学习,即可浏览课程资源。

- **职教云(zjy2.icve.com.cn)**:帮助任课教师对本教材配套课程进行引用、修改,再发布为个性化课程(SPOC)。

1. 登录职教云,在首页单击"申请教材配套课程服务"按钮,在弹出的申请页面填写相关真实信息,申请开通教材配套课程的调用权限。

2. 开通权限后,单击"新增课程"按钮,根据提示设置要构建的个性化课程的基本信息。

3. 进入个性化课程编辑页面,在"课程设计"中"导入"教材配套课程,并根据教学需要进行修改,再发布为个性化课程。

- **云课堂智慧职教 App**:帮助任课教师和学生基于新构建的个性化课程开展线上线下混合式、智能化教与学。

1. 在安卓或苹果应用市场,搜索"云课堂智慧职教"App,下载安装。

2. 登录 App,任课教师指导学生加入个性化课程,并利用 App 提供的各类功能,开展课前、课中、课后的教学互动,构建智慧课堂。

"智慧职教"使用帮助及常见问题解答请访问 help.icve.com.cn。

第 6 版前言

本书是在第 5 版的基础上修订而成的。本书第 1 版作为教育部高职高专规划教材于 2000 年 8 月出版,于 2002 年荣获全国普通高等学校优秀教材二等奖。其第 2 版入选普通高等教育"十五"国家级规划教材,并于 2007 年被评为辽宁省精品教材。其第 3 版入选普通高等教育"十一五"国家级规划教材,其第 4 版入选职业教育"十二五"国家规划教材,其第 5 版入选高等教育出版社"智慧职教"新形态一体化教材,五版累计发行 40 余万册。

全书共分 8 章,主要内容有直流电机、直流电动机的电力拖动、变压器、三相异步电动机、三相异步电动机的电力拖动、同步电机及同步电动机的电力拖动、微控电机和电力拖动系统中电动机的选择等。和传统教材相比,编入了全密封变压器、非晶合金变压器和异步电动机的软起动等新技术内容,增加了直线电动机、开关磁阻电动机、永磁无刷直流电动机、交直流两用电动机和超声波电机等新型电机内容,另外,和上一版相比,增加了三相变压器的电动势波形、变压器的分接开关、同步发电机的并网过程分析以及有功功率和无功功率调节等内容;删减了当前应用较少的直流发电机等内容;还降低了部分内容的难度,如简化了各种电机繁杂的公式推导,直接给出公式并作物理解释,降低了书中例题、思考题与习题的难度,尤其是降低了计算题的难度,以更加适合高等职业教育的特点和要求。

本教材的编写特点如下:

(1)侧重基本原理和基本概念的阐述,并强调基本理论的实际应用,每种电机增加了现场应用案例。

(2)从培养学生自学能力出发,重点、难点内容讲清讲透,不吝啬篇幅,教材的编写适合学生自学。

(3)编入了一些工程中已经应用且较为成熟的新技术内容,力求取材新颖,以体现先进性。

(4)部分内容采用提出问题、分析问题、解决问题,最后总结出概念的编写方法。

(5)采用了对比的写作方法,例如,将异步电动机与变压器、各种电机之间的相关内容相比较,阐述其异同点,使学生理解更加深刻。

(6)书中配有大量的例题、思考题和习题,便于学生巩固应掌握的基本知识和引导应用。书后配有计算题参考答案,便于学生学习时参考。

(7)在每章末附有自测题目,书后配有自测题参考答案,便于学生自检自测,评价学习成效。

(8)制作了相配套的 PPT 课件、思考题与习题解答、教学动画以及电机制造工艺片等,利于广大师生使用。其中,相关教学动画等数字资源,可通过扫描二维码观看。

(9)书中带有" * "的内容为选学内容,不同的专业也可根据需要删减相应的章节或内容。

本书的绪论、第 3、4 章由许晓峰教授编写,第 2、5、8 章由吕宗枢教授编写,第 7 章由衣丽葵副教授编写,第 1 章由王秀平副教授编写,第 6 章由韩芳旭老师编写。国网东北电力调控分中心教授级高工邵广惠、辽河油田沈阳采油厂原副总工程师胡耀军、工程师马永奇等企业专家参与修订了各种电机的应用。全书由许晓峰统稿并担任主编,吕宗枢、衣丽葵、王秀平、韩芳旭担任副主编。书中部分插图以及配套数字资源由韩芳旭、姚文亮、徐利、刘峰、张晓娟、于秀娜、高艳春、钱海月、吴会琴、薛岚和王洪江等帮助绘制或制作整理,在此一并表示衷心的感谢。

由于编者水平有限，书中难免存在错误和不当之处，恳请广大读者批评指正。联系方式：xuxf2588@ 126.com。

编者

2021 年 5 月于沈阳

第1版前言

本书是根据 1999 年 6 月在北京联合大学召开的"高职高专机械、电子类教材研讨会"确定的教材编写原则,参考了现行高等工程专科基础课程教学基本要求,并结合我国高等职业教育的现状和发展趋势,按照"三教统筹,协调发展"的思路编写,可作为高等职业学校、高等专科学校、成人高校及本科院校举办的二级职业技术学院和民办高校的工业电气自动化、电气技术、供用电技术和机电一体化等专业的"电机及拖动"课程的教材,也可供有关工程技术人员参考。

"电机及拖动"课程是高等职业技术学校、高等工程专科学校和部分成人高等学校工业电气自动化、电气技术、供用电技术和机电一体化等专业学生必修的一门技术基础课,它是将"电机学""电力拖动"和"控制电机"等课程有机结合而成的一门新课。

本书编写时注意体现如下特点:

1. 侧重于基本原理和基本概念的阐述,并强调基本理论的实际应用。

2. 编写教材时,部分内容采用提出问题,分析问题,解决问题,最后总结出概念并推广到一般的写作方法。

3. 教材中编入了一些工程中已经应用且较为成熟的新技术,力求取材新颖。

4. 为便于巩固应掌握的基本知识和引导应用,书中配有大量的例题、思考题和习题。

5. 教材中所反映的实验和试验等实践环节内容,采用单独列章的方式加以叙述。

6. 在每章末附有自测题目,以便于学生自检、自测。

7. 教学内容模块化,各模块教学目标明确,具有针对性、可组合性和可选择性,便于不同专业选修。为了满足各专业的需要,并考虑各专业讲授的学时数相差较大(60~120 学时),本书按多学时情况编写,对于少学时情况,可根据专业需要进行删减或选择。书中带有 * 的内容为选学内容。

8. 内容叙述力求简明扼要,通俗易懂,深入浅出,富于启发性。

9. 书中符号和插图采用国家新标准。

全书共分 10 章,其中第 2、6 和 9 章由沈阳电力高等专科学校吕宗枢教授编写,第 1、8 章由承德石油高等专科学校邹振春副教授编写,第 7、10 章由南昌水利水电高等专科学校吕树清副教授编写,第 4 章由沈阳电力高等专科学校吴志宏老师编写,其余部分由沈阳电力高等专科学校许晓峰副教授编写,全书由许晓峰统稿并担任主编。

本书由深圳职业技术学院曹家喆副教授主审,审阅过程中提出了许多宝贵的意见和建议,在此表示衷心感谢。

由于编写时间紧迫,编者水平有限,书中缺点和错误之处在所难免,欢迎读者批评指正。

编者

2000 年 2 月于沈阳

a——直流电机电枢绕组并联支路对数;交流绕组并联支路数

B——磁通密度

B_a——电枢磁通密度

B_{av}——平均磁通密度

B_0——空载磁通密度

B_δ——气隙磁通密度

C_E——电动势常数

C_T——转矩常数

D_a——直流电机电枢铁心外径

E——感应电动势

E_a——电枢电动势

E_{ad}——直轴电枢反应电动势

E_{aq}——交轴电枢反应电动势

E_0——空载电动势

E_1——变压器一次电动势;异步电动机定子绕组感应电动势

E_2——变压器二次电动势;异步电动机转子不动时的感应电动势

E_{2s}——异步电动机转子旋转时的电动势

E_ν——ν 次谐波电动势

E_σ——定子漏磁电动势

E_δ——气隙电动势

E_P——每相电动势

E_Q——虚构电动势

$E_{1\sigma}$——变压器一次漏电动势

$E_{2\sigma}$——变压器二次漏电动势

e——电动势瞬时值

e_L——直流电机换向元件中的自感电动势

e_M——直流电机换向元件中的互感电动势

e_r——直流电机换向元件中的电抗电动势

e_a——直流电机换向元件中的电枢反应电动势

F——电机磁动势;力

F_a——直流电机电枢磁动势

F_{ad}——直轴电枢反应磁动势

F_{aq}——交轴电枢反应磁动势

F_f——励磁磁动势

F_δ——气隙磁动势

f——频率;磁动势瞬时值

f_N——额定频率

f_1——异步电机定子电路频率

f_2——异步电机转子电路频率

f_ν——ν 次谐波频率

GD^2——飞轮矩

H——磁场强度

I——电流

I_a——电枢电流

I_f——励磁电流

I_{fN}——额定励磁电流

I_S——短路电流

I_N——额定电流

I_0——空载电流

I_{0a}——铁损耗电流

I_{0r}——空载励磁电流

I_1——变压器一次电流;异步电机定子电流

I_2——变压器二次电流;异步电机转子电流

I_{1L}——定子电流或一次电流的负载分量

I_{st}——起动电流

i_a——绕组支路电流

J——转动惯量

K——直流电机换向片数;系数

k——变压器的变比

k_a——自耦变压器变比

k_e——异步电机电动势变比

k_i——异步电机电流变比

k_I——起动电流倍数

k_{q1}——交流绕组基波分布因数

k_{qv}——交流绕组谐波分布因数

k_{st}——异步电动机起动转矩倍数

k_{w1}——交流绕组基波绕组因数

k_{wv}——交流绕组谐波绕组因数

k_{y1}——交流绕组基波短距因数

k_{yv}——交流绕组谐波短距因数

k_{μ}——饱和系数

L——自感系数

L_r——换向元件等效合成漏电感

l——有效导体的长度

M——互感系数

m——相数;直流电动机起动级数

N——直流电机电枢绕组总导体数

N_1——变压器一次绕组匝数;异步电机定子绕组每相串联匝数

N_2——变压器二次绕组匝数;异步电机转子绕组每相串联匝数

n——转速

n_N——额定转速

n_1——同步转速

n_0——直流电动机理想空载转速

P_e——涡流损耗

P_H——磁滞损耗

P_N——额定功率

P_{em}——电磁功率

P_{MEC}——总机械功率

P_1——输入功率

P_2——输出功率

p——极对数

P_{ad}——附加损耗,杂散损耗

P_{Cu}——铜损耗

P_{Fe}——铁损耗

P_{mec}——机械损耗;摩擦损耗

P_f——励磁损耗

P_s——短路损耗

P_{SN}——额定短路损耗

P_0——空载损耗

Q——无功功率

q——交流电机每极每相槽数

R——电阻

R_a——直流电机电枢回路电阻

R_{cr}——直流发电机励磁回路的临界电阻

R_f——励磁回路电阻

R_L——负载电阻

R_m——磁阻

R_1——变压器一次绕组电阻;异步电机定子电阻

R_2——变压器二次绕组电阻;异步电机转子电阻

R_s——变压器、异步电机的短路电阻

R_m——变压器、异步电机的励磁电阻

S——直流电机元件数;变压器视在功率

s——异步电动机转差率

s_m——临界转差率

s_N——额定转差率

T——转矩;周期;时间常数

T_{em}——电磁转矩

T_L——负载转矩

T_m——最大电磁转矩

T_N——额定转矩

T_{st}——起动转矩

T_0——空载转矩;制动转矩

T_1——输入转矩;拖动转矩

T_2——输出转矩

U——电压

U_f——励磁电压

U_s——变压器短路电压

U_N——额定电压

U_1——变压器一次电压;交流电机定子电压

U_2——变压器二次电压;异步电机转子电压

U_{20}——变压器二次空载电压

$u_\mathrm{S}\%$——短路电压百分值

$u_{\mathrm{Sa}}\%$——短路电压的有功分量百分值

$u_{\mathrm{Sr}}\%$——短路电压的无功分量百分值

v——线速度

X——电抗

X_a——电枢反应电抗

X_ad——直轴电枢反应电抗

X_aq——交轴电枢反应电抗

X_d——直轴同步电抗

X_q——交轴同步电抗

X_S——短路电抗

X_L——负载电抗

X_m——励磁电抗

X_t——同步电抗

X_σ——漏电抗

X_1——变压器一次漏电抗;交流电机定子漏电抗

X_2——变压器二次漏电抗;异步电机转子不动时的漏电抗

$X_{2\mathrm{s}}$——异步电动机转子转动时的漏电抗

y——节距;直流电机电枢绕组的合成节距

y_K——直流电机换向节距

y_1——直流电机第一节距

y_2——直流电机第二节距

Z——电机槽数;阻抗

Z_S——短路阻抗

Z_L——负载阻抗

Z_m——励磁阻抗

Z_r——步进电动机转子齿数

Z_1——变压器一次漏阻抗;异步电动机定子漏阻抗

Z_2——变压器二次漏阻抗;异步电动机转子不动时的漏阻抗

$Z_{2\mathrm{S}}$——异步电动机转子转动时的漏阻抗

α——角度;槽距角

β——角度;变压器负载系数

γ——角度

δ——气隙长度;功角(又称为功率角)

η——效率

$\eta_{\max}$——最大效率

θ——角度;温度

θ_{se}——步进电动机的步距角

μ——磁导率

μ_{Fe}——铁磁性材料磁导率

μ_r——相对磁导率

ν——谐波次数

τ——极距;温升

$\tau_{\max}$——绝缘材料允许的最高温升

Φ——主磁通;每极磁通

Φ_m——变压器主磁通最大值

$\Phi_{1\sigma}$——一次漏磁通

$\Phi_{2\sigma}$——二次漏磁通

Φ_1——基波磁通

Φ_ν——ν 次谐波磁通

Φ_0——空载磁通;异步电动机气隙主磁通

φ——相位角;功率因数角

φ_1——变压器一次功率因数角;异步电动机定子功率因数角

φ_2——变压器二次功率因数角;异步电动机转子电路功率因数角

Ψ——磁链;内功率因数角

Ω——机械角速度

Ω_1——同步机械角速度

ω——电角速度;角频率

λ 或 λ_T——过载能力

目 录 ▼

绪 论

0.1 电机及电力拖动系统概述

教学课件:
电机及电力拖动
系统概述

人类社会的生存和发展离不开能源。而能源有多种形式,如热能、光能、化学能、机械能、电能和原子能等。其中,电能是最重要的能源之一,它和其他能源相比具有明显的优点:适宜大量生产和集中管理,转换经济,传输和分配容易,便于自动控制;另外,它还是一种洁净能源,对环境的污染非常小。因此,电能在工农业生产、交通运输、科学技术、信息传输、国防建设以及日常生活等各个领域得到了极为广泛的应用。

电机是生产、传输、分配及应用电能的主要设备。在现代化生产过程中,电力拖动系统是实现各种生产工艺过程所必不可少的传动系统,是生产过程电气化、自动化的重要前提。

电机是利用电磁感应原理工作的机械,其用途广泛,种类很多。常用的分类方法主要有以下两种。

一种分类方法是按照能源转换职能来分,可分为发电机、电动机、变压器和控制电机四大类。发电机的功能是将机械能转换为电能。电动机的功能则是将电能转换为机械能,它可以作为拖动各种生产机械的动力,是国民经济各部门应用最多的动力机械,也是最主要的用电设备,各种电动机所消耗的电能占总发电量的 $60\% \sim 70\%$。变压器的作用是将一种电压等级的电能转换为另一种电压等级的电能。控制电机主要用于信号的变换与传递,在各种自动化控制系统中作为控制元件使用,如国防工业、数控机床、计算机外围设备、机器人和音箱设备等均大量使用控制电机。

另一种分类方法是按照电机的结构、转速或运动方式分类,可分为变压器、旋转电机和直线电动机等。变压器是一种静止电机。旋转电机根据电源电流种类的不同又可分为直流电机和交流电机两大类。交流电机又分为同步电机和异步电机。同步电机转速恒为同步转速。电力系统中的发电机几乎都是同步电机。异步电机作为电动机运行时,其转速低于同步转速;作为发电机运行时,其转速高于同步转速。异步电机主要用作电动机。直线电动机就是把电能转换成直线运动的机械能的电机。直线电动机又可分为直线异步电动机、直线同步电动机、直线直流电动机和其他直线电动机等。

综合以上两种分类方法,可归纳如下:

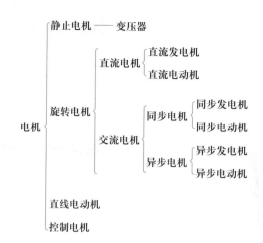

在现代化工业生产过程中,为了实现各种生产工艺,需要使用各种各样的原动机拖动各种生产机械运转。拖动方式有气压传动、液压传动和电力拖动。由于电力拖动具有控制简单,调节性能好,损耗小,经济,能实现远距离控制和自动控制等一系列优点,因此大多数生产机械均采用电力拖动。

用电动机作为原动机来拖动生产机械运行的系统,称为电力拖动系统。电力拖动系统包括电动机、传动机构、生产机械、控制设备和电源五个部分,它们之间的关系如图 0.1.1 所示。

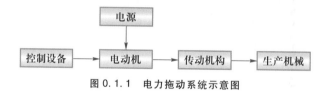

图 0.1.1　电力拖动系统示意图

电动机把电能转换成机械能,通过传动机构把电动机的运动经过中间变速或变换运动方式后,再传给生产机械驱动其工作(有些情况下,电动机直接拖动生产机械,而不需要传动机构)。生产机械是执行某一生产任务的机械设备,是电力拖动的对象。控制设备由各种控制电机、电器、电子元器件及控制计算机等组成,用以控制电动机的运动,从而对生产机械的运动实现自动控制。为了向电动机及控制设备供电,电源是不可缺少的部分。

按照电动机的种类不同,电力拖动系统分为直流电力拖动系统和交流电力拖动系统两大类。

纵观电力拖动发展的历程,交、直流两种拖动方式并存于整个生产领域。在交流电出现以前,直流电力拖动是唯一的一种电力拖动方式。19 世纪末期,由于研制出了经济实用的交流电动机,使交流电力拖动在工业中得到了广泛的应用。但随着生产技术的发展,特别是精密机械加工与冶金工业生产过程的进步,对电力拖动在起动、制动、正反转以及调速精度与范围等静态特性和动态响应方面提出了新的更高的要求。由于交流电力拖动比直流电力拖动在技术上难以实现这些要求,所以 20 世纪以来,在可逆、可调速与高精度的拖动技术领域中,相当长时期内几乎都是采用直流电力拖动,而交流电力拖动主要用于恒转速系统。

虽然直流电动机具有调速性能优异这一突出优点,但是由于它具有电刷和转向器(又称整流子),使得它的故障率较高,电动机的使用环境受到限制(如不能在有易爆气体及灰尘多的场合使用),其电压等级、额定转速、单机容量的发展也受到限制。所以,在 20 世纪 60 年代以后,随着电力电子技术的发展,基于半导体变流技术的交流调速系统得以实现,尤其是 20 世纪 70 年代以来,大规模集成电路和计算机控制技术的发展,为交流电力拖动的广泛应用创造了有利条件。诸如交流电动机的串级调速、各种类型的变频调速、无换向器电动机调速等,使得交流电力拖动逐步具备了调速范围宽,稳态精度高,动态响应快以及四象限做可逆运行等良好的技术性能,在调速性能方面完全可与直流电力拖动媲美。除此之外,由于交流电力拖动具有调速性能优良,维修费用低等优点,因此它被广泛应用于各个工业电气自动化领域,并逐步取代直流电力拖动而成为电力拖动的主流。

电机是随着生产的发展而发展的,反过来,电机的发展又促进了社会生产力的不断提高。从 19 世纪末开始,电动机就逐渐代替蒸汽机作为拖动生产机械的原动机。一个多世纪以来,虽然电机的基本结构变化不大,但是电机的类型增加了许多,在运行性能、经济指标等方面也都有了很大的改进和提高,而且随着自动控制系统和计算机技术的发展,在一般旋转电机的理论基础上又发展出许多种类的控制电机。控制电机具有高可靠性、高精确度、快速响应的特点,已成为电机学科的一个独立分支。

目前,电机及电力拖动系统的发展真可谓是日新月异,与现代技术紧密结合,新产品不断涌现,发展迅速。电机的发展主要有如下几大趋势:(1)大型化,发电机正朝着大容量、高效率、节能、环保方向发展。单机容量越来越大,电压等级也越来越高,如 1 000 000 kW 的同步发电机和 1 000 kV 电压等级的变压器。(2)微型化,为适应设备小型化的要求,电机的体积越来越小,重量越来越轻;电机正朝着组合化、电子化、小型化、实用化、多功能化的方向发展。(3)新原理、新工艺、新材料的电机不断涌现,如直线电机、开关磁阻电机、无刷直流电机、超声波电机等。(4)现在电力拖动系统正朝着超高速化,超小型化,超大型化,控制系统驱动的交流化,系统实现的集成化,控制的数字化、智能化和网络化等方向发展。现场总线、智能控制以及因特网等各种新技术、新方法均在电力拖动领域中得到了广泛应用。

0.2 电机及拖动课程的性质与任务

教学课件:
电机及拖动课程
的性质与任务

0.2.1 本课程的性质

本课程是电气自动化技术、生产过程自动化技术、发电厂及电力系统、电力系统继电保护与自动化技术、供用电技术、机电一体化技术和铁道供电技术等专业的一门重要的技术基础课,它是将"电机学""电力拖动"和"微控电机"等课程有机结合而成的一门课程。它既是一门理论性很强的技术基础课,又具有专业课的性质。

0.2.2 本课程的任务

本课程的任务是使学生掌握电机的基本理论、基本知识,以及电力拖动系统的运行性能分析计算、电机选择及实验方法,为学习后续专业课准备必要的基础知识,从而提高学生分析问题和解决问题的能力,也为今后从事自动化及电气工程技术等相关工作奠定初步基础。

学完本课程后,应达到下列基本要求:

(1)熟练掌握变压器和交直流电机的基本结构、工作原理和内部电磁过程。

(2)熟练掌握电机的工作原理、主要性能及用途。

(3)熟练掌握电动机的机械特性和发电机的运行特性。

(4)熟练掌握电力拖动系统中电动机的起动、制动和调速方法。

(5)掌握电机的基本实验方法与技能。

（6）要求具备较熟练的分析计算能力。

（7）掌握选择电动机的原则与方法。

（8）了解电机及电力拖动系统未来的发展趋势。

教学课件：
本课程（教材）
的内容与一般
分析方法

0.3 本课程（教材）的内容与一般分析方法

0.3.1 本教材的内容

本教材主要包括电机学、电力拖动和微控电机三大部分内容。其中，电机学部分的内容主要涉及一般电机（直流电机、变压器、异步电机与同步电机四类电机）的基本构造、运行原理、电磁物理过程和基本特性的分析与计算以及实验方法等；电力拖动部分主要讨论电动机的机械特性及应用和各类电机组成的拖动系统的起动、制动及调速的方法、分析与计算等问题；而微控电机部分则包括驱动和控制微电机的工作原理、运行特性、控制方式、误差分析以及应用情况等。

0.3.2 一般分析方法

本教材在对电机及拖动系统进行分析时，主要采用以下分析方法：

（1）首先讨论各种电机的基本运行原理与结构。

（2）重点分析各种电机空载和负载时的电磁物理情况，即电机内部的磁动势、磁场的分布情况及绕组的感应电动势等。

（3）利用相关电磁定律及电机内部的电磁物理过程，找出电磁过程的数学模型——基本方程式（包括电动势平衡、磁动势平衡及功率和转矩平衡方程式）、等效电路和相量图。求作等效电路的过程实质上就是将电路和磁路问题统一转换为电路问题的工作，也就是将"场"化为"路"的问题。

（4）利用所得到的基本方程式及等效电路和相量图对各种电机的运行特性及性能指标进行分析计算。

（5）根据电动机的机械特性和负载的转矩特性讨论电机的各种运行状态，分析各类电机拖动系统的起动、制动和调速特性。

（6）采用标么值来表示电机参数。

（7）通过实验，学会电机参数的测定方法以及加深对各种电机运行性能、起制动特性和调速特性的理解。

在分析电机及拖动系统时，将用到下列理论与方法：

（1）当忽略铁心饱和现象时，分析电机可采用叠加定理。

（2）在对电机进行分析计算时，常采用基本方程式、等效电路和相量图分析法。

（3）在求作等效电路和建立数学模型时，因变压器的一次、二次侧或交流电机的定子、转子侧的绕组匝数、相数以及频率不相等，需采用折算法将其各物理量归算至绕组某一侧，折算的原则是保持电磁关系不变。

（4）在分析电机中某些非正弦量（非正弦磁动势、电动势、电压和电流等）时，采用谐波分析法，即采用傅立叶级数进行分析。

（5）在研究凸极电机时，通常采用双反应理论，即将各物理量分解为直轴和交轴分量进行分析。

0.4 本课程的特点及学习方法

教学课件:
本课程的特点及
学习方法

电机及拖动既是一门理论性很强的技术基础课,又具有专业课的性质,涉及的基础理论和实际知识面广,是电学、磁学、动力学、热学等学科知识的综合。而用理论分析各种电机及拖动的实际问题时,必须结合电机的具体结构,采用工程观点和工程分析方法。在掌握基本理论的同时,还要注意培养实验操作技能和计算能力,因此实践性也较强。鉴于以上原因,为学好电机及拖动这门课,学习时应注意以下几点:

(1)要抓主要矛盾,有条件地略去一些次要因素,找出问题的本质。

(2)要抓住重点,即应牢固掌握基本概念、基本原理和主要特性。

(3)要有良好的学习方法,可运用对比或比较的学习方法,找出各种电机的异同点,以加深对各种电机及拖动系统性能和原理的理解。

(4)学习时要理论联系实际,重视科学试验和下厂实践。

(5)针对本书的编写特点,书中每章后附有大量思考题,建议读者在学习每一节内容之前,首先预习相关的思考题,带着问题来学习,其效果将更好。

(6)学生通过各章自测题的训练,能够做到自检自测,评价学习成效。

0.5 电机理论常用的物理概念与基本电磁定律

教学课件:
电机理论常用的
物理概念与基本
电磁定律

0.5.1 有关磁场的几个物理量

关于磁场的概念早在物理学、电工基础或电磁学等课程中就已学过,在此就有关磁场的几个基本物理量做简单叙述。

一、磁感应强度 B

磁感应强度又称磁通密度,用 B 来表示,它是描述磁场强弱及方向的物理量。通常用磁感线来形象地描绘磁场,即用磁感线疏密程度表示磁感应强度 B 的大小,磁感线在某点的切线方向就是该点磁感应强度 B 的方向,如图 0.5.1 所示。

磁场是由电流产生的,磁感应强度 B 与产生它的电流之间的关系用毕奥–萨伐尔定律描述,磁感线的方向与电流的方向满足右手螺旋定则,如图 0.5.2 所示。

二、磁通量 Φ

磁通量简称磁通,用 Φ 表示,它是指穿过某一截面 A 的磁感应强度 B 的通量,通常用穿过某截面 A 的磁感线的数目来表示磁通的大小。磁通量与磁感应强度之间的关系可用下式表示

$$\Phi = \int_A \boldsymbol{B} \cdot \mathrm{d}A \qquad (0.5.1)$$

设磁场均匀,且磁场与截面垂直时,式(0.5.1)可简化为

$$\Phi = B \cdot A \quad 或 \quad B = \frac{\Phi}{A} \qquad (0.5.2)$$

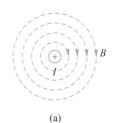
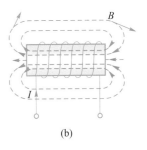

(a)

(b)

图 0.5.1　电流磁场中的磁感线

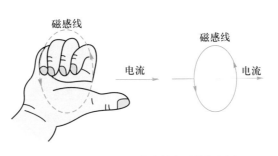

图 0.5.2　磁感线与电流的右手螺旋定则

为此，磁感应强度 B 又称为磁通密度，简称磁密。在国际单位制中，Φ 的单位为 Wb（韦伯）；B 的单位为 T（特[斯拉]），则 $1\ T = 1\ Wb/m^2$。

三、磁场强度 H

磁场强度用 H 来表示，是为建立电流与由其产生的磁场之间的数量关系而引入的物理量，其方向与 B 相同，其大小关系为

$$B = \mu H \quad \text{或} \quad H = B/\mu \tag{0.5.3}$$

式中，μ 为磁导率，它是反映导磁介质性能的物理量。磁导率 μ 越大的介质，其导磁性能越好。磁导率的单位是 H/m。真空中的磁导率为 $\mu_0 = 4\pi \times 10^{-7}$ H/m。

其他导磁介质的磁导率通常用 μ_0 的倍数来表示，即

$$\mu = \mu_r \mu_0 \tag{0.5.4}$$

式中，$\mu_r = \mu/\mu_0$ 为导磁介质的相对磁导率。

铁磁材料的相对磁导率 $\mu_r = 2\ 000 \sim 6\ 000$，但不是常数；非铁磁材料的相对磁导率 $\mu_r = 1$，且为常数。在国际单位制中，磁场强度单位为 A/m（安/米）。

0.5.2 电机中所用材料和铁磁材料的特性

一、电机中所用的材料

电机是依照电磁感应原理进行工作的，电机内部主要分为电路和磁路两部分，因此相对于电路和磁路，制造电机的材料必须有导电材料和导磁材料，此外，还需要绝缘材料和机械支撑材料，因此通常将电机所用的材料分为四大类。

1. 导电材料

导电材料用来构成电路，常用铜线或铝线制成。铜的导电性能好，电阻损耗小，电机中的绕组一般都用铜线绕制。铝的导电性能比铜稍差一些，作为导电金属，其重要性仅次于铜。铝线主要用于输电线路中，但在电机中也有应用，比如笼型异步电动机的转子绕组常用铝浇铸而成，有些变压器的线圈采用铝线绕制。

2. 导磁材料

导磁材料也称为铁磁材料，用来构成磁路。钢铁是良好的导磁材料。铸钢的导磁性能比铸铁好，应用也较广。为了减少铁心中的涡流损耗，导磁材料常用两面涂有绝缘漆的薄钢片叠成，这种薄钢片称为电工钢片。电工钢片中掺入少量的硅（掺入硅的比例在 0.8% ~ 4.8%），使它具有较高的电阻，同时又有良好的磁性能，因此，电工钢片又称硅钢片。电工钢片的标准厚度为 0.35 mm、0.5 mm、1 mm 等。变压器使用较薄的钢片，旋转电机使用较厚的钢片。高频电机需使用更薄的钢片，其厚度为 0.2 mm、0.15 mm、0.1 mm。

3. 绝缘材料

用绝缘材料把导电体与导电体、导电体与机壳或铁心体分隔开来。绝缘材料的种类很多，可分为天然的和人工的、有机的和无机的，有时也会用到不同绝缘材料的组合。常用的绝缘材料有云母、石棉、玻璃丝和瓷材料等。绝缘材料的寿命和其工作温度有关，温度过高会使材料加速老化，因此对绝缘材料都规定了极限允许温度。按国际电工技术协会规定，绝缘材料的绝缘等级共分 Y、A、E、B、F、H、C 七级，见表 0.5.1，其中，常用的为中间五个等级。目前，我国生产的变压器和电机多采用 A 级、E 级和 B 级绝缘，发展趋势是采用 F 级和 H 级绝缘。

表 0.5.1　绝缘材料的等级与极限允许温度

绝缘级别	Y	A	E	B	F	H	C
极限允许温度/℃	90	105	120	130	155	180	180 以上

4. 机械支撑材料

电机上有些结构部件是专门作为机械支撑用的,例如机座、端盖、轴与轴承、螺杆等。大部分机械支撑材料用钢铁或铝合金制成。

二、铁磁材料的磁特性

各类电机都是以磁场作为媒介,通过电磁感应作用来实现能量转换的,所以在电机里必须有引导磁能的磁路,为了在一定的励磁电流下产生较强的磁场,电机和变压器的磁路均用导磁性能良好的铁磁材料组成。

处于磁场中的铁磁材料会表现出非铁磁材料所不具有的一些特性,如磁化特性、高导磁特性、饱和特性、存在磁滞损耗和涡流损耗等特性。

铁磁材料包括铁、镍、钴及其合金等,其铁磁特性简述如下。

1. 磁化特性

当把铁磁材料放入磁场中时,铁磁材料就会被磁场所磁化而呈现出很强的磁性,从而使磁场显著增强。铁磁材料之所以能被磁化,是因为在铁磁材料内部存在着许多很小的天然磁化区,相当于一块块小磁极,称为磁畴。在铁磁材料未放入磁场时,这些小磁极杂乱无章地排列着,每个小磁极的轴线方向不一致,磁效应互相抵消,故对外不呈现磁性,如图 0.5.3(a)所示。当铁磁材料放入磁场后,在外磁场的作用下,每个小磁极的方向渐趋一致,形成一个附加磁场,如图 0.5.3(b)所示,这个附加磁场与外磁场方向一致并叠加,从而使磁场大为增强。铁磁材料的这一特性称为磁化特性。

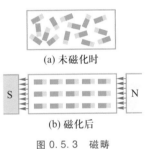

(a) 未磁化时

(b) 磁化后

图 0.5.3　磁畴

2. 高导磁特性

实验表明,所有非铁磁材料(如铜、铝和木材等)的磁导率都接近于真空磁导率 μ_0,而铁磁材料的磁导率(系数)μ_{Fe} 是 μ_0 的成百上千倍。对于电机中常用的铁磁材料,其磁导率 $\mu_{Fe} = (2\,000 \sim 6\,000)\mu_0$。

3. 饱和特性(磁化曲线呈非线性)

铁磁材料的磁化特性可用磁化曲线来描述,即 $B = f(H)$ 曲线,如图 0.5.4 所示。

根据 $\mu_{Fe} = \dfrac{dB}{dH}$ 可得 $\mu_{Fe} = f(H)$ 曲线,如图 0.5.4 所示。由图可知,当铁磁材料饱和时,其磁导率 μ_{Fe} 变小。

对于非铁磁材料,其 $B = \mu_0 H \propto H$,即 $B = f(H)$ 是一条直线,如图 0.5.4 所示。

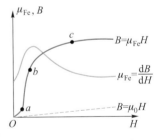

图 0.5.4　铁磁材料的磁化曲线

4. 存在磁滞损耗

铁磁材料被反复磁化时,其 B-H 曲线不是单值的,而是一条磁滞回线(abcdefa),如图 0.5.5 所示。从图中可见,上升磁化曲线与下降磁化曲线不重合。同一个 H 值下,有两个 B 值相对应。当 $H = 0$ 时,$B = B_r$,B_r 称为剩磁;当 $B = 0$ 时,$H = H_c$,H_c 称为矫顽磁力。

不同的铁磁材料,其磁滞回线宽窄是不同的,当铁磁材料的磁滞回线较窄时,可用它的平均磁化曲线,即基本磁化曲线计算,如图 0.5.5 中的曲线 3 所示。

根据磁滞回线形状的不同,铁磁材料可分为硬磁材料和软磁材料。硬磁材料的磁滞回线较宽,剩磁、矫顽磁力大,如钨钢、钴钢、镍铝钴合金、钕铁硼等,一般用来制造永久磁铁。软磁材料的磁滞回线较窄,剩磁、矫顽磁力小,如硅钢片、铸钢等。

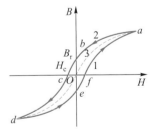

图 0.5.5　铁磁材料的磁滞回线

铁磁材料在交变的磁场中反复磁化,使磁畴之间不停地相互摩擦,就会消耗能量而引起损耗,这种损耗称为磁滞损耗。磁滞损耗 P_H 与磁通的交变频率 f 及磁通密度的幅值 B_m 的关系为

$$P_H \propto f \cdot B_m^\alpha \tag{0.5.5}$$

对于常用的硅钢片,当 $B_m = (1.0 \sim 1.6)T$ 时,$\alpha \approx 2$。

5. 存在涡流损耗

当铁心中通过交变的磁通时,铁心内将感应电动势并产生环流,这种电流称为涡流,如图 0.5.6 所示,涡流在铁心中引起的损耗称为涡流损耗。涡流损耗 P_e 与磁通的交变频率 f、磁通密度的幅值 B_m、硅钢片的电阻 R_e 及硅钢片厚度 d 有关,其关系为

$$P_e \propto f^2 \cdot B_m^2 \cdot d^2 / R_e \tag{0.5.6}$$

由此可知,电机之所以采用电阻率高且很薄的硅钢片,其目的是减少铁心中的涡流损耗。

通常把磁滞损耗和涡流损耗合在一起称为铁心损耗,用 P_{Fe} 表示。当硅钢片厚度及材料一定时,铁心损耗与磁通的交变频率及磁通密度的幅值的关系为

$$P_{Fe} \propto f^\beta \cdot B_m^2 \tag{0.5.7}$$

式中,$\beta = 1.2 \sim 1.6$。

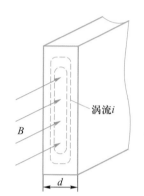

图 0.5.6 一片硅钢片中的涡流

0.5.3 电机理论中常用的基本电磁定律

一、电路定律

电路定律有基尔霍夫第一、第二定律和欧姆定律(参见表 0.5.2)。

二、磁路定律

1. 磁路基尔霍夫第一定律

磁路中的任一闭合面内,在任一瞬间,穿过该闭合面的各分支磁路磁通的代数和等于零,即

$$\sum \Phi = 0 \tag{0.5.8}$$

2. 全电流定律(磁路基尔霍夫第二定律)

全电流定律又称为安培环路定律,与电路中的基尔霍夫第二定律相对应,故又称为磁路基尔霍夫第二定律。

在磁场中,沿任意一个闭合磁路的磁场强度线积分等于该回路环链的所有电流的代数和,即

$$\oint_l H \cdot dl = \sum I \tag{0.5.9}$$

式中,$\sum I$ 就是该磁路所包围的全电流,故这个定律称为全电流定律,又称安培环路定律。在工程应用中,式(0.5.9)也可写成

$$\sum Hl = \sum I \tag{0.5.10}$$

即沿着闭合磁路中,各段平均磁场强度与磁路平均长度的乘积 Hl(称磁压降)之和等于它所包围的全部电流 $\sum I$。

如图 0.5.7(a)所示,应用全电流定律可写成

$$\oint_l H \cdot dl = I_1 + I_2 - I_3$$

对于图 0.5.7(b)所示,可写成

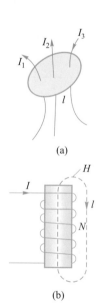

图 0.5.7 全电流定律的应用

$$\sum Hl = \sum IN \tag{0.5.11}$$

式中,N 为线圈匝数;Hl 称为磁压降;IN 称为磁动势,对于磁路中的任一闭合路径,在任一瞬间,沿该闭合路径的磁压降代数和等于该路径的所有磁动势的代数和。

当 H 与闭合路径 l 的循行方向一致时, Hl 取正, 而当电流方向与上述选定的 l 循行方向符合右手螺旋定则时, IN 取正。

3. 磁路欧姆定律

由全电流定律可得

$$F = IN = Hl = \frac{lB}{\mu} = \frac{l\Phi}{\mu A} = R_\text{m}\Phi$$

式中, $R_\text{m} = \dfrac{l}{\mu A}$, R_m 称为磁路的磁阻。则

$$\Phi = \frac{F}{R_\text{m}} = \frac{IN}{R_\text{m}} \tag{0.5.12}$$

为便于理解和记忆, 现将电路与磁路的对应关系总结于表 0.5.2 中。

表 0.5.2　电路与磁路的对应关系

电路		磁路	
电量、电路定律	含义	磁量、磁路定律	含义
电动势 E （V）	产生电流的源。如发电机、电池等	磁动势 $F = NI$ （A）	产生磁通的源, 即载流线圈。I 为电流, N 为匝数
电流 I （A）	由电动势产生, 在导体中流通	磁通 Φ （Wb）	由磁动势产生, 在磁路中流通
电流密度 $J = I/A$ （A/m²）	单位导体截面积中流过的电流	磁通密度 $B = \Phi/A$ （Wb/m²）	单位磁路截面积中流过的磁通
电场强度 E （V/m）	表示电场的强弱	磁场强度 H （A/m）	表示磁场的强弱
电导率 $\gamma = 1/\rho = \dfrac{J}{E}$ （S/m）	反映导体对电流传导能力的系数	磁导率 $\mu = 1/\rho_\text{m} = \dfrac{B}{H}$ （H/m）	反映磁体对磁通传导能力的系数
电阻 $R = \rho\dfrac{l}{A} = \dfrac{l}{\gamma A}$ （Ω）	反映电路对电流所起的阻碍作用	磁阻 $R_\text{m} = \rho_\text{m}\dfrac{l}{A} = \dfrac{l}{\mu A}$ （H⁻¹）	反映磁路对磁通所起的阻碍作用
电导 $G = 1/R$ （S）	电阻的倒数	磁导 $\Lambda_\text{m} = 1/R_\text{m}$ （H）	磁阻的倒数
电压降 $U = RI$	电流在电阻上产生的压降	磁压降 $F = Hl = R_\text{m}\Phi$	磁通在磁阻上产生的压降
电路基尔霍夫第一定律 （KCL） $\sum I = 0$	在任意一个节点处, 电流的代数和或相量和等于零	磁路基尔霍夫第一定律 $\sum \Phi = 0$	在一闭合面上, 在任意瞬间, 穿过该闭合面的各分支磁路磁通的代数和等于零
电路基尔霍夫第二定律（KVL）$\sum U = \sum E$	闭合电路中的电动势等于电压降	磁路基尔霍夫第二定律 $\sum NI = \sum Hl$	闭合磁路中的磁动势等于磁压降
电路欧姆定律 $I = \dfrac{U(E)}{R}$	电流等于电压（或电动势）除以电阻	磁路欧姆定律 $\Phi = \dfrac{F}{R_\text{m}}$	磁通等于磁动势（或磁压降）除以磁阻

三、电磁感应定律

变化的磁场会产生电场，使导体中产生感应电动势，这就是电磁感应现象。在电机中电磁感应现象主要表现在两个方面：

（1）导体与磁场有相对运动，导体切割磁感应线时，导体内产生感应电动势，称为切割电动势。

（2）线圈中的磁通变化时，线圈内产生感应电动势，称为变压器电动势。

下面分别加以叙述。

1. 切割电动势

由导体或线圈切割磁感线而感应的电动势，称为切割电动势，当 B、l、v 三量互相垂直时，其表达式为

$$e = Blv \qquad (0.5.13)$$

式中，B 为磁感应强度；l 为导体有效长度；v 为导体相对于磁场运动的线速度。

式(0.5.13)表明，当导体在恒定磁场中沿与磁感线垂直方向运动时，所产生的感应电动势的大小与导体的有效长度 l、导体相对于磁场的运动速度 v 和磁感应强度 B 成正比。其方向可由右手定则确定，即把右手手掌伸开，大拇指与其他四指成 $90°$，如图 0.5.8 所示，如果让磁感线指向手心，大拇指指向导体运动方向，其他四指的指向就是导体中感应电动势的方向。

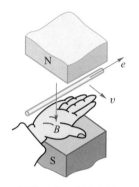

图 0.5.8　右手定则

2. 变压器电动势

与线圈交链的磁通发生变化时，线圈将感应出电动势，其方向由楞次定律判定。若感应电动势的正方向与磁通的正方向符合右手螺旋定则时，则感应电动势 e 的表达式为

$$e = -\frac{\mathrm{d}\Psi}{\mathrm{d}t} = -N\frac{\mathrm{d}\Phi}{\mathrm{d}t} \qquad (0.5.14)$$

式中，Ψ 为磁链；Φ 为磁通；N 为线圈匝数。

式(0.5.14)表明，由电磁感应产生的电动势大小与线圈所交链的磁链变化率成正比，或者说，与线圈的匝数和磁通的变化率成正比。

四、电磁力定律

载流导体在磁场中会受到电磁力的作用，当磁感线和导体方向互相垂直时，载流导体所受电磁力的公式为

$$F = BlI \qquad (0.5.15)$$

式中，F 为载流导体所受的电磁力，B 为载流导体所在处的磁感应强度；l 为载流导体处在磁场中的有效长度；I 为载流导体中流过的电流。

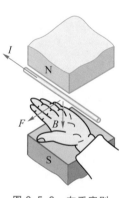

图 0.5.9　左手定则

式(0.5.15)表明，载流导体与恒定磁场的磁感线相垂直时，所产生的电磁力的大小与导体的有效长度 l、磁感应强度 B 和导体中的电流 I 成正比。其方向由左手定则确定。即把左手伸开，大拇指与其他四指成 $90°$，如图 0.5.9 所示，如果磁感线指向手心，其他四指指向导体中电流的方向，大拇指的指向就是导体受力的方向。

内容简介

　　直流电机是实现机械能和直流电能相互转换的设备,直流电机具有可逆性,既可作为发电机运行,也可作为电动机运行。本章主要介绍直流电机的基本工作原理和结构,电枢绕组,直流电机的磁场分布,电枢反应及其对电机的影响,感应电动势和电磁转矩的大小及性质,还将介绍直流电机的换向及改善换向的方法,深入分析直流电机的电压、转矩和功率的平衡关系,最后分析直流电动机的工作特性。

1.1　直流电机的基本工作原理与结构

教学课件:
直流电机的基本
工作原理与结构

1.1.1　直流电机的基本工作原理

　　直流电机分为直流电动机和直流发电机两大类。直流电机的工作原理可通过直流电机的模型加以说明。

微课:
直流电动机的
结构及工作原理

一、直流发电机的工作原理

　　直流发电机的工作原理可通过直流发电机的模型来说明。图 1.1.1 所示为一台两极直流发电机的物理模型。图中 N、S 为一对固定不动的磁极,称为直流发电机的定子,用以生产所需要的磁场。abcd 是固定在可旋转导磁圆柱体上的线圈,线圈连同导磁圆柱体是直流电机可转动部分,称其为电机的转子(又称电枢)。线圈的首末端 a、d 连接到两个相互绝缘并可随线圈一同转动的导电片上,该导电片称为换向器。转子线圈与外电路的连接是通过压紧弹簧安放在换向器表面而与换向器滑动接触的电刷进行的。在定子与转子间有间隙存在,称其为空气隙,简称气隙。

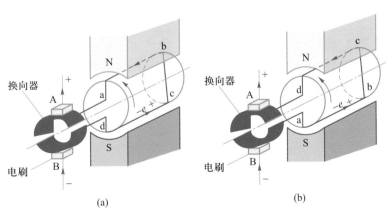

图 1.1.1　两极直流发电机的物理模型

在模型中,当有原动机拖动转子以一定的转速逆时针旋转时,根据电磁感应定律可知,在线圈 abcd 中将产生感应电动势。感应电动势的方向可用右手定则确定。在图 1.1.1(a)所示时刻,导体 ab 在 N 极下,其感应电动势的极性为:b 点为低电位,a 点为高电位;导体 cd 在 S 极下,其感应电动势的极性为:d 点为低电位,c 点为高电位,此时电刷 A 的极性为正,B 的极性为负。当线圈旋转 180°,如图 1.1.1(b)所示,导体 ab 旋转到 S 极下,其感应电动势的极性为:a 点为低电位,b 点为高电位;而导体 cd 旋转到 N 极下,其感应电动势的极性为:c 点为低电位,d 点为高电位。显然,此时电刷 A 的极性仍为正,电刷 B 的极性仍为负。

从图 1.1.1 中可看出,电刷 A 接触的导体总是位于 N 极下,电刷 B 接触的导体总是在 S 极下,因此电刷 A 的极性总为正,而电刷 B 的极性总为负。由上述分析可知,虽然线圈 abcd 中产生交变感应电动势,而由于换向装置的"整流"作用,电刷 A、B 两端输出的是直流电动势。这就是直流发电机的工作原理。线圈中感应电动势和电刷间感应电动势的波形如图 1.1.2 所示。

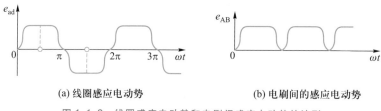

(a) 线圈感应电动势　　　　　　　(b) 电刷间的感应电动势

图 1.1.2　线圈感应电动势和电刷间感应电动势的波形

实际直流发电机的电枢有多个线圈。线圈分布于电枢铁心表面的不同位置上,并按照一定的规律连接起来,构成电机的电枢绕组。磁极也是根据需要 N、S 极交替放置多对。线圈越多,输出感应电动势的波形就越接近直线,脉动的成分就越小。

二、直流电动机的工作原理

撤掉直流发电机模型中的拖动原动机,把电刷 A、B 接到一直流电源上,电刷 A 接电源的正极,电刷 B 接电源的负极,此时在线圈 abcd 中将有电流流过。

如图 1.1.3(a)所示,线圈的 ab 边位于 N 极下,线圈的 cd 边位于 S 极下,根据毕奥-萨伐尔电磁力定律可知,导体受力方向由左手定则确定。在图 1.1.3(a)所示情况下,位于 N 极下的导体 ab 受力方向为从右向左,位于 S 极下的导体 cd 受力方向为从左向右。该电磁力与转子半径之积即为转矩,称为电磁转矩,方向为逆时针。当电磁转矩大于阻力矩时,线圈按逆时针方向旋转。当电枢旋转到图 1.1.3(b)所示位置时,原位于 S 极下的导体 cd 转到 N 极下,其受力方向变为从右向左;而原位于 N 极

动画:
直流电动机的
工作原理

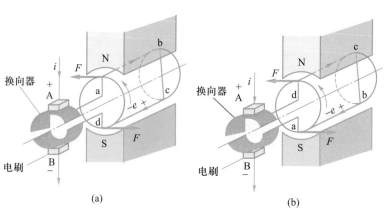

(a)　　　　　　　　　　　　　(b)

图 1.1.3　直流电动机的模型

下的导体 ab 转到 S 极下,导体 ab 受力方向变为从左向右,该转矩的方向仍为逆时针,线圈在此转矩作用下继续进行逆时针方向旋转。这样虽然导体中流通的电流为交变的,但 N 极下的导体受力方向和 S 极下的导体受力的方向并未发生变化,导体的转矩方向始终是不变的,电动机在此方向不变的转矩作用下转动。

与直流发电机相同,实际的直流电动机的电枢并非单一线圈,磁极也并非一对。

动画:
直流电动机的
结构

1.1.2 直流电机的主要结构

直流电动机和直流发电机的结构基本是相同的,都有静止部分和可旋转部分。静止部分称为定子,可旋转部分称为转子。小型直流电机的结构如图 1.1.4 所示,其剖面图如图 1.1.5 所示。

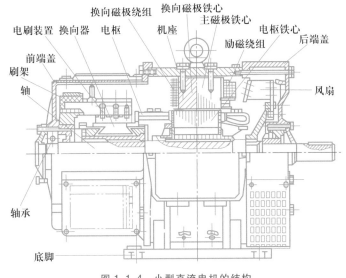

图 1.1.4 小型直流电机的结构

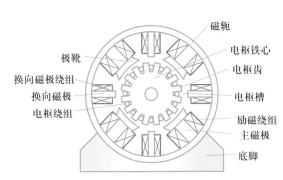

图 1.1.5 小型直流电机的剖面图

一、定子

定子的主要作用是建立磁场,主要由主磁极、换向磁极、机座、电刷装置和端盖等部分组成。

1. 主磁极

主磁极也称励磁磁极,分为电磁式和永磁式,用来产生主磁场。主磁极如图 1.1.6(a) 所示。主磁极铁心用 0.5~1.5 mm 厚的低碳钢板冲片叠压而成,上面套励磁绕组的部分称为极身,顶端扩宽的部分称为极靴,极靴宽于极身,既可使气隙中磁场分布比较理想,又便于固定励磁绕组。放置在主磁极上的线圈用来产生主磁通,称为励磁绕组。整个主磁极用螺钉固定在机座上。

2. 换向磁极

换向磁极也称附加磁极,其作用是减小电机运行时电刷与换向器之间可能产生的火花,换向磁极由换向磁极铁心和换向磁极绕组组成,如图 1.1.6(b) 所示。换向磁极铁心一般用整块钢板加工而成,换向磁极绕组与电枢绕组串联连接,换向磁极安装在相邻的两主磁极之间。

3. 机座

机座是电机定子部分的外壳,用来固定主磁极、换向磁极和端盖,对整个电机起支撑和固定作用,同时也作为电机磁路的一部分,借以构成磁极之间的磁通路,磁通通过的部分称为磁轭,又称定子铁轭。机座一般用铸钢铸成或厚钢板焊接而成。

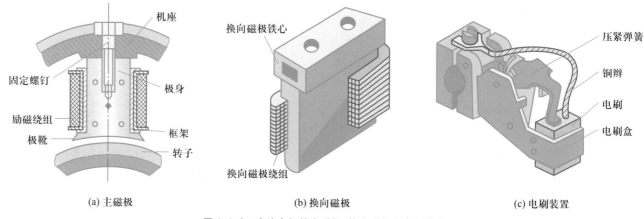

(a) 主磁极　　　　　　(b) 换向磁极　　　　　　(c) 电刷装置

图 1.1.6　直流电机的主磁极、换向磁极和电刷装置

4. 电刷装置

电刷装置用来连接转动的电枢电路与静止的外部电路。它由电刷、电刷盒、压紧弹簧和铜辫等零部件组成。电刷装置与换向器一起完成机械整流，把电枢中的交变电流变成电刷装置上的直流或把外部电路中的直流变换为电枢中的交流。电刷装置如图 1.1.6(c)所示。

5. 端盖

电机中的端盖(前端盖、后端盖)主要起支撑作用。端盖固定于机座上，其上放置轴承支撑直流电机的转轴，使直流电机能够旋转。

二、转子

转子是电机中实现机电能量转换的枢纽，故又称为电枢，其主要作用是感应电动势，通过电流，产生电磁转矩，实现机电能量转换。转子由电枢铁心、电枢绕组、换向器、转轴和风扇等部分组成。

1. 电枢铁心

电枢铁心是主磁路的一部分，同时用以嵌放电枢绕组。为减少铁心损耗，电枢铁心用冷轧硅钢片冲片叠压而成。为放置电枢绕组而在硅钢片上冲出电枢槽。冲制好的硅钢片叠装成电枢铁心。图 1.1.7 所示为小型直流电机的电枢铁心冲片形状和电枢铁心装配图。

2. 电枢绕组

电枢绕组的作用是产生感应电动势和电磁转矩，由带绝缘层的导体绕制而成，对于小型电机常用铜导线绕制，对于大中型电机常采用成型线圈。在电机中每一个线圈称为一个元件，多个元件有规律地连接起来形成电枢绕组。绕制好的绕组或成型绕组放置在电枢槽内，放置在电枢槽内的直线部分在电机运转时将产生感应电动势，称为元件的有效部分；在电枢槽两端把有效部分连接起来的部分称为端接部分，端接部分仅起连接作用，在电机运行过程中不产生感应电动势。

3. 换向器

换向器又称整流子，由换向片组合而成。其作用是与电刷配合，把电枢绕组中的交流电流转变为外电路的直流电流或把外电路的直流电流变换为电枢绕组中的交流电流，其结构如图 1.1.8 所示。

换向片采用导电性能好、硬度大、耐磨性能好的紫铜或铜合金制成。换向片的下部做成燕尾形，换向片的燕尾部分嵌在含有云母绝缘层的 V 形钢环内，拼成圆筒形套入钢套筒上，相邻的两换向片间用云母片绝缘，最后用螺旋压圈压紧。换向器固定在转轴的一端。换向器靠近电枢绕组一端的部分与绕组引出线相焊接。

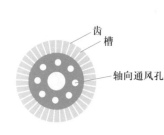

(a) 电枢铁心冲片形状

(b) 电枢铁心装配图

图 1.1.7　电枢铁心冲片形状和电枢铁心装配图

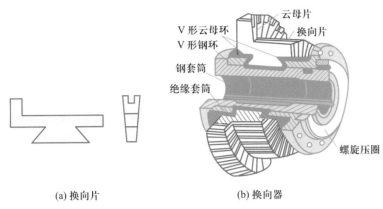

(a) 换向片　　　　　(b) 换向器

图 1.1.8　换向器的结构

4. 转轴

转轴对旋转的转子起支撑作用,需有一定的机械强度和刚度,一般用圆钢加工而成。

为了使电机能够正常运转,定子与转子之间留有间隙,称为空气隙,它是磁路的组成部分。

5. 风扇

风扇一般安装在转轴上,用以冷却电机。

1.1.3　直流电机的铭牌数据及主要系列

直流电机的铭牌上标明电机的产品型号和额定数据,供使用者参考。铭牌数据主要包括电机的产品型号、额定功率、额定电压、额定电流、额定转速和额定励磁电流及励磁方式等,此外还有电机的出厂数据(如出厂编号、出厂日期等)。

直流电机的产品型号表示直流电机的结构和使用特点,国产直流电机的产品型号一般采用大写的汉语拼音字母和阿拉伯数字表示,其格式如下。

第一部分用大写的汉语拼音表示产品代号,各字符的含义如下。

Z 系列:一般用途直流电动机(如 Z_2,Z_3,Z_4 系列);

ZJ 系列:精密机床用直流电动机;

ZZJ 系列:冶金起重直流电动机。

其他系列直流电机,请查阅有关手册。

第二部分用阿拉伯数字表示设计序号,不标数字的表示为初次设计。

第三部分用阿拉伯数字表示机座代号,表示直流电机电枢铁心外径的大小,机座代号数越大,直径越大。

第四部分用阿拉伯数字表示电枢铁心长度代号,电枢铁心长度分为短铁心和长铁心两种,1 表示短铁心,2 表示长铁心。

例如:

产品代号:Z 系列一般用途直流电机————————
设计序号:第 2 次改型设计————————————
电枢铁心长度代号:表示短铁心
机座代号:表示 1 号机座

直流电机铭牌上所标的数据称为额定数据,具体含义如下。

额定功率 P_N：单位为 kW 或 W，对直流电动机是指在额定状态时从轴上输出的机械功率；对直流发电机是指在额定状态时出线端输出的电功率。

额定电压 U_N：单位为 V，指在额定运行条件下，电机出线端的平均电压。对于电动机是指输入额定电压，对于发电机是指输出额定电压。

额定电流 I_N：单位为 A，指在额定电压下，电机运行于额定功率时对应的电流值。

额定转速 n_N：单位为 r/min，指在额定电压、额定电流下，电机运行于额定功率时所对应的转速。

额定励磁电流 I_{fN}：单位为 A，指对应于额定电压、额定电流、额定转速及额定功率时的励磁电流。

额定功率与额定电压和额定电流的关系为

直流发电机

$$P_N = U_N I_N \times 10^{-3} \tag{1.1.1}$$

直流电动机

$$P_N = U_N I_N \eta_N \times 10^{-3} \tag{1.1.2}$$

此外，电机的铭牌上还标有其他数据，如励磁方式、励磁电压、出厂日期、出厂编号等。

在电机运行时，若所有的物理量均与其额定值相同，则称电机运行于额定状态。若电机的运行电流小于额定电流，则称电机为欠载运行；若电机的运行电流大于额定电流，则称电机为过载运行。电机长期欠载运行将使电机的额定功率不能全部发挥作用，造成浪费；长期过载运行将会缩短电机的使用寿命，因此长期过载和欠载运行都不好。电机最好运行于额定状态或额定状态附近，此时电机的运行效率、工作性能等均比较好。

教学课件：
直流电机的
电枢绕组简介

1.2 直流电机的电枢绕组简介

电枢绕组是直流电机的重要部件。无论是发电机还是电动机，由于气隙磁场的存在，旋转的电枢绕组会产生感应电动势；有电流流通的电枢绕组会产生电磁转矩，从而实现机电能量的相互转换。

1.2.1 电枢绕组基本知识

电枢绕组是由多个形状相同的绕组元件，按照一定的规律连接起来组成的闭合回路。根据连接规律的不同，绕组可分为单叠绕组、单波绕组、双叠绕组、双波绕组及混合绕组等几种形式。下面介绍常用的绕组基本知识。

（1）绕组元件：构成绕组的线圈为绕组元件，绕组元件分为单匝和多匝两种。绕组元件嵌放在电枢槽中的部分称为有效边，也称元件边。为便于嵌线，每个绕组元件的一个有效边嵌放在某一槽的上层，称为上层边，用实线表示；另一个有效边则嵌放在另一槽的下层，称为下层边，用虚线表示。绕组元件的槽外部分称为端接部分。每个绕组元件的首端和末端均与换向片相连。每个换向片又总是接一个绕组元件的首端和另一个绕组元件的末端，所以绕组元件数 S 总等于换向片数 K，又因为每个电枢槽分上、下两层嵌放两个有效边，所以绕组元件数 S 又等于槽数 Z，即

$$S = K = Z$$

（2）极距：相邻主磁极轴线沿电枢表面之间的距离称为极距，用 τ 表示，可用下式计算

$$\tau = \frac{\pi D}{2p}(\text{cm}) \quad \text{或} \quad \tau = \frac{Z}{2p}(\text{槽数}) \tag{1.2.1}$$

式中，D 为电枢铁心外径，p 为直流电机磁极对数。

（3）叠绕组与波绕组：叠绕组是指相串联的两个绕组元件总是后一个绕组元件端接部分紧叠在前一个绕组元件的端接部分，整个绕组成折叠式前进。而波绕组是指相串联的两个绕组元件像波浪式地前进。

直流电机的叠绕组与波绕组包括单匝单叠、多匝单叠、单匝单波及多匝单波，如图 1.2.1 所示。

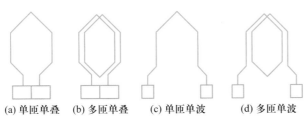

(a) 单匝单叠　(b) 多匝单叠　(c) 单匝单波　(d) 多匝单波

图 1.2.1　直流电机的叠绕组和波绕组

（4）节距

第一节距：是指同一绕组元件的两个有效边在电枢表面跨过的距离，用 y_1 表示。

第二节距：是指第 1 个绕组元件的下层边与它相串联的第 2 个绕组元件的上层边间的距离，用 y_2 表示。

合成节距：是指相串联的两个绕组元件对应边所跨过的距离，用 y 表示。合成节距与第一节距、第二节距的关系为

$$y = y_1 \pm y_2 \tag{1.2.2}$$

式中，y_2 前取"−"时为叠绕组，y_2 前取"+"时为波绕组。

换向节距：同一绕组元件首、末端连接的换向片之间的距离，换向节距用 y_k 表示。

单叠绕组和单波绕组的节距如图 1.2.2 所示，可见，换向节距 y_k 与合成节距 y 总是相等的，即

$$y_k = y \tag{1.2.3}$$

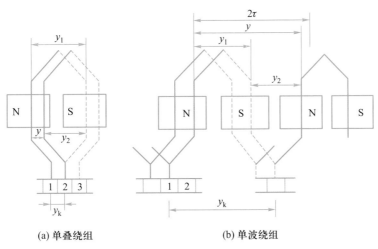

(a) 单叠绕组　　(b) 单波绕组

图 1.2.2　节距示意图

1.2.2　单叠绕组

单叠绕组的特点是相邻绕组元件（线圈）相互叠压，合成节距与换向节距均为 1，即 $y = y_k = 1$。

一、单叠绕组的节距计算

第一节距 y_1 的计算公式如下

$$y_1 = \frac{Z}{2p} \pm \varepsilon \tag{1.2.4}$$

式中,Z 为电枢槽数,ε 为使 y_1 为整数而加的一个小数,当 ε 为零时,$y_1 = \tau$,绕组为整距绕组;当 ε 前面为负号时,$y_1 < \tau$,绕组为短距绕组;当 ε 前面为正号时,$y_1 > \tau$,绕组为长距绕组,因耗铜多,一般不采用。

单叠绕组的合成节距和换向节距相同,即 $y = y_k = \pm 1$,一般取 $y = y_k = +1$,此时的单叠绕组称为右行绕组,绕组元件的连接顺序为从左向右进行。

单叠绕组的第二节距 y_2 由第一节距和合成节距之差计算得到,第二节距 y_2 的计算公式如下

$$y_2 = y_1 - y \tag{1.2.5}$$

二、单叠绕组的展开图

电机的绕组展开图是把放在铁心槽里构成绕组的所有绕组元件均取出来,画在同一幅图里,其作用是展示绕组元件相互间的电气连接关系。除绕组元件外,展开图中还包括主磁极、换向片及电刷,以表示绕组元件间、电刷与主磁极间的相对位置关系。在画展开图前应根据所给定的电机磁极对数 p、槽数 Z、绕组元件数 S 和换向片数 K,算出各节距值,然后根据计算值画出绕组的展开图。

下面通过一个具体的例子说明绕组展开图的画法。

【例 1.2.1】 已知一台直流电机的磁极对数 $p = 2, Z = S = K = 16$,试画出其右行单叠绕组展开图。

【解】 第一步:计算绕组的各节距。

$$y_1 = \frac{Z}{2p} \pm \varepsilon = \frac{16}{4} = 4$$

$$y = y_k = +1$$

$$y_2 = y_1 - y = 4 - 1 = 3$$

第二步:画绕组元件。用实线代表上层边,虚线代表下层边,虚线靠近实线,实线(虚线)根数等于绕组元件数 S,从左向右为实线编号,分别为 1~16。

第三步:放置主磁极。两对主磁极均匀地且 N、S 极交替地放置在各槽之上,每个磁极的宽度约为 0.7 倍的极距。

第四步:放置换向片。用带有编号的小方块代表各换向片,换向片的编号也是从左向右顺序编排并以第 1 绕组元件上层边所连接的换向片为第 1 换向片号。

第五步:根据计算所得各节距值连接绕组。第 1 绕组元件上层边连接第 1 换向片,根据第一节距找到第 1 绕组元件的下层边(本例中编号为 5 的虚线),下层边的一端连接上层边未连换向片的那一端,另一端根据换向节距 $y_k = 1$ 连接到第 2 换向片上。根据合成节距 $y = 1$,第 2 绕组元件的上层边连接到第 2 换向片,其下层边连接第 3 换向片。其余绕组元件与换向片的连接关系以此类推。

第六步:放置电刷。在展开图中,直流电机的电刷与换向片的大小相同,电刷数与主磁极数相同,放置电刷时应使正、负电刷间的感应电动势最大,或被电刷短路的绕组元件感应电动势最小。当把电刷放置在主磁极的中心线处,被电刷短路绕组元件的感应电动势为零,同时正、负电刷间的电动势也最大。电枢按图 1.2.3 所示方向转动,电刷间的电动势方向根据右手定则可判定为 A1、A2 为正,B1、B2 为负。右行单叠绕组的完整展开图如图 1.2.3 所示。

在实际生产过程中,直流电机电刷的实际位置是电机制造好后通过实验的方法确定的。

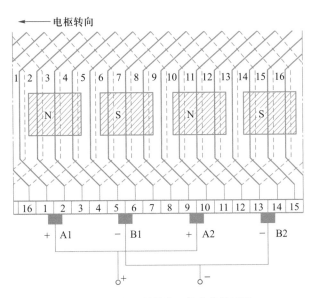

动画：
直流电机单叠
绕组展开图

图 1.2.3　右行单叠绕组的完整展开图

三、单叠绕组的绕组元件连接次序及并联支路图

根据图 1.2.3 可直接看出绕组中各绕组元件之间是如何连接的。在图 1.2.3 中,根据第一节距值 $y_1=4$ 可知第 1 槽绕组元件 1 的上层边,连接到第 5 槽的绕组元件 1 的下层边,构成第 1 个绕组元件;根据换向节距 $y_k=1$,第 1 绕组元件的首、末端分别接到第 1、2 两个换向片上;根据合成节距求得 $y_2=3$,第 5 槽的绕组元件 1 的下层边连接到第 2 槽绕组元件 2 的上层边,这样就把第 1、2 两个绕组元件连接起来了。其余绕组元件的连接依此类推,如图 1.2.4 所示。

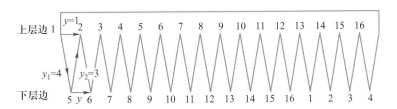

图 1.2.4　单叠绕组的绕组元件连接次序表

从图 1.2.4 中可看出,从第 1 绕组元件开始,绕电枢一周,把全部有效边都串联起来之后,又回到第 1 绕组元件的起始点 1。可见,整个绕组是一个闭路绕组。

根据图 1.2.3 和图 1.2.4 可得到绕组的并联支路电路图,如图 1.2.5 所示。电刷短接绕组元件为绕组元件 1、5、9 和 13,并联支路对数 a 与磁极对数相同,即 $a=p$。

综上所述,单叠绕组有以下的特点:

（1）同一主磁极下的绕组元件串联在一起组成一个支路,这样有几个主磁极就有几条支路。

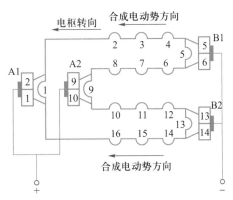

图 1.2.5　单叠绕组并联支路电路图

动画：
直流电机单叠
绕组并联支路图

（2）电刷数等于主磁极数，电刷位置应使支路感应电动势最大，电刷间电动势等于并联支路电动势。

（3）电枢电流等于各并联支路电流之和。

应当指出，单叠绕组为保证两电刷间感应电动势为最大，被电刷所短路的绕组元件里感应电动势最小，电刷应放置在换向器表面主磁极的中心线位置上，虽然对准主磁极的中心线，但被电刷所短路的绕组元件边仍然位于几何中性线处（所谓几何中性线是指电机空载时磁感应强度为零的线，即两个主磁极之间的极间中心线）。为了简单，今后称电刷放在几何中性线上，就是指被电刷所短路的绕组元件，它的有效边位于几何中性线处。

1.2.3　单波绕组、双叠绕组以及双波绕组的特点

直流电机除单叠绕组外，还有单波绕组、双叠绕组、双波绕组等。单波绕组是将同一极性下的所有绕组元件串联成一条支路，其特点是：①并联支路对数 $a = 1$，与磁极对数 p 无关；②电枢电流等于 2 倍的支路电流，即 $I_a = 2i_a$；③为了减少电刷的电流密度，实际电刷数等于主磁极数，即采用全额电刷。双叠绕组的特点是并联支路对数 $a = 2p$；而双波绕组的并联支路对数 $a = 2$，也与磁极对数 p 无关，是单波绕组的 2 倍。

以上介绍了直流电机的单叠绕组以及双叠绕组、单波绕组、双波绕组的特点。就单叠绕组和单波绕组来讲，当电机的磁极对数、组元件数以及导体截面积相同的情况下，单叠绕组并联支路数多，每个支路里的绕组元件数少，支路合成感应电动势较低，但所允许通过的电枢电流较大，因此单叠绕组适用于低电压、大电流的直流电机。而对于单波绕组，并联支路对数与磁极对数无关，永远等于 1，每个支路里含的绕组元件数较多，支路合成感应电动势较高；由于并联支路数少，在支路电流与单叠绕组支路电流相同的情况下，单波绕组能允许通过的总电枢电流就较小，所以单波绕组适用于较高电压、较小电枢电流的直流电机。

1.3　直流电机的电枢反应

教学课件：
直流电机的
电枢反应

动画：
直流电机气隙
磁场分布

1.3.1　直流电机空载磁场

一、空载磁场及磁路

当励磁电流 I_f 流过励磁绕组时，将在主磁极内产生主磁极磁动势，产生的每极励磁磁动势为

$$F_f = I_f N_f \tag{1.3.1}$$

式中，N_f 是一个磁极上励磁绕组的串联匝数。F_f 为励磁磁动势，单位为安（A）。

图 1.3.1 所示是一台四极直流电机主磁极磁通路径示意图。由图可知，大部分磁感应线的路径是由 N 极出来，经气隙进入电枢齿部，再经过电枢铁心的电枢铁轭到另外的电枢齿，又通过气隙进入 S 极，再经定子铁轭回到 N 极。这部分磁路通过的磁通称为主磁通，主磁通所经过的磁路称为主磁路。还有一小部分磁感应线，它们不进入电枢铁心，直接经过相邻的磁极或者定子铁轭形成闭合回路，这部分磁通称为漏磁通，所经过的磁路称为漏磁路。直流电机中，进入电枢里的主磁通是主要的，它能在电枢绕组中感应电动势或者产生电磁转矩，而漏磁通却没有这个作用，它只是增加主磁极磁路的饱和程度，还造成电机损耗的增加和效率的降低。关于主、漏磁通也可以这样定义：那些同时交链励磁绕组和电枢绕组的磁通是主磁通；只交链励磁绕组本身的是主磁极漏磁通。由于相邻的两个磁极之间的空气隙较大，主磁极漏磁通在数量上比主磁通要小得多，是主磁通的 15% ~ 20%。

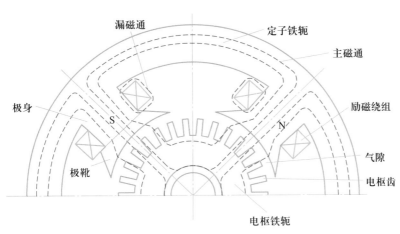

图 1.3.1 四极直流电机主磁极磁通路径示意图

根据前面的分析,把几何形状规则的磁介质称为一段磁路。从图 1.3.1 中看出,直流电机的主磁路可以分为五段:定子和电枢之间的气隙、电枢齿、电枢铁轭、主磁极和定子铁轭。在五段磁路中,除了气隙是空气介质,它的磁导率 μ_0 是常数外,其余各段磁路用的材料均为铁磁材料。

二、直流电机的空载磁化特性

在直流电机中,为了产生感应电动势或电磁转矩,气隙里需要有一定数量的每极磁通 Φ_0,这就要求在设计电机时进行磁路计算,以确定产生一定数量每极磁通 Φ_0 需要加多大的励磁磁动势,或者当励磁绕组匝数一定时,需要加多大的励磁电流 I_f。把空载时气隙每极磁通 Φ_0 与空载励磁磁动势 F_0 或空载励磁电流 I_{f0} 的关系,称为直流电机的空载磁化特性,如图 1.3.2 所示。

电机正常运行时,常将额定磁通 Φ_N 设定在图 1.3.2 中的 A 点(即膝点附近),这样,可使励磁磁动势 F_f 不太大时获得较大的磁通 Φ_0,以便经济、合理地利用电机材料。

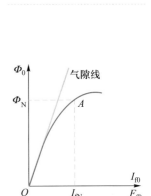

图 1.3.2 空载磁化特性

1.3.2 直流电机的电枢反应

直流电机负载运行时,电枢绕组中便有电流流过,产生电枢磁动势。该磁动势所建立的磁场,称为电枢磁场。电枢磁场的出现,使得气隙中的磁场发生变化。因此,电机带负载后,气隙中的磁场是励磁磁场和电枢磁场共同作用的结果。电枢磁场对气隙磁场的影响称为电枢反应。

直流电机负载时的磁场分布情况取决于电刷所在的位置,下面分别讨论电刷位于几何中性线和偏离几何中性线时的电枢反应情况。

一、电刷位于几何中性线上时的电枢反应

图 1.3.3(a)所示为空载时主磁极磁通分布情况;图 1.3.3(b)所示为电枢磁场单独作用时的磁通分布情况;而图 1.3.3(c)所示则表示电刷位于几何中性线时负载磁场的分布情况。

由分析可得,电刷位于几何中性线上时的电枢反应特点如下。

1. 使气隙磁场发生畸变

电机中 N 极与 S 极的分界线称为物理中性线。在物理中性线处,磁场为零。故在空载时,物理中性线和几何中性线重合;负载时,由于电枢反应的影响,气隙磁场发生畸变,每一磁极下,对于发电机而言,电枢要进入的主磁极磁场的一端磁场被削弱,而另一端则被加强。磁场为零的位置由空载时的几何中性线顺电枢转向移动一个 α 角。物理中性线与几何中性线不再重合,而且磁场的分布曲线也与空

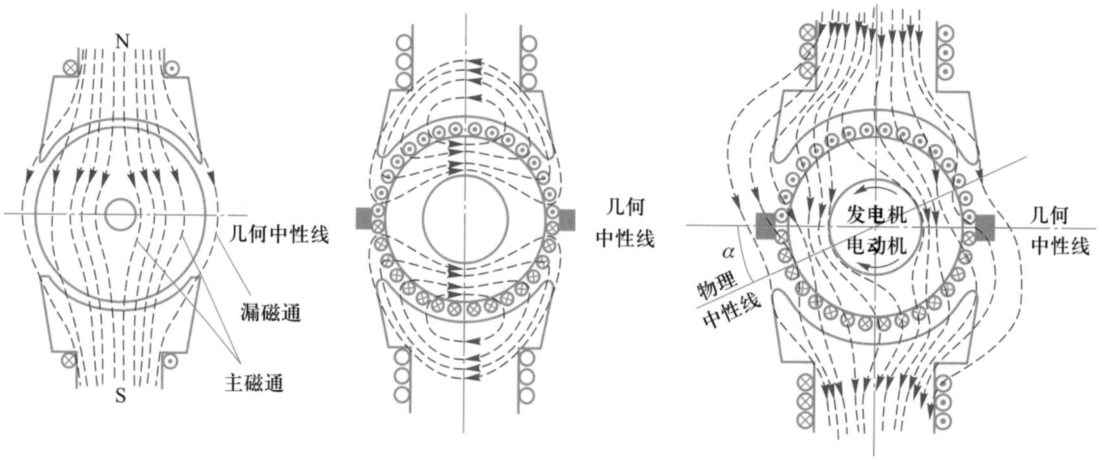

（a）空载磁场　　　　　　（b）电枢磁场　　　　　　　（c）负载磁场

图1.3.3　空载和负载时的磁场及电刷位于几何中性线时的电枢反应

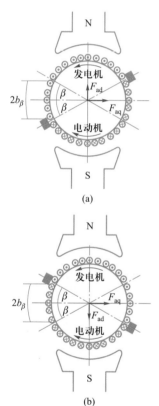

图1.3.4　电刷不在几何中性线上的电枢反应

载时不同。而对于电动机而言,则物理中性线逆电枢转向移动一个 α 角。

2. 对主磁极磁场起去磁作用

在磁路不饱和时,主磁极磁场被削弱的数量恰好等于被加强的数量,因此负载时每极下的合成磁通量与空载时相同。但是如前所述,电机一般运行于磁化曲线的膝点（图1.3.2的空载磁化曲线上的 A 点）,由图1.3.3（c）可知,电枢磁场对主极磁场的作用使得半边磁场加强,半边磁场减弱,由于磁路饱和的影响,增加的磁通比减小的磁通要少些,因此,负载时每极磁通比空载时的每极磁通略为减少,这种去磁作用完全由磁路的饱和引起,称为附加的去磁作用。

电刷位于几何中性线时,电枢磁动势是个交轴磁动势,因此,上述两点也就是交轴电枢反应的性质。

二、电刷偏离几何中性线时的电枢反应

假设电刷从几何中性线顺电枢（发电机）转向移动 β 角度,相当于在电枢表面移过 b_β 的距离,如图1.3.4（a）所示。因为电刷是电枢表面导体电流方向的分界线,故电刷移动后,电枢磁动势轴线也随之移动 β 角,这时电枢磁动势可分解为两个相互垂直的分量。其中由（$\tau-2b_\beta$）范围内的导体中电流产生的磁动势,其轴线与主磁极轴线相垂直,称为交轴电枢磁动势 F_{aq},由 $2b_\beta$ 范围内导体中电流所产生的磁动势,其轴线与主磁极轴线相重合,称为直轴电枢磁动势 F_{ad}。

这样当电刷不在几何中性线时,电枢反应将分为交轴电枢反应和直轴电枢反应两部分。交轴电枢反应的性质已在前面做了分析,直轴电枢反应因直轴电枢磁动势和主磁极的轴线是重合的,因此若 F_{ad} 和主磁极磁场的方向相同,则起增磁作用;若 F_{ad} 和主磁极磁场方向相反,则起去磁作用,显然对于发电机,当电刷顺转向移动时,F_{ad} 起去磁作用;当电刷逆转向移动时,F_{ad} 起增磁作用。而对于电动机而言,若保持主磁场的极性和电枢电流的方向不变,则可看出电动机的转向将与作发电机运行时的转向相反。因此对直流电动机而言,当电刷顺转向移动时,F_{ad} 起增磁作用;而当电刷逆向转动时,F_{ad} 起去磁作用。

教学课件:
直流电机的电枢
电动势、电磁转矩
和电磁功率

1.4　直流电机的电枢电动势、电磁转矩和电磁功率

电枢电动势 E_a、电磁转矩 T_{em} 和电磁功率 P_{em} 是直流电机通过电磁感应作用实现机电能量转换的三个最基本的物理量。它们是建立直流电机基本方程和研究运行性能的前提。

1.4.1　电枢电动势

电枢绕组中的感应电动势简称电枢电动势。电枢电动势是指直流电机正、负电刷之间的感应电动势,也就是每个支路里的感应电动势。

一、电枢电动势的大小

根据电磁感应定律,电枢绕组中每根导体的感应电动势为 $e = B_x l v$。气隙各点的磁通密度 B_x 是不同的,故处于不同位置的绕组元件感应电动势也不同,但因为电枢是旋转的,所以每个绕组元件的感应电动势的变化规律是相同的,因此每个绕组元件的感应电动势的平均值亦相同,于是,可先求出每根导体的平均电动势,然后再乘以每条支路的导体数,即可求出每条支路的电动势,亦即正、负电刷之间的感应电动势——电枢电动势。

通过分析可得如下电枢电动势的计算公式

$$E_a = \frac{N}{2a} e_{av} = \frac{pN}{60a} \Phi n = C_E \Phi n \qquad (1.4.1)$$

式中,$C_E = \dfrac{pN}{60a}$ 为电动势常数;N 为电枢导体总数;p 为磁极对数;a 为电枢绕组并联支路对数;e_{av} 为导体感应电动势的平均值;Φ 为每极气隙磁通量,单位为 Wb;n 为电枢转速,单位为 r/min;电枢电动势 E_a 单位为 V。

式(1.4.1)表明直流电机的感应电动势与电机结构、气隙磁通和电机转速有关。当电机制造好以后,C_E 为常数,因此电枢电动势仅与气隙磁通和转速有关,改变转速和气隙磁通均可改变电枢电动势的大小。

二、电枢电动势的性质

直流电机感应电动势的方向按右手定则确定。对于直流发电机,在原动机驱动下,电枢旋转产生感应电动势,在该电动势作用下向外输出电流,电枢电流 i_a 与电动势 e_a 方向相同,如图 1.4.1(a)所示,所以电枢电动势称为电源电动势。对于直流电动机,电枢导体中也产生感应电动势,但因与外部所加的电压方向相反,电动势 e_a 与电枢电流 i_a 方向相反,如图 1.4.1(b)所示,所以称电枢电动势为反电动势。

1.4.2　直流电机的电磁转矩

根据电磁力定律,当电枢绕组中有电枢电流流过时,在磁场内将受到电磁力的作用,该力与电机电枢铁心半径之积称为电磁转矩。

一、电磁转矩的大小

先求出一根导体在磁场中所受电磁力的大小,即 $F_{av} = B_{av} l i_a$,再求每根导体所产生的电磁转矩 $T_{av} = F_{av} \dfrac{D}{2}$,最后求全部导体所产生的总的电磁转矩。

通过分析可得电磁转矩为

$$T_{em} = \frac{pN}{2\pi a} \Phi I_a = C_T \Phi I_a \qquad (1.4.2)$$

式中,$C_T = \dfrac{pN}{2\pi a}$ 为转矩常数,仅与电机结构有关;I_a 为电枢电流,单位为 A;a 为支路对数;N 为电枢导体总数;p 为磁极对数;电枢电流的单位为 A、磁通单位为 Wb 时,电磁转矩的单位为 N·m。

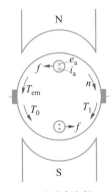

(a) 直流发电机

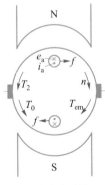

(b) 直流电动机

图 1.4.1　直流电机电枢
电动势及电磁转矩

从 C_E 与 C_T 的表达式可以看出

$$C_T = 9.55 C_E \tag{1.4.3}$$

从式（1.4.2）可看出，制造好的直流电机，其电磁转矩仅与电枢电流和气隙磁通成正比。

二、电磁转矩的性质

载流导体在磁场中受力方向用左手定则判定，受力方向判定之后即能判断出电磁转矩的方向。对于直流发电机，电磁转矩的方向与电机转速方向相反，如图1.4.1（a）所示，所以它是制动性质；对于电动机，电磁转矩的方向与转速方向相同，如图1.4.1（b）所示，因此它为驱动性质，通过电机轴带动机械负载。

动画：
直流电机的
电磁功率

1.4.3　直流电机的电磁功率

由动力学可知，机械功率为转矩与角速度的乘积。同样，对于直流电机而言，电磁功率为电磁转矩 T_{em} 与转子角速度 Ω 的乘积，它反映了直流电机机电能量转换的功率。

根据式（1.4.1）与式（1.4.2）可求得电磁功率为

$$P_{em} = T_{em}\Omega = C_T\Phi I_a\Omega = \frac{pN}{2\pi a}\Phi\frac{2\pi n}{60}I_a = \frac{pN}{60a}\Phi n I_a = E_a I_a \tag{1.4.4}$$

式（1.4.4）给出了电磁功率在电气和机械两个方面的不同表达形式，它正好符合能量守恒定律。其物理意义是：对于直流发电机而言，从原动机所吸收的机械功率 $T_{em}\Omega$ 全部转化为电功率 $E_a I_a$ 输出；而对于直流电动机而言，从电源所吸收的电功率 $E_a I_a$ 全部转化为机械功率 $T_{em}\Omega$ 输出。

教学课件：
直流电机的
换向

*1.5　直流电机的换向

1.5.1　换向概述

一、换向过程

直流电机每个支路里所含绕组元件的总数是相等的，但就某一个绕组元件来说，它一会儿在这个支路里，一会儿又在另一个支路里。一个绕组元件从一个支路换到另一个支路时，要经过电刷。当电机带负载后，电枢绕组中有电流流过，同一支路里各绕组元件的电流大小与方向都是一样的，相邻支路里电流大小虽然一样，但方向却是相反的。可见，某一绕组元件经过电刷，从一个支路换到另一个支路时，绕组元件里的电流必然改变方向，这一电流方向改变的过程称为换向。换向不良会产生电火花或环火，严重时将烧毁电刷，导致电机不能正常运行，甚至引起事故。

现以图1.5.1所示单叠绕组为例来看某绕组元件里电流换向的过程。

为了分析简单，忽略换向片之间的绝缘并假设电刷宽度等于换向片宽度。在图1.5.1中，电枢绕组以线速度 v_a 从右向左移动，电刷固定不动，观察图中绕组元件1的换向过程。

（1）换向之前：如图1.5.1（a）所示，电刷完全与换向片1接触，绕组元件1里流过的电流为图中所标方向，电流大小为 $i=i_a$。

（2）换向之中：如图1.5.1（b）所示，电刷与换向片1、2同时接触，绕组元件1被电刷短接。绕组元件中的电流从 $+i_a$ 向 $-i_a$ 变化。

（3）换向之后：如图1.5.1（c）所示，电刷与换向片2接触，换向绕组元件1已进入另一支路，其中电流也从换向前的方向变为换向后的反方向，完成了换向过程，绕组元件1中流过的电流为 $i=-i_a$。

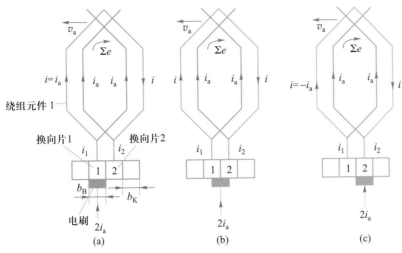

图 1.5.1 单叠绕组的电流换向过程

绕组元件从开始换向到换向终了所经历的时间,称为换向周期,换向周期通常只有千分之几秒。直流电机在运行时,电枢绕组每个绕组元件在经过电刷时,都要经历上述的换向过程。

二、换向绕组元件的感应电动势

1. 电抗电动势

换向绕组元件中的电流由 $+i_a$ 变为 $-i_a$,会在换向绕组元件中产生自感电动势 e_L。为了保证换向可靠,实际的电刷宽度比换向片的宽度要大一些,在换向过程中可能有多个绕组元件同时换向,因此线圈中还存在互感电动势,用 e_M 表示。

通常将自感电动势 e_L 和互感电动势 e_M 合起来,称为电抗电动势,用 e_r 表示。根据楞次定律,电抗电动势 e_r 的作用总是阻碍电流变化的,因此 e_r 的方向与绕组元件换向前电流 i_a 的方向相同。

2. 电枢反应电动势

虽然电刷安装在几何中性线处,主磁极磁通密度为零,但由于电枢反应的存在,电枢反应磁通密度却不为零,因此在换向绕组元件中还有切割电动势 e_a 的存在,也称为电枢反应电动势,也是阻碍电流变化的。

3. 换向绕组元件中的合成感应电动势

换向绕组元件中产生的合成感应电动势为 $\sum e = e_L + e_M + e_a = e_r + e_a$,由于合成电动势的存在,使得在换向电路中存在附加换向电流 i_k,其计算公式为

$$i_k = \frac{\sum e}{R_{b1} + R_{b2}} = \frac{e_r + e_a}{R_{b1} + R_{b2}} \tag{1.5.1}$$

电抗电动势 e_r 和电枢反应电动势 e_a 都阻碍电流变化,会使换向时间延长,称为延迟换向。延迟换向严重时,会在电刷和换向片之间产生较大的火花,当火花大到一定程度时,有可能损坏电刷和换向片表面,从而使电机不能正常工作。但也不是说,直流电机运行时,一点火花也不许出现,详细情况参阅我国有关国家技术标准的规定。

产生火花的原因是多方面的,除电磁原因外,还有机械的原因,换向过程中还伴随着有电化学和电热学等现象,所以相当复杂。

1.5.2 改善换向的方法

改善换向的方法主要有:

（1）选用合适的电刷，增加电刷与换向片之间的接触电阻。

（2）装设换向极。

（3）装设补偿绕组。

（4）移动电刷位置。

由式（1.5.1）可知，若要改善换向，可以采用增加电刷与换向片之间接触电阻的方法，即选用合适的电刷。

目前改善电机换向的最有效方法是装设换向极，如图1.5.2所示。装设换向极的目的主要是让它在换向绕组元件处产生一个磁动势，称为换向极磁动势，方向与电枢磁动势相反，这样，换向绕组元件在切割换向极磁动势时产生换向极电动势 e_k，其方向与（$e_r + e_a$）相反，可使合成电动势大为减小，甚至使 $\sum e = e_r + e_a + e_k$ 为零，此时的换向成为直线换向。当然，换向极磁场过强时，也将产生超越换向的现象。

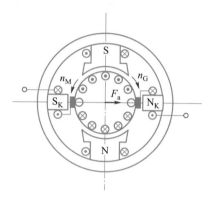

图 1.5.2　用换向极改善换向

对换向极的要求有：

（1）换向极应装在两个相邻的主磁极之间的几何中性线上。

（2）换向极的极性应使所产生的磁场方向与交轴电枢反应磁动势的方向相反。对于发电机，换向极的极性应与要进入的主磁极极性相同；而对于电动机，换向极的极性应与要进入的主磁极极性相反。

（3）由于电抗电动势和电枢反应磁场均与电枢电流成正比，因此换向极磁场也应与电枢电流成正比，所以换向极绕组应与电枢绕组串联，且换向极磁路不应饱和。

改善换向还可以采用装设补偿绕组和移动电刷位置两种方法。

1.6　直流电动机

直流电动机是把直流电能转换成机械能的机械装置。本节主要介绍直流电动机的励磁方式、基本方程式和工作特性等。

1.6.1　直流电动机的励磁方式

直流电动机在运行时，除需要对电枢绕组施加电压外，还需要供给励磁绕组励磁电流。供给励磁绕组电流的方式称为励磁方式。直流电动机的励磁方式分为永磁式和普通励磁式。永磁式是由永久磁铁提供主磁场，适用于小功率电机。大部分直流电动机则采用普通励磁式，普通励磁式又分为他励和自励两大类。励磁电流由其他直流电源单独供给的直流电动机称为他励电动机。励磁电流由电枢电源供给的直流电动机称为自励电动机。自励电动机根据励磁绕组与电枢绕组的连接方式又可分为并励电动机、串励电动机和复励电动机三种。并励电动机的励磁绕组与电枢绕组相并联；串励电动机的励磁绕组与电枢绕组相串联；而复励电动机是并励和串励两种励磁方式相结合的直流电动机。图1.6.1 所示为直流电动机按励磁方式的分类。

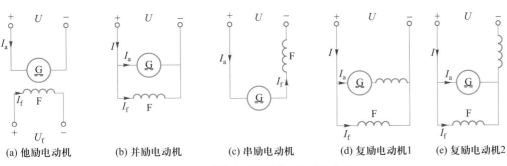

| (a) 他励电动机 | (b) 并励电动机 | (c) 串励电动机 | (d) 复励电动机1 | (e) 复励电动机2 |

图 1.6.1　直流电动机按励磁方式的分类

1.6.2　直流电动机的基本方程

在列写直流电动机的基本方程之前,先规定好电动机各物理量的正方向,如图 1.6.2 所示,这就是电动机惯例。图中,T_2 是电动机转轴上的输出机械转矩,即负载转矩。

一、电压平衡方程式

根据基尔霍夫电压定律,可列出电枢回路的电压平衡方程式

$$U = E_a + R_a I_a \qquad (1.6.1)$$

式中,R_a 为电枢回路总电阻。

由式(1.6.1)可知,对于电动机而言,$E_a < U$。

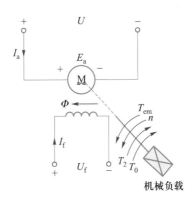

图 1.6.2　电动机惯例

二、转矩平衡方程式

在直流电动机拖动系统中,作用于系统的各种转矩都必须保持平衡,电动机才能处于稳态运行状态,据此可列出直流电动机稳态运行时的转矩平衡方程

$$T_{em} = T_2 + T_0 \qquad (1.6.2)$$

由于电动机的转子本身和被它拖动的生产机械工作机构都具有转动惯量,当电动机转速发生变化时,电磁转矩尚需有一部分与惯性转矩 $T_J = J\dfrac{\mathrm{d}\Omega}{\mathrm{d}t}$ 相平衡,所以动态的转矩平衡方程为

$$T_{em} = T_2 + T_0 + J\frac{\mathrm{d}\Omega}{\mathrm{d}t} \qquad (1.6.3)$$

式中,J 为整个拖动系统的转动惯量。

三、功率平衡方程式

将式(1.6.1)两边同时乘以 I_a 可得功率平衡方程

$$P_1 = UI_a = E_a I_a + R_a I_a^2 = P_{em} + P_{Cua} \qquad (1.6.4)$$

如为并励直流电动机,则有

$$P_1 = UI = U(I_a + I_f) = E_a I_a + R_a I_a^2 + UI_f = P_{em} + P_{Cua} + P_{Cuf} \qquad (1.6.5)$$

将式(1.6.2)等号两端同乘以机械角速度 Ω,可得

$$T_{em}\Omega = T_2\Omega + T_0\Omega$$

即

$$P_{em} = P_2 + P_0 \qquad (1.6.6)$$

式中,$P_{em} = T_{em}\Omega$ 为电磁功率;$P_2 = T_2\Omega$ 为电动机输出的机械功率;$P_0 = T_0\Omega$ 为空载损耗。

空载损耗 P_0 包括三部分,即 $P_0 = P_{Fe} + P_{mec} + P_{ad}$。于是,则有

$$P_1 = P_{em} + P_{Cua} + (P_{Cuf}) = P_2 + P_{Cua} + (P_{Cuf}) + P_{mec} + P_{Fe} + P_{ad}$$

$$= P_2 + \sum P \tag{1.6.7}$$

式中,$\sum P$ 为电动机总损耗。

根据式(1.6.7)可画出并励电动机的功率流程图,如图1.6.3所示。

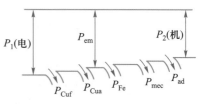

直流电动机的效率可通过下式进行计算

$$\eta = \frac{P_2}{P_1} \times 100\% = \left(1 - \frac{\sum p}{P_2 + \sum p}\right) \times 100\% \tag{1.6.8}$$

图 1.6.3　并励电动机的功率流程图

【例 1.6.1】 一台他励电动机,$P_N = 40$ kW,$U_N = 220$ V,$I_N = 210$ A,$n_N = 1\,000$ r/min,$R_a = 0.075\ \Omega$,$P_{Fe} = 1\,300$ W,$P_{ad} = 380$ W,试求额定状态下:(1)输入功率 P_1 和效率 η_N;(2)电枢铜损耗 P_{Cua}、电磁功率 P_{em} 和机械损耗 P_{mec};(3)电磁转矩 T_{em}、输出转矩 T_2 和空载转矩 T_0。

【解】 (1) 输入功率

$$P_1 = U_N I_N = 220 \times 210 \text{ W} = 46\,200 \text{ W}$$

效率

$$\eta_N = \frac{P_2}{P_1} \times 100\% = \frac{40 \times 10^3}{46\,200} \times 100\% = 86.6\%$$

(2) 电枢铜损耗

$$P_{Cua} = I_a^2 R_a = 210^2 \times 0.075 \text{ W} = 3\,307.5 \text{ W}$$

电磁功率

$$P_{em} = P_1 - P_{Cua} = (46\,200 - 3\,307.5) \text{ W} = 42\,892.5 \text{ W}$$

或

$$P_{em} = E_a I_a = (U_N - I_a R_a) I_a = (220 - 210 \times 0.075) \times 210 \text{ W} = 42\,892.5 \text{ W}$$

机械损耗

$$P_{mec} = P_{em} - P_N - P_{Fe} - P_{ad} = (42\,892.5 - 40 \times 10^3 - 1\,300 - 380) \text{ W} = 1\,212.5 \text{ W}$$

(3) 电磁转矩

$$T_{em} = \frac{P_{em}}{\Omega_N} = \frac{P_{em}}{2\pi n_N / 60} = \frac{42\,892.5}{2\pi \times 1\,000/60} \text{ N} \cdot \text{m} = 409.6 \text{ N} \cdot \text{m}$$

输出转矩

$$T_2 = \frac{P_N}{\Omega_N} = \frac{P_N}{2\pi n_N / 60} = \frac{40 \times 10^3}{2\pi \times 1\,000/60} \text{ N} \cdot \text{m} = 382.0 \text{ N} \cdot \text{m}$$

空载转矩

$$T_0 = T_{em} - T_2 = (409.6 - 382.0) \text{ N} \cdot \text{m} = 27.6 \text{ N} \cdot \text{m}$$

或

$$T_0 = \frac{P_0}{\Omega_N} = \frac{P_{Fe} + P_{mec} + P_{ad}}{2\pi n_N / 60} = \frac{1\,300 + 1\,212.5 + 380}{2\pi \times 1\,000/60} \text{ N} \cdot \text{m} = 27.6 \text{ N} \cdot \text{m}$$

1.6.3　直流电动机的工作特性

直流电动机的工作特性是指在外加电压 $U = U_N$,励磁电流 $I_f = I_{fN}$ 且电枢回路无外串电阻时,转速 n、电磁转矩 T_{em} 和效率 η 与输出功率之间的关系,即 n、T_{em}、$\eta = f(P_2)$。在实际应用中,由于电枢电流 I_a 较

易测量,且 I_a 随 P_2 的增大而增大,故也可将工作特性表示为 n、T_{em}、$\eta = f(I_a)$ 的关系。

一、他励(并励)电动机的工作特性

电源电压恒定时,他励与并励电动机并无区别,故并在一起讨论。

1. 转速特性

当 $U = U_N$、$I_f = I_{fN}$ 时,$n = f(I_a)$ 的关系称为转速特性。把 $E_a = C_E \Phi n$ 代入电压平衡方程 $U = E_a + I_a R_a$,可得

$$n = \frac{U_N}{C_E \Phi_N} - \frac{R_a}{C_E \Phi_N} I_a \tag{1.6.9}$$

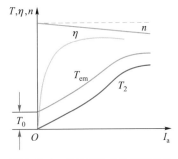

由式(1.6.9)可见,若忽略电枢反应的去磁效应,当 I_a 增加时,转速 n 下降,不过因为 R_a 较小,电枢电阻电压降 $I_a R_a$ 一般只占额定电压 U_N 的 5%,因此转速下降不多,所以 $n = f(I_a)$ 是一条略向下倾斜的直线,如图 1.6.4 所示。

2. 转矩特性

当 $U = U_N$,$I_f = I_{fN}$ 时,$T_{em} = f(I_a)$ 的关系称为转矩特性。根据电磁转矩表达式可得电动机转矩特性表达式如下

$$T_{em} = C_T \Phi_N I_a \tag{1.6.10}$$

图 1.6.4　并励电动机的工作特性

由式(1.6.10)可见,在忽略电枢反应的情况下,电磁转矩与电枢电流成正比,若考虑电枢反应使主磁通略有下降,电磁转矩上升的速度比电流的上升速度要慢一些,曲线的斜率略有下降。

3. 效率特性

当 $U = U_N$,$I_f = I_{fN}$ 时,$\eta = f(I_a)$ 的关系称为效率特性,有

$$\eta = \frac{P_1 - \sum P}{P_1} = 1 - \frac{P_0 + R_a I_a^2}{U_N I_a} \tag{1.6.11}$$

从前面叙述可知,空载损耗 P_0 是不随负载电流变化的,当负载电流较小时效率较低,输入的功率大部分消耗在空载损耗上;当负载电流增大时效率也增大,输入的功率大部分消耗在机械负载上;但当负载电流大到一定程度时铜损耗快速增大,此时效率又开始变小。

二、串励电动机的工作特性

串励电动机的励磁绕组与电枢绕组相串联,电枢电流即为励磁电流。串励电动机的工作特性与并励电动机有很大的区别。当负载电流较小时,磁路不饱和,主磁通与励磁电流(负载电流)呈线性关系变化,而当负载电流较大时,磁路趋于饱和,主磁通基本不随电枢电流变化。因此,讨论串励电动机的转速特性、转矩特性和机械特性必须分段讨论。

当负载电流较小时,电机的磁路没有饱和,每极气隙磁通 Φ 与励磁电流 $I_f = I_a$ 呈线性变化关系,即

$$\Phi = K_f I_f = K_f I_a \tag{1.6.12}$$

式中,K_f 是比例系数。根据式(1.6.12),串励电动机的转速特性可写为

$$n = \frac{U}{C_E \Phi} - \frac{I_a R}{C_E \Phi} = \frac{U}{K_f C_E I_a} - \frac{R}{K_f C_E} \tag{1.6.13}$$

式中,R 为串励电动机电枢回路总电阻,$R = R_a + R_f$。

串励电动机的转矩特性可写为

$$T_{em} = C_T \Phi I_a = K_f C_T I_a^2 \tag{1.6.14}$$

由此可知,转速与负载电流成反比关系,当负载电流较小时,转速较大,负载电流增加,转速快速下降;当负载电流趋于零时,转速趋于无穷大,因此串励电动机不可以空载或在轻载下运行,电磁转矩与负载电流的平方成正比。

当负载电流较大时,磁路已经饱和,磁通 Φ 基本不随负载电流变化,串励电动机的工作特性与并励电动机相同。

串励电动机的工作特性如图1.6.5所示。

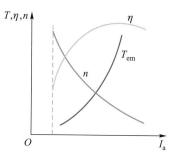

图1.6.5　串励电动机的工作特性

1.7　直流电机的优缺点及应用案例

教学课件:
直流电机的优缺点及应用案例

虚拟实训:
直流电动机的装配

1.7.1　直流电机的优缺点

直流电机的主要优点是:①调速性能好,即调速范围广,易于平滑调节;②起动、制动转矩大,易于快速起动和停车;③过载能力大;④易于控制等。

直流电机的主要缺点是结构复杂,维护困难,生产成本高,具有换向问题,因而限制了它的极限容量,且运行可靠性差。

1.7.2　直流电机的应用案例

直流发电机主要用作直流电源,为直流电动机、电解、电镀、电动交通工具等提供所需的直流电能。在发电厂为同步发电机提供直流励磁电源,随着电力电子技术的迅速发展,在很多领域,直流发电机已被晶闸管直流电源所取代。

直流电动机曾广泛应用于对起动和调速性能要求较高的生产机械中,例如电动工具、电力机车、城市轨道交通(地铁、轻轨等)、无轨电车、电动汽车等都采用直流电动机作为原动机。目前,直流电动机有逐步被交流电动机取代的趋势,但在许多场合直流电动机仍将继续发挥作用。

在发电厂,直流电动机常应用于汽轮发电机的密封油系统,作为备用油泵来使用。由于发电机定子铁心及转子部分采用氢气冷却,为了防止运行中氢气沿转子轴向外漏,引起火灾或爆炸,因此在发电机的两个轴端分别配置了密封瓦(环)。发电机密封瓦(环)所需用的密封油,人们习惯上按其用途称为发电机密封油,而整个维持发电机密封油正常供应的所有设备的组合体就称为发电机密封油系统。发电机密封油系统的主要作用:防止氢气从发电机中漏出;向密封瓦提供润滑以防止密封瓦磨损;尽可能减少进入发电机的空气和水汽。

汽轮发电机密封油系统原理如图1.7.1所示,密封油系统分为空侧油路和氢侧油路两部分。空侧油路:由交流电动机或备用直流电动机驱动的交流主油泵或直流备用泵从空侧回油密封箱取得油源,部分油经冷油器、过滤器后注入密封瓦的空侧,另一部分油则经过主差压阀流回到油泵的进油侧。通过主差压阀使密封处的空侧密封油油压始终保持在高出发电机内气体压力84 kPa的水平上。氢侧油路:氢侧密封油油路中的氢侧交流油泵或者氢侧直流备用油泵从氢侧回油控制箱取得油源,一部分油经冷油器、过滤器、平衡阀后注入密封瓦的氢侧。氢侧油路的油压则通过平衡阀进行细调,并使之自动跟踪空侧油压,以达到基本相同的水平。发电机密封油系统现场应用如图1.7.2所示。

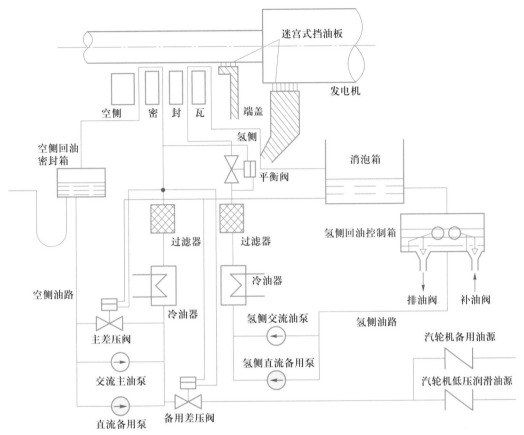

图 1.7.1 汽轮发电机密封油系统原理示意图

图 1.7.2 发电机密封油系统现场应用

小结

本章主要介绍了直流电机的基本工作原理和结构、电枢绕组、电枢反应、电枢电动势和电磁转矩、换向的概念、直流电动机等内容,主要知识点有:

1. 直流电机是一种机电能量转换元件,直流发电机将机械能转换为电能,直流电动机则将电能转换为机械能。直流电机工作原理的理论基础是电磁感应定律和电磁力定律,气隙磁场是电机实现能量转换的媒介。从电机外部看,它的电压、电流和电动势都是直流,但每个绕组元件中的电压、电流和电动势却是交流,这一转换过程是通过电刷与换向器来实现的。可以说,在直流发电机中,电刷与换向器起到了整流作用;而在直流电动机中,电刷与换向器起到了逆变作用。

2. 直流电机的磁场是由励磁磁动势和电枢磁动势共同作用产生的,电枢磁动势对励磁磁动势的影响称为电枢反应。电枢反应不仅使气隙磁场发生畸变,而且还会产生附加去磁作用。

3. 直流电机电枢电动势的表达式为 $E_a = C_E \Phi n$,对于发电机,$E_a > U$,E_a 与 I_a 同方向,称 E_a 为电源电动势;对于电动机,$E_a < U$,E_a 与 I_a 反方向,称 E_a 为反电动势。

4. 直流电机的电磁转矩表达式为 $T_{em} = C_T \Phi I_a$,对于发电机,T_{em} 与转速 n 转向相反,称 T_{em} 为制动转矩;对于电动机,T_{em} 与转速 n 转向相同,称 T_{em} 为驱动转矩。

5. 换向不良会产生火花,改善换向的主要方法是装设换向磁极。

6. 直流电机的励磁方式分他励和自励两大类,自励又可分为并励、串励和复励三种。

7. 直流电动机的基本方程式包括电压平衡方程式、转矩平衡方程式、功率平衡方程式和电流关系式等:

$$
电动机 \begin{cases} U = E_a + R_a I_a \\ I = I_a + I_f (并励) \\ P_1 = P_{em} + P_{Cua} + P_{Cuf} \\ P_{em} = P_2 + P_{Fe} + P_{mec} + P_{ad} \\ T_{em} = T_2 + T_0 \end{cases}
$$

8. 直流电动机的工作特性主要有 $n = f(I_a)$、$T_{em} = f(I_a)$ 和 $y = f(I_a)$ 三种。

思考题与习题

1.1 试简述直流发电机和直流电动机的基本工作原理。

1.2 在直流电机中,为什么电枢导体中的感应电动势为交流,而由电刷引出的电动势却为直流?电刷与换向器的作用是什么?

1.3 试判断下列情况下电刷两端电压的性质:(1)磁极固定,电刷与电枢同时旋转;(2)电枢固定,电刷与磁极同时旋转;(3)电枢固定,电刷与磁极以不同速度旋转。

1.4 在电枢绕组的展开图中,电刷在换向器表面位置应放在何处才能使正、负电刷间的电动势最大?

1.5 直流电动机的励磁方式有哪几种?各有什么特点?

1.6 直流电动机的额定功率是如何定义的?

1.7 电磁转矩与什么因素有关?如何确定电磁转矩的实际方向?

1.8 什么叫直流电机的电枢反应?电枢反应对气隙磁场有什么影响?

1.9 怎样改善直流电机的换向?

1.10 如何确定换向极的极性,换向极绕组为什么要与电枢绕组相串联?

1.11 直流电机处于发电机状态或者电动机状态时,它们的 T_{em} 与 n、E_a 与 I_a 的方向有何不同,能量转换关系有何不同?

1.12　直流电机中电枢电动势是怎样产生的? 它与哪些量有关? 电枢电动势在发电机和电动机中各起什么作用?

1.13　直流电机中电磁转矩是怎样产生的? 它与哪些量有关? 电磁转矩在发电机和电动机中各起什么作用?

1.14　直流电机中有哪些损耗? 是什么原因引起的? 为什么铁心损耗和机械损耗可被看成不变损耗?

1.15　一台直流电动机的额定数据:额定功率 $P_N = 17$ kW,额定电压 $U_N = 220$ V,额定转速 $n_N = 1\ 500$ r/min,额定效率 $\eta_N = 0.83$。求它在额定电流及额定负载时的输入功率。

1.16　已知直流电机的磁极对数:$p = 2$,槽数 $Z = 20$,元件数 S 及换向片数 K 都等于 20,连成单叠绕组。

（1）计算绕组各节距;

（2）画出绕组展开图、磁极及电刷的位置;

（3）求并联支路数。

1.17　一台直流电机的极对数 $p = 3$,单叠绕组,电枢绕组总导体数 $N = 398$,气隙每极磁通 $\Phi = 2.1 \times 10^{-2}$ Wb,当转速分别为 $n = 1\ 500$ r/min 和 $n = 500$ r/min 时,求电枢绕组的感应电动势。

1.18　一台并励电动机,$P_N = 96$ kW,$U_N = 440$ V,$I_N = 255$ A,$I_{fN} = 5$ A,$n_N = 500$ r/min,$R_a = 0.078$ Ω。试求:电动机额定运行时的输出转矩、电磁转矩和空载转矩。

1.19　一台并励电动机的铭牌数据:额定电压 $U_N = 220$ V,额定电枢电流 $I_a = 75$ A,额定转速 $n_N = 1\ 000$ r/min,电枢回路电阻 $R_a = 0.26$ Ω(包括电刷接触电阻),励磁回路总电阻 $R_f = 91$ Ω,额定负载时的电枢铁损耗 $P_{Fe} = 600$ W,机械损耗 $P_{mec} = 1\ 989$ W。求:(1)电动机在额定负载运行时的输出转矩;(2)额定效率。

1.20　一台串励电动机 $U_N = 220$ V,$I_N = 40$ A,$n_N = 1\ 000$ r/min,电枢总电阻为 $R_a = 0.5$ Ω,假定磁路不饱和,当 $I_a = 20$ A 时,电动机的转速和电磁转矩是多少?

本章自测题

一、填空题(每空 1 分,共 20 分)

1. 在一台直流发电机的定子上装设主磁极,转子上安放电枢绕组,则发电机运行时,电枢绕组中感应的是＿＿＿＿＿性质的电动势,经过电刷和换向器的＿＿＿＿＿作用,使正、负电刷间获得的感应电动势成为＿＿＿＿＿性质的电动势。

2. 直流电机电枢感应电动势的数学表达式为＿＿＿＿＿,对于电动机,电动势的性质为＿＿＿＿＿。

3. 直流电机电磁转矩的数学表达式为＿＿＿＿＿,对于直流电动机,电磁转矩的性质为＿＿＿＿＿。

4. 直流电机电枢反应的定义是＿＿＿＿＿,当电刷位于几何中性线时,作为电动机运行时,产生＿＿＿＿＿性质的电枢反应,当电刷逆向偏离几何中性线时的电枢反应为＿＿＿＿＿。

5. 直流发电机电磁功率是＿＿＿＿＿功率转换成＿＿＿＿＿功率的部分,因此它既可用机械量＿＿＿＿＿来表示,也可用电量＿＿＿＿＿来表示。

6. 直流电机铭牌上的额定功率是指输出功率。对于发电机是指＿＿＿＿＿功率,对于电动机是指轴上＿＿＿＿＿功率。

7. 一台直流电机的磁极对数为 p,当绕成单叠绕组时,其并联支路对数为＿＿＿＿＿,绕成单波绕组时,其并联支路对数是_____。

8. 直流电机的电磁转矩是由_____和_____共同作用产生的。

二、判断题（每题 2 分,共 10 分）

1. 一台并励电动机,若把电源极性接反,则电动机就反转。 （ 　）

2. 在运行中,如果并励电动机的励磁回路突然断开,会产生飞车现象。 （ 　）

3. 一台接到直流电源上运行的直流电动机,换向情况是良好的。如果通过改变电枢两端的极性来改变转向,换向极线圈不改接,则换向情况变坏。 （ 　）

4. 直流电机实质上是一台具有换向装置的交流电机。 （ 　）

5. 直流电动机的电磁转矩是驱动性质的,因此稳定运行时,电磁转矩越大则转速就越高。（ 　）

三、选择题（每题 2 分,共 10 分）

1. 直流发电机主磁极磁通产生感应电动势（ 　）

A. 存在于电枢绕组 　　　　　　　　　B. 存在于励磁绕组

C. 同时存在于电枢绕组和励磁绕组中 　　D. 均不存在于电枢绕组和励磁绕组中

2. 要改变并励电动机的转向,可以（ 　）

A. 增大励磁 　　　B. 改变电源极性 　　　C. 改接电枢绕组 　　　D. 减小励磁

3. 一台直流电动机,若电刷顺电枢转向偏离几何中性线,则（ 　）

A. 转速会升高 　　　B. 转速会降低 　　　C. 转速不变 　　　D. 不确定

4. 如果并励发电机的转速升高 20%,则空载时发电机的端电压将（ 　）

A. 升高 20% 　　　B. 升高大于 20% 　　　C. 升高小于 20% 　　　D. 不变

5. 直流电机电枢电动势和电磁转矩公式中的磁通是指（ 　）。

A. 空载时每极磁通 　　　　　　　　　B. 负载时每极磁通

C. 负载时所有磁极的磁通总和 　　　　D. 换向极磁通

四、简答与作图题（每题 5 分,共 25 分）

1. 试画出直流电动机的功率流程图

2. 为什么直流电机定子部分的铁心不用硅钢片叠成,而转子铁心部分却用硅钢片叠成?

3. 直流电机改善换向常采用哪些措施?

4. 直流电机中,什么叫几何中性线? 什么叫物理中性线?

5. 试写出稳态运行时,直流电动机的转矩平衡方程式,并说明各转矩分量的性质。

五、分析题（10 分）

若把一台直流发电机电枢固定,而电刷与磁极同速旋转或者不同速旋转,分别在电刷两端输出什么性质的电压? 为什么?

六、计算题（共 25 分）

1. 一台他励电动机的额定数据:$P_N = 10 \text{ kW}$,$U_N = 220 \text{ V}$,$\eta_N = 90\%$,$n_N = 1\,200 \text{ r/min}$,电枢回路总电阻 $R_a = 0.044 \ \Omega$。试求:(1)额定负载时的电枢电动势和额定电磁转矩;(2)额定输出转矩和空载转矩。(10 分)

2. 一台并励电动机,$P_N = 2.2 \text{ kW}$,$U_N = 220 \text{ V}$,$I_N = 12.5 \text{ A}$,$n_N = 750 \text{ r/min}$,电枢回路总电阻 $R_a = 0.2 \ \Omega$,励磁回路电阻 $R_f = 275 \ \Omega$。试求:(1)额定状态下运行时的输入功率 P_1、电磁功率 P_{em}、空载损耗 P_0、电枢铜损耗 P_{Cua} 和励磁损耗 P_{Cuf};(2)额定效率 η_N;(3)输出转矩 T_2、空载转矩 T_0 和电磁转矩 T_{em}。(15 分)

第 2 章 直流电动机的电力拖动

内容简介

在现代化工业生产过程中,为了实现各种生产工艺,需要使用各种各样的生产机械。各种生产机械的运转,一般采用电动机来拖动,这种用电动机作为原动机来拖动生产机械运行的系统,称为电力拖动系统。电力拖动系统通常由电动机、传动机构、生产机械、控制设备和电源五部分组成。

电动机把电能转换成机械能,通过传动机构(或直接)驱动生产机械工作。传动机构把电动机的旋转运动经过中间变速或变换运动方式后,再传给生产机械(有些情况下,电动机直接拖动生产机械而不需要传动机构)。生产机械是执行某一生产任务的机械设备,是电力拖动的对象。控制设备是由各种控制元器件组成,用以控制电动机,从而实现对生产机械的控制。为了向电动机及电气控制设备供电,电源是不可缺少的。

按照电动机种类的不同,电力拖动分为直流电动机拖动和交流电动机拖动两大类。本章介绍直流电动机的电力拖动。交流电动机的电力拖动将在第 5 章中介绍。

2.1 电力拖动系统的运动方程式和负载转矩特性

教学课件:
电力拖动系统的
运动方程式和
负载转矩特性

2.1.1 电力拖动系统的运动方程式

一、运动方程式

电力拖动系统的运动方程式描述了系统的运动状态,系统的运动状态取决于作用在原动机转轴上的各种转矩。下面分析电动机直接与生产机械的工作机构相接时,拖动系统的各种转矩及运动方程式。在图 2.1.1 中,电动机的电磁转矩 T_{em} 通常与转速 n 同方向,是驱动性质的转矩。生产机械的工作机构转矩,即负载转矩 T_L 通常是制动性质的。如果忽略电动机的空载转矩 T_0,根据牛顿第二定律可知,拖动系统旋转时的运动方程式为

$$T_{em} - T_L = J \frac{d\Omega}{dt} \qquad (2.1.1)$$

式中,J 为运动系统的转动惯量,单位为 $kg \cdot m^2$;Ω 为系统旋转的角速度,单位为 rad/s;$J \dfrac{d\Omega}{dt}$ 为系统的惯性转矩,单位为 $N \cdot m$。

在实际工程计算中,经常用转速 n 代替角速度 Ω 来表示系统的转动速度,用飞轮惯量或称飞轮矩 GD^2 代替转动惯量 J 来表示系统的机械惯性。Ω 与 n、J 与 GD^2 的关系为

$$\Omega = \frac{2\pi n}{60} \qquad (2.1.2)$$

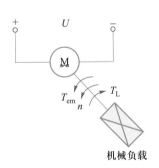

图 2.1.1　电动机与工作机构直接相连的单轴电力拖动系统

$$J = m\rho^2 = \frac{G}{g} \cdot \frac{D^2}{4} = \frac{GD^2}{4g} \tag{2.1.3}$$

式中，n 为转速，单位为 r/min；m 与 G 为旋转体的质量与重力，单位分别为 kg 与 N；ρ 与 D 为惯性半径与直径，单位为 m；g 为重力加速度，$g = 9.8 \text{ m/s}^2$。

把式（2.1.2）、式（2.1.3）代入式（2.1.1），可得运动方程的实用形式

$$T_{em} - T_L = \frac{GD^2}{375} \cdot \frac{dn}{dt} \tag{2.1.4}$$

式中，GD^2 为旋转体的飞轮矩，单位为 N·m²。

应注意，式（2.1.4）中的 375 具有加速度量纲；而飞轮矩 GD^2 是反映物体旋转惯性的一个整体物理量。电动机和生产机械的 GD^2 可从产品样本和有关设计资料中查到。

由式（2.1.4）可知，系统的旋转运动可分三种状态：

（1）当 $T_{em} = T_L$，$\dfrac{dn}{dt} = 0$ 时，系统处于静止或恒转速运行状态，即处于稳态。

（2）当 $T_{em} > T_L$，$\dfrac{dn}{dt} > 0$ 时，系统处于加速运行状态，即处于动态过程。

（3）当 $T_{em} < T_L$，$\dfrac{dn}{dt} < 0$ 时，系统处于减速运行状态，也是处于动态过程。

可见，当 $\dfrac{dn}{dt} \neq 0$ 时，系统处于加速或减速运行，即处于动态，所以常把 $\dfrac{GD^2}{375} \cdot \dfrac{dn}{dt}$ 或 $(T_{em} - T_L)$ 称为动负载转矩，而把 T_L 称为静负载转矩。运动方程式（2.1.4）就是动态的转矩平衡方程式。

二、运动方程式中转矩正、负号的规定

在电力拖动系统中，随着生产机械负载类型和工作状况的不同，电动机的运行状态将发生变化，即作用在电动机转轴上的电磁转矩（拖动转矩）T_{em} 和负载转矩（阻转矩）T_L 的大小和方向都可能发生变化。因此运动方程式（2.1.4）中的转矩 T_{em} 和 T_L 是带有正、负号的代数量。在应用运动方程式时，必须注意转矩的正、负号。一般规定如下：

首先选定电动机处于电动状态时的旋转方向为转速 n 的正方向，然后按照下列规则确定转矩的正、负号。

（1）电磁转矩 T_{em} 与转速 n 的正方向相同时为正，相反时为负。

（2）负载转矩 T_L 与转速 n 的正方向相反时为正，相同时为负。

惯性转矩 $\dfrac{GD^2}{375} \cdot \dfrac{dn}{dt}$ 的大小及正、负号由 T_{em} 和 T_L 的代数和决定。

在图 2.1.1 所示的拖动系统中，电动机和生产机械的工作机构直接相连，这时工作机构的转速等于电动机的转速。若忽略电动机的空载转矩，则工作机构的负载转矩就是作用在电动机轴上的阻转矩，这种系统称为单轴系统。实际的电力拖动系统往往不是单轴系统，而是通过一套传动机构，把电动机和生产机械的工作机构连接起来的多轴系统。传动机构的作用是把电动机的转速变换成工作机构所需要的转速，或者把电动机的旋转运动变换成负载所需要的直线运动。对于多轴系统，应当将其等效成单轴系统后再进行分析计算，其等效方法可参考有关书籍。

2.1.2 负载的转矩特性

电力拖动系统的运动方程式，集电动机的电磁转矩 T_{em}、生产机械的负载转矩 T_L 及系统的转速 n

之间的关系于一体,定量地描述了拖动系统的运动规律。但是,要对运动方程式求解,首先必须知道电动机的机械特性$:n=f(T_{em})$及负载的机械特性$:n=f(T_L)$。负载的机械特性也称为负载转矩特性,简称负载特性。下面先介绍生产机械的负载特性,电动机的机械特性在下一节介绍。

虽然生产机械的类型很多,但是生产机械的负载转矩特性基本上可以分为三大类。

一、恒转矩负载特性

恒转矩负载特性是指生产机械的负载转矩 T_L 的大小与转速 n 无关的特性,即无论转速 n 如何变化,负载转矩 T_L 的大小都保持不变。根据负载转矩的方向是否与转向有关,恒转矩负载又分为反抗性恒转矩负载和位能性恒转矩负载两种。

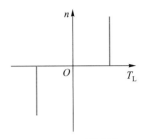

图 2.1.2　反抗性恒转矩负载特性

1. 反抗性恒转矩负载

这类负载的特点是:负载转矩的大小恒定不变,而负载转矩的方向总是与转速的方向相反,即负载转矩的性质总是起反抗运动作用的阻转矩性质。显然,反抗性恒转矩负载特性在第一和第三象限内,如图 2.1.2 所示。传送带运输机、轧钢机、机床的刀架平移和行走机构等由摩擦力产生转矩的机械都属于反抗性恒转矩负载。

2. 位能性恒转矩负载

这类负载是由拖动系统中某些具有位能的部件(如起重类型负载中的重物)造成,其特点是:不仅负载转矩的大小恒定不变,而且负载转矩的方向也不变。例如起重机,无论是提升重物还是下放重物,由物体重力所产生的负载转矩的方向是不变的。因此,位能性恒转矩负载特性位于第一与第四象限内,如图 2.1.3 所示。

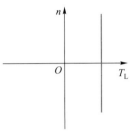

图 2.1.3　位能性恒转矩负载特性

二、恒功率负载特性

恒功率负载的特点是:负载转矩与转速的乘积为一常数,即负载功率 $P_L=T_L\Omega=\dfrac{2\pi}{60}T_L n=$ 常数,也就是负载转矩 T_L 与转速 n 成反比。恒功率负载特性是一条双曲线,如图 2.1.4 所示。

某些生产工艺过程,要求具有恒功率负载特性。例如车床的切削,粗加工时需要较大的进刀量和较低的转速,精加工时需要较小的进刀量和较高的转速;又如轧钢机轧制钢板时,小工件需要高速度低转矩,大工件需要低速度高转矩,这些工艺要求都是恒功率负载特性。

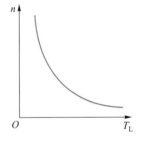

图 2.1.4　恒功率负载特性

三、泵与风机类负载特性

水泵、油泵、通风机和螺旋桨等机械的负载转矩基本上与转速的平方成正比,即 $T_L\propto kn^2$,其中 k 是比例常数。这类机械的负载特性是一条抛物线,如图 2.1.5 中曲线 1 所示。

以上介绍的恒转矩负载特性、恒功率负载特性及泵与风机类负载特性都是从各种实际负载中概括出来的典型的负载特性。实际生产机械的负载转矩特性可能是以某种典型为主,或是以上几种典型特性的结合。例如,实际通风机除了主要是风机负载特性外,由于其轴承上还有一定的摩擦转矩 T_{L0},因而实际通风机的负载特性应为 $T_L=T_{L0}+kn^2$,如图 2.1.5 中曲线 2 所示。

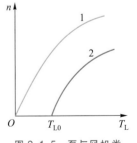

图 2.1.5　泵与风机类负载特性

2.2　他励直流电动机的机械特性

2.2.1　机械特性的表达式

直流电动机的机械特性是指在电动机的电枢电压、励磁电流、电枢回路电阻为恒值的条件下,即电动机处于稳态运行时,电动机的转速 n 与电磁转矩 T_{em} 之间的关系$:n=f(T_{em})$。由于转速和转矩都是机

教学课件:
他励直流电动机
的机械特性

械量,所以把它称为机械特性。利用机械特性和负载特性可以确定系统的稳态转速,在一定近似条件下还可以利用机械特性和运动方程式分析电力拖动系统的动态运行情况,如转速、转矩及电流随时间的变化规律。可见,电动机的机械特性对分析电力拖动系统的运行是非常重要的。

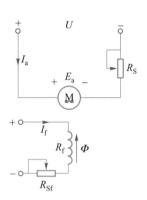

图2.2.1所示是他励直流电动机的电路原理图。图中 U 为外施电源电压,E_a 是电枢电动势,I_a 是电枢电流,R_S 是电枢回路串联电阻,I_f 是励磁电流,Φ 是励磁磁通,R_f 是励磁绕组电阻,R_{Sf} 是励磁回路串联电阻。按图中标明的各个量的正方向,可以列出电枢回路的电压平衡方程式

$$U = E_a + RI_a \tag{2.2.1}$$

式中,$R = R_a + R_S$,为电枢回路总电阻,R_a 为电枢电阻。将电枢电动势 $E_a = C_E \Phi n$ 和电磁转矩 $T_{em} = C_T \Phi I_a$ 代入式(2.2.1)中,可得他励直流电动机的机械特性方程式

$$n = \frac{U}{C_E \Phi} - \frac{R}{C_E C_T \Phi^2} T_{em}$$
$$= n_0 - \beta T_{em} = n_0 - \Delta n \tag{2.2.2}$$

图 2.2.1 他励直流
电动机电路原理图

式中,C_E、C_T 分别为电动势常数和转矩常数($C_T = 9.55C_E$);$n_0 = \dfrac{U}{C_E \Phi}$ 为电磁转矩 $T_{em} = 0$ 时的转速,称为理想空载转速;$\beta = \dfrac{R}{C_E C_T \Phi^2}$ 为机械特性的斜率;$\Delta n = \beta T_{em}$ 为转速降。

由公式 $T_{em} = C_T \Phi I_a$ 可知,电磁转矩 T_{em} 与电枢电流 I_a 成正比,所以只要励磁磁通 Φ 保持不变,则式(2.2.2)也可用转速特性代替,即

$$n = \frac{U}{C_E \Phi} - \frac{R}{C_E \Phi} I_a \tag{2.2.3}$$

由式(2.2.2)可知,当 U、Φ、R 为常数时,他励直流电动机的机械特性是一条以 β 为斜率向下倾斜的直线,如图2.2.2所示。

必须指出,电动机的实际空载转速 n_0' 比理想空载转速 n_0 略低。这是因为电动机由于摩擦等原因存在一定的空载转矩 T_0,空载运行时,电磁转矩不可能为零,它必须克服空载转矩,即 $T_{em} = T_0$,故实际空载转速应为

$$n_0' = \frac{U}{C_E \Phi} - \frac{R}{C_E C_T \Phi^2} T_0 \tag{2.2.4}$$

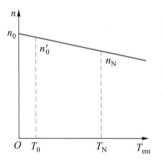

图 2.2.2 他励直流
电动机的机械特性

转速降 Δn 是理想空载转速与实际转速之差,转矩一定时,它与机械特性的斜率 β 成正比。β 越大,特性越陡,Δn 越大;β 越小,特性越平,Δn 越小。通常称 β 大的机械特性为软特性,而 β 小的机械特性为硬特性。

事实上,式(2.2.2)中的电枢回路电阻 R、端电压 U 和励磁磁通 Φ 都是可以根据实际需要进行调节的,每调节一个参数可以对应得到一条机械特性,所以可以得到多条机械特性。其中,电动机自身所固有的,反映电动机本来"面目"的机械特性是在电枢电压、励磁磁通为额定值,且电枢回路没有外串电阻时的机械特性,这条机械特性称为电动机的固有(自然)机械特性。调节 U、R、Φ 等参数后得到的机械特性称为人为机械特性。

2.2.2 固有机械特性和人为机械特性

一、固有机械特性

当 $U = U_N$,$\Phi = \Phi_N$,$R = R_a(R_S = 0)$ 时的机械特性称为固有机械特性,其方程式为

$$n = \frac{U_N}{C_E \Phi_N} - \frac{R_a}{C_E C_T \Phi_N^2} T_{em} \qquad (2.2.5)$$

因为电枢电阻 R_a 很小,特性斜率 β 很小,通常额定转速降 Δn_N 只有额定转速的百分之几到百分之十几,所以他励直流电动机的固有机械特性是硬特性,如图 2.2.3 中直线 R_a 所示。

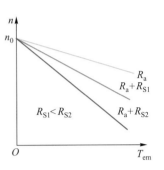

图 2.2.3　电动机的固有机械特性和电枢串联电阻的人为机械特性

二、人为机械特性

1. 电枢串电阻时的人为机械特性

保持 $U = U_N$、$\Phi = \Phi_N$ 不变,只在电枢回路中串入电阻 R_s 时的人为机械特性为

$$n = \frac{U_N}{C_E \Phi_N} - \frac{R_a + R_s}{C_E C_T \Phi_N^2} T_{em} \qquad (2.2.6)$$

与固有机械特性相比,电枢串电阻时人为机械特性的理想空载转速 n_0 不变,但斜率 β 随串联电阻 R_s 的增大而增大,所以特性变软。改变 R_s 的大小,可以得到一族通过理想空载点 n_0 并具有不同斜率的人为机械特性,如图 2.2.3 所示。

2. 降低电枢电压时的人为机械特性

保持 $R = R_a (R_s = 0)$、$\Phi = \Phi_N$ 不变,只改变电枢电压 U 时的人为机械特性为

$$n = \frac{U}{C_E \Phi_N} - \frac{R_a}{C_E C_T \Phi_N^2} T_{em} \qquad (2.2.7)$$

由于电动机的工作电压以额定电压为上限,因此改变电压时,只能在低于额定电压的范围内变化。与固有机械特性比较,降低电压时人为机械特性的斜率 β 不变,但理想空载转速 n_0 随电压的降低而正比减小。因此,降低电压时的人为机械特性是位于固有机械特性下方,且与固有机械特性平行的一组直线,如图 2.2.4 所示。

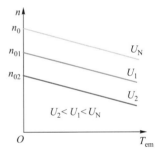

图 2.2.4　电动机的固有机械特性和降低电压时的人为机械特性

3. 减弱励磁磁通时的人为机械特性

在图 2.2.1 中,改变励磁回路调节电阻 R_{sf},就可以改变励磁电流,从而改变励磁磁通。由于电动机额定运行时,磁路已经开始饱和,即使再成倍增加励磁电流,磁通也不会有明显增加,何况由于励磁绕组发热条件的限制,励磁电流也不允许再大幅度地增加。因此,只能在额定值以下调节励磁电流,即只能减弱励磁磁通。

保持 $R = R_a (R_s = 0)$、$U = U_N$ 不变,只减弱磁通时的人为机械特性为

$$n = \frac{U_N}{C_E \Phi} - \frac{R_a}{C_E C_T \Phi^2} T_{em} \qquad (2.2.8)$$

与固有机械特性比较,减弱磁通时的人为机械特性的理想空载转速 n_0 升高,且斜率 β 增大,因此特性变软,磁通越小,特性越软。减弱磁通时的人为机械特性位于固有机械特性的上方,如图 2.2.5 所示。

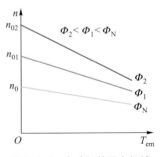

图 2.2.5　电动机的固有机械特性和减弱磁通时的人为机械特性

2.2.3　机械特性的求取

在设计电力拖动系统时,首先应知道所选择电动机的机械特性,可是电动机的产品目录或铭牌中都未直接给出机械特性的数据,因此通常是根据铭牌数据:P_N、U_N、I_N、n_N 计算或通过试验来求取机械特性。

一、固有机械特性的求取

他励直流电动机的固有机械特性为一条直线,所以只要求出直线上任意两点的数据就可以画出这条直线。一般计算理想空载点($T_{em} = 0$,$n = n_0$)和额定运行点($T_{em} = T_N$,$n = n_N$)数据,具体步骤如下:

（1）估算 R_a

电枢电阻 R_a 可用实测方法求得,也可用下式进行估算

$$R_a = \left(\frac{1}{2} \sim \frac{2}{3}\right)\frac{U_N I_N - P_N}{I_N^2} \qquad (2.2.9)$$

式(2.2.9)是认为电动机额定运行时,电枢铜损耗占总损耗的 $\frac{1}{2} \sim \frac{2}{3}$,这是符合实际情况的。

（2）计算 $C_E \Phi_N$、$C_T \Phi_N$

$$C_E \Phi_N = \frac{U_N - I_N R_a}{n_N}$$

$$C_T \Phi_N = 9.55 C_E \Phi_N$$

（3）计算理想空载点数据

$$T_{em} = 0, \quad n_0 = \frac{U_N}{C_E \Phi_N}$$

（4）计算额定工作点数据

$$T_N = C_T \Phi_N I_N, \quad n = n_N$$

以上四步计算中,用到的额定功率 P_N、额定电压 U_N、额定电流 I_N 和额定转速 n_N 均可从电动机的铭牌中查得。

根据计算所得 $(0, n_0)$ 和 (T_N, n_N) 两点就可在 T_{em}-n 平面内画出电动机的固有机械特性。通过 $\beta = R_a/(C_E \Phi_N \cdot C_T \Phi_N)$ 求出 β 后,便可求得他励直流电动机的固有机械特性方程式 $n = n_0 - \beta T_{em}$。

二、人为机械特性的求取

在固有机械特性方程式 $n = n_0 - \beta T_{em}$(n_0、β 为已知)基础上,根据人为机械特性所对应的参数(U、R_s 或 Φ)变化,重新计算 n_0 和 β 值,便可求得人为机械特性方程式。若要画出人为机械特性,还需算出某一负载点数据,如点 (T_N, n),然后连接 $(0, n_0)$ 和 (T_N, n) 两点,便得到人为机械特性曲线。

【例2.2.1】 一台他励直流电动机的铭牌数据为 $P_N = 5.5$ kW,$U_N = 110$ V,$I_N = 62$ A,$n_N = 1\,000$ r/min。求:(1)固有机械特性方程式;(2)实际空载转速 n_0'。

【解】 （1）求固有机械特性方程式

先估算 R_a,由式(2.2.9)取系数为 $\frac{1}{2}$ 时

$$R_a = \frac{1}{2} \times \frac{U_N I_N - P_N}{I_N^2} = \frac{1}{2} \times \frac{110 \times 62 - 5\,500}{62^2} \Omega = 0.172 \ \Omega$$

$$C_E \Phi_N = \frac{U_N - I_N R_a}{n_N} = \frac{110 - 62 \times 0.172}{1\,000} = 0.099①$$

$$C_T \Phi_N = 9.55 C_E \Phi_N = 9.55 \times 0.099 = 0.945$$

$$n_0 = \frac{U_N}{C_E \Phi_N} = \frac{110}{0.099} \text{ r/min} = 1\,111 \text{ r/min}$$

$$\beta = \frac{R_a}{C_E \Phi_N \cdot C_T \Phi_N} = \frac{0.172}{0.099 \times 0.945} = 1.84$$

固有机械特性方程式为

$$n = n_0 - \beta T_{em} = (1\,111 - 1.84 T_{em}) \text{ r/min}$$

---

① 在工程中习惯将 $C_E \Phi_N$ 的单位略去,只写出其数值,后面还有一些类似的量,不再赘述。

（2）求实际空载转速 n_0'

额定电磁转矩 $\qquad T_{emN} = C_T \Phi_N I_N = 0.945 \times 62 \ \text{N} \cdot \text{m} = 58.6 \ \text{N} \cdot \text{m}$

额定负载转矩 $\qquad T_{LN} = 9.55 \dfrac{P_N}{n_N} = 9.55 \times \dfrac{5\,500}{1\,000} \ \text{N} \cdot \text{m} = 52.5 \ \text{N} \cdot \text{m}$

空载转矩 $\qquad T_0 = T_{emN} - T_{LN} = (58.6 - 52.5) \ \text{N} \cdot \text{m} = 6.1 \ \text{N} \cdot \text{m}$

实际空载转速 $\qquad n_0' = n_0 - \beta T_0 = (1\,111 - 1.84 \times 6.1) \ \text{r/min} = 1\,100 \ \text{r/min}$

【例 2.2.2】 他励直流电动机的铭牌数据为：$P_N = 22 \ \text{kW}$，$U_N = 220 \ \text{V}$，$I_N = 116 \ \text{A}$，$n_N = 1\,500 \ \text{r/min}$，试分别求取下列机械特性方程式并绘制其特性曲线。

（1）固有机械特性；

（2）电枢串入电阻 $R_s = 0.7 \ \Omega$ 时的人为机械特性；

（3）电源电压降至 $110 \ \text{V}$ 时的人为机械特性；

（4）磁通减弱至 $\dfrac{2}{3} \Phi_N$ 时的人为机械特性。

【解】 （1）固有机械特性

由式（2.2.9）取系数为 $\dfrac{2}{3}$ 时

$$R_a = \frac{2}{3} \times \frac{U_N I_N - P_N}{I_N^2} = \frac{2}{3} \times \frac{220 \times 116 - 22\,000}{116^2} \ \Omega = 0.174 \ \Omega$$

$$C_E \Phi_N = \frac{U_N - I_N R_a}{n_N} = \frac{220 - 116 \times 0.174}{1\,500} = 0.133$$

$$n_0 = \frac{U_N}{C_E \Phi_N} = \frac{220}{0.133} \ \text{r/min} = 1\,654 \ \text{r/min}$$

$$\beta = \frac{R_a}{9.55(C_E \Phi_N)^2} = \frac{0.174}{9.55 \times 0.133^2} = 1.03$$

固有机械特性为

$$n = n_0 - \beta T_{em} = 1\,654 - 1.03 T_{em}$$

理想空载点数据为

$$T_{em} = 0, \quad n = n_0 = 1\,654 \ \text{r/min}$$

额定工作点数据为

$$T_{em} = T_N = 9.55 C_E \Phi_N I_N = 9.55 \times 0.133 \times 116 \ \text{N} \cdot \text{m} = 147.3 \ \text{N} \cdot \text{m}$$

$$n = n_N = 1\,500 \ \text{r/min}$$

连接这两点，得出固有机械特性曲线，如图 2.2.6 所示。

（2）电枢回路串入 $R_s = 0.7 \ \Omega$ 电阻时

$n_0 = 1\,654 \ \text{r/min}$ 不变，β 增大为

$$\beta' = \frac{R_a + R_s}{9.55(C_E \Phi_N)^2} = \frac{0.174 + 0.7}{9.55 \times 0.133^2} = 5.17$$

人为机械特性为

$$n = 1\,654 - 5.17 T_{em}$$

当 $T_{em} = T_N$ 时，有

$$n = (1\,654 - 5.17 \times 147.3) \ \text{r/min} = 892 \ \text{r/min}$$

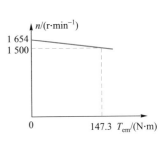

图 2.2.6　固有机械特性

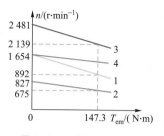

图 2.2.7　人为机械特性
1—$R_s = 0.7\ \Omega$；2—$U = 110\ \text{V}$；
3—$\Phi = 2/3\Phi_N$；4—固有机械
特性

其特性曲线如图 2.2.7 中曲线 1 所示。

（3）电源电压降为 110 V 时

$\beta = 1.03$ 不变，n_0 变为

$$n_0' = \frac{1}{2} \times 1\ 654\ \text{r/min} = 827\ \text{r/min}$$

人为机械特性为

$$n = 827 - 1.03 T_{em}$$

当 $T_{em} = T_N$ 时，有

$$n = (827 - 1.03 \times 147.3)\,\text{r/min} = 675\ \text{r/min}$$

其特性曲线如图 2.2.7 中曲线 2 所示。

（4）磁通减弱至 $\dfrac{2}{3}\Phi_N$ 时

n_0 和 β 均发生变化，有

$$n_0'' = \frac{U_N}{\frac{2}{3} C_E \Phi_N} = \frac{220}{\frac{2}{3} \times 0.133}\ \text{r/min} = 2\ 481\ \text{r/min}$$

$$\beta'' = \frac{R_a}{9.55\left(\frac{2}{3} C_E \Phi_N\right)^2} = \frac{0.174}{9.55 \times \left(\frac{2}{3} \times 0.133\right)^2} = 2.32$$

人为机械特性为

$$n = 2\ 481 - 2.32 T_{em}$$

当 $T_{em} = T_N$ 时，有

$$n = (2\ 481 - 2.32 \times 147.3)\,\text{r/min} = 2\ 139\ \text{r/min}$$

其人为机械特性曲线如图 2.2.7 中曲线 3 所示。

2.3　直流电动机的起动

教学课件：
直流电动机
的起动

　　电动机的起动是指电动机接通电源后，由静止状态加速到稳定运行状态的过程。电动机在起动瞬间（$n = 0$）的电磁转矩称为起动转矩，起动瞬间的电枢电流称为起动电流，分别用 T_{st} 和 I_{st} 表示。起动转矩为

$$T_{st} = C_T \Phi I_{st} \tag{2.3.1}$$

　　如果他励直流电动机在额定电压下直接起动，由于起动瞬间转速 $n = 0$，电枢电动势 $E_a = 0$，故起动电流为

动画：
他励直流电动机
三级电阻起动

$$I_{st} = \frac{U_N}{R_a} \tag{2.3.2}$$

因为电枢电阻 R_a 很小，所以直接起动电流将达到很大的数值，通常可达到额定电流的 10~20 倍。过大的起动电流会引起电网电压下降，影响电网上其他用户的正常用电；使电动机的换向严重恶化，甚至会烧坏电动机；同时过大的冲击转矩会损坏电枢绕组和传动机构。因此，除了个别容量很小的电动机外，一般直流电动机是不允许直接起动的。

　　对直流电动机的起动，一般有如下要求：

（1）要有足够大的起动转矩。

（2）起动电流要限制在一定的范围内。

（3）起动设备要简单、可靠。

为了限制起动电流,他励直流电动机通常采用电枢回路串电阻起动或降低电枢电压起动的方法。无论采用哪种起动方法,起动时都应保证电动机的磁通达到最大值。这是因为在同样的电流下,Φ 大,则 T_{st} 大;而在同样的转矩下,Φ 大,则 I_{st} 可以小一些。

2.3.1　电枢回路串电阻起动

电枢回路串电阻起动,主要应用于小容量直流电动机中。起动时,在电枢回路中串入起动变阻器,随着转速的升高,逐渐切除变阻器的电阻,起动完毕切除全部起动电阻。

电阻回路串电阻起动时的起动电流为

$$I_{st} = \frac{U_N}{R_a + R_{st}} \qquad (2.3.3)$$

式中,R_{st} 值应使 I_{st} 不大于允许值。对于普通直流电动机,一般要求 $I_{st} \leqslant (1.5 \sim 2) I_N$。

图 2.3.1 所示为三点起动器与并励电动机的接线图。起动时,把手柄从触点 0 拉到触点 1 上,电动机开始起动,此时全部电阻串在电枢回路内。把手柄移过一个触点,即切除一段电阻,当把手柄移至触点 5 时,起动电阻就被全部切除了,此时电磁铁 YA 把手柄吸住。在正常运行中,如果电源停电或励磁回路断开,则电磁铁 YA 失去吸力,手柄上的弹簧把手柄拉回到起动位置 0 点,以起保护作用。

2.3.2　降压起动

当直流电源电压可调时,可以采用降压起动方法。起动时,以较低的电源电压起动电动机,起动电流便随电压的降低而正比减小。随着电动机转速的上升,反电动势逐渐增大,再逐渐提高电源电压,使起动电流和起动转矩保持一定的数值上,从而保证电动机按需要的加速度升速。

可调压的直流电源,在过去多采用直流的发电机-电动机组,即每一台电动机专门由一台直流发电机供电。当调节发电机的励磁电流时,便可改变发电机的输出电压,从而改变加在电动机电枢两端的电压。近年来,随着晶闸管技术的发展,直流发电机已经被晶闸管整流电源所取代。

降压起动虽然需要专用电源,设备投资较大,但它起动平稳,起动过程中能量损耗小,因而得到了广泛应用。

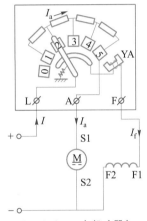

图 2.3.1　三点起动器与
并励电动机的接线图

2.4　直流电动机的制动

根据电磁转矩 T_{em} 和转速 n 方向之间的关系,可以把电动机分为两种运行状态。当 T_{em} 与 n 方向相同时,称为电动运行状态,简称电动状态;当 T_{em} 与 n 方向相反时,称为制动运行状态,简称制动状态。电动状态时,电磁转矩为驱动转矩,电动机将电能转换成机械能;制动状态时,电磁转矩为制动转矩,电动机将机械能转换成电能。

在电力拖动系统中,电动机经常需要工作在制动状态。例如,许多生产机械工作时,往往需要快速停车或者由高速运行迅速转为低速运行,这就要求电动机进行制动;对于像起重机等位能性负载的工作机构,为了获得稳定的下放速度,电动机也必须运行在制动状态。因此,电动机的制动运行也是十分重要的。

微课：
直流电动机
能耗制动

他励直流电动机的制动有能耗制动、反接制动和回馈制动三种方式，下面分别介绍。

2.4.1 能耗制动

图 2.4.1 所示为能耗制动的接线图。开关 Q 投向"电动"侧，则进入电动状态，此时电枢电流 I_a、电枢电动势 E_a、转速 n 及驱动性质的电磁转矩 T_{em} 的方向如图所示。当需要制动时，将开关 Q 投向"制动"侧，电动机便进入能耗制动状态。

初始制动时，因为磁通保持不变，电枢存在惯性，其转速 n 不能马上降为 0，而是保持原来的方向旋转，于是 n 和 E_a 的方向均不改变。但是，由 E_a 在闭合的回路内产生的电枢电流 I_{aB} 与电动状态时电枢电流 I_a 的方向相反，由此而产生的电磁转矩 T_{emB} 也与电动状态时 T_{em} 的方向相反，变为制动转矩，于是电动机处于制动运行。制动运行时，电动机靠生产机械惯性力的拖动而发电，将生产机械储存的动能转换成电能，并消耗在电阻 (R_a+R_B) 上，直到电动机停止转动为止，所以这种制动方式称为能耗制动。

能耗制动时的机械特性，就是在 $U=0$、$\Phi=\Phi_N$、$R=R_a+R_B$ 条件下的一条人为机械特性，即

$$n=-\frac{R_a+R_B}{C_E C_T \Phi_N^2}T_{em} \qquad (2.4.1)$$

或

$$n=-\frac{R_a+R_B}{C_E \Phi_N}I_a \qquad (2.4.2)$$

可见，能耗制动时的机械特性是一条通过坐标原点的直线，其理想空载转速为零，特性的斜率 $\beta=\frac{R_a+R_B}{C_E C_T \Phi_N^2}$，与电动状态下电枢串电阻 R_B 时的人为机械特性的斜率相同，如图 2.4.2 中线段 BC 所示。

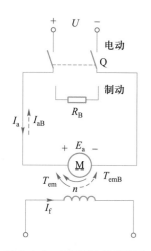

图 2.4.1 能耗制动的接线图

能耗制动时，工作点沿 BO 方向移动。

若电动机拖动反抗性负载，则工作点到达 O 点时，$n=0$，$T_{em}=0$，电动机便停转。

若电动机拖动位能性负载，在位能负载的作用下，电动机将反转并加速，当制动转矩与负载转矩平衡时，电动机便在某一转速下处于稳定的制动状态运行，即匀速下放重物，如图 2.4.2 中的 C 点。

改变制动电阻 R_B 的大小，可以改变能耗制动特性曲线的斜率，从而可以改变起始制动转矩的大小以及下放位能负载时的稳定速度。R_B 越小，特性曲线的斜率越小，起始制动转矩越大，而下放位能负载的速度越小。减小制动电阻，可以增大制动转矩，缩短制动时间，提高工作效率。但制动电阻太小，将会造成制动电流过大，通常限制最大制动电流不超过 2 倍的额定电流。选择制动电阻的原则是

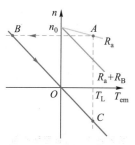

图 2.4.2 能耗制动时的机械特性

$$I_{aB}=\frac{E_a}{R_a+R_B}\le I_{max}=2I_N$$

虚拟实训：
直流电动机的
能耗制动

即

$$R_B\ge\frac{E_a}{2I_N}-R_a \qquad (2.4.3)$$

式中，E_a 为制动瞬间（制动前电动状态时）的电枢电动势。如果制动前电动机处于额定运行，则 $E_a=U_N-R_a I_N\approx U_N$。

能耗制动操作简单，但随着转速的下降，电动势减小，制动电流和制动转矩也随之减小，制动效果变差。若为了使电动机能更快地停转，可以在转速降到一定程度时，切除一部分制动电阻，使制动转矩增大，从而加强制动作用。

【例 2.4.1】 一台他励直流电动机的铭牌数据为 $P_N=10$ kW，$U_N=220$ V，$I_N=53$ A，$n_N=1\,000$ r/min，$R_a=0.3\,\Omega$，电枢电流最大允许值为 $2I_N$。（1）电动机在额定状态下进行能耗制动，求电枢回路应串接的制动电阻值。（2）用此电动机拖动起重机，在能耗制动状态下以 300 r/min 的转速下放重物，电枢电流

为额定值,求电枢回路应串入多大的制动电阻。

【解】 （1）制动前电枢电动势为

$$E_{\mathrm{a}} = U_{\mathrm{N}} - R_{\mathrm{a}}I_{\mathrm{N}} = (220 - 0.3 \times 53)\mathrm{V} = 204.1\ \mathrm{V}$$

应串入的制动电阻值为

$$R_{\mathrm{B}} = \frac{E_{\mathrm{a}}}{2I_{\mathrm{N}}} - R_{\mathrm{a}} = \left(\frac{204.1}{2 \times 53} - 0.3\right)\Omega = 1.625\ \Omega$$

（2）因为励磁保持不变,则

$$C_{E}\varPhi_{\mathrm{N}} = \frac{E_{\mathrm{a}}}{n_{\mathrm{N}}} = \frac{204.1}{1\ 000} = 0.204\ 1$$

下放重物时,转速为 $n = -300\ \mathrm{r/min}$,由能耗制动的机械特性

$$n = -\frac{R_{\mathrm{a}} + R_{\mathrm{B}}}{C_{E}\varPhi_{\mathrm{N}}}I_{\mathrm{a}}$$

得

$$-300 = -\frac{0.3 + R_{\mathrm{B}}}{0.204\ 1} \times 53$$

所以

$$R_{\mathrm{B}} = 0.855\ \Omega$$

2.4.2　反接制动

反接制动分为电压反接制动和倒拉反转反接制动两种。

一、电压反接制动

电压反接制动的接线图如图 2.4.3 所示。开关 Q 投向"电动"侧时,电枢接正极性的电源电压,此时电动机处于电动状态。进行制动时,开关 Q 投向"制动"侧,此时电枢回路串入制动电阻 R_{B} 后,接上极性相反的电源电压,即电枢电压由原来的正值变为负值。此时,在电枢回路内,U 与 E_{a} 顺向串联,共同产生很大的反向电流

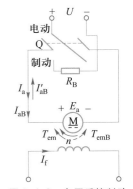

图 2.4.3　电压反接制动的接线图

$$I_{\mathrm{aB}} = \frac{-U_{\mathrm{N}} - E_{\mathrm{a}}}{R_{\mathrm{a}} + R_{\mathrm{B}}} = -\frac{U_{\mathrm{N}} + E_{\mathrm{a}}}{R_{\mathrm{a}} + R_{\mathrm{B}}} \tag{2.4.4}$$

反向的电枢电流 I_{aB} 产生很大的反向电磁转矩 T_{emB},从而产生很强的制动作用,这就是电压反接制动。

电动状态时,电枢电流的大小由 U_{N} 与 E_{a} 之差决定,而反接制动时,电枢电流的大小由 U_{N} 与 E_{a} 之和决定,因此反接制动时电枢电流是非常大的。为了限制过大的电枢电流,反接制动时必须在电枢回路中串接制动电阻 R_{B}。R_{B} 的大小应使反接制动时电枢电流不超过电动机的最大允许电流 $I_{\max} = 2I_{\mathrm{N}}$,因此应串入的制动电阻值为

$$R_{\mathrm{B}} \geqslant \frac{U_{\mathrm{N}} + E_{\mathrm{a}}}{2I_{\mathrm{N}}} - R_{\mathrm{a}} \tag{2.4.5}$$

比较式(2.4.5)和式(2.4.3)可知,反接制动电阻值要比能耗制动电阻值约大一倍。

电压反接制动时的机械特性就是在 $U = -U_{\mathrm{N}}$,$\varPhi = \varPhi_{\mathrm{N}}$,$R = R_{\mathrm{a}} + R_{\mathrm{B}}$ 条件下的一条人为机械特性,即

$$n = -\frac{U_{\mathrm{N}}}{C_{E}\varPhi_{\mathrm{N}}} - \frac{R_{\mathrm{a}} + R_{\mathrm{B}}}{C_{E}C_{T}\varPhi_{\mathrm{N}}^{2}}T_{\mathrm{em}} \tag{2.4.6}$$

或

$$n = -\frac{U_{\mathrm{N}}}{C_{E}\varPhi_{\mathrm{N}}} - \frac{R_{\mathrm{a}} + R_{\mathrm{B}}}{C_{E}\varPhi_{\mathrm{N}}}I_{\mathrm{a}} \tag{2.4.7}$$

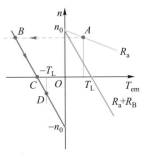

图 2.4.4　电压反接制动时的机械特性

可见,其特性曲线是一条通过 $-n_{0}$ 点,斜率为 $\dfrac{R_{\mathrm{a}} + R_{\mathrm{B}}}{C_{E}C_{T}\varPhi_{\mathrm{N}}^{2}}$ 的直线,如图 2.4.4 中线段 BC 所示。

电压反接制动时工作点沿 BC 方向移动，当到达 C 点时，制动过程结束。此时必须立即断开电源，否则电动机将反转。

反接制动过程中（图2.4.4中 BC 段），U、I_a、T_{em} 均为负，而 n、E_a 为正。输入功率 $P_1 = UI_a > 0$，表明电动机从电源输入电功率；输出功率 $P_2 = T_2\Omega \approx T_{em}\Omega < 0$，表明电动机从轴上输入机械功率；电磁功率 $P_{em} = E_aI_a < 0$，表明轴上输入的机械功率转变成电枢回路的电功率。由此可见，反接制动时，从电源输入的电功率和从轴上输入的机械功率转变成的电功率一起全部消耗在电枢回路的电阻（$R_a + R_B$）上，其能量损耗是很大的。

二、倒拉反转反接制动

倒拉反转反接制动只适用于位能性恒转矩负载。现以起重机下放重物为例来说明。

图2.4.5（a）所示为正向电动状态（提升重物）时电动机的各物理量方向，此时电动机工作在固有机械特性[图2.4.5（c）]上的 A 点。如果在电枢回路中串入一个较大的电阻 R_B，便可实现倒拉反转反接制动。串入 R_B 将得到一条斜率较大的人为机械特性，如图2.4.5（c）中的线段 n_0D 所示。制动时，工作点由 B 点向 D 点变化，当到达 D 点时，电磁转矩与负载转矩平衡，电动机便以稳定的转速匀速下放重物。电动机串入的电阻 R_B 越大，最后稳定的转速越高，下放重物的速度也越快。

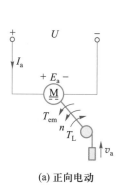

(a) 正向电动

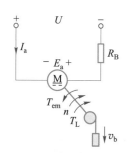

(b) 倒拉反转

电枢回路串入较大的电阻后，电动机能出现反转制动运行，主要是位能性负载的倒拉作用，又因为此时的 E_a 与 U 也是顺向串联，共同产生电枢电流，这一点与电压反接制动相似，因此把这种制动称为倒拉反转反接制动。

倒拉反转反接制动时的机械特性方程式就是电动状态时电枢串电阻的人为机械特性方程式，只不过此时电枢串入的电阻值较大，使得 $\dfrac{R_a + R_B}{C_E C_T \Phi_N^2} T_L > n_0$，即 $n = n_0 - \dfrac{R_a + R_B}{C_E C_T \Phi_N^2} T_L < 0$ 而已。因此，倒拉反转反接制动特性曲线是电动状态电枢串电阻人为机械特性在第四象限的延伸部分。

倒拉反转反接制动时的能量关系和电压反接制动时相同。

【例2.4.2】 例题2.4.1中的电动机运行在倒拉反转反接制动状态，仍以300 r/min的速度下放重物，轴上仍带额定负载。试求电枢回路应串入多大电阻？并求从电网输入的功率 P_1，从轴上输入的功率 P_2 及电枢回路中电阻上消耗的功率。

【解】 将已知数据代入

$$n = \frac{U_N}{C_E \Phi_N} - \frac{R_a + R_B}{C_E \Phi_N} I_a$$

得

$$-300 = \frac{220}{0.204\ 1} - \frac{0.3 + R_B}{0.204\ 1} \times 53$$

解得

$$R_B = 5\ \Omega$$

从电网输入的功率为

$$P_1 = U_N I_N = 220 \times 53\ \text{W} = 11\ 660\ \text{W} = 11.66\ \text{kW}$$

从轴上输入的功率近似等于电磁功率，即

$$P_2 \approx P_{em} = E_a I_a = C_E \Phi_N n I_a$$

$$= 0.204\ 1 \times 300 \times 53\ \text{W} = 3\ 245.2\ \text{W} = 3.245\ \text{kW}$$

电枢回路电阻消耗的功率为

$$P_{Cua} = (R_a + R_B) I_N^2 = (0.3 + 5) \times 53^2\ \text{W}$$

图2.4.5 倒拉反转反接制动

(c) 机械特征

$$= 14\ 887.7\ \text{W} = 14.89\ \text{kW}$$

可见

$$P_1 + P_2 = P_{\text{Cua}}$$

2.4.3　回馈制动

电动状态下运行的电动机,在某种条件下(如电动机拖动的机车下坡时)会出现运行转速 n 高于理想空载转速 n_0 的情况,此时 $E_a > U$,电枢电流反向,电磁转矩的方向也随之改变:由驱动转矩变成制动转矩。从能量传递方向看,电动机处于发电状态,将机车下坡时失去的位能转变成电能回馈给电网,因此这种状态称为回馈制动状态。

回馈制动时的机械特性方程式与电动状态时相同,只是运行在特性曲线上不同的区段而已。当电动机拖动机车下坡出现回馈制动(正向回馈制动)时,其机械特性位于第二象限,如图 2.4.6 中的 $n_0 A$ 段。当电动机拖动起重机下放重物出现回馈制动(反向回馈制动)时,其机械特性位于第四象限,如图 2.4.6 中的 $-n_0 B$ 段。图 2.4.6 中的 A 点是电动机处于正向回馈制动稳定运行点,表示机车以恒定的速度下坡。图 2.4.6 中的 B 点是电动机处于反向回馈制动稳定运行点,表示匀速下放重物。

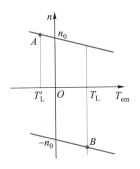

图 2.4.6　回馈制动机械特性

【**例 2.4.3**】　他励直流电动机数据为 $U_N = 440\ \text{V}$,$I_N = 80\ \text{A}$,$n_N = 1\ 000\ \text{r/min}$,$R_a = 0.5\ \Omega$,在额定负载下,工作在回馈制动状态,匀速下放重物,电枢回路不串电阻,求电动机的转速。

【**解**】　提升重物时电动机运行于正向电动状态,下放重物时电动机运行于反向回馈制动状态,工作点对应于图 2.4.6 中的 B 点。因为磁通不变,故

$$C_E \Phi_N = \frac{U_N - R_a I_N}{n_N} = \frac{440 - 0.5 \times 80}{1\ 000} = 0.4$$

根据反向回馈制动机械特性可求得转速

$$n = -n_0 - \beta I_a = -\frac{U_N}{C_E \Phi_N} - \frac{R_a}{C_E \Phi_N} I_a$$

$$= \left(-\frac{440}{0.4} - \frac{0.5}{0.4} \times 80 \right)\ \text{r/min} = -1\ 200\ \text{r/min}$$

转速为负值,表示下放重物。

2.4.4　直流电动机的反转

许多生产机械要求电动机正、反转运行,如起重机的升、降,轧钢机对工件的往、返压延,龙门刨床的前进与后退等。直流电动机的转向是由电枢电流方向和主磁场方向确定的,要改变其转向,一是改变电枢电流的方向,二是改变励磁电流的方向(即改变主磁场的方向)。如果同时改变电枢电流和励磁电流的方向,则电动机的转向不会改变。

改变直流电动机的转向,通常采用改变电枢电流方向的方法,具体就是改变电枢两端的电压极性,或者说把电枢绕组两端换接。很少采用改变励磁电流方向的方法,因为励磁绕组匝数较多,电感较大,切换励磁绕组时会产生较大的自感电压而危及励磁绕组的绝缘。

2.5　直流电动机的调速

为了提高生产效率或满足生产工艺的要求,许多生产机械在工作过程中都需要调速。例如车床切

削工件时,精加工用高转速,粗加工用低转速;轧钢机在轧制不同品种和不同厚度的钢材时,也必须有不同的工作速度。

电力拖动系统的调速可以采用机械调速、电气调速或二者配合来调速的方法。通过改变传动机构速度比进行调速的方法称为机械调速;通过改变电动机参数进行调速的方法称为电气调速。本节只介绍他励直流电动机的电气调速。

改变电动机的参数就是人为地改变电动机的机械特性,从而使负载工作点发生变化,转速随之变化。可见,在调速前后,电动机必然运行在不同的机械特性上。如果机械特性不变,因负载变化而引起电动机转速的改变,则不能称为调速。

根据他励直流电动机的转速公式

$$n = \frac{U - I_a (R_a + R_s)}{C_E \Phi} \tag{2.5.1}$$

可知,当电枢电流 I_a 不变时(即在一定的负载下),只要改变电枢电压 U、电枢回路串联电阻 R_s 及励磁磁通 Φ 三者之中的任意一个量,就可改变转速 n。因此,他励电动机具有三种调速方法:调压调速、电枢串电阻调速和调磁调速。为了评价各种调速方法的优缺点,对调速方法提出了一定的技术经济指标,称为调速指标。下面先对调速指标进行介绍,然后讨论他励电动机的三种调速方法及其与负载类型的配合问题。

2.5.1 评价调速的指标

评价调速性能好坏的指标有以下四个。

一、调速范围

调速范围是指电动机在额定负载下可能运行的最高转速 n_{max} 与最低转速 n_{min} 之比,通常用 D 表示,即

$$D = \frac{n_{max}}{n_{min}} \tag{2.5.2}$$

不同的生产机械对电动机的调速范围有不同的要求。要扩大调速范围,必须尽可能地提高电动机的最高转速和降低电动机的最低转速。电动机的最高转速受到电动机的机械强度、换向条件、电压等级等方面的限制,而最低转速则受到低速运行时转速的相对稳定性的限制。

二、静差率

转速的相对稳定性是指负载变化时,转速变化的程度。转速变化小,其相对稳定性好。转速的相对稳定性用静差率 δ 表示。当电动机在某一机械特性上运行时,由理想空载增加到额定负载,电动机的转速降 $\Delta n_N = n_0 - n_N$ 与理想空载转速 n_0 之比,就称为静差率,用百分数表示为

$$\delta = \frac{n_0 - n_N}{n_0} \times 100\% = \frac{\Delta n_N}{n_0} \times 100\% \tag{2.5.3}$$

显然,电动机的机械特性越硬,其静差率越小,转速的相对稳定性就越高。但是静差率的大小不仅仅是由机械特性的硬度决定的,还与理想空载转速的大小有关。例如,图 2.5.1 中的两条相互平行的机械特性曲线 2、3,它们的硬度相同,额定转速降也相等,即 $\Delta n_2 = \Delta n_3$,但由于它们的理想空载转速不等,$n_{02} > n_{03}$,所以它们的静差率不等,$\delta_2 < \delta_3$。可见,硬度相同的两条机械特性,理想空载转速越低,其静差率越大。

静差率与调速范围两个指标是相互制约的,设图 2.5.1 中曲线 1 和曲线 4 为电动机最高转速和最

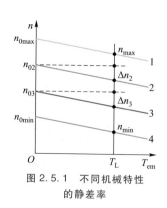

图 2.5.1　不同机械特性的静差率

低转速时的机械特性,则电动机的调速范围 D 与最低转速时的静差率 δ 关系为

$$D = \frac{n_{\max}}{n_{\min}} = \frac{n_{\max}}{n_{0\min} - \Delta n_{\mathrm{N}}} = \frac{n_{\max}}{\dfrac{\Delta n_{\mathrm{N}}}{\delta} - \Delta n_{\mathrm{N}}}$$

$$= \frac{n_{\max}\delta}{\Delta n_{\mathrm{N}}(1-\delta)} \qquad (2.5.4)$$

式中, Δn_{N} 为最低转速机械特性上的转速降; δ 为最低转速时的静差率,即系统的最大静差率。

由式(2.5.4)可知,若对静差率这一指标要求过高,即 δ 值越小,则调速范围 D 就越小;反之,若要求调速范围 D 越大,则静差率 δ 也越大,转速的相对稳定性越差。

不同的生产机械,对静差率的要求不同,普通车床要求 $\delta \leqslant 30\%$,而高精度的造纸机则要求 $\delta \leqslant 0.1\%$ 。在保证一定静差率指标的前提下,要扩大调速范围,就必须减小转速降 Δn_{N} ,就是说,必须提高机械特性的硬度。

三、调速的平滑性

在一定的调速范围内,调速的级数越多,就认为调速越平滑,相邻两级转速之比称为平滑系数,用 φ 表示,则

$$\varphi = \frac{n_i}{n_{i-1}} \qquad (2.5.5)$$

φ 值越接近 1,则平滑性越好。当 $\varphi = 1$ 时,称为无级调速,即转速可以连续调节。调速不连续时,级数有限,称为有级调速。

四、调速的经济性

主要指调速设备的投资、运行效率及维修费用等。

2.5.2　调速方法

一、电枢回路串电阻调速

电枢回路串电阻调速的原理可用图 2.5.2 说明。

设电动机拖动恒转矩负载 T_{L} ,在固有机械特性上 A 点运行,其转速为 n_{N} 。若电枢回路中串入电阻 R_{S1} ,则达到新的稳态后,工作点变为人为机械特性上的 B 点,转速下降到 n_1 。从图中可以看出,串入的电阻值越大,稳态转速就越低。

电枢串电阻调速的优点是设备简单,操作方便。缺点是:

(1)由于电阻只能分段调节,所以调速的平滑性差。

(2)低速时,机械特性曲线斜率大,静差率大,所以转速的相对稳定性差。

(3)轻载时调速范围小,额定负载时调速范围一般为 $D \leqslant 2$ 。

(4)如果负载转矩保持不变,则调速前和调速后因磁通不变而使电动机的 T_{em} 和 I_{a} 不变,输入功率($P_1 = U_{\mathrm{N}}I_{\mathrm{a}}$)也不变,但输出功率($P_2 \propto T_{\mathrm{L}}n$)却随转速的下降而减小,减小的部分被串联的电阻消耗掉了,所以损耗较大,效率较低。而且转速越低,所串电阻越大,损耗越大,效率越低,所以这种调速方法是不太经济的。

因此,电枢串电阻调速多用于对调速性能要求不高的生产机械上,如起重机、电车等。

二、降低电源电压调速

电动机的工作电压不允许超过额定电压,因此电枢电压只能在额定电压以下进行调节。降低电源

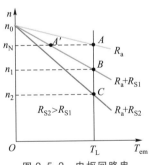

图 2.5.2　电枢回路串电阻调速

虚拟实训:
直流电动机电枢
串电阻调速

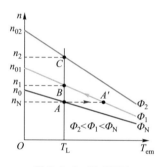

图 2.5.3 降低电源电压调速

电压调速的原理可用图 2.5.3 说明。

设电动机拖动恒转矩负载 T_L 在固有机械特性上 A 点运行,其转速为 n_N。若电源电压由 U_N 下降至 U_1,则达到新的稳态后,工作点将移到对应人为机械特性曲线上的 B 点,其转速下降为 n_1。从图中可以看出,电压越低,稳态转速也越低。

降低电源电压调速的优点是:

(1) 电源电压能够平滑调节,可以实现无级调速。

(2) 调速前后机械特性曲线的斜率不变,硬度较高,负载变化时,速度稳定性好。

(3) 无论轻载还是重载,调速范围相同,一般可达 $D = 2.5 \sim 12$。

(4) 电能损耗较小。

降低电源电压调速需要一套电压可连续调节的晶闸管整流电源。

降低电源电压调速多用在对调速性能要求较高的生产机械上,如机床、轧钢机、造纸机等。

三、弱磁调速

额定运行的电动机,其磁路已基本饱和,即使励磁电流增加很大,磁通也增加很少,从电动机的性能考虑也不允许磁路过饱和。因此,改变磁通只能从额定值往下调,调节磁通调速即弱磁调速。其调速原理可用图 2.5.4 说明。

图 2.5.4 弱磁调速

设电动机拖动恒转矩负载 T_L 在固有机械特性曲线上 A 点运行,其转速为 n_N。若磁通由 Φ_N 减小至 Φ_1,则达到新的稳态后,工作点将移到对应人为机械特性上的 B 点,其转速上升为 n_1。从图中可见,磁通越少,稳态转速将越高。

对于恒转矩负载,调速前后电动机的电磁转矩不变,因为磁通减小,所以调速后的稳态电枢电流大于调速前的电枢电流,这一点与前两种调速方法不同。当忽略电枢反应影响和较小的电阻压降 $R_a I_a$ 的变化时,可近似认为转速与磁通成反比变化。

弱磁调速的优点:由于在电流较小的励磁回路中进行调节,因而控制方便,能量损耗小,设备简单,而且调速平滑性好。虽然弱磁调速升速后电枢电流增大,电动机的输入功率增大,但由于转速升高,输出功率也增大,电动机的效率基本不变,因此弱磁调速的经济性是比较好的。

弱磁调速的缺点:机械特性曲线的斜率变大,特性变软;转速的升高受到电动机换向能力和机械强度的限制,因此升速范围不可能很大,一般 $D \leq 2$。

为了扩大调速范围,常常把降低电源电压调速和弱磁调速两种方法结合起来。在额定转速以下采用降低电源电压调速,在额定转速以上采用弱磁调速。

【例 2.5.1】 一台他励直流电动机的额定数据为 $U_N = 220$ V,$I_N = 41.1$ A,$n_N = 1\,500$ r/min,$R_a = 0.4\ \Omega$,保持额定负载转矩不变。求:(1)电枢回路串入 1.65 Ω 电阻后的稳态转速;(2)电源电压降为 110 V 时的稳态转速;(3)磁通减弱为 90% Φ_N 时的稳态转速。

【解】
$$C_E \Phi_N = \frac{U_N - I_a R_a}{n_N} = \frac{220 - 41.1 \times 0.4}{1\,500} = 0.136$$

(1) 因为负载转矩不变,且磁通不变,所以 I_a 不变
$$n = \frac{U_N - (R_a + R_s) I_a}{C_E \Phi_N} = \frac{220 - (0.4 + 1.65) \times 41.1}{0.136}\ \text{r/min} = 998\ \text{r/min}$$

(2) 与(1)相同,$I_a = I_N$ 不变
$$n = \frac{U - R_a I_a}{C_E \Phi_N} = \frac{110 - 0.4 \times 41.1}{0.136}\ \text{r/min} = 688\ \text{r/min}$$

（3）因为

$$T_{em} = C_T \Phi_N I_N = C_T \Phi' I'_a = 常数$$

所以

$$I'_a = \frac{\Phi_N}{\Phi'} I_N = \frac{1}{0.9} \times 41.1 \text{ A} = 45.7 \text{ A}$$

$$n = \frac{U_N - R_a I'_a}{C_E \Phi'} = \frac{220 - 0.4 \times 45.7}{0.9 \times 0.136} \text{ r/min} = 1648 \text{ r/min}$$

【例 2.5.2】 某直流调速系统,直流电动机的额定转速 $n_N = 900$ r/min,其固有机械特性的理想空载转速 $n_0 = 1000$ r/min,生产机械要求的静差率为 20%。求:(1)采用电枢回路串电阻调速时的调速范围;(2)采用降低电源电压调速时的调速范围。

【解】 （1）电枢回路串电阻调速时,$n_0 = 1000$ r/min,最低转速 n_{min} 时的转速降为

$$\Delta n_N = \delta n_0 = 0.2 \times 1000 \text{ r/min} = 200 \text{ r/min}$$

最低转速为

$$n_{min} = n_0 - \Delta n_N = (1000 - 200) \text{r/min} = 800 \text{ r/min}$$

调速范围为

$$D = \frac{n_{max}}{n_{min}} = \frac{900}{800} = 1.125$$

或

$$D = \frac{n_{max}\delta}{\Delta n_N(1-\delta)} = \frac{900 \times 0.2}{200 \times (1-0.2)} = 1.125$$

（2）降低电源电压调速时转速降为

$$\Delta n_N = n_0 - n_N = (1000 - 900) \text{ r/min} = 100 \text{ r/min}$$

最低转速 n_{min} 对应的理想空载转速

$$n_{0min} = \frac{\Delta n_N}{\delta} = \frac{100}{0.2} \text{ r/min} = 500 \text{ r/min}$$

最低转速为

$$n_{min} = n_{0min} - \Delta n_N = (500 - 100) \text{ r/min} = 400 \text{ r/min}$$

调速范围为

$$D = \frac{n_{max}}{n_{min}} = \frac{900}{400} = 2.25$$

或

$$D = \frac{n_{max}\delta}{\Delta n_N(1-\delta)} = \frac{900 \times 0.2}{100 \times (1-0.2)} = 2.25$$

2.5.3　调速方式与负载类型的配合

正确地使用电动机,应当使电动机既满足负载的要求,又使其得到充分利用。所谓电动机的充分利用,是指在一定的转速下,电动机的电枢电流达到了额定值。在大于额定电流下工作的电动机将会因过热而烧坏,在小于额定电流下工作的电动机因未能得到充分利用而造成浪费。对于不调速的电动机,通常都工作在额定状态,电枢电流为额定值,所以恒转速运行的电动机一般都能得到充分利用。但是,当电动机调速时,在不同的转速下,电枢电流能否总保持为额定值,即电动机能否在不同的转速下

都得到充分利用,这就需要研究电动机的调速方式与负载类型的配合问题。

以电动机在不同转速下都能得到充分利用为条件,可以把他励直流电动机的调速分为恒转矩调速和恒功率调速两种方式。电枢回路串电阻调速和降低电源电压调速属于恒转矩调速方式,而弱磁调速属于恒功率调速方式,现说明如下。

电枢回路串电阻调速和降低电源电压调速时,磁通 $\Phi = \Phi_N$ 保持不变,如果在不同转速下保持电流 $I_a = I_N$ 不变,即电动机得到充分利用,则电动机的输出转矩和功率分别为

$$\left.\begin{array}{l} T \approx T_{em} = C_T \Phi_N I_N = \text{常数} \\ P = \dfrac{Tn}{9\,550} = C_1 n \end{array}\right\} \tag{2.5.6}$$

式中,C_1 为常数。由此可见,电枢回路串电阻和降低电源电压调速时,电动机的输出功率与转速成正比,而输出转矩为恒值,故称为恒转矩调速方式。

弱磁调速时,磁通 Φ 是变化的,在不同转速下,若保持 $I_a = I_N$ 不变,则电动机的输出转矩和功率分别为

$$\left.\begin{array}{l} T \approx T_{em} = C_T \Phi I_N = C_T \dfrac{U_N - I_N R_a}{C_E n} I_N = \dfrac{C_2}{n} \\ P = \dfrac{Tn}{9\,550} = \dfrac{C_2}{9\,550} = \text{常数} \end{array}\right\} \tag{2.5.7}$$

式中,C_2 为常数。由此可见,弱磁调速时,电动机的输出转矩与转速成反比,而输出功率为恒值,故称之为恒功率调速方式。

由上述分析可知,为了使调速电动机得到充分利用,在拖动恒转矩负载时,应采用电枢回路串电阻调速或降低电源电压调速,即恒转矩调速方式。在拖动恒功率负载时,应采用弱磁调速,即恒功率调速方式。

通过分析表明,对于风机负载,三种调速方法都不十分合适,但采用电枢回路串电阻调速和降低电源电压调速要比弱磁调速合适一些。

2.6 直流电动机电力拖动应用案例

直流电动机以其优良的控制性能在生产实际中获得了广泛应用。图 2.6.1 所示为采用直流电动机驱动移动平台的某加工装置结构示意图,图 2.6.2 所示为其电气原理简图。

此加工装置运行时,由直流电动机和行星齿轮减速器带动轴通过三爪联轴器将扭矩传递给梯形丝杠,梯形丝杠转动带动丝母与其连接的移动平台进行移动。直流电动机起停操作通过控制面板由驱动器完成。同时,根据生产工艺要求,通过控制面板完成速度设定,由驱动器实现电动机转速调节与控制。

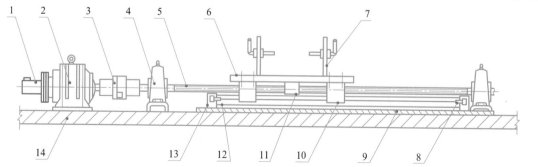

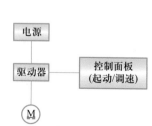

图 2.6.1 直流电动机驱动移动平台的某加工装置结构示意图

图 2.6.2 电气原理简图

1—直流电动机;2—行星齿轮减速器;3—三爪联轴器;4—轴承座;5—梯形丝杠;6—移动平台;7—夹紧机构;8—限位开关;9—轨道底部工艺板;10—滑块;11—丝母;12—滑轨;13—物理挡块;14—底部支撑架

教学课件:直流电动机电力拖动应用案例

小结

　　电力拖动系统是以电动机作为原动机来拖动生产机械工作的运动系统。电力拖动系统主要研究电动机与所拖动的生产机械之间的关系。电力拖动系统的运动方程式描述了电动机轴上的电磁转矩、负载转矩与系统转速变化三者之间的关系。按电动机惯例规定转矩、转速正方向的前提下,运动方程式为

$$T_{em} - T_L = \frac{GD^2}{375} \cdot \frac{dn}{dt}$$

　　当 $T_{em} = T_L$ 时,$\frac{dn}{dt} = 0$,此时系统恒转速稳态运行,工作点是电动机机械特性曲线与负载转矩特性曲线的交点。

　　当 $T_{em} > T_L$ 时,$\frac{dn}{dt} > 0$,系统加速运行;当 $T_{em} < T_L$ 时,$\frac{dn}{dt} < 0$,系统减速运行。加速与减速运行都属动态过程。运动方程式是分析动态运行的理论依据。

　　负载的机械特性或称负载转矩特性有如下几种典型:反抗性恒转矩负载、位能性恒转矩负载、恒功率负载及泵与风机类负载。实际的生产机械往往是以某种类型负载为主,同时兼有其他类型的负载。

　　电动机的机械特性是指稳态运行时转速与电磁转矩的关系,它反映了稳态转速随转矩的变化规律。当电动机的电压和磁通为额定值且电枢不串电阻时的机械特性称为固有机械特性,而改变电动机电气参数后得到的机械特性称为人为机械特性。人为机械特性有降低电枢电压时的人为机械特性、电枢串电阻时的人为机械特性和减弱励磁磁通时的人为机械特性。利用机械特性和负载特性可以确定电动机的稳态工作点,即根据负载转矩确定稳态转速,或根据稳态转速计算负载转矩。也可以根据要求的稳态工作点计算电动机的外接电阻、外加电压和磁通等参数。

　　直流电动机的电枢电阻很小,因而直接起动时的电流很大,这是不允许的。为了减小起动电流,通常采用电枢回路串电阻起动或降压起动的方法来起动电动机。

　　当电磁转矩与转速方向相反时,电动机处于制动状态。直流电动机有三种制动方式:能耗制动、反接制动(电压反接制动和倒拉反转反接制动)和回馈制动。制动运行时,电动机将机械能转换成电能,其机械特性曲线位于第二和第四象限。倒拉反转反接制动与回馈制动状态的机械特性方程式与电动状态相同,而能耗制动和电压反接制动的机械特性方程式可分别用 $U = 0$ 和 $-U$ 替换电动状态机械特性方程式中的 U 而得到。制动运行用来实现快速停车或匀速下放位能性负载。用于快速停车时,电压反接制动的作用比能耗制动作用明显,但断电不及时有可能引起反转。用于匀速下放位能性负载时,能耗制动和倒拉反转反接制动可以实现在低于理想空载转速下下放位能性负载,而回馈制动则不能,即回馈制动只能在高于理想空载转速下下放位能性负载。

　　直流电动机的电力拖动被广泛应用的主要原因是它具有良好的调速性能。直流电动机的调速方法有:电枢回路串电阻调速、降低电源电压调速和弱磁调速。电枢回路串电阻调速的平滑性差,低速时静差率大且损耗大,调速范围也较小。降低电源电压调速可实现转速的无级调节,调速时机械特性的硬度不变,速度的稳定性好,调速范围宽。弱磁调速也属无级调速,能量损耗小,但调速范围较小。电枢回路串电阻调速和降低电源电压调速属于恒转矩调速方式,适合于拖动恒转矩负载;弱磁调速属于恒功率调速方式,适合于拖动恒功率负载。

思考题与习题

2.1 什么是电力拖动系统？举例说明电力拖动系统由哪些部分组成。

2.2 写出电力拖动系统的运动方程式，并说明该方程式中转矩正、负号的确定方法。

2.3 怎样判断运动系统是处于动态还是处于稳态？

2.4 生产机械的负载转矩特性常见的有哪几类？何谓反抗性负载，何谓位能性负载？

2.5 电动机的理想空载转速与实际空载转速有何区别？

2.6 什么是固有机械特性？什么是人为机械特性？他励直流电动机的固有机械特性和各种人为机械特性各有何特点？

2.7 什么是机械特性上的额定工作点？什么是额定转速降？

2.8 他励直流电动机稳定运行时，其电枢电流与哪些因素有关？如果负载转矩不变，改变电枢回路电阻，或改变电源电压，或改变励磁电流，对电枢电流有何影响？

2.9 直流电动机为什么不能直接起动？如果直接起动会引起什么后果？

2.10 怎样实现他励直流电动机的能耗制动？试说明在反抗性恒转矩负载下，能耗制动过程中的 n、E_a、I_a 及 T_{em} 的变化情况。

2.11 采用能耗制动和电压反接制动进行系统停车时，为什么要在电枢回路中串入制动电阻？哪一种情况下串入的电阻大？为什么？

2.12 实现倒拉反转反接制动和回馈制动的条件各是什么？

2.13 当提升机下放重物时：(1)要使他励直流电动机在低于理想空载转速下运行，应采用什么制动方法？(2)若在高于理想空载转速下运行，又应采用什么制动方法？

2.14 试说明电动状态、能耗制动状态、回馈制动状态及反接制动状态下的能量关系。

2.15 直流电动机有哪几种调速方法，各有何特点？

2.16 什么是静差率？它与哪些因素有关？为什么低速时的静差率较大？

2.17 何谓恒转矩调速方式及恒功率调速方式？他励直流电动机的三种调速方法各属于什么调速方式？

2.18 怎样改变他励、并励电动机的转向？

2.19 他励直流电动机的数据为 $P_N = 10\ kW$，$U_N = 220\ V$，$I_N = 53.4\ A$，$n_N = 1\ 500\ r/min$，$R_a = 0.4\ \Omega$。求：(1)额定运行时的电磁转矩、输出转矩及空载转矩；(2)理想空载转速和实际空载转速；(3)半载时的转速；(4)$n = 1\ 600\ r/min$ 时的电枢电流。

2.20 电动机数据同题 2.19，试求出下列几种情况下的机械特性方程式，并在同一坐标系中画出机械特性曲线。(1)固有机械特性；(2)电枢回路串入 $1.6\ \Omega$ 电阻；(3)电源电压降至原来的一半；(4)磁通减少 30%。

2.21 他励直流电动机的 $U_N = 220\ V$，$I_N = 207.5\ A$，$R_a = 0.067\ \Omega$。试问：(1)直接起动时的起动电流是额定电流的多少倍？(2)如限制起动电流为 $1.5 I_N$，电枢回路应串入多大的电阻？

2.22 他励直流电动机的数据为 $P_N = 30\ kW$，$U_N = 220\ V$，$I_N = 158.5\ A$，$n_N = 1\ 000\ r/min$，$R_a = 0.1\ \Omega$，$T_L = 0.8\ T_N$。求：(1)电动机的转速；(2)电枢回路串入 $0.3\ \Omega$ 电阻时的稳态转速；(3)电压降至 188 V 时，降压瞬间的电枢电流和降压后的稳态转速；(4)将磁通减弱至 $80\%\ \Phi_N$ 时的稳态转速。

2.23 一台他励直流电动机的数据为 $P_N = 4\ kW$，$U_N = 110\ V$，$I_N = 44.8\ A$，$n_N = 1\ 500\ r/min$，$R_a =$

0.32 Ω,电动机带额定负载运行,若使转速下降为 800 r/min,那么:(1)采用电枢回路串电阻调速方法时,应串入多大电阻? 此时电动机的输入功率、输出功率及效率各为多少(不计空载损耗)?(2)采用降低电源电压调速方法时,则电压应为多少? 此时的输入功率、输出功率和效率各为多少(不计空载损耗)?

2.24　一台他励直流电动机的数据为 $P_N = 29$ kW,$U_N = 440$ V,$I_N = 76$ A,$n_N = 1\ 000$ r/min,$R_a = 0.38$ Ω,采用降低电源电压调速及弱磁调速,要求最低理想空载转速为 250 r/min,最高理想空载转速为 1 500 r/min,求在额定转矩时的最高转速和最低转速,并比较这两条机械特性的静差率。

2.25　一台他励直流电动机的数据为 $P_N = 74$ kW,$U_N = 220$ V,$I_N = 378$ A,$n_N = 1\ 430$ r/min,采用降低电源电压调速,已知 $R_a = 0.023$ Ω,直流电源内阻为 0.022 Ω。当生产机械要求静差率为 20% 时,系统的调速范围是多少? 若静差率为 30%,则调速范围又为多少?

本章自测题

一、填空题(每空 1 分,共 20 分)

1. 他励直流电动机的固有机械特性是指在_____的条件下,_____和_____的关系。

2. 直流电动机的起动方法有_____。

3. 如果不串联制动电阻,反接制动瞬间的电枢电流大约是能耗制动瞬间电枢电流的_____倍。

4. 当电动机的转速超过_____时,出现回馈制动。

5. 拖动恒转矩负载进行调速时,应采用_____调速方法,而拖动恒功率负载时应采用_____调速方法。

6. 电动机的运动方程式为: $T_{em} - T_L = \dfrac{GD^2}{375}\dfrac{dn}{dt}$,式中,$GD^2$ 称为旋旋转系统的_____,$\dfrac{GD^2}{375}\dfrac{dn}{dt}$ 称为旋转系统的_____。

7. 电力拖动系统的电磁转矩和负载转矩分别用 T_{em}、T_L 表示,当_____时系统处于加速运行状态,当_____时系统处于减速运行状态。

8. 电力拖动系统处于稳定运行状态时,其电磁转矩与负载转矩的大小相等,而方向_____,或者说惯性转矩为_____。

9. 倒拉反转反接制动适用于_____性质的负载,回馈制动的条件是电动机的转速_____。

10. 他励直流电动机的调速方法有电枢回路串电阻调速、_____调速和_____调速。

11. 他励直流电动机的反接制动分两种情况,分别为_____和_____。

二、判断题(每题 2 分,共 10 分)

1. 直流电动机的人为机械特性都比固有机械特性软。　　　　　　　　　　　(　　)

2. 提升位能性负载时的工作点在第一象限内,而下放位能性负载时的工作点在第四象限内。
　　　　　　　　　　　　　　　　　　　　　　　　　　　　　　　　(　　)

3. 他励直流电动机的降低电源电压调速属于恒转矩调速方式,因此只能拖动恒转矩负载运行。
　　　　　　　　　　　　　　　　　　　　　　　　　　　　　　　　(　　)

4. 他励直流电动机降低电源电压调速或电枢回路串电阻调速时,静差率数值越大,调速范围也越大。
　　　　　　　　　　　　　　　　　　　　　　　　　　　　　　　　(　　)

5. 他励直流电动机的起动电流大小与负载大小无关。　　　　　　　　　　　(　　)

三、选择题（每题2分，共10分）

1. 电力拖动系统运动方程式中的 GD^2 反映了（　　）。

   A. 旋转体的重量与旋转体直径平方的乘积，它没有任何物理意义

   B. 系统机械惯性的大小，它是一个整体物理量

   C. 系统储能的大小，但它不是一个整体物理量

2. 他励直流电动机的人为机械特性与固有机械特性相比，其理想空载转速和斜率均发生了变化，那么这条人为机械特性一定是（　　）。

   A. 电枢串电阻时的人为机械特性　　　　B. 降低电枢电压时的人为机械特性

   C. 减弱励磁磁通时的人为机械特性

3. 直流电动机采用降低电源电压的方法起动，其主要目的是（　　）。

   A. 使起动过程平稳　　　　　　B. 减小起动电流　　　　　　C. 减小起动转矩

4. 当电动机的电枢回路铜损耗比电磁功率或轴机械功率都大时，这时电动机处于（　　）。

   A. 能耗制动状态　　　　　　B. 反接制动状态　　　　　　C. 回馈制动状态

5. 他励直流电动机拖动恒转矩负载进行电枢回路串电阻调速，设调速前、后的电枢电流分别为 I_1 和 I_2，那么（　　）。

   A. $I_1 < I_2$　　　　　　　　B. $I_1 = I_2$　　　　　　　　C. $I_1 > I_2$

四、简答与作图题（每题5分，共25分）

1. 简述直流电动机的能耗制动过程。

2. 描述直流电动机调速性能的指标主要有哪些？

3. 直流电动机改变转向有哪几种方法，常采用哪种方法？为什么？

4. 实现倒拉反转反接制动的条件是什么？

5. 试分别画出反抗性恒转矩负载特性曲线和位能性恒转矩负载特性曲线。

五、分析题（10分）

他励直流电动机拖动恒转矩负载运行，分别采用电枢回路串电阻调速、降低电源电压调速、弱磁调速的方法进行调速，试分析调速前后电枢电流的变化情况。

六、计算题（25分）

1. 一台他励直流电动机的数据为 $P_N = 7.5$ kW，$U_N = 110$ V，$I_N = 79.84$ A，$n_N = 1\,500$ r/min，电枢回路电阻 $R_a = 0.101\,4\,\Omega$，求：（1）$U = U_N$，$\Phi = \Phi_N$ 条件下，电枢电流 $I_a = 60$ A 时转速是多少？（2）$U = U_N$ 条件下，主磁通减少15%，负载转矩为 T_N 不变时，电动机电枢电流与转速是多少？（3）$U = U_N$，$\Phi = \Phi_N$ 条件下，负载转矩为 $0.8T_N$，转速为 -800 r/min，电枢回路应串入多大电阻？（15分）

2. 他励直流电动机的数据为 $U_N = 220$ V，$I_N = 207.5$ A，$R_a = 0.067\,\Omega$，试问：（1）直接起动时的起动电流是额定电流的多少倍？（2）如限制起动电流为 $1.5I_N$，电枢回路应串入多大的电阻？（10分）

第3章 变压器

内容简介

变压器是一种静止的电机。它通过绕组间的电磁感应作用,可以把一种电压等级的交流电能转换成同频率的另一种电压等级的交流电能。本章主要介绍变压器的基本工作原理、主要结构以及型号与额定值;重点介绍单相变压器空载运行时的电磁关系、空载电流和空载损耗以及空载时的电动势方程、等效电路和相量图;重点介绍变压器负载运行时的电磁关系、基本方程式、等效电路和相量图;介绍标幺值的表示方法和变压器参数的测定方法;重点介绍变压器的运行特性;主要阐述三相变压器的磁路系统和电路系统等特殊问题;介绍变压器的并联运行;简要介绍自耦变压器用途、结构特点和电磁关系;主要介绍三绕组变压器的结构特点与联结组别、额定容量及配合、变比与磁通、基本方程式与等效电路等内容;简要介绍仪用互感器的工作原理、结构特点、准确度等级以及使用时的注意事项,最后介绍变压器的应用案例。

3.1 变压器的用途、工作原理及结构

教学课件:
变压器的用途、
工作原理及结构

3.1.1 变压器的用途

变压器是电力系统中一种重要的电气设备。为了把发电厂(站)发出的电能比较经济地传输,合理地分配以及安全地使用,都要使用变压器。发电厂(站)发出的电压受发电机绝缘的限制不可能很高,一般为 6.3~27 kV,而发电厂又多建在动力资源较丰富的地方,要把发出的大功率电能直接送到很远的用电区去,几乎不可能。这是因为在采用低电压大电流输电时,在输电线路上会产生很大的损耗,同时在线路上产生的电压降也足以使电能送不出去。为此需要采用高压输电,例如,利用升压变压器把电压升高到 110 kV、220 kV、330 kV、500 kV、750 kV 或 1 000 kV 等。当输送的功率一定,输电电压越高,电流就越小。因而线路上的电压降和功率损耗明显减小,线路用铜量也可减少,节省投资费用。这样就能比较经济地把电能送出去。一般来说,输电距离越远,输送功率越大,则要求的输电电压越高。

对于用户来说,由于用电设备绝缘与安全的限制,需把高压输电电压通过降压变压器和配电变压器降低到用户所需的电压等级。通常大型动力设备采用 6 kV 或 10 kV,小型动力设备和照明则为 380/220 V。

这样,电力系统就采用"低压"①发电,高压输电,低压用电这样一种"发输变配用"结构。从发电厂发出的电能输送到用户的整个过程中,通常需要多次变压,变压器的安装容量可达发电机总装机容量

---

① 这里所指的"低压"是相对高压输电电压而言的,实际上发电机电压(6.3~27 kV)已属于高压。

的 5~8 倍,因此变压器对电力系统有着极其重要的意义。用于电力系统升、降电压的变压器称为电力变压器。

在电力拖动系统或自动控制系统中,变压器作为能量传递或信号传递的元件,也应用得十分广泛。在其他各部门,同样也广泛使用各种类型的变压器,以提供特种电源或满足特殊的需要,如冶炼用的电炉变压器、焊接用的电焊变压器、船用变压器以及试验用的调压变压器等。

微课:
变压器的基本
工作原理

3.1.2 变压器的基本工作原理和分类

一、变压器的基本工作原理

变压器是利用电磁感应原理工作的,图 3.1.1 所示为其工作原理示意图。变压器的主要部件是铁心和绕组,铁心既是变压器的主磁路,又是固定绕组的部件。实际变压器的每个铁心柱上都套装有内、外两层相互绝缘的两个绕组,为了分析方便,将两个绕组分画在左右两个铁心柱上,其中接于电源侧的绕组称为一次绕组(或原绕组),匝数为 N_1;接负载侧的绕组称为二次绕组(或副绕组),匝数为 N_2。

若将绕组 1 接到交流电源上,绕组中便有交流电流 i_1 流过,在铁心中产生与 u_1 同频率且与一次、二次绕组同时交链的交变磁通 Φ_0。根据电磁感应原理,分别在两个绕组中感应出与 u_1 同频率的电动势 e_1 和 e_2。按图 3.1.1 中标出的各物理量正方向,可得 e_1 和 e_2 表达式为

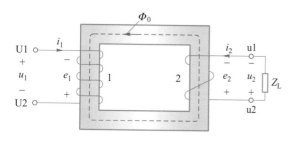

图 3.1.1 变压器工作原理示意图

$$e_1 = -N_1 \frac{\mathrm{d}\Phi_0}{\mathrm{d}t}$$

$$e_2 = -N_2 \frac{\mathrm{d}\Phi_0}{\mathrm{d}t} \qquad (3.1.1)$$

式中,N_1 为一次绕组匝数;N_2 为二次绕组匝数。

可见,一次、二次绕组感应电动势的大小与各自绕组的匝数成正比。实际上,各绕组的端电压大小与其感应电动势大小近似相等,即 $U_1 \approx E_1$,$U_2 \approx E_2$,故

$$\frac{U_1}{U_2} \approx \frac{E_1}{E_2} = \frac{N_1}{N_2} \qquad (3.1.2)$$

显然,只要改变一次、二次绕组的匝数比,就能达到改变电压的目的。如果将负载 Z_L 接到二次绕组上,在电动势 e_2 作用下,负载将流过电流 i_2,这就实现了电能的传递。

二、变压器的分类

微课:
变压器的分类

变压器的分类方法很多,通常可按用途、绕组数、相数、铁心结构、调压方式、冷却方式等进行分类。

按用途分类有:电力变压器(升压变压器、降压变压器、配电变压器、联络变压器等)和特种变压器[如试验用变压器、仪用变压器(电流互感器、电压互感器)、电炉变压器、电焊变压器、整流变压器等]。

按绕组数分类有:双绕组、三绕组、多绕组和自耦变压器。

按相数分类有:单相、三相和多相变压器。

按铁心结构分类有:心式变压器和壳式变压器。

按调压方式分类有:无励磁调压变压器和有载调压变压器。

按冷却方式分类有:干式变压器、油浸式变压器和充气式变压器三种。

(1)干式变压器由于运行维护简单,环保和安全程度较高,没有因含有易燃的变压器油而产

生火灾的危险,可直接运行于负荷中心,所以近年来发展很快,单台容量也越做越大。干式变压器可分两大类:一类是敞开式,绕组直接和空气接触散热,像一个没有油箱的油浸式变压器的器身,如聚酰芳胺绝缘变压器;另一类是包封式,绕组被固体绝缘包裹,不和空气接触,绕组产生的热量通过固体绝缘导热,对空气散热,如树脂型干式变压器,它是指主要用环氧树脂作为绝缘材料的干式变压器,它又可分为浇注式和包绕式两类。环氧树脂是一种广泛应用的化工原料,不仅难燃、阻燃,而且具有优越的电气性能,比空气和变压器油具有更高的绝缘强度,并且浇注成型后又具有较高的机械强度和防潮、防尘性能,因此特别适于制造干式变压器,图 3.1.2 所示为一台树脂型干式变压器。

（2）油浸式变压器的器身浸泡在变压器油中,冷却介质为变压器油。多数电力变压器都采用这种冷却方式,图 3.1.3 所示为油浸式电力变压器的结构示意图。

图 3.1.2　树脂型干式变压器

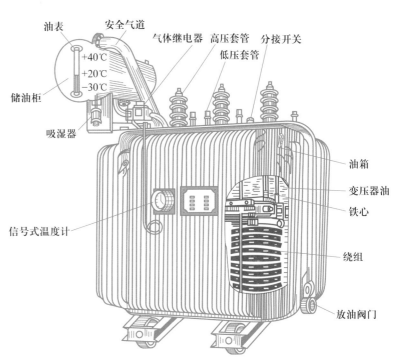

图 3.1.3　油浸式电力变压器的结构示意图

（3）充气式变压器的器身放在充满特种气体的密封箱体中,借助气体流动进行冷却,冷却介质为特种气体,如六氟化硫充气式变压器等。

3.1.3　变压器的基本结构

变压器最主要的结构部件是铁心和绕组,二者构成的整体称为变压器的器身,变压器的功能是通过器身实现的。变压器的结构大同小异,现以油浸式电力变压器为例,介绍变压器的基本结构和主要部件的功能。组成油浸式电力变压器的主要部件有:(1)器身:由铁心和绕组装配组成;(2)油箱:油箱用于装油,同时起机械支撑、散热和保护器身的作用;(3)变压器油:起绝缘和冷却作用;(4)套管:其作用是使变压器引线与油箱绝缘,分为高压套管和低压套管;(5)保护装置:主要起保护变压器的作用。

动画:
变压器的
基本结构

一、铁心

1. 铁心材料

铁心是变器的主磁路,又是它的机械骨架。为了提高磁路的导磁性能和减小铁心中的磁滞和涡流损耗,铁心广泛采用 0.35 mm 厚或者更薄的、且表面涂有绝缘漆的硅钢片叠成,硅钢片分冷轧和热轧两种。

为了进一步提高导磁性能和降低铁心损耗,20 世纪 70 年代科研人员研制了一种以非晶态电工钢片为导磁材料的非晶合金变压器,这种变压器的性能超越了各类硅钢变压器,其最大的优点是铁心损耗值较低。

一般的金属,其内部原子排列有序,都属于晶态材料。而非晶材料的内部原子排列处于无规则状态。科学家发现,金属在熔化后,内部原子处于活跃状态。一旦金属开始冷却,原子就会随着温度的下降,慢慢地按照一定的晶态规律有序地排列起来,形成晶体;如果冷却过程很快,原子还来不及重新排列就被凝固住了,由此就产生了非晶态合金。制备非晶态合金采用的正是一种快速凝固的工艺。将处于熔融状态的高温合金液喷射到高速旋转的冷却辊上,合金液以每秒百万摄氏度的冷却速度直接冷却到固态,获得非晶态合金结构的一种软磁材料。

利用导磁性能突出的非晶态合金材料,来制造变压器的铁心,最终能获得很低的损耗值。但非晶态合金材料具有许多特性,在设计、制造和使用时必须注意以下几点:(1)由于它的饱和磁通密度较低,在产品设计时,额定磁通密度不宜选得太高,通常选取 1.3~1.35 T 磁通密度便可获得较好的空载损耗值;(2)单片铁心片厚度极薄,只有 0.03 mm,材料表面不是很平坦,铁心填充系数较低;(3)它硬度很高,成型后难加工;(4)它对机械应力非常敏感,铁心不能作为主承重结构件;(5)为了获得优良的低损耗特性,非晶态合金铁心片必须进行退火处理。

2. 铁心结构

叠装成型后的铁心由两部分组成,其中套装绕组的部分称为铁心柱,其余部分称为铁轭。铁轭将铁心柱连接起来构成闭合的磁路。

铁心结构有心式和壳式两种。心式变压器的铁心被绕组包围着,如图 3.1.4(a)所示。壳式变压器的铁心包围着绕组,即铁心形成了绕组的外壳,如图 3.1.4(b)所示。由于心式变压器的制造工艺简单,散热条件好,因此国产电力变压器主要采用心式结构。壳式变压器的机械强度较高,但制造工艺复杂,散热不好,铁心材料消耗多,只在特殊变压器中采用。

3. 铁心叠装方法

(1) 叠片式铁心:先将硅钢片按设计尺寸裁剪成一定形状,然后进行叠装。为了减小接缝间隙以减小励磁电流,铁心硅钢片都采用交错叠装方式,使上、下层的接缝错开,如图 3.1.5 所示。

(2) 卷制式铁心:将带状硅钢片剪裁成一定宽度后再卷制成环形,将铁心绑扎牢固后切割成两个 C 形,如图 3.1.6 所示。这种变压器称为 C 形变压器,由于 C 形变压器制作简单,在小型变压器的制造中,正越来越多地采用。

二、绕组

绕组构成了变压器的电路。对于三相变压器,三相绕组主要有两种连接方法,即星形联结(Y 或 y 联结)和三角形联结(D 或 d 联结)。绕组一般用绝缘的扁形或圆形铜线或铝线绕制而成。高压绕组匝数多,导线细;低压绕组匝数少,导线粗。

根据高、低压绕组在铁心柱上排列方式的不同,变压器绕组可分为同心式和交叠式两种。同心式绕组的高、低压绕组同心地套在铁心柱上。为了便于绕组与铁心间、高压绕组与低压绕组间的绝缘,通

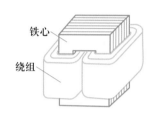

(a)心式变压器

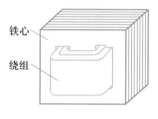

(b)壳式变压器

图 3.1.4 心式变压器和壳式变压器

1、3、5、… 奇数层

2、4、6、… 偶数层

(a) 单相　　　(b) 三相

图 3.1.5 铁心的交错叠装方式

图 3.1.6 C 形变压器铁心

常低压绕组套在里面,高压绕组套在外面,中间用绝缘纸筒隔开。

交叠式绕组的高、低压绕组交替地套在铁心柱上,如图 3.1.7 所示。这种绕组都做成饼式,高、低压绕组之间的间隙较多,绝缘比较复杂。但这种绕组的漏电抗小,引线方便,机械强度好,主要用于电炉和电焊等特种变压器中。

三、油箱

油浸式电力变压器的器身浸在充满变压器油的油箱里。变压器油既是绝缘介质,又是冷却介质,它通过受热后的对流,将铁心和绕组的热量带到箱壁及冷却装置,再散发到周围空气中。油箱的结构与变压器的容量、发热情况密切相关。小容量变压器采用平板式油箱,容量稍大的变压器采用排管式油箱。

近年来,为了使变压器的运行更加安全、可靠,维护更加简单,油浸式变压器采用了密封式结构,使变压器油和周围空气完全隔绝,目前主要密封形式有空气密封型、充氮密封型和全充油密封型。全充油密封型变压器和普通型油浸式变压器相比,取消了储油柜,当绝缘油体积发生变化时,由波纹油箱壁或膨胀式散热器的弹性形变作为补偿,解决了变压器油的膨胀问题。由于全充油密封型变压器的内部与大气隔绝,因此可以防止和减缓油的劣化和绝缘受潮,增强运行的可靠性,可做到正常运行免维护。另外,全充油密封型变压器中装有压力释放阀,当全充油密封型变压器内部发生故障,油被气化,油箱内压力增大到一定值时,压力释放阀迅速开启,将油箱内压力释放,防止油箱爆裂,进而起到保护变压器的作用。图 3.1.8 所示为一台全充油密封型变压器。

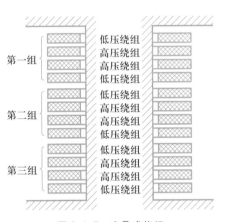

图 3.1.7　交叠式绕组

第一组　低压绕组　高压绕组　高压绕组　低压绕组
第二组　低压绕组　高压绕组　高压绕组　低压绕组
第三组　低压绕组　高压绕组　高压绕组　低压绕组

图 3.1.8　全充油密封型变压器

四、套管

变压器套管是将绕组的高、低压引线引到箱外的绝缘装置。它负责引线对地(外壳)的绝缘,又担负着固定引线的作用。套管大多装于油箱顶部,中间穿有导电杆,套管下端伸进油箱并与绕组出线端相连,套管上部露出箱外,与外电路连接。低压引线一般用纯瓷套管,高压引线一般用充油式或电容式套管。瓷制充油式绝缘套管的结构如图 3.1.9 所示。

五、保护装置

顾名思义,保护装置起保护变压器的作用。主要包括储油柜、吸湿器、安全气道、净油器、气体继电器和信号式温度计等。

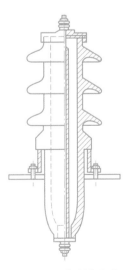

图 3.1.9　瓷制充油式
绝缘套管

1. 储油柜

储油柜又称油枕，它是一个圆筒形容器，装在油箱顶部，通过管道与油箱连通。随着温度的变化，储油柜的油面高度随变压器油的热胀冷缩而变动。储油柜的作用有：

（1）为变压器油发生热胀冷缩时留有空间；

（2）通过储油柜上的油表可以监视油量，必要时对变压器油箱充油；

（3）减少变压器油与空气的接触面积，防止变压器油受潮与氧化。

2. 吸湿器

储油柜通过吸湿器与大气连通。当变压器油因热胀冷缩而使油面高度发生变化时，气体将通过吸湿器进出。吸湿器内装有硅胶或活性氧化铝，用以吸收进入储油柜中空气的水分和杂质。

3. 安全气道（压力释放阀）

安全气道又称为防爆管，装于油箱顶部。它是一个钢制的长圆筒，上端口装有一定厚度的防爆膜（玻璃板或酚醛纸板），下端口与油箱连通。它的作用是当变压器内部发生故障引起压力骤增时，让油气流冲破防爆膜喷出，以免造成油箱爆裂。

4. 净油器

为了除去变压器油因氧化而产生的酸质，在大、中型变压器油箱内装有净油器。利用油的自然循环，使油通过净油器中的吸附剂进行过滤，以改善运行中变压器油的性能。

5. 气体继电器（瓦斯继电器）

气体继电器又称瓦斯继电器，装在油箱与储油柜连通的管道中间。当变压器内部发生故障（如绝缘击穿、匝间短路、铁心事故等）产生气体或油箱漏油使油面降低时，气体继电器动作，发出信号以便运行人员及时处理，若事故严重，可使断路器自动跳闸，对变压器起保护作用。

六、分接开关

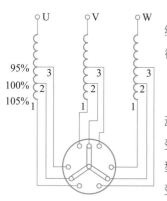

图 3.1.10 分接开关

电压波动是电能质量指标之一，电压波动范围一般不得超过额定电压值的±5%。为了保证电压波动在一定范围内，应适时对变压器进行调压。变压器调压一般是通过改变高压绕组匝数实现的，所以变压器高压绕组一般引出三个抽头，这些抽头称为分接头，它们接到分接开关上，如图 3.1.10 所示，大型变压器引出的分接头更多。当分接开关切换到不同的抽头时，变压器便有不同的匝数比，从而调节变压器输出电压的大小。分接开关调压有两种，一种是无励磁调压，即断电进行调压；另一种是有载调压，即带电进行调压。

3.1.4　变压器的型号和额定值

一、变压器的型号

变压器的型号表明变压器的基本类型信息、额定容量和高压侧额定电压等信息。其表示方法如下：

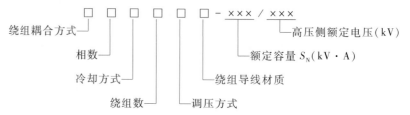

其中，短横线前是用字母表示的变压器基本类型信息，见表 3.1.1。短横线后第一组数字为额定容量（kV·A），第二组数字为高压侧额定电压（kV）。

表 3.1.1　电力变压器的基本类型信息及代表符号

代表符号排列顺序	分类	类别	代表符号
1	绕组耦合方式	自耦	O
2	相数	单相	D
		三相	S
3	冷却方式	油浸自冷（变压器油）	—
		干式空气自冷	G
		"成"型固体{浇注式	C
		包"绕"式	CR
		"气"体	Q
		油浸风冷	F
		油浸水冷	S
		强迫油循环风冷	FP
		强迫油循环水冷	SP
4	绕组数	双绕组	—
		三绕组	S
5	调压方式	无励磁调压	—
		有载调压	Z
6	绕组导线材质	铜	—
		铝	L

微课：
变压器的铭牌

例如：OSFPSZ-250000/220 表明是自耦三相强迫油循环风冷三绕组有载调压铜线电力变压器，其额定容量为 250 000 kV·A，高压侧额定电压为 220 kV。S13-100/10 为低损耗三相油浸自冷式电力变压器（设计序号为 13），其额定容量为 100 kV·A，高压侧额定电压为 10 kV。

二、额定值

额定值是制造厂根据国家标准和设计、试验数据，规定变压器正常运行时的技术数据，主要有以下几个。

1. 额定容量 S_N（单位为 kV·A）

额定容量是指在额定状态下运行时变压器输出的视在功率。对三相变压器而言，额定容量是指三相容量之和。由于变压器的效率很高，双绕组变压器一次、二次侧的额定容量按相等设计。

2. 额定电压 U_{1N}、U_{2N}（单位为 kV 或 V）

U_{1N} 是一次绕组的额定电压，是指变压器长期运行时一次绕组的工作电压；U_{2N} 是二次绕组的额定电压，是指变压器一次绕组加额定电压、二次绕组空载时的端电压。三相变压器的额定电压是指线电压。

3. 额定电流 I_{1N}、I_{2N}（单位为 A）

额定电流是指变压器在额定状态下运行时，一次、二次绕组允许长期通过的电流。三相变压器的额定电流指线电流。

额定容量、额定电压、额定电流之间的关系如下。

对于单相变压器　　　　　　　　　$S_N = U_{1N} I_{1N} = U_{2N} I_{2N}$　　　　　　　　　（3.1.3）

对于三相变压器　　　　　　　　　$S_N = \sqrt{3}\, U_{1N} I_{1N} = \sqrt{3}\, U_{2N} I_{2N}$　　　　　　（3.1.4）

【例 3.1.1】　一台 SZ10-50000/110 型电力变压器，$S_N = 50\ 000$ kV·A，$U_{1N}/U_{2N} = 110/10.5$ kV，YNd11 联结。试说明该变压器型号的含义并计算变压器的一次、二次额定电流。

【解】　（1）型号的含义

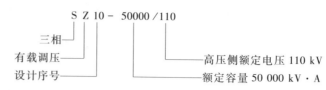

（2）一次额定电流为

$$I_{1N} = \frac{S_N}{\sqrt{3}\,U_{1N}} = \frac{50\,000\times10^3}{\sqrt{3}\times110\times10^3}\ \text{A} = 262.4\ \text{A}$$

二次额定电流为

$$I_{2N} = \frac{S_N}{\sqrt{3}\,U_{2N}} = \frac{50\,000\times10^3}{\sqrt{3}\times10.5\times10^3}\ \text{A} = 2\,749.4\ \text{A}$$

3.2 单相变压器的空载运行

教学课件：
单相变压器的
空载运行

从本节开始主要介绍变压器的运行原理及特性，它是分析变压器的理论基础，虽然介绍的是单相变压器，但分析研究所得结论同样适用于三相变压器的对称运行。

变压器空载运行是指变压器一次绕组接在额定频率、额定电压的交流电源上，而二次绕组开路时的运行状态。

3.2.1 空载运行时的电磁关系

一、空载运行时的物理情况

图 3.2.1 所示为单相变压器空载运行示意图。当一次绕组接到电压为 $\dot{U}_1$ 的交流电源后，便流过空载电流 $\dot{I}_0$，建立空载磁动势 $\dot{F}_0 = \dot{I}_0 N_1$，并产生交变的空载磁通。空载磁通可分为两部分，一部分称为主磁通 $\dot{\Phi}_0$，它沿主磁路(铁心)闭合，同时交链一次、二次绕组，一般主磁通可占总磁通的 99% 以上；另一部分称为漏磁通 $\dot{\Phi}_{1\sigma}$，它沿漏磁路(空气、油)闭合，只交链一次绕组本身。根据电磁感应原理，主磁通 $\dot{\Phi}_0$ 分别在一次、二次绕组内产生感应电动势 $\dot{E}_1$ 和 $\dot{E}_2$；漏磁通 $\dot{\Phi}_{1\sigma}$ 仅在一次绕组内产生漏磁感应电动势 $\dot{E}_{1\sigma}$，漏磁通远小于主磁通，一般占总磁通的 1% 以下。另外，空载电流 $\dot{I}_0$ 还将在一次绕组产生电阻压降 $R_1\dot{I}_0$。变压器空载运行时的电磁关系如图 3.2.2 所示。

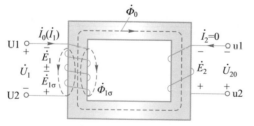

图 3.2.1　单相变压器空载运行示意图

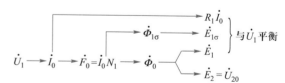

图 3.2.2　变压器空载运行时的电磁关系

变压器空载时，一次绕组中的 $\dot{E}_1$、$\dot{E}_{1\sigma}$、$R_1\dot{I}_0$ 三者与外加电压 $\dot{U}_1$ 相平衡；因二次绕组开路，$\dot{I}_2 = 0$，故 $\dot{E}_2$ 与空载电压 $\dot{U}_{20}$ 相平衡，即 $\dot{U}_{20} = \dot{E}_2$。

二、变压器各电磁量参考方向的规定

变压器中的电压、电流、磁通和电动势等都是随时间变化的物理量，通常是时间的正弦量。因此它们的参考方向原则上是可以任意规定的。规定的参考方向不同,则同一电磁过程所列出的方程式的正、负号是不同的。

为了正确地表明变压器中各相量之间的相位关系,必须首先规定它们的参考方向。习惯上将变压器的一次绕组看作负载,一次侧各电磁量参考方向的规定遵循电动机惯例;将变压器的二次绕组看作电源,二次侧各电磁量参考方向的规定遵循发电机惯例。

1. 一次侧各电磁量参考方向的规定

(1) 一次电压 $\dot{U}_1$ 的参考方向:从 U1 指向 U2,如图 3.2.1 所示。

(2) 一次电流 $\dot{I}_0$(负载时为 $\dot{I}_1$)的参考方向:按电动机惯例,$\dot{I}_0(\dot{I}_1)$ 与 $\dot{U}_1$ 方向一致,即由 U1 经绕组流向 U2。

(3) 磁通 $\dot{\Phi}_0$ 和 $\dot{\Phi}_{1\sigma}$ 的参考方向:与产生它的电流 $\dot{I}_0$ 之间的关系符合右手螺旋定则。

(4) 感应电动势 $\dot{E}_1$ 和 $\dot{E}_{1\sigma}$ 的参考方向:根据电磁感应定律,$\dot{E}$ 和 $\dot{\Phi}$ 之间的关系按右手螺旋定则确定,即 $\dot{E}_1$ 和 $\dot{E}_{1\sigma}$ 与 $\dot{I}_0$ 的参考方向一致。

2. 二次侧各电磁量参考方向的规定

(1) 二次感应电动势 $\dot{E}_2$ 的参考方向:与 $\dot{E}_1$ 一样,根据电磁感应定律,$\dot{E}_2$ 和 $\dot{\Phi}_0$ 之间的关系按右手螺旋定则确定。

(2) 电流 $\dot{I}_2$ 的参考方向:空载时,$\dot{I}_2 = 0$,当二次侧接上负载后,在 $\dot{E}_2$ 的作用下,就有电流 $\dot{I}_2$ 输出,$\dot{I}_2$ 与 $\dot{E}_2$ 的参考方向相同。

(3) 电压 $\dot{U}_{20}$ 的参考方向:从二次绕组来看,按发电机惯例,$\dot{U}_{20}$ 与 $\dot{I}_2$ 参考方向一致,由 u2 指向 u1,从负载来看,也符合电动机惯例。

三、感应电动势分析

1. 主磁通感应的电动势

设主磁通随时间按正弦规律变化,即

$$\Phi_0 = \Phi_m \sin \omega t \tag{3.2.1}$$

式中,Φ_m 为主磁通的幅值;$\omega = 2\pi f$ 为磁通变化的角频率。

按照图 3.2.1 中参考方向的规定,则主磁通在一次绕组中的感应电动势瞬时值为

$$e_1 = -N_1 \frac{\mathrm{d}\Phi_0}{\mathrm{d}t} = -N_1 \omega \Phi_m \cos \omega t = N_1 \omega \Phi_m \sin(\omega t - 90°) = E_{1m} \sin(\omega t - 90°) \tag{3.2.2}$$

由式(3.2.2)可知,当主磁通按正弦规律变化时,它所产生的感应电动势也按正弦规律变化,且二者频率相同,但感应电动势在相位上滞后于主磁通 90°。

一次感应电动势的有效值为

$$E_1 = \frac{E_{1m}}{\sqrt{2}} = \frac{N_1 \omega \Phi_m}{\sqrt{2}} = \frac{2\pi}{\sqrt{2}} f N_1 \Phi_m = 4.44 f N_1 \Phi_m \tag{3.2.3}$$

感应电动势 e_1 的相量表达式为

$$\dot{E}_1 = -\mathrm{j}4.44 f N_1 \dot{\Phi}_m \tag{3.2.4}$$

同理可推导出 e_2 的相量表达式为

$$\dot{E}_2 = -\mathrm{j}4.44 f N_2 \dot{\Phi}_m \tag{3.2.5}$$

由此可知,一次、二次感应电动势的大小与电源频率、绕组匝数及主磁通最大值成正比,且在相位上滞后主磁通 90°。

2. 漏磁通感应的电动势

漏磁通感应的电动势可用电抗压降的形式来表示,即

$$\dot{E}_{1\sigma} = -\mathrm{j}2\pi f \frac{N_1 \dot{\Phi}_{1\sigma m}}{\sqrt{2} \dot{I}_0} \dot{I}_0 = -\mathrm{j}2\pi f \frac{N_1 \dot{\Phi}_{1\sigma}}{\dot{I}_0} \dot{I}_0 = -\mathrm{j}2\pi f L_{1\sigma} \dot{I}_0 = -\mathrm{j}\omega L_{1\sigma} \dot{I}_0 = -\mathrm{j}X_1 \dot{I}_0 \tag{3.2.6}$$

式中,$\Phi_{1\sigma m}$ 为一次漏磁通最大值;$L_{1\sigma} = \dfrac{N_1 \Phi_{1\sigma}}{I_0} = \dfrac{\Psi_{1\sigma}}{I_0}$ 称为一次绕组的漏感系数;$X_1 = 2\pi f L_{1\sigma}$ 称为一次绕组漏电抗。

因漏磁通主要经过非铁磁路径,磁路不饱和,故磁阻很大且为常数,因而漏电抗 X_1 很小且为常数,它不随电源电压及负载情况而变。

3.2.2 空载电流和空载损耗

一、空载电流

1. 空载电流的作用与组成

变压器的空载电流 $\dot{I}_0$ 包含两个分量,一个是励磁分量,其作用是建立主磁通 $\dot{\Phi}_0$,其相位与主磁通 $\dot{\Phi}_0$ 相同,为一无功电流,用 $\dot{I}_{0r}$ 表示;另一个是铁耗分量,其作用是供给铁心损耗,此电流为一有功分量,用 $\dot{I}_{0a}$ 表示。故空载电流 $\dot{I}_0$ 可写成

$$\dot{I}_0 = \dot{I}_{0a} + \dot{I}_{0r} \tag{3.2.7}$$

2. 空载电流的性质与大小

变压器空载电流的无功分量总是远大于有功分量,即励磁分量远大于铁耗分量,$I_{0r} \gg I_{0a}$,当忽略 $\dot{I}_{0a}$ 时,则 $\dot{I}_0 \approx \dot{I}_{0r}$,故把空载电流近似称为励磁电流。

空载电流越小越好,其大小常用百分值 $I_0\%$ 表示,即

$$I_0\% = \frac{I_0}{I_N} \times 100\% \tag{3.2.8}$$

空载电流的大小与磁路的饱和程度及磁阻大小有关,由于铁心采用导磁性能良好的硅钢片或非晶态合金电工钢片叠成,其磁阻很小,所以空载电流也很小,通常为额定电流的 2%~10%。变压器容量越大,则空载电流百分值越小。大型变压器的空载电流小于额定电流的 1%。

二、空载损耗

变压器空载运行时,二次侧没有功率输出,一次侧从电源吸取的有功功率 $U_1 I_{0a}$ 全部转化为空载损耗 P_0。空载损耗 P_0 包括两部分,一部分是空载电流在一次绕组电阻上产生的铜损耗 $P_{Cu0} = R_1 I_0^2$;另一部分是空载电流产生的交变磁通在铁心中引起的铁心损耗 P_{Fe}。由于 I_0 和 R_1 都很小,P_{Cu0} 可忽略不计,因此可认为空载损耗近似等于铁心损耗,即 $P_0 \approx P_{Fe}$。

铁心损耗与磁通密度幅值的平方成正比,与磁通交变频率的 β 次方成正比($\beta = 1.2 \sim 1.6$),即

$$P_{Fe} \propto B_m^2 f^\beta \tag{3.2.9}$$

变压器的空载损耗占额定容量的 0.2%~1%,而且随着变压器容量的增大而减小,另外,非晶态合金变压器的采用使得变压器的空载损耗更低。

3.2.3　空载时的电动势方程式、等效电路和相量图

一、电动势平衡方程式和变比

1. 电动势平衡方程式

由图 3.2.1 可知,根据基尔霍夫电压定律,可得一次绕组的电动势平衡方程式为

$$\dot{U}_1 = -\dot{E}_1 - \dot{E}_{1\sigma} + R_1 \dot{I}_0 = -\dot{E}_1 + \mathrm{j}X_1 \dot{I}_0 + R_1 \dot{I}_0 = -\dot{E}_1 + Z_1 \dot{I}_0 \tag{3.2.10}$$

式中, $Z_1 = R_1 + \mathrm{j}X_1$,为一次绕组的漏阻抗。

变压器空载时, $\dot{I}_2 = 0$,二次绕组的开路电压 $\dot{U}_{20}$ 就等于感应电动势 $\dot{E}_2$,即二次绕组的电动势平衡方程式为

$$\dot{U}_{20} = \dot{E}_2 \tag{3.2.11}$$

式(3.2.10)中的漏阻抗压降 $\dot{I}_0 Z_1$ 很小,分析时常忽略不计,即

$$U_1 \approx E_1 = 4.44 f N_1 \Phi_{\mathrm{m}} \tag{3.2.12}$$

$$\Phi_{\mathrm{m}} \approx \frac{U_1}{4.44 f N_1} \tag{3.2.13}$$

上式表明,影响变压器主磁通大小的因素有两种,一种是电源因素,即电压和频率;另一种是结构因素,即一次绕组匝数 N_1 。当变压器接到固定频率的电源上运行时,主磁通幅值仅与外施电压成正比。若外施电压不变,则主磁通幅值基本不变。

2. 变比

变比 k 定义为一次、二次绕组的感应电动势之比

$$k = \frac{E_1}{E_2} = \frac{N_1}{N_2} \approx \frac{U_1}{U_{20}} = \frac{U_{1\mathrm{N}}}{U_{2\mathrm{N}}} \tag{3.2.14}$$

对于三相变压器,变比指一次、二次相电动势之比,近似为一次、二次额定相电压之比。而三相变压器额定电压指线电压,故其变比与一次、二次额定电压之间的关系为

Yd 联结

$$k = \frac{U_{1\mathrm{N}}}{\sqrt{3}\, U_{2\mathrm{N}}} \tag{3.2.15}$$

Dy 联结

$$k = \frac{\sqrt{3}\, U_{1\mathrm{N}}}{U_{2\mathrm{N}}} \tag{3.2.16}$$

而对于 Yy 联结和 Dd 联结,其关系式与式(3.2.14)相同。

二、空载时的等效电路

在变压器的分析和计算中,常将变压器内部的电磁关系用一个模拟电路的形式来等效,使得分析和计算工作大为简化,这个等效的模拟电路就称为等效电路。

前面介绍过,空载电流 $\dot{I}_0$ 流过一次绕组产生的漏磁通 $\dot{\Phi}_{1\sigma}$ 感应出的电动势 $\dot{E}_{1\sigma}$,在数值上可用空载电流 I_0 在漏电抗 X_1 上的电压降 $I_0 X_1$ 表示。同理,空载电流 $\dot{I}_0$ 产生的主磁通 $\dot{\Phi}_0$ 感应出的电动势 $\dot{E}_1$,在数值上也可以用 I_0 在某一参数上的电压降来表示。但考虑到交变主磁通在铁心中引起铁心损耗,因此不能单纯地引入一个电抗参数 X_{m} ,还需要引入一个电阻参数 R_{m} ,用 $\dot{I}_0^2 R_{\mathrm{m}}$ 来反映铁心损耗。这样,可引入一个阻抗参数 $Z_{\mathrm{m}} = R_{\mathrm{m}} + \mathrm{j}X_{\mathrm{m}}$,把主磁通产生的感应电动势 $\dot{E}_1$ 用空载电流 $\dot{I}_0$ 在 Z_{m} 上的电压降 $\dot{I}_0 Z_{\mathrm{m}}$ 来表示,即

$$\dot{E}_1 = -\dot{I}_0 Z_{\mathrm{m}} = -\dot{I}_0 (R_{\mathrm{m}} + \mathrm{j}X_{\mathrm{m}}) \tag{3.2.17}$$

式中, $Z_{\mathrm{m}} = R_{\mathrm{m}} + \mathrm{j}X_{\mathrm{m}}$ 称为励磁阻抗, R_{m} 称为励磁电阻,是反映铁心损耗的等效电阻,铁心损耗可表示为

$P_{\mathrm{Fe}} = I_0^2 R_{\mathrm{m}}$；$X_{\mathrm{m}}$ 称为励磁电抗，是反映主磁通大小的电抗。

将式(3.2.17)代入式(3.2.10)，可得

$$\dot{U}_1 = -\dot{E}_1 + \dot{I}_0 Z_1 = \dot{I}_0 Z_{\mathrm{m}} + \dot{I}_0 Z_1 = \dot{I}_0 (R_{\mathrm{m}} + \mathrm{j}X_{\mathrm{m}}) + \dot{I}_0 (R_1 + \mathrm{j}X_1) \qquad (3.2.18)$$

变压器空载时的等效电路如图 3.2.3 所示。

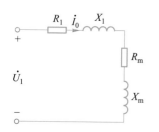

图 3.2.3　变压器空载时的等效电路

应当清楚，由于 $E_{1\sigma} \propto \Phi_{1\sigma} \propto I_0$，故 $X_1 = E_{1\sigma}/I_0 =$ 常数，一次绕组漏阻抗 $Z_1 = R_1 + \mathrm{j}X_1$ 为常数。虽然 $E_1 \propto \Phi_{\mathrm{m}}$，但主磁通 Φ_{m} 与空载电流 I_0 却是非线性(饱和特性)关系，所以励磁阻抗 Z_{m} 不为常数，它与铁心的饱和程度及电源电压的高低有关。当电压升高，铁心饱和程度增大时，从磁化曲线可以看出，比值 Φ_{m}/I_0 减小，即 Z_{m} 减小。但变压器正常运行时，外施电压为额定值不变，主磁通幅值基本不变，磁路饱和程度也不变，所以可认为 Z_{m} 为常数。

对于电力变压器，$R_1 \ll R_{\mathrm{m}}$，$X_1 \ll X_{\mathrm{m}}$，当忽略 Z_1 时，变压器空载电流 I_0 的大小主要取决于励磁阻抗 Z_{m} 的大小，而 $X_{\mathrm{m}} \gg R_{\mathrm{m}}$，因此 I_0 的大小最主要是由 X_{m} 的大小决定的。不难证明 $X_{\mathrm{m}} = \omega N_1^2 \Lambda_{\mathrm{m}}$，其中 Λ_{m} 为主磁路的磁导。因此增大主磁路的磁导 Λ_{m} 和一次绕组的匝数 N_1，可以增大励磁电抗 X_{m}。所以变压器铁心采用高磁导率的硅钢片叠成，而且一次绕组具有较多的匝数，其目的就是增大励磁电抗，减小励磁电流和铁心损耗。

三、空载时的相量图

变压器空载时的基本方程式归纳如下：

动画：
变压器空载
相量图

$$\left.\begin{array}{ll} \dot{U}_1 = -\dot{E}_1 + \dot{I}_0 (R_1 + \mathrm{j}X_1) & (1) \\[2mm] \dot{U}_{20} = \dot{E}_2 & (2) \\[2mm] \dot{E}_1 = -\mathrm{j}4.44 f N_1 \dot{\Phi}_{\mathrm{m}} & (3) \\[2mm] \dot{E}_2 = -\mathrm{j}4.44 f N_2 \dot{\Phi}_{\mathrm{m}} & (4) \\[2mm] \dot{I}_0 = \dot{I}_{0\mathrm{a}} + \dot{I}_{0\mathrm{r}} & (5) \\[2mm] \dot{I}_0 = -\dot{E}_1/Z_{\mathrm{m}} & (6) \end{array}\right\} \qquad (3.2.19)$$

根据这些基本方程式，可以画出空载时的相量图，如图 3.2.4 所示。从相量图上可以直观地看出变压器各电磁量之间的相位关系。

作图步骤如下：

（1）以 $\dot{\Phi}_{\mathrm{m}}$ 为参考相量，画于水平线上。

（2）由式(3.2.19)中的(3)、(4)作出电动势 $\dot{E}_1$、$\dot{E}_2$ 滞后于 $\dot{\Phi}_{\mathrm{m}}$ 90°。

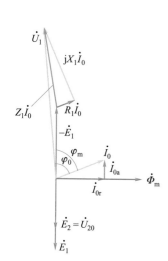

图 3.2.4　变压器空载时的相量图

（3）由式(3.2.19)中的(6)可作出 $\dot{I}_0$ 滞后于 $(-\dot{E}_1)$ φ_{m} 角度。由式(3.2.19)中的(5)可知，$\dot{I}_0$ 也可看成是 $\dot{I}_{0\mathrm{r}}$ 和 $\dot{I}_{0\mathrm{a}}$ 的相量和，其中，$\dot{I}_{0\mathrm{r}}$ 与 $\dot{\Phi}_{\mathrm{m}}$ 同相，$\dot{I}_{0\mathrm{a}}$ 超前 $\dot{\Phi}_{\mathrm{m}}$ 90°。

（4）由式(3.2.19)中的(1)作出电源电压 $\dot{U}_1$，其中 $\dot{I}_0 R_1$ 与 $\dot{I}_0$ 同相，$\mathrm{j}\dot{I}_0 X_1$ 超前 $\dot{I}_0$ 90°。

（5）由式(3.2.19)中的(2)作出二次端电压 $\dot{U}_{20} = \dot{E}_2$。

由图可见，变压器空载时的功率因数角，即 $\dot{U}_1$ 与 $\dot{I}_0$ 之间的夹角 φ_0 接近 90°，说明变压器空载运行时的功率因数 $\cos\varphi_0$ 很低。一般 $\cos\varphi_0$ 在 0.1～0.2 之间。

3.3　单相变压器的负载运行

教学课件：
单相变压器的
负载运行

变压器的一次绕组接在额定频率、额定电压的交流电源上，二次绕组接上负载时的运行状态，称为

变压器的负载运行。此时,二次绕组有电流 $\dot{I}_2$ 流过,电能从变压器一次侧传递到了二次侧。

3.3.1　负载时的电磁关系

图 3.3.1 所示为单相变压器负载运行示意图。变压器负载运行时的电磁关系将在空载的基础上发生如下变化。

二次绕组接上负载后,在电动势 $\dot{E}_2$ 作用下,二次绕组便有电流 $\dot{I}_2$ 流过,从而建立二次绕组磁动势 $\dot{F}_2 = \dot{I}_2 N_2$。$\dot{F}_2$ 也作用在主磁路铁心上,它将使空载主磁通 $\dot{\Phi}_0$ 趋于变化。但事实上 $\dot{\Phi}_0$ 基本上是由外施电压 $\dot{U}_1$ 决定的,当 $\dot{U}_1$ 不变时,主磁通 $\dot{\Phi}_0$ 基本不变。因此 $\dot{F}_2$ 的出现将导致一次绕组电流由空载时的 $\dot{I}_0$ 增大到负载时的 $\dot{I}_1 = \dot{I}_0 + \dot{I}_{1L}$,一次绕组磁动势由空载时的 $\dot{F}_0$ 增大到负载时的 $\dot{F}_1 = \dot{F}_0 + \dot{F}_{1L}$。$\dot{F}_{1L} = \dot{I}_{1L} N_1$ 称为一次绕组磁动势的负载分量,它恰好与二次绕组磁动势 $\dot{F}_2$ 相抵消,从而保持主磁通 $\dot{\Phi}_0$ 基本不变。

变压器负载运行时,由合成磁动势 $\dot{F}_1 + \dot{F}_2$ 产生主磁通 $\dot{\Phi}_0$,并在一次、二次绕组中产生感应电动势 $\dot{E}_1$ 和 $\dot{E}_2$,同时 $\dot{F}_1$ 和 $\dot{F}_2$ 还分别产生只交链自身绕组的漏磁通 $\dot{\Phi}_{1\sigma}$ 和 $\dot{\Phi}_{2\sigma}$,并分别在一次、二次绕组中产生感应漏磁电动势 $\dot{E}_{1\sigma}$ 和 $\dot{E}_{2\sigma}$。另外,一次、二次绕组电流 $\dot{I}_1$ 和 $\dot{I}_2$ 分别在各自绕组的电阻上产生电压降 $\dot{I}_1 R_1$ 和 $\dot{I}_2 R_2$。变压器负载运行时的电磁关系如图 3.3.2 所示。

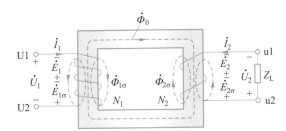

图 3.3.1　单相变压器负载运行示意图

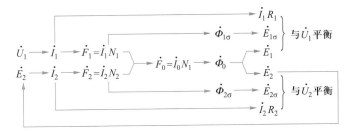

图 3.3.2　变压器负载运行时的电磁关系

3.3.2　负载运行时的基本方程式

一、电动势平衡方程式

由图 3.3.2 并根据基尔霍夫电压定律,可得一次、二次绕组电动势平衡方程式为

$$\dot{U}_1 = -\dot{E}_1 - \dot{E}_{1\sigma} + R_1 \dot{I}_1 = -\dot{E}_1 + \mathrm{j} X_1 \dot{I}_1 + R_1 \dot{I}_1$$
$$= -\dot{E}_1 + (R_1 + \mathrm{j} X_1) \dot{I}_1 = -\dot{E}_1 + Z_1 \dot{I}_1 \qquad (3.3.1)$$

式中,$\dot{E}_{1\sigma}$ 为一次漏磁电动势,$\dot{E}_{1\sigma} = -\mathrm{j} X_1 \dot{I}_1$。

$$\dot{U}_2 = \dot{E}_2 + \dot{E}_{2\sigma} - R_2 \dot{I}_2 = \dot{E}_2 - \mathrm{j} X_2 \dot{I}_2 - R_2 \dot{I}_2$$
$$= \dot{E}_2 - (R_2 + \mathrm{j} X_2) \dot{I}_2 = \dot{E}_2 - Z_2 \dot{I}_2 \qquad (3.3.2)$$

式中,$\dot{E}_{2\sigma}$ 为二次漏磁电动势,$\dot{E}_{2\sigma} = -\mathrm{j} X_2 \dot{I}_2$;$X_2$ 为二次漏电抗,Z_2 为二次漏阻抗,$Z_2 = R_2 + \mathrm{j} X_2$。

变压器负载阻抗 Z_L 上的电压,即二次端电压为

$$\dot{U}_2 = Z_L \dot{I}_2 \qquad (3.3.3)$$

二、磁动势平衡方程式

由上述电磁关系分析可知,当 $\dot{U}_1$ 不变时,空载和负载时的主磁通 $\dot{\Phi}_0$ 基本不变。空载时 $\dot{\Phi}_0$ 由 $\dot{F}_0 = \dot{I}_0 N_1$ 产生;负载时 $\dot{\Phi}_0$ 由 $\dot{F}_1 + \dot{F}_2 = \dot{I}_1 N_1 + \dot{I}_2 N_2$ 产生,因此可得磁动势平衡方程式为

$$\left.\begin{aligned} \dot{F}_0 &= \dot{F}_1 + \dot{F}_2 \\ \dot{F}_1 &= \dot{F}_0 + (-\dot{F}_2) = \dot{F}_0 + \dot{F}_{1L} \end{aligned}\right\} \tag{3.3.4}$$

式（3.3.4）表明，变压器负载运行时，一次绕组磁动势 $\dot{F}_1$ 由两个分量组成：一个是励磁磁动势 $\dot{F}_0$，用来产生负载时的主磁通 $\dot{\Phi}_0$；另一个是负载分量磁动势 $\dot{F}_{1L} = -\dot{F}_2$，用以抵消二次绕组磁动势对主磁通的影响，以保持主磁通不变。

磁动势平衡方程式可用电流表达为

$$\left.\begin{aligned} N_1 \dot{I}_0 &= N_1 \dot{I}_1 + N_2 \dot{I}_2 \\ \dot{I}_1 &= \dot{I}_0 + \left(-\frac{N_2}{N_1} \dot{I}_2\right) = \dot{I}_0 + \left(-\frac{1}{k} \dot{I}_2\right) = \dot{I}_0 + \dot{I}_{1L} \end{aligned}\right\} \tag{3.3.5}$$

与磁动势相对应，变压器负载运行时的一次绕组电流 $\dot{I}_1$ 也由两个分量组成：一个是用来建立负载主磁通的励磁电流 $\dot{I}_0$；另一个是与二次绕组电流相平衡的负载分量电流 $\dot{I}_{1L} = -\dot{I}_2/k$。

变压器负载运行时，由于 $I_0 \ll I_1$，故可忽略 I_0，这样一次、二次绕组电流关系变为

$$\dot{I}_1 \approx -\frac{1}{k} \dot{I}_2$$

或

$$\frac{I_1}{I_2} \approx \frac{1}{k} = \frac{N_2}{N_1} \tag{3.3.6}$$

式（3.3.6）说明，一次、二次绕组电流的大小近似与绕组匝数成反比。可见两侧绕组匝数不同，不仅能变电压，同时也能变电流。

由此可见，一次绕组电流 I_1 将随二次绕组电流 I_2 近似正比变化。二次绕组电流的增加或减少，必然引起一次绕组电流的增加或减少；相应地，二次侧输出功率的增加或减少，必然引起一次侧从电网吸收功率的增加或减少。变压器通过磁动势平衡，将一次、二次绕组电流紧密联系起来，实现了电能由一次侧向二次侧的传递。

综上所述，将变压器负载运行时的基本电磁关系归纳起来，可得以下基本方程组

$$\left.\begin{aligned} \dot{U}_1 &= -\dot{E}_1 + (R_1 + jX_1)\dot{I}_1 & (1) \\ \dot{U}_2 &= \dot{E}_2 - (R_2 + jX_2)\dot{I}_2 & (2) \\ \dot{I}_0 &= \dot{I}_1 + \dot{I}_2/k & (3) \\ \dot{E}_1 &= k\dot{E}_2 & (4) \\ \dot{E}_1 &= -(R_m + jX_m)\dot{I}_0 & (5) \\ \dot{U}_2 &= \dot{I}_2 Z_L & (6) \end{aligned}\right\} \tag{3.3.7}$$

3.3.3　负载运行时的等效电路及相量图

变压器的基本方程式综合地反映了变压器内部的电磁关系，利用它可以对变压器进行定量计算。但是求解复数方程组（3.3.7）是相当困难和烦琐的，因此，对变压器进行定量计算，通常采用等效电路的方法。

根据式（3.3.7）中的（1）、（2）、（6）式，可以画出变压器的一次、二次等效电路，如图 3.3.3 所示。表面上看，一次、二次等效电路是两个分离的电路，但事实上，二者之间通过磁耦合（主磁通）相互联系在一起。式（3.3.7）中的（3）式，即磁动势平衡方程式定量地描述了这种磁耦合关系，如果能将它体现在电路中，并将两个分离的电路画在一起，则可得到描述变压器内部电磁关系的一个纯电路，即变压器

的等效电路。为得到这样一种等效电路,首先需要对变压器进行绕组折算。

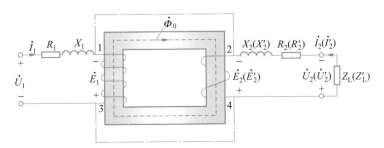

图 3.3.3　变压器的一、二次等效电路

一、折算

折算的目的是:将变比为 k 的变压器等效成变比为 1 的变压器,从而可以把一次、二次两个分离的电路画在一起。折算时,既可把二次侧各量折算到一次侧,也可把一次侧各量折算到二次侧,通常都是把二次侧折算到一次侧,如图 3.3.3 所示,在图中,折算后的二次电磁量用原物理量加上标“′”来表示。

如何把二次绕组看成等于一次绕组匝数,且又保持其电磁关系不变呢? 这就要遵循如下原则:保持折算前、后二次绕组产生的电磁作用不变,即保持变压器内部的电磁关系不变。具体讲,就是二次绕组产生的磁动势、有功损耗、无功损耗、视在功率以及变压器的主磁通等均保持不变。下面根据折算原则导出二次侧各物理量的折算值。

1. 二次电动势的折算值

由于折算后二次绕组的匝数 N_2 用一次绕组的匝数 N_1 代替,根据折算前、后主磁通不变,可得

$$\frac{E_2'}{E_2} = \frac{4.44fN_2'\Phi_{\mathrm{m}}}{4.44fN_2\Phi_{\mathrm{m}}} = \frac{N_2'}{N_2} = \frac{N_1}{N_2} = k$$

则
$$E_2' = kE_2 \tag{3.3.8}$$

同理
$$E_{2\sigma}' = kE_{2\sigma} \tag{3.3.9}$$

2. 二次电流的折算值

根据折算前、后二次磁动势不变的原则,可得

$$N_1 I_2' = N_2 I_2$$

则
$$I_2' = \frac{N_2}{N_1}I_2 = \frac{1}{k}I_2 \tag{3.3.10}$$

3. 二次漏阻抗的折算值

根据折算前、后二次绕组有功损耗不变,得

$$R_2'I_2'^2 = R_2 I_2^2$$

则
$$R_2' = R_2\left(\frac{I_2}{I_2'}\right)^2 = k^2 R_2 \tag{3.3.11}$$

根据折算前、后二次绕组无功损耗不变,有

$$X_2'I_2'^2 = X_2 I_2^2$$

则
$$X_2' = \left(\frac{I_2}{I_2'}\right)^2 X_2 = k^2 X_2 \tag{3.3.12}$$

二次绕组漏阻抗的折算值为

$$Z_2' = \sqrt{R_2'^2 + X_2'^2} = k^2\sqrt{R_2^2 + X_2^2} = k^2 Z_2 \tag{3.3.13}$$

4. 二次电压的折算值

$$\dot{U}_2' = \dot{E}_2' - Z_2'\dot{I}_2' = k\dot{E}_2 - k^2 Z_2 \frac{1}{k}\dot{I}_2 = k(\dot{E}_2 - Z_2\dot{I}_2) = k\dot{U}_2 \tag{3.3.14}$$

5. 负载阻抗的折算值

因阻抗为电压与电流之比,便有

$$Z_L' = \frac{\dot{U}_2'}{\dot{I}_2'} = \frac{k\dot{U}_2}{\frac{1}{k}\dot{I}_2} = k^2 \frac{\dot{U}_2}{\dot{I}_2} = k^2 Z_L \tag{3.3.15}$$

综上所述,二次绕组向一次绕组折算有如下规律:①单位为 V 的物理量,其折算值等于实际值乘以 k;②单位为 A 的物理量,其折算值等于实际值除以 k;③单位为 Ω 的物理量,其折算值等于实际值乘以 k^2。

对二次绕组折算后,变压器的基本方程式变为

$$\left.\begin{array}{ll} \dot{U}_1 = -\dot{E}_1 + \dot{I}_1(R_1 + jX_1) & (1) \\[6pt] \dot{U}_2' = \dot{E}_2' - \dot{I}_2'(R_2' + jX_2') & (2) \\[6pt] \dot{I}_0 = \dot{I}_1 + \dot{I}_2' & (3) \\[6pt] \dot{E}_1 = \dot{E}_2' & (4) \\[6pt] \dot{E}_1 = -\dot{I}_0(R_m + jX_m) & (5) \\[6pt] \dot{U}_2' = \dot{I}_2' Z_L' & (6) \end{array}\right\} \tag{3.3.16}$$

根据这组基本方程式,可以方便地画出变压器的等效电路。

二、负载运行时的等效电路

1. T 形等效电路

将图 3.3.3 中铁心的工作情况用励磁支路来等效代替,即 $\dot{E}_1 = -\dot{I}_0(R_m + jX_m)$,如图 3.3.4(a)所示。考虑到折算后 $\dot{I}_1 = \dot{I}_0 + (-\dot{I}_2')$ 和 $\dot{E}_2' = \dot{E}_1$,可将图 3.3.4(a)中的三部分电路合并成统一的等效电路,如图 3.3.4(b)所示。由于变压器内部的阻抗参数 Z_1、Z_2'、Z_m 构成了 T 形,故称为 T 形等效电路。

动画:
单相变压器的
等效电路

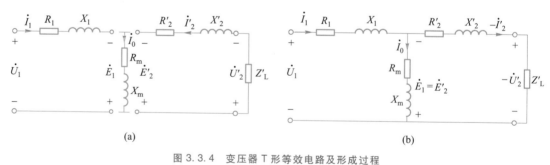

(a)　　　　　　　　　　　　　　　(b)

图 3.3.4　变压器 T 形等效电路及形成过程

2. 近似等效电路

T 形等效电路是复阻抗的串、并联混合电路,计算比较繁杂。为了便于计算,可对 T 形等效电路做如下近似处理。因为 $I_0 \ll I_1 \approx I_2'$,当忽略 $I_0 Z_1$ 时,$Z_1\dot{I}_1 = Z_1[\dot{I}_0 + (-\dot{I}_2')] \approx Z_1(-\dot{I}_2')$。又因为 $Z_1 I_1 \ll E_1$,当忽略 $Z_1 I_1$ 时,$U_1 \approx E_1$,故 $\dot{I}_0 = \dfrac{-\dot{E}_1}{Z_m} \approx \dfrac{\dot{U}_1}{Z_m}$。基于以上两点,可将 T 形等效电路中的励磁支路(Z_m 支路)移到电源端,得到近似等效电路,如图 3.3.5 所示。由于变压器内部的阻抗参数 Z_1、Z_2'、Z_m 构成了 Γ 形,故称为 Γ 形等效电路。

3. 简化等效电路

由于一般变压器的空载电流很小,在有些计算中可忽略不计,此时可将等效电路中励磁支路去掉,得到变压器的简化等效电路,如图 3.3.6 所示。

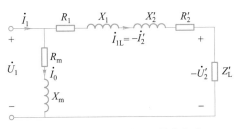

图 3.3.5 变压器的近似等效电路

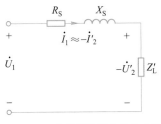

图 3.3.6 变压器的简化等效电路

图 3.3.6 中

$$\left.\begin{array}{l} R_S = R_1 + R'_2 \\ X_S = X_1 + X'_2 \\ Z_S = R_S + jX_S \end{array}\right\} \tag{3.3.17}$$

式中,R_S 称为短路电阻;X_S 称为短路电抗;Z_S 称为短路阻抗。

短路阻抗 Z_S 是变压器的重要参数之一,其大小直接影响着变压器的运行性能。当变压器发生短路时,稳态短路电流 $I_S = U_1/Z_S$,Z_S 越大,I_S 就越小,所以从限制稳态短路电流的角度来看,Z_S 越大越好。但是,从变压器作为电源对负载供电的角度看,电源的内阻抗 Z_S 越小越好。因为 Z_S 越小,内阻抗压降 $I'_2 Z_S$ 就越小,输出的端电压就越稳定。

三、负载运行时的相量图

变压器负载运行时的电磁关系,除了用基本方程式和等效电路来表示外,还可以用相量图来表示。相量图直观地反映了变压器中各物理量的大小和相位关系。图 3.3.7 所示为变压器带感性负载时的相量图,其作图步骤如下:

① 画相量 $\dot{U}'_2$、$\dot{I}'_2$,$\dot{I}'_2$ 滞后 $\dot{U}'_2$ 负载功率因数角 φ_2(感性负载,$\varphi_2 > 0°$);

② 由 $\dot{E}'_2 = \dot{U}'_2 + \dot{I}'_2(R'_2 + jX'_2)$ 求得相量 $\dot{E}_1 = \dot{E}'_2$;

③ 画相量 $\dot{\Phi}_m$ 超前 $\dot{E}_1$ 的角度为 $90°$;

④ 画相量 $\dot{I}_0$ 超前 $\dot{\Phi}_m$ 铁耗角 α_{Fe};

⑤ 由 $\dot{I}_1 = \dot{I}_0 + (-\dot{I}'_2)$ 求得相量 $\dot{I}_1$;

⑥ 由 $\dot{U}_1 = -\dot{E}_1 + \dot{I}_1(R_1 + jX_1)$ 求得相量 $\dot{U}_1$,$\dot{U}_1$ 超前 $\dot{I}_1$ 的角度为 φ_1,是变压器一次侧功率因数角。

图 3.3.8 所示为对应简化等效电路(图 3.3.6)的相量图(感性负载)。选 $-\dot{U}'_2$ 为参考相量,根据负载性质作出相量 $\dot{I}_1(-\dot{I}'_2)$,根据 $\dot{U}_1 = \dot{I}_1 R_S + j\dot{I}_1 X_S + (-\dot{U}'_2)$ 可确定相量 $\dot{U}_1$。

基本方程式、等效电路和相量图是分析变压器运行的三种方法,其物理本质是相同的。在进行定量计算时,宜采用等效电路;在定性分析各物理量之间关系时,宜采用方程式;而在分析各物理量之间相位关系时,相量图比较方便。

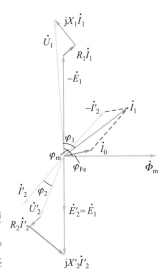

图 3.3.7 变压器带感性负载时的相量图

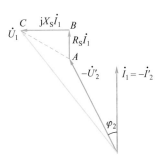

图 3.3.8 感性负载时变压器的简化相量图

3.4 变压器的参数测定

在用等效电路计算变压器运行性能时,必须首先知道变压器的基本参数,即励磁参数 R_m、X_m 和短路参

数 R_s、X_s。在设计变压器时,可通过计算确定出这些参数;而对于已经制成的变压器,可以通过空载试验和短路试验求取这些参数。

3.4.1 空载试验

空载试验的目的是通过测量空载电流 I_0,一次、二次电压 U_1 和 U_{20} 及空载损耗 P_0 来计算变比 k、空载电流百分值 $I_0\%$、铁心损耗 P_{Fe} 和励磁阻抗 $Z_m = R_m + jX_m$ 等。

单相变压器空载试验的接线图如图 3.4.1 所示。空载试验可以在任何一侧做,为了试验安全和读数方便,通常在低压侧进行,即低压侧加电压,高压侧开路。接线时需要注意:因空载功率因数很低,为减小功率的测量误差,应选用低功率因数的功率表来测量空载损耗 P_0;因空载电流 I_0 很小,为了减小电流的测量误差,应把电流表和变压器线圈串联。为了测出空载电流和空载损耗随电压变化的关系,外加电压 U_1 在 $0 \sim 1.2U_N$ 范围内调节,在不同的外加电压下,分别测出所对应的 U_{20}、I_0 及 P_0 值,便可画出曲线 $I_0 = f(U_1)$ 和 $P_0 = f(U_1)$,如图 3.4.2 所示。由所测数据可求得

$$\left.\begin{array}{l} k = \dfrac{U_{20}（高压）}{U_1（低压）} \\[2mm] I_0 = \dfrac{I_0}{I_{1N}} \times 100\% \\[2mm] P_{Fe} = P_0 \end{array}\right\} \tag{3.4.1}$$

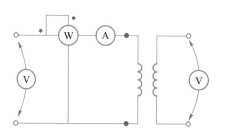

图 3.4.1 单相变压器空载试验的接线图

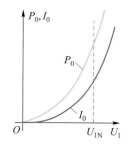

图 3.4.2 单相变压器
空载特性曲线

空载试验时,单相变压器没有输出功率,此时输入的有功功率 P_0 包含一次绕组铜损耗 $R_1 I_0^2$ 和铁心中铁损耗 $P_{Fe} = I_0^2 R_m$ 两部分。由于 $R_1 \ll R_m$,因此 $P_0 \approx P_{Fe}$。

由空载等效电路,忽略 R_1、X_1 可求得

$$\left.\begin{array}{l} Z_m = \dfrac{U_{1N}}{I_0} \\[2mm] R_m = \dfrac{P_0}{I_0^2} \\[2mm] X_m = \sqrt{Z_m^2 - R_m^2} \end{array}\right\} \tag{3.4.2}$$

应当注意,因空载电流、铁心损耗及励磁阻抗均随电压大小而变,即与铁心饱和程度有关,所以,空载电流和空载功率常取额定电压时的值,并以此求取励磁阻抗的值。若要求取折算到高压侧的励磁阻抗,必须乘以变比的平方,即高压侧的励磁阻抗为 $k^2 Z_m$。

对于三相变压器,应用式(3.4.2)时,必须采用每相值,即一相的损耗以及相电压和相电流等来进行计算,而 k 值也应取相电压之比。

3.4.2　短路试验

短路试验的目的是通过测量短路电流 I_s、短路电压 U_s 及短路功率 P_s 来计算短路电压百分值 $U_s\%$、铜损耗 P_{Cu} 和短路阻抗 $Z_s = R_s + jX_s$。

单相变压器短路试验接线图如图 3.4.3 所示。短路试验也可以在任何一侧做，为试验方便和安全起见，通常在高压侧进行，即高压侧加电压，低压侧短路。由于单相变压器的短路阻抗很小，为了避免过大的短路电流损坏绕组，外加电压必须很低（$4\%U_{1N} \sim 10\%U_{1N}$）。为了减小电压的测量误差，接线时应注意把电压表和功率表的电压线圈与变压器线圈并联。

通过调节外加电压，使电流在 $0 \sim 1.3I_N$ 范围内变化，分别测出它所对应的 I_s、U_s 和 P_s 值。试验时，同时记录试验室的室温 $\theta(℃)$，并且画出短路电流、短路损耗随电压变化的短路特性曲线 $I_s = f(U_s)$ 和 $P_s = f(U_s)$，如图 3.4.4 所示。

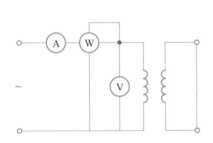

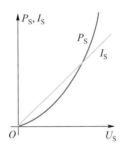

图 3.4.3　单相变压器短路试验接线图　　　图 3.4.4　单相变压器
短路特性曲线

由于短路试验时外加电压比额定值低得多，铁心中主磁通很小，励磁电流和铁心损耗均很小，可略去不计，认为短路损耗即为一次、二次绕组电阻上的铜损耗，即 $P_s = P_{Cu}$。也就是说，可以认为等效电路中的励磁支路处于开路状态，即可用简化等效电路分析，于是，由所测数据可求得短路参数

$$\left.\begin{array}{l} Z_s = \dfrac{U_s}{I_s} = \dfrac{U_{SN}}{I_N} \\[2mm] R_s = \dfrac{P_s}{I_s^2} = \dfrac{P_{SN}}{I_N^2} \\[2mm] X_s = \sqrt{Z_s^2 - R_s^2} \end{array}\right\} \tag{3.4.3}$$

对于 T 形等效电路，可认为：$R_1 \approx R_2' = \dfrac{1}{2}R_s$，$X_1 \approx X_2' = \dfrac{1}{2}X_s$。

由于绕组电阻随温度而变化，而短路试验一般在室温下进行，故测得的电阻应该换算成基准工作温度时的数值。按国家标准规定，油浸式变压器的短路电阻应换算成 75 ℃ 时的数值。

对于铜线变压器

$$R_{S75℃} = \frac{234.5 + 75}{234.5 + \theta} R_s \tag{3.4.4}$$

75℃ 时的短路阻抗为

$$Z_{S75℃} = \sqrt{R_{S75℃}^2 + X_s^2} \tag{3.4.5}$$

式中，θ 为实验时的室温。

对于铝线变压器，式（3.4.4）中的常数 234.5 应改为 228。

短路损耗 P_s 和短路电压 U_s 也应换算到 75℃ 时的数值，即

$$P_{S75℃} = R_{S75℃} I_{1N}^2 \qquad (3.4.6)$$

$$U_{S75℃} = Z_{S75℃} I_{1N} \qquad (3.4.7)$$

应当注意，由于短路试验一般在高压侧进行，故测得的短路阻抗参数是高压侧的数值，若需要折算到低压侧时，应除以 k^2。

和空载试验一样，对于三相变压器，在应用式（3.4.3）时，U_S、I_S 和 P_S 应该采用每相值来计算。

短路试验时，使短路电流为额定电流时一次侧所加的电压，称为短路电压，记作 U_{SN}，由等效电路得

$$U_{SN75℃} = Z_{S75℃} I_{1N} \qquad (3.4.8)$$

式（3.4.8）为额定电流在短路阻抗上的电压降，也称为阻抗电压。

短路电压通常以额定电压的百分值表示，即

$$u_S\% = \frac{I_{1N} Z_{S75℃}}{U_{1N}} \times 100\%$$

$$u_{Sa}\% = \frac{I_{1N} R_{S75℃}}{U_{1N}} \times 100\% \qquad (3.4.9)$$

$$u_{Sr}\% = \frac{I_{1N} X_S}{U_{1N}} \times 100\%$$

式中，$u_S\%$ 为短路电压百分值；$u_{Sa}\%$ 为短路电压电阻（或有功）分量百分值；$u_{Sr}\%$ 为短路电压电抗（或无功）分量的百分值。

一般中、小型电力变压器的 $u_S\% = 4\% \sim 10.5\%$，大型电力变压器的 $u_S\% = 12.5\% \sim 17.5\%$。

【例 3.4.1】 一台三相电力变压器型号为 SL-750/10，$S_N = 750$ kV·A，$U_{1N}/U_{2N} = 10\ 000$ V/400 V，Yyn 联结。在低压侧做空载试验，测得数据为 $U_0 = 400$ V，$I_0 = 60$ A，$P_0 = 3\ 800$ W。在高压侧做短路试验，测出数据为 $U_S = 440$ V，$I_S = 43.3$ A，$P_S = 10\ 900$ W，室温为 20 ℃。试求：（1）以高压侧为基准的 T 形等效电路参数（设 $R_1 = R_2'$，$X_1 = X_2'$）；（2）短路电压百分值及其电阻分量和电抗分量的百分值。

【解】 （1）由空载试验数据求励磁参数

励磁阻抗

$$Z_m = \frac{U_0/\sqrt{3}}{I_0} = \frac{400/\sqrt{3}}{60} \ \Omega = 3.85 \ \Omega$$

励磁电阻

$$R_m = \frac{P_0/3}{I_0^2} = \frac{3\ 800/3}{60^2} \ \Omega = 0.35 \ \Omega$$

励磁电抗

$$X_m = \sqrt{Z_m^2 - R_m^2} = 3.83 \ \Omega$$

折算到高压侧的值

变比

$$k = \frac{U_{1N}/\sqrt{3}}{U_{2N}/\sqrt{3}} = \frac{10\ 000/\sqrt{3}}{400/\sqrt{3}} = 25$$

$$Z_m' = k^2 Z_m = 25^2 \times 3.85 \ \Omega = 2\ 406.25 \ \Omega$$

$$R_m' = k^2 R_m = 25^2 \times 0.35 \ \Omega = 218.75 \ \Omega$$

$$X_m' = k^2 X_m = 25^2 \times 3.83 \ \Omega = 2\ 393.75 \ \Omega$$

由短路试验数据求短路参数

短路阻抗

$$Z_S = \frac{U_S/\sqrt{3}}{I_S} = \frac{440/\sqrt{3}}{43.3} \ \Omega = 5.87 \ \Omega$$

短路电阻 $$R_\mathrm{S} = \frac{P_\mathrm{S}/3}{I_\mathrm{S}^2} = \frac{10\ 900/3}{43.3^2}\ \Omega = 1.94\ \Omega$$

短路电抗 $$X_\mathrm{S} = \sqrt{Z_\mathrm{S}^2 - R_\mathrm{S}^2} = 5.54\ \Omega$$

换算到 75 ℃

$$R_\mathrm{S75℃} = \frac{228+75}{228+20} \times 1.94\ \Omega = 2.37\ \Omega$$

$$Z_\mathrm{S75℃} = \sqrt{R_\mathrm{S75℃}^2 + X_\mathrm{S}^2} = 6.03\ \Omega$$

则 $$R_1 = R_2' = \frac{1}{2} R_\mathrm{S75℃} = \frac{1}{2} \times 2.37\ \Omega = 1.19\ \Omega$$

$$X_1 = X_2' = \frac{1}{2} X_\mathrm{S} = \frac{1}{2} \times 5.54\ \Omega = 2.77\ \Omega$$

（2）一次额定电流

$$I_\mathrm{1N} = \frac{S_\mathrm{N}}{\sqrt{3}\ U_\mathrm{1N}} = \frac{750}{\sqrt{3} \times 10}\ \mathrm{A} = 43.3\ \mathrm{A}$$

短路电压及其分量的百分值为

$$u_\mathrm{S}\% = \frac{I_\mathrm{1N} Z_\mathrm{S75℃}}{U_\mathrm{1N}/\sqrt{3}} \times 100\% = \frac{43.3 \times 6.03}{10\ 000/\sqrt{3}} \times 100\% = 4.52\%$$

$$u_\mathrm{Sa}\% = \frac{I_\mathrm{1N} R_\mathrm{S75℃}}{U_\mathrm{1N}/\sqrt{3}} \times 100\% = \frac{43.3 \times 2.37}{10\ 000/\sqrt{3}} \times 100\% = 1.78\%$$

$$u_\mathrm{Sr}\% = \frac{I_\mathrm{1N} X_\mathrm{S}}{U_\mathrm{1N}/\sqrt{3}} \times 100\% = \frac{43.3 \times 5.54}{10\ 000/\sqrt{3}} \times 100\% = 4.15\%$$

3.5 标么值及其应用

教学课件：
标么值及其应用

3.5.1 标么值的概念

在工程计算中,各物理量(如电压、电流、阻抗、功率等)除采用实际值来表示和计算外,有时也采用标么值来表示和计算。所谓标么值是指某一物理量的实际值与该物理量的基值之比,即

$$标么值 = \frac{实际值}{基值} \tag{3.5.1}$$

标么值实际就是一种相对值,它没有单位。其基值是人为选取的,通常把某物理量的额定值选为该物理量的基值。为了区别标么值和实际值,在物理量符号右上角加"*"表示该物理量的标么值。

3.5.2 变压器各物理量的基值和标么值

在变压器等效电路的计算中,有四个基本物理量:电压、电流、阻抗和功率。其中电压和电流的基值选定后,阻抗和功率的基值则可根据电路定律来确定。由于变压器等效电路为一相电路,其中的电压、电流、阻抗和功率等均为一相值,所以取相额定值作为它们的基值。变压器各物理量的基值和标么值见表 3.5.1。

表 3.5.1 变压器各物理量(每相参数)的基值和标么值

一次侧			二次侧		
实际值	基值	标么值	实际值	基值	标么值
相电压 U_1	额定相电压 $U_{1B}=U_{1N}$	$U_1^*=\dfrac{U_1}{U_{1N}}$	相电压 U_2	额定相电压 $U_{2B}=U_{2N}$	$U_2^*=\dfrac{U_2}{U_{2N}}$
相电流 I_1	额定相电流 $I_{1B}=I_{1N}$	$I_1^*=\dfrac{I_1}{I_{1N}}$	相电流 I_2	额定相电流 $I_{2B}=I_{2N}$	$I_2^*=\dfrac{I_2}{I_{2N}}$
电阻 R_1 电抗 X_1	$Z_{1B}=\dfrac{U_{1N}}{I_{1N}}$	$R_1^*=\dfrac{R_1}{Z_{1B}}$ $X_1^*=\dfrac{X_1}{Z_{1B}}$	电阻 R_2 电抗 X_2	$Z_{2B}=\dfrac{U_{2N}}{I_{2N}}$	$R_2^*=\dfrac{R_2}{Z_{2B}}$ $X_2^*=\dfrac{X_2}{Z_{2B}}$

视在功率 S、有功功率 P、无功功率 Q 的基值：$S_N=U_N I_N$，标么值：$S^*=\dfrac{S}{S_N}$，$P^*=\dfrac{P}{S_N}$，$Q^*=\dfrac{Q}{S_N}$

表 3.5.1 中求取标么值的公式均是针对单相变压器的,对于三相变压器,选取阻抗基值应用额定相电压和相电流的比值来计算,如 $Z_{1B}=\dfrac{U_{1NP}}{I_{1NP}}$,$Z_{2B}=\dfrac{U_{2NP}}{I_{2NP}}$。而电压、电流的基值取线值还是取相值,可根据实际值而定,实际值是线值的,基值也取线值,实际值是相值的,基值也取相值。而功率 S、P、Q 的基值选取依实际值而定,实际值是三相功率的,基值也取三相额定功率,实际值是单相功率的,基值也取单相额定功率。

用以上方法选取基值并求标么值,就可使采用标么值表示的基本方程式与采用实际值表示的方程式在形式上保持一致,也就是说,在有名单位制中的各公式可直接用于标么制中的计算,如求取励磁阻抗的公式可写成

$$\left.\begin{aligned} Z_m^* &=\frac{U_{1N}^*}{I_0^*}=\frac{1}{I_0^*} \\ R_m^* &=\frac{P_0^*}{I_0^{*2}} \\ X_m^* &=\sqrt{Z_m^{*2}-R_m^{*2}} \end{aligned}\right\} \tag{3.5.2}$$

求取短路阻抗的公式可写成

$$\left.\begin{aligned} Z_S^* &=\frac{U_{SN}^*}{I_N^*}=U_{SN}^* \\ R_S^* &=\frac{P_{SN}^*}{I_N^{*2}}=P_{SN}^*=\frac{P_{SN}}{S_N} \\ X_S^* &=\sqrt{Z_S^{*2}-R_S^{*2}} \end{aligned}\right\} \tag{3.5.3}$$

已知各物理量的标么值和基值,很容易求得实际值:实际值=标么值×基值。

3.5.3 标么值表示法的优缺点

一、采用标么值的优点

(1)无论变压器(或电机)容量及电压的等级差别有多大,采用标么值表示时,各个参数及重要的性能数据通常都在一定范围内,因此便于比较和分析。例如,电力变压器的短路阻抗标么值 $Z_S^*=0.04\sim0.175$;空载电流标么值 $I_0^*=0.02\sim0.1$。

（2）由于折算前、后的标么值相等,所以采用标么值表示参数时,不必进行折算。例如

$$Z_2'^* = \frac{Z_2'}{Z_{1B}} = \frac{Z_2'}{\dfrac{U_{1N}}{I_{1N}}} = \frac{k^2 Z_2}{\dfrac{kU_{2N}}{I_{2N}/k}} = \frac{Z_2}{\dfrac{U_{2N}}{I_{2N}}} = \frac{Z_2}{Z_{2B}} = Z_2^*$$

需要注意,上式中的阻抗 Z_2' 是折算到一次侧的值,所以其基值为一次侧的阻抗基值 Z_{1B}。

（3）采用标么值可使计算得到简化。例如,额定值的标么值等于 1;短路电阻的标么值等于短路损耗的标么值;短路阻抗的标么值等于短路电压的标么值,等等。例如

$$R_S^* = \frac{P_S^*}{I_S^{*2}} = \frac{P_S^*}{I_{1N}^{*2}} = \frac{P_S^*}{1} = P_S^*$$

$$Z_S^* = \frac{Z_S}{U_{1N}/I_{1N}} = \frac{I_{1N} Z_S}{U_{1N}} = \frac{U_S}{U_{1N}} = U_S^*$$

同理

$$R_S^* = U_{Sa}^*, \quad X_S^* = U_{Sr}^*$$

另外,线电压和线电流的标么值与相电压和相电流的标么值相等;单相功率的标么值与三相功率的标么值相等。

（4）采用标么值表示电压和电流,可以直观地反映变压器的运行状况,例如 $U_2^* = 0.9$ 表示变压器二次电压低于额定值;而 $I_2^* = 1.1$ 表示变压器已过载 10%。

二、采用标么值的缺点

因为标么值没有量纲（单位）,物理概念不够清晰,也无法用量纲来检查计算结果是否正确。

【例 3.5.1】 一台三相电力变压器,Yd 联结,$S_N = 100 \text{ kV} \cdot \text{A}$,$U_{1N}/U_{2N} = 6\,300 \text{ V}/400 \text{ V}$,$I_0\% = 7\%$,$P_0 = 0.6 \text{ kW}$,$u_S\% = 4.5\%$,$P_{S(75℃)} = 2.25 \text{ kW}$。试求:（1）励磁参数标么值及折算到一次侧的实际值;（2）短路参数标么值及折算到一次侧的实际值;（3）短路电压及其各分量的标么值。

【解】 （1）励磁参数标么值

$$Z_m^* = \frac{U_{1N}^*}{I_0^*} = \frac{1}{0.07} = 14.29$$

$$R_m^* = \frac{P_0^*}{I_0^{*2}} = \frac{P_0/S_N}{I_0^{*2}} = \frac{0.6/100}{0.07^2} = 1.22$$

$$X_m^* = \sqrt{Z_m^{*2} - R_m^{*2}} = \sqrt{14.29^2 - 1.22^2} = 14.24$$

一次额定电流

$$I_{1N} = \frac{S_N}{\sqrt{3}\, U_{1N}} = \frac{100 \times 10^3}{\sqrt{3} \times 6\,300} \text{ A} = 9.16 \text{ A}$$

一次阻抗基值

$$Z_{1B} = \frac{U_{1NP}}{I_{1NP}} = \frac{6\,300/\sqrt{3}}{9.16} \Omega = 397 \Omega$$

折算到一次侧的励磁参数实际值

$$Z_m = Z_m^* Z_{1B} = 14.29 \times 397 \Omega = 5\,673 \Omega$$

$$R_m = R_m^* Z_{1B} = 1.22 \times 397 \Omega = 484 \Omega$$

$$X_m = X_m^* Z_{1B} = 14.24 \times 397 \Omega = 5\,653 \Omega$$

（2）短路参数标么值

$$Z_S^* = \frac{U_S^*}{I_S^*} = \frac{U_S\%}{I_{1N}^*} = \frac{4.5\%}{1} = 0.045$$

$$R_S^* = \frac{P_S^*}{I_S^{*2}} = \frac{P_S/S_N}{I_{1N}^{*2}} = \frac{2.25/100}{1} = 0.022\,5$$

$$X_s^* = \sqrt{Z_s^{*2} - R_s^{*2}} = \sqrt{0.045^2 - 0.022\,5^2} = 0.039$$

折算到一次侧的短路参数实际值

$$Z_s = Z_s^* Z_{1B} = 0.045 \times 397\ \Omega = 17.87\ \Omega$$

$$R_s = R_s^* Z_{1B} = 0.022\,5 \times 397\ \Omega = 8.93\ \Omega$$

$$X_s = X_s^* Z_{1B} = 0.039 \times 397\ \Omega = 15.48\ \Omega$$

（3）短路电压及其各分量的标么值

$$u_s^* = Z_s^* = 0.045 \qquad u_{sa}^* = R_s^* = 0.022\,5 \qquad u_{sr}^* = X_s^* = 0.039$$

教学课件：
变压器的
运行特性

3.6 变压器的运行特性

变压器负载运行时的主要特性有两个：（1）外特性，即二次端电压随负载变化的关系。外特性反映了变压器供电电压的稳定性，其性能指标是额定电压变化率。（2）效率特性，即效率随负载变化的关系。效率特性反映了变压器运行的经济性，其性能指标是额定效率。

3.6.1 变压器的外特性与电压变化率

一、变压器的外特性

当在实验室对一台变压器进行负载试验时，会发现随着负载电流的变化，变压器二次电压也随之变化，而且当负载的性质（功率因数）变化时，其二次电压变化的幅度也不一样，这是什么原因呢？在本节中将给出答案。

当电源电压和负载的功率因数等于常数时，二次电压随负载电流变化的规律，即 $U_2 = f(I_2)$ 曲线称为变压器的外特性。

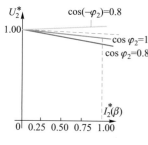

图 3.6.1　变压器的
外特性曲线

在负载运行时，由于变压器内部存在电阻和漏抗，故当负载电流流过时，变压器内部将产生阻抗电压降，使二次电压随负载电流的变化而变化。图 3.6.1 所示为不同性质负载时变压器的外特性曲线。由图可知，变压器二次电压的大小不仅与负载电流的大小有关，而且还与负载的功率因数有关。

二、电压变化率

为了表征 U_2 随负载电流 I_2 变化的程度，引入电压变化率的概念。所谓电压变化率是指当变压器一次侧加额定电压，负载功率因数一定时，从空载到负载时二次电压变化的百分值，用 ΔU 表示，即

$$\Delta U = \frac{U_{20} - U_2}{U_{2N}} \times 100\% = \frac{U_{2N} - U_2}{U_{2N}} \times 100\% = \frac{U_{1N} - U_2'}{U_{1N}} \times 100\% \tag{3.6.1}$$

电压变化率 ΔU 是表征变压器运行性能的重要指标之一，它的大小反映了供电电压的稳定性。ΔU 除用定义式求取外，还可用变压器的简化相量图求出，如图 3.6.2 所示。通过数学推导，得

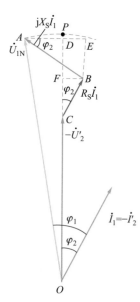

图 3.6.2　变压器感性负
载时的简化相量图

$$\Delta U = \frac{U_{1N} - U_2'}{U_{1N}} \times 100\% = \frac{I_1 R_s \cos\varphi_2 + I_1 X_s \sin\varphi_2}{U_{1N}} \times 100\%$$

$$= \frac{I_1}{I_{1N}} \frac{I_{1N} R_s \cos\varphi_2 + I_{1N} X_s \sin\varphi_2}{U_{1N}} \times 100\%$$

$$= \beta(R_s^* \cos\varphi_2 + X_s^* \sin\varphi_2) \times 100\% \tag{3.6.2}$$

式中，$\beta = \dfrac{I_1}{I_{1N}} = \dfrac{I_2}{I_{2N}} = I_2^*$，为负载电流的标么值，又称负载系数。

式(3.6.2)说明,电压变化率的大小与变压器的短路阻抗(R_S^*、X_S^*)、负载大小(β)以及负载性质(φ_2)有关。在电力变压器中,$X_S^* \gg R_S^*$,当带纯电阻性负载($\varphi_2 = 0$)时,ΔU 较小;带阻感性负载($\varphi_2 > 0$)时,ΔU 较大,且为正值,这时的二次电压比空载时低;带阻容性负载($\varphi_2 < 0$)时,ΔU 可能为正值,也可能为负值,当 $|X_S^* \sin \varphi_2| > R_S^* \cos \varphi_2$ 时,ΔU 为负值,说明此时的二次电压比空载时高。

通常电力变压器的额定电压变化率在 5% 左右,如果电压变化太大,应采用变压器的分接开关进行调整。

3.6.2 变压器的损耗、效率和效率特性

一、变压器的损耗

变压器的损耗包括铁损耗和铜损耗两部分。铁损耗与电源电压的大小有关,与负载大小无关,故称为"不变损耗"。由于变压器空载时空载电流和绕组电阻均比较小,因此空载时的绕组铜损耗很小,可以忽略不计,所以铁损耗可近似看作空载损耗,即

$$P_{Fe} \approx P_0 \tag{3.6.3}$$

由于变压器短路试验时外加电压很低,铁心中磁通密度很低,因此铁损耗可以略去不计,所以短路损耗可近似看作铜损耗。因此,可由简化等效电路推导出铜损耗

$$P_{Cu} = P_{Cu1} + P_{Cu2} = (R_1 + R_2')I_1^2 = R_S I_1^2 = \left(\frac{I_1}{I_{1N}}\right)^2 I_{1N}^2 R_S = \beta^2 P_{SN} \tag{3.6.4}$$

由式(3.6.4)可知,铜损耗的大小与负载电流平方成正比,故称为"可变损耗"。

变压器的总损耗为铁损耗和铜损耗之和,即

$$\sum P = P_{Fe} + P_{Cu} \tag{3.6.5}$$

二、变压器的效率及效率特性

1. 变压器的效率

变压器的效率反映了其运行的经济性,也是一项重要的运行性能指标。由于变压器是一种静止的电器,没有机械损耗,它的效率比同容量的旋转电机要高,一般中、小型电力变压器效率在 95% 以上,大型电力变压器效率可达 99% 以上。

变压器的效率 η 是指它的输出功率 P_2 与输入功率 P_1 之比,用百分数表示,即

$$\eta = \frac{P_2}{P_1} \times 100\% \tag{3.6.6}$$

由式(3.6.6)可知,变压器的效率可用直接负载法通过测量输出功率 P_2 和输入功率 P_1 来确定。但工程上常用间接法来计算变压器的效率,即通过空载试验和短路试验,测出变压器的空载损耗 P_0 和额定短路损耗 P_{SN},然后按下式计算效率

$$\eta = \left(1 - \frac{\sum P}{P_2 + \sum P}\right) \times 100\% = \left(1 - \frac{P_0 + \beta^2 P_{SN}}{P_2 + P_0 + \beta^2 P_{SN}}\right) \times 100\% \tag{3.6.7}$$

由于变压器的电压变化率很小,负载时 U_2 的变化可不予考虑,即认为 $U_2 \approx U_{2N}$,于是输出功率为

$$P_2 = U_{2N} I_2 \cos \varphi_2 = \beta U_{2N} I_{2N} \cos \varphi_2 = \beta S_N \cos \varphi_2 \tag{3.6.8}$$

将式(3.6.8)代入式(3.6.7)中可得

$$\eta = \left(1 - \frac{P_0 + \beta^2 P_{SN}}{\beta S_N \cos \varphi_2 + P_0 + \beta^2 P_{SN}}\right) \times 100\% \tag{3.6.9}$$

对于已制成的变压器 P_0 和 P_{SN} 是一定的,所以效率与负载大小及功率因数有关。

式(3.6.9)也适用于三相变压器,只是将式中的 P_0、P_{SN} 和 S_N 均代入三相值即可。

2. 效率特性

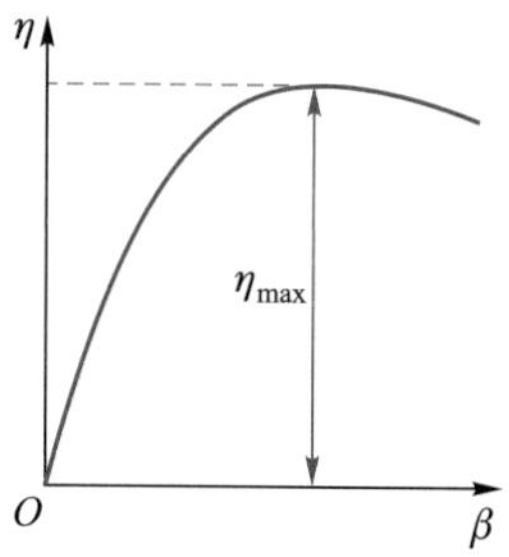

图 3.6.3 变压器的效率特性

当功率因数一定时，变压器的效率与负载系数之间的关系 $\eta=f(\beta)$，称为变压器的效率特性，如图 3.6.3 所示。

从图 3.6.3 可以看出，空载时 $\beta=0$，$\eta=0$；负载增大时，效率增加很快；当负载达到某一数值时，效率最大，然后又开始降低。这是因为随负载 P_2 的增大，铜损耗 P_{Cu} 按 β 的平方成正比增大，超过某一负载之后，效率随 β 的增大反而变小了。

将式(3.6.9)对 β 取一阶导数，并令其为零，得变压器产生最大效率的条件

$$\beta_m^2 P_{SN}=P_0 \quad 或 \quad \beta_m=\sqrt{\frac{P_0}{P_{SN}}} \tag{3.6.10}$$

式中，β_m 为最大效率时的负载系数。

式(3.6.10)说明，当铜损耗等于铁损耗，即可变损耗等于不变损耗时，效率最高。将 β_m 代入式(3.6.9)便可求得最大效率 η_{max}。

由于电力变压器长期接在电网上运行，总有铁损耗，而铜损耗却随负载而变化，一般变压器不可能总在额定负载下运行，因此，为提高变压器的运行效益，设计时应使铁损耗相对小些，一般取 $\beta_m=0.5\sim0.6$。

【例 3.6.1】 一台三相电力变压器，Yd 联结，$S_N=100\ kV\cdot A$，$U_{1N}/U_{2N}=6\ 300\ V/400\ V$，$P_0=0.6\ kW$，$P_{SN}=2.25\ kW$，$R_S^*=0.022\ 5$，$X_S^*=0.039$，带额定负载运行，负载功率因数 $\cos\varphi_2=0.8$(滞后)。试求：(1)额定电压变化率；(2)二次电压；(3)效率；(4)最大效率。

【解】 (1) 额定电压变化率

$$\begin{aligned}\Delta U_N&=\beta(R_S^*\cos\varphi_2+X_S^*\sin\varphi_2)\times100\%\\&=1\times(0.022\ 5\times0.8+0.039\times0.6)\times100\%=4.14\%\end{aligned}$$

(2) 二次电压

$$U_2=(1-\Delta U_N)U_{2N}=(1-0.041\ 4)\times400\ V=383.44\ V$$

(3) 效率

$$\begin{aligned}\eta&=\left(1-\frac{P_0+\beta^2P_{SN}}{\beta S_N\cos\varphi_2+P_0+\beta^2P_{SN}}\right)\times100\%\\&=\left(1-\frac{0.6+1^2\times2.25}{1\times100\times0.8+0.6+1^2\times2.25}\right)\times100\%=96.56\%\end{aligned}$$

(4) 最大效率

$$\beta_m=\sqrt{\frac{P_0}{P_{SN}}}=\sqrt{\frac{0.6}{2.25}}=0.516$$

$$\begin{aligned}\eta_{max}&=\left(1-\frac{2P_0}{\beta_mS_N\cos\varphi_2+2P_0}\right)\times100\%\\&=\left(1-\frac{2\times0.6}{0.516\times100\times0.8+2\times0.6}\right)\times100\%=97.18\%\end{aligned}$$

教学课件：三相变压器

3.7 三相变压器

现代电力系统均采用三相制，因而三相变压器的应用极为广泛。三相变压器可以用三个同容量的单相变压器组成，这种三相变压器称为三相变压器组，还有一种由铁轭把三个铁心柱连在一起的三相

变压器,称为三相心式变压器。从运行原理来看,三相变压器在对称负载下运行时,各相电压、电流大小相等,相位上彼此相差120°,就其一相来说,和单相变压器没有什么区别。因此单相变压器的基本方程式、等效电路、相量图以及运行特性的分析方法与结论等完全适用于三相变压器。本节主要讨论三相变压器的几个特殊问题。

3.7.1　三相变压器的磁路系统

三相变压器的磁路系统按其铁心结构可分为组式磁路系统和心式磁路系统。

一、组式磁路系统

三相组式变压器是由三台相同的单相变压器组成的,相应的磁路系统称为组式磁路系统。每相的主磁通各沿自己的磁路闭合,彼此不相关联。当一次侧外施三相对称电压时,各相的主磁通必然对称,由于磁路三相对称,显然其三相空载电流也是对称的。三相组式磁路系统如图3.7.1所示。

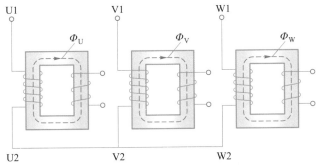

图 3.7.1　三相组式磁路系统

二、心式磁路系统

三相心式变压器每相有一个铁心柱,三个铁心柱用铁轭连接起来,构成三相铁心,相应的磁路系统称为心式磁路系统,如图3.7.2所示。这种磁路系统的特点是三相磁路彼此相关。从图上可以看出,任何一相的主磁通都要通过其他两相的磁路作为自己的闭合磁路。三相心式变压器可以被看成由三相组式变压器演变而来的。如果把三台单相变压器的铁心合并成图3.7.2(a)的形式,在外施对称三相电压时,三相主磁通是对称的,中间铁心柱的磁通 $\dot{\Phi}_U + \dot{\Phi}_V + \dot{\Phi}_W = 0$,即中间铁心柱无磁通通过,因此可视为将中间铁心柱省去,如图3.7.2(b)所示。为制造方便和降低成本,把 V 相铁轭缩短,并把三个铁心柱置于同一平面,便得到三相心式变压器铁心结构,如图3.7.2(c)所示。在这种变压器中,中间 V 相磁路最短,两边 U、W 相磁路较长,三相磁路不对称。当外施对称三相电压时,三相空载电流便不相等,但由于空载电流较小,它的不对称对变压器负载运行的影响不大,所以可略去不计。

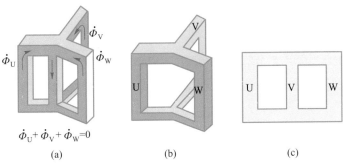

图 3.7.2　三相心式磁路系统

动画:
三相心式变压器磁路系统

与三相组式变压器相比，三相心式变压器省材料，效率高，占地少，成本低，运行维护方便，故应用广泛。只在超高压、大容量巨型变压器中由于受运输条件限制或为减少备用容量才采用三相组式变压器。

3.7.2　三相变压器的电路系统——联结组别

一、三相绕组的连接方法

为了在使用变压器时能正确连接而不发生错误，变压器绕组的每个出线端都有一个标志，电力变压器绕组的首端和末端标志见表3.7.1。

表 3.7.1　绕组的首端和末端标志

绕组名称	单相变压器		三相变压器		中性点
	首端	末端	首端	末端	
高压绕组	U1	U2	U1、V1、W1	U2、V2、W2	N
低压绕组	u1	u2	u1、v1、w1	u2、v2、w2	n

在三相变压器中，不论一次绕组还是二次绕组主要采用星形和三角形两种连接方法。把三相绕组的三个末端 U2、V2、W2（或 u2、v2、w2）连接在一起，而把它们的首端 U1、V1、W1（或 u1、v1、w1）引出，便是星形联结，用字母 Y 或 y 表示，如图3.7.3(a)所示。把一相绕组的末端和另一相绕组的首端连接在一起，顺次连接成一闭合回路，然后从首端 U1、V1、W1（或 u1、v1、w1）引出，如图3.7.3(b)和(c)所示，便是三角形联结，用字母 D 或 d 表示。其中，在图3.7.3(b)中，三相绕组按 U1—U2W1—W2V1—V2U1 的顺序连接，称为逆序（逆时针）三角形联结；在图3.7.3(c)中，三相绕组按 U1—U2V1—V2W1—W2U1 的顺序连接，称为顺序（顺时针）三角形联结。

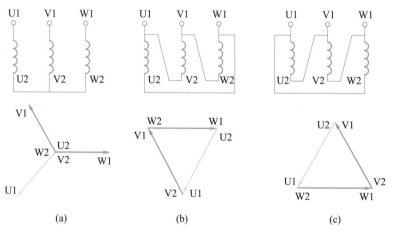

(a)　　　　　　　　(b)　　　　　　　　(c)

图 3.7.3　三相绕组的连接方法及相量图

二、单相变压器的极性

由于一台三相变压器可以被看成三台单相变压器组成，故要想弄清三相变压器一次、二次线电动势（线电压）间的相位关系，需首先掌握单相变压器一次、二次电动势（电压）之间的相位关系，即单相变压器的极性。

单相变压器的主磁通及一次、二次绕组的感应电动势都是交变的，无固定的极性。这里所讲的极性是指某一瞬间的相对极性，即任一瞬间，高压绕组的某一端点的电位为正（高电位）时，低压绕组必有一个端点的电位也为正（高电位），这两个具有正极性或另两个具有负极性的端点，称为同极性端，用符号"•"表示。同极性端可能在绕组的对应端,如图 3.7.4(a)所示,也可能在绕组的非对应端,如图 3.7.4(b)所示,这取决于绕组的绕向。当一次、二次绕组的绕向相同时,同极性端在两个绕组的对应端;当一次、二次绕组的绕向相反时,同极性端在两个绕组的非对应端。

单相变压器的首端和末端有两种不同的标法。一种是将一次、二次绕组的同极性端都标为首端(或末端),如图 3.7.5(a)所示,这时一次、二次绕组电动势 $\dot{E}_U$ 与 $\dot{E}_u$ 同相位(感应电动势的参考方向均规定从末端指向首端);另一种标法是把一次、二次绕组的异极性端标为首端(或末端),如图 3.7.5(b)所示,这时 $\dot{E}_U$ 与 $\dot{E}_u$ 反相位。

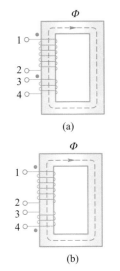

图 3.7.4 绕组的同极性端

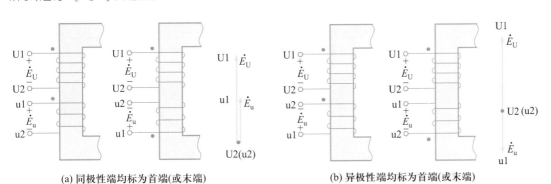

(a) 同极性端均标为首端(或末端)   (b) 异极性端均标为首端(或末端)

图 3.7.5 首末端不同标法和不同绕向时一次、二次绕组感应电动势之间的相位关系

综上分析可知,在单相变压器中,一次、二次绕组感应电动势之间的相位关系要么同相位,要么反相位,它取决于绕组的绕向和首末端标记,即同极性端子同样标记则电动势同相位。

为了形象地表示高、低压绕组电动势之间的相位关系,采用所谓"时钟表示法",即把高压绕组电动势相量 $\dot{E}_U$ 作为时钟的长针,并固定在"12"上,低压绕组电动势相量 $\dot{E}_u$ 作为时钟的短针,其所指的数字即为单相变压器联结组的组别号,图 3.7.5(a)可写成 Ii0,图 3.7.5(b)可写成 Ii6。其中 Ii 表示高、低压绕组均为单相绕组;0 表示两绕组的电动势(电压)同相位;6 表示反相位。我国国家标准规定,单相变压器以 Ii0 作为标准联结组。

动画:
单相变压器的
极性(联结组别)

三、三相变压器的联结组别

前已述及,三相变压器一次、二次侧三相绕组可采用 Y(y)联结或 YN(yn)联结,也可采用 D(d)联结。因此,三相变压器的连接方式有 Yyn、Yd、YNd、Yy、YNy、Dyn、Dy、Dd 等多种组合,前面的大写字母 Y、D 表示高压绕组的连接方式;后面的小写字母 y、d 表示低压绕组的连接方式,N(或 n)表示有中性点引出。

由于三相绕组可以采用不同连接方式,使得三相变压器一次、二次绕组的线电动势之间出现不同的相位差,因此按一次、二次线电动势的相位关系把变压器绕组的连接分成各种不同的联结组别。三相变压器的联结组别不仅与绕组的绕向和首末端的标志有关,而且还与三相绕组的连接方式有关。理论与实践证明,无论采用怎样的连接方式,一次、二次线电动势的相位差总是 30° 的整数倍。因此,仍采用"时钟表示法",这时短针所指的数字即为三相变压器联结组别标号,将该数字乘以 30°,就是二次绕组线电动势滞后于一次绕组相应线电动势的相位角。

下面具体分析不同连接方式变压器的联结组别。

1. Yy 联结

图 3.7.6(a)所示为三相变压器 Yy 联结时的接线图。图中同极性端子在对应端,这时一次、二次侧对应的相电动势同相位,一次、二次侧对应的线电动势 $\dot{E}_{UV}$ 与 $\dot{E}_{uv}$ 也同相位,如

图 3.7.6(b)所示。这时如把 $\dot{E}_{UV}$ 指向"12",则 $\dot{E}_{uv}$ 也指向"12",故其联结组写成 Yy0。如高压绕组三相标志不变,而将低压绕组三相标志依次后移一个铁心柱,在相位图上相当于把各相应的电动势顺时针方向转了 120°(即 4 个点),则得 Yy4 联结;如后移两个铁心柱,则得 Yy8 联结。

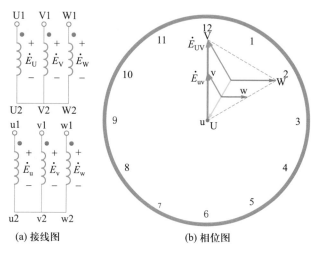

(a) 接线图　　　(b) 相位图

图 3.7.6　Yy0 联结

在图 3.7.6(a)中,如将一次、二次绕组的异极性端子标在对应端,如图 3.7.7(a)所示,这时一次、二次侧对应相的相电动势反向,则线电动势 $\dot{E}_{UV}$ 与 $\dot{E}_{uv}$ 的相位相差 180°,如图 3.7.7(b)所示,因此得到了 Yy6 联结。同理,将低压侧三相绕组依次后移一个或两个铁心柱,便得 Yy10 或 Yy2 联结。

动画:
三相变压器联结组别(Yy)

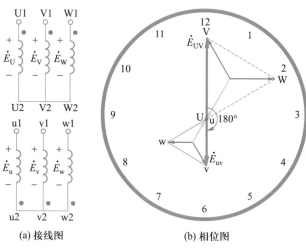

(a) 接线图　　　(b) 相位图

图 3.7.7　Yy6 联结

综上分析可得,Yy 联结变压器,共有 0(相当于 12 点)、2、4、6、8、10 六个偶数组别联结。

2. Yd 联结

图 3.7.8(a)所示为三相变压器 Yd 联结时的接线图。图中将一次、二次绕组的同极性端标为首端(或末端),二次绕组则按 u1—u2w1—w2v1—v2u1 顺序作三角形联结,这时一次、二次侧对应相的相电动势也同相位,但线电动势 $\dot{E}_{UV}$ 与 $\dot{E}_{uv}$ 的相位差为 330°,如图 3.7.8(b)所示,当 $\dot{E}_{UV}$ 指向"12"时,则 $\dot{E}_{uv}$ 指向"11",故其组号为 11,用 Yd11 表示。同理,高压侧三相绕组不变,而相应依次改变低压侧三相绕组的首末端标志,则得 Yd3 和 Yd7 联结。

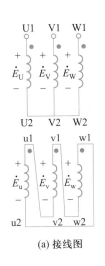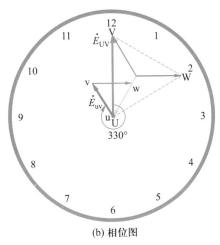

(a) 接线图　　　　　　(b) 相位图

图 3.7.8　Yd11 联结

　　如将二次绕组按 u1—u2v1—v2w1—w2u1 顺序作三角形联结,如图 3.7.9(b)所示,其组号为 1, 则得到 Yd1 联结组。同理,将低压绕组三相标志依次后移一个或两个铁心柱,则得 Yd5 和 Yd9 联结。

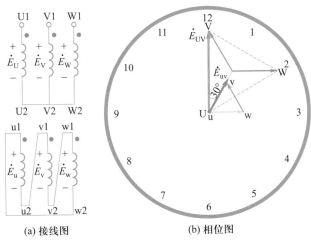

(a) 接线图　　　　　　(b) 相位图

图 3.7.9　Yd1 联结

　　综上分析可知,Yd 联结的变压器共有 1、3、5、7、9、11 六个奇数组别。

　　对于 Dd 联结的变压器,和 Yy 联结一样,同样可得 0(12 点)、2、4、6、8、10 六个偶数组别;而对于 Dy 联结的变压器,则和 Yd 联结一样,同样可得 1、3、5、7、9、11 六个奇数组别。

　　三相变压器的联结组别很多,为便于制造、使用和并联运行,国家标准规定:同一铁心柱上的高、低压绕组为同一相绕组,其绕向和标志均相同。电力变压器的标准联结组为 Yyn0、Yd11、YNd11、YNy0、Yy0 五种,其中前三种最为常用。Yyn0 的二次绕组可以引出中性线,构成三相四线制供电方式,用在低压侧为 400 V 的配电变压器中,供给三相动力负载和单相照明负载,高压侧额定电压不超过 35 kV。Yd11 用于低压侧电压超过 400 V,高压侧电压在 35 kV 以下的变压器中。YNd11 用在高压侧需要将中性点接地的变压器中,电压一般在 35~110 kV 及以上。YNy0 用在高压侧中性点需要接地的场合。Yy0 用在只供给三相负载的场合。

动画: 三相变压器联结组别(Yd)

*3.7.3　磁路结构和绕组连接方式对相电动势波形的影响

一、励磁电流与主磁通的波形关系

由于变压器主磁路呈非线性（饱和特性），主磁通 Φ 与励磁电流（空载电流）i_0 为非线性（磁化曲线）关系，所以当主磁通 Φ 为正弦波时（随时间按正弦规律变化），励磁电流 i_0 将是尖顶波，如图 3.7.10（a）所示；而当励磁电流 i_0 为正弦波时，主磁通 Φ 将是平顶波，如图 3.7.10（b）所示。

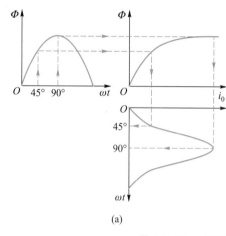
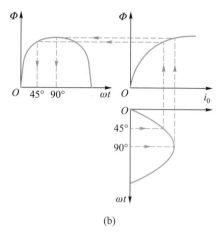

(a)　　　　　　　　　　　　(b)

图 3.7.10　励磁电流与主磁通的波形关系

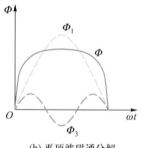

根据数学中的级数理论，非正弦的尖顶波或平顶波都可以分解成基波和一系列奇次谐波。在高次谐波中，三次谐波最强，在忽略五次及以上奇次谐波的情况下，尖顶波电流或平顶波磁通可以看成由基波和三次谐波组成，如图 3.7.11 所示。

在三相系统中，三相三次谐波分量大小相等、相位相同。例如，三相三次谐波空载电流为

$$
\left.
\begin{aligned}
i_{03\mathrm{U}} &= I_{03\mathrm{m}}\sin 3\omega t \\
i_{03\mathrm{V}} &= I_{03\mathrm{m}}\sin 3(\omega t-120°) = I_{03\mathrm{m}}\sin 3\omega t \\
i_{03\mathrm{W}} &= I_{03\mathrm{m}}\sin 3(\omega t-240°) = I_{03\mathrm{m}}\sin 3\omega t
\end{aligned}
\right\}
\tag{3.7.1}
$$

(a) 尖顶波电流分解

(b) 平顶波磁通分解

图 3.7.11　非正弦波分解成
基波和三次谐波

在单相变压器中，当外加电压 u_1 为正弦波时，由于 $e_1 \approx u_1$，故感应电动势 e_1 为正弦波，产生 e_1 的主磁通 Φ 也是正弦波，因此单相变压器的空载电流 i_0 为尖顶波，即 $i_0 \approx i_{01}+i_{03}$。在单相绕组回路中，三次谐波电流和基波电流一样可以流通，因此单相变压器的空载电流包含了基波电流和三次谐波电流。

但是在三相变压器中，由于三相三次谐波电流同大小、同相位，所以它能否在三相绕组中流通将取决于三相绕组的连接方式；由于三相三次谐波磁通同大小、同相位，所以它能否在三相主磁路中流通将取决于三相磁路结构。三次谐波电流的流通情况将影响主磁通的波形，而三次谐波磁通的流通情况将影响相电动势的波形。

二、磁路结构和绕组连接方式对电动势波形的影响

1. Yy 联结的三相变压器

由电路理论分析可知，三相三次谐波电流具有三相大小相等且相位相同等性质，因而它不能存在于无中性线星形联结的对称电路中。这样当一次绕组采用星形联结且无中性线引出时，空载电流中不可能含有三次谐波分量，空载电流就呈正弦波形（五次及其以上的高次谐波，由于其值不大，可不计）。由于变压器磁路的饱和特性，正弦波形的空载电流必激励出呈平顶波的主磁通，如图 3.7.10（b）所示。平顶波的主磁通中除基波磁通 Φ_1 外，还含有三次谐波磁通 Φ_3，如图 3.7.11（b）所示。而三次谐波磁通

的大小将取决于磁路系统的结构,下面分组式和心式变压器两种情况来讨论。

（1）组式 Yy 联结变压器

在三相组式变压器中,由于三相磁路彼此无关,三次谐波磁通和基波磁通沿同一磁路闭合,如图3.7.1 所示。由于铁心磁路的磁阻很小,故三次谐波磁通较大,加上三次谐波磁通的频率为基波频率的3 倍,即 $f_3 = 3f_1$,所以由它所感应的三次谐波相电动势较大,其幅值可达基波幅值的 45%～60%,甚至更高,如图 3.7.12 所示。结果使相电动势的最大值升高很多,造成波形严重畸变,可能将绕组绝缘击穿。因此对于三相组式变压器不允许采用 Yy 联结。但在三相线电动势中,由于三次谐波电动势互相抵消,故线电动势仍呈正弦波形。

（2）心式 Yy 联结变压器

在三相心式变压器中,由于三相磁路彼此相关联,而三相三次谐波磁通大小相等且方向相同,不能沿铁心闭合,只能借助变压器油和油箱壁等形成回路,如图 3.7.13 所示。这种磁路的磁阻很大,使三次谐波磁通 Φ_3 很小,主磁通仍接近于正弦波,相电动势波形也接近于正弦波。但由于三次谐波磁通通过油箱壁时将产生涡流损耗,引起变压器局部过热,降低变压器效率。因此变压器容量大于1 800 kV · A 时,不宜采用心式 Yy 联结。

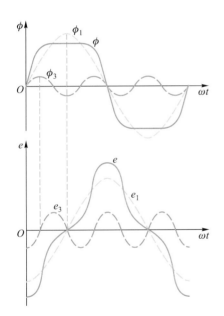

图 3.7.12　Yy 联结三相组式变压器中的
磁通和电动势波形

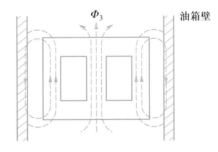

图 3.7.13　三相心式变压器中
三次谐波磁通的路径

2. YNy 联结的三相变压器

由于变压器的一次侧与电源之间有中性线连接,空载电流的三次谐波分量 i_{03} 有通路,故 i_0 呈尖顶波,则主磁通 Φ 及相电动势 e 均为正弦波形,所以三相变压器可采用此种联结组。

3. Dy 及 Yd 联结的三相变压器

（1）Dy 联结变压器

由于变压器一次侧为三角形联结,在绕组内有三次谐波空载电流 i_{03} 的通路,故 i_0 呈尖顶波,则主磁通 Φ 及相电动势 e 均为正弦波形,其情况与 YNy 联结相同。

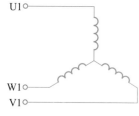

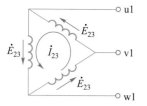

图 3.7.14 Yd 联结三相
变压器中的三次谐波环流

（2）Yd 联结变压器

当三相变压器采用 Yd 联结时,如图 3.7.14 所示。由于一次绕组为 Y 形联结,无三次谐波空载电流通路,故 i_0 为正弦波,而主磁通为平顶波。主磁通中的三次谐波 $\dot{\Phi}_3$ 在二次绕组中感应三次谐波电动势 $\dot{E}_{23}$,且滞后 $\dot{\Phi}_3$ 90°。在 $\dot{E}_{23}$ 作用下,二次侧闭合的三角形回路中产生三次谐波电流 $\dot{I}_{23}$。由于二次绕组电阻远小于其三次谐波电抗,所以 $\dot{I}_{23}$ 接近滞后 $\dot{E}_{23}$ 90°,$\dot{I}_{23}$ 建立的磁通 $\dot{\Phi}_{23}$ 的相位与 $\dot{\Phi}_3$ 接近相反,其结果大大削弱了 $\dot{\Phi}_3$ 的作用,如图 3.7.15 所示。因此合成磁通及其感应电动势均接近正弦波。

4. Yyn 联结的三相变压器

变压器二次侧为 yn 联结,负载时可为三次谐波电流提供通路,使相电动势波形有所改善。但由于负载阻抗的影响,为产生一定的 i_{23} 需要较大的三次谐波电动势 $\dot{E}_{23}$,因此相电动势波形仍得不到较大的改善,这种连接基本上与 Yy 联结一样,只适用于容量较小的三相心式变压器,而组式 Yyn 联结的变压器仍不能采用。

综上分析,可得如下结论:

（1）对于饱和磁路,尖顶波的励磁电流产生正弦波的主磁通,正弦波的励磁电流产生平顶波的主磁通。尖顶波的电流或平顶波磁通可以看成由基波和三次谐波分量组成。

（2）当变压器运行在磁化曲线的饱和段时,要得到正弦变化的磁通和相电动势就必须有三次谐波的磁动势,这个磁动势可由一次绕组产生,也可由二次绕组产生。例如,由一次绕组中三次谐波电流产生的有 YNy 和 Dy 联结,由二次绕组中三次谐波电流产生的有 Yd 联结。因此在大容量高压变压器中,当需要一、二次侧均为星形联结时,可另加一个三角形联结的第三绕组,以提供三次谐波电流通路,改善相电动势的波形。

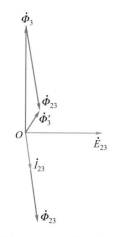

图 3.7.15 Yd 联结变压器
三次谐波电流的去磁作用

（3）当励磁磁动势中无三次谐波分量时,主磁通和相电动势就会畸变,即出现三次谐波分量及其他高次谐波分量。对于三相组式变压器,Φ_3 和 e_3 很强,电动势就畸变得厉害,有可能产生过电压现象;对于三相心式变压器,主磁通和相电动势接近正弦波。

（4）星形或三角形联结绕组,无论相电动势中有无三次谐波分量,线电动势中都没有三次谐波分量。带中性线的星形联结绕组,其线电流(即相电流)中有三次谐波分量;三角形联结绕组,其相电流中有三次谐波分量,线电流中没有三次谐波分量。

教学课件:
变压器的
并联运行

*3.8 变压器的并联运行

并联运行是指两台或多台变压器的一次、二次绕组分别连接到一次、二次侧的公共母线上,共同向负载供电的运行方式,如图 3.8.1 所示。

变压器并联运行具有以下优点:

（1）提高供电的可靠性。并联运行时,如果因某台变压器发生故障或检修而退出运行时,其余变压器可继续向负载供电,从而保证了供电的可靠性。

（2）提高供电的经济性。变压器并联运行时,可根据负载大小的变化情况,随时调整投入并联运行的台数,提高运行效率,保证变压器的经济运行。

（3）减少备用容量和初次投资。从变电站的建设和发展来看,可随着用电负荷的不断增加,分期分批安装变压器,以减少变压器的备用容量和初期投资。

变压器并联运行的台数并非越多越好,变压器台数过多也是不经济的,因为一台大容量变压器的造价要比总容量相同的几台小变压器的造价低,材料消耗少,占地面积也小。

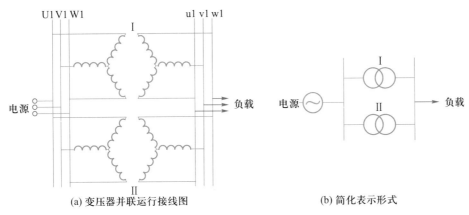

(a) 变压器并联运行接线图　　　　(b) 简化表示形式

图 3.8.1　变压器的并联运行

3.8.1　并联运行的理想条件

一、变压器并联运行的理想情况

（1）空载时并联运行的各变压器绕组之间没有环流，否则将增加绕组铜损耗。

（2）带负载后，各变压器的负载系数相等，即各变压器所分担的负载按其容量大小成正比例分配，即所谓"各尽所能"，以使并联运行的各变压器容量得到充分利用。

（3）带负载后，各变压器所分担的电流应与总的负载电流同相位。这样在总的负载电流一定时，各变压器所分担的电流最小，如果各变压器的二次电流一定，则共同承担的负载电流为最大，即所谓"同心协力"。

二、并联运行需满足的理想条件

为了实现上述理想情况，并联运行的变压器应满足如下条件：

（1）各变压器一次、二次额定电压应分别相等，即变比相同；

（2）各变压器的联结组别相同；

（3）各变压器的短路阻抗（短路电压）标么值应相等，且短路阻抗角也相等。

满足前两个条件可保证各变压器之间无环流，满足第三个条件可保证各变压器能合理分担负载且输出电流同相位。在实际并联运行时，除第二条必须严格满足外，其余两条允许稍有偏差。一般规定变压器变比的偏差不得超过 1%。

3.8.2　不满足并联条件时的运行分析

下面以两台变压器并联运行为例，分析不满足并联运行理想条件时所产生的不良后果。为简单起见，在分析某一条件不满足时，假定其他条件都是满足的。

一、变比不等时的变压器并联运行

设变压器 I 的变比为 k_I，变压器 II 的变比为 k_{II}，且 $k_I < k_{II}$。由于两台变压器的一次侧并联到同一电源上，所以它们的一次电压相等（均为 $\dot{U}_1$），而它们的二次空载电压分别为 $\dfrac{\dot{U}_1}{k_I}$ 和 $\dfrac{\dot{U}_1}{k_{II}}$。为便于分析，这里采用折算到二次侧的简化等效电路，如图 3.8.2 所示。图中 Z_{sI}、Z_{sII} 分别为折算到二次侧的两台变压

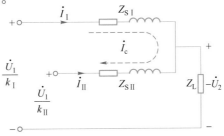

图 3.8.2　变比不等时变压器并联运行的
简化等效电路图

器的短路阻抗,Z_L 为两台变压器共同的负载阻抗。

由图 3.8.2 可知,两台变压器变比不等($k_I < k_{II}$)将在二次侧引起开路电压差 $\Delta \dot{U} = \dfrac{\dot{U}_1}{k_I} - \dfrac{\dot{U}_1}{k_{II}}$,它将在两台变压器二次绕组之间产生环流 $\dot{I}_c$,其值为

$$\dot{I}_c = \frac{\Delta \dot{U}}{Z_{sI} + Z_{sII}} = \frac{\dfrac{\dot{U}_1}{k_I} - \dfrac{\dot{U}_1}{k_{II}}}{Z_{sI} + Z_{sII}} \tag{3.8.1}$$

环流大小与二次开路电压差 ΔU 成正比,与两台变压器的短路阻抗之和 $Z_{sI} + Z_{sII}$ 成反比,而与负载的大小无关。所以只要 $k_I \neq k_{II}$,无论是空载或是负载,两台变压器内部都将产生环流。由于变压器的漏阻抗 Z_{sI} 和 Z_{sII} 很小,即使电压差 ΔU 不大,也会引起较大的环流。根据磁动势平衡关系,此时两台变压器一次绕组电流都将增大,这既占用了变压器的容量,又增加了变压器损耗。为了控制环流不超过额定电流的 10%,变比偏差 $\Delta k = \dfrac{|k_I - k_{II}|}{\sqrt{k_I k_{II}}}$ 不应超过 1%。

二、联结组别不同时的变压器并联运行

联结组别不同的变压器并联运行时,两台变压器的二次线电压之间至少有 30° 的相位差,形成很大的电压差。例如 Yy0 与 Yd11 并联,如图 3.8.3 所示,二次线电压差为

$$\Delta U = 2U_{uv} \sin \frac{30°}{2} = 0.518 U_{uv} \tag{3.8.2}$$

如此大的电压差作用在很小的短路阻抗上,将产生很大的环流,其值将达额定电流的几倍,会烧毁变压器。因此,联结组别不同的变压器是绝对不允许并联运行的。

三、短路阻抗标么值不等时的变压器并联运行

图 3.8.4 所示为两台变压器并联运行时的简化等效电路,由于变比相等,联结组别相同,此时环流为零。由图可得

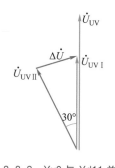

图 3.8.3 Yy0 与 Yd11 并联时二次线电压相量图

$$I_I Z_{sI} = I_{II} Z_{sII} \tag{3.8.3}$$

或写成

$$\frac{I_I}{I_{NI}} \frac{I_{NI} Z_{sI}}{U_N} = \frac{I_{II}}{I_{NII}} \frac{I_{NII} Z_{sII}}{U_N} \tag{3.8.4}$$

$$\beta_I Z_{sI}^* = \beta_{II} Z_{sII}^* \tag{3.8.5}$$

由于

$$\beta = \frac{I_2}{I_N} = \frac{(\sqrt{3}) I_2 U_N}{(\sqrt{3}) I_N U_N} = \frac{S}{S_N} = S^* \tag{3.8.6}$$

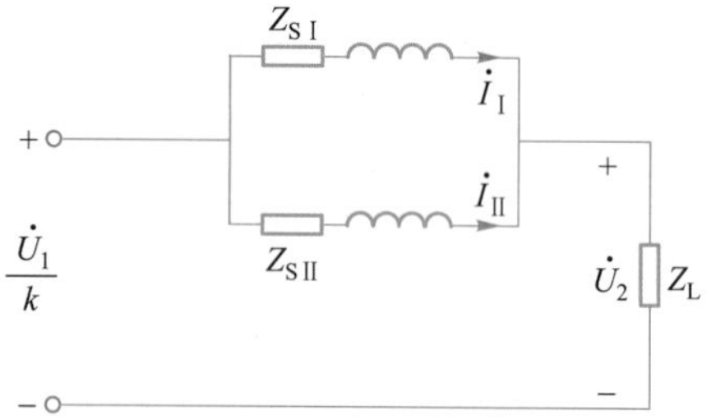

图 3.8.4 短路阻抗标么值不等时变压器并联运行的简化等效电路

所以

$$\beta_I : \beta_{II} = S_I^* : S_{II}^* = \frac{1}{Z_{sI}^*} : \frac{1}{Z_{sII}^*} = \frac{1}{U_{sI}^*} : \frac{1}{U_{sII}^*} \tag{3.8.7}$$

式中,β_I、β_{II} 分别为两台变压器的负载系数。

由式(3.8.7)可知,各变压器所分担的负载(电流)大小与其短路阻抗标么值成反比。

当 $Z_{sI}^* = Z_{sII}^*$ 时,$\beta_I = \beta_{II}$,即两台变压器按各自容量成正比例分担负载,二者要么同时满载运行;要么同时以同样的程度欠载运行,此时负载分配是合理的,变压器的容量可以得到充分利用。

当 $Z_{sI}^* \neq Z_{sII}^*$ 时,Z_s^* 小的变压器,其 β 大;Z_s^* 大的变压器,其 β 小。此时负载分配是不合理的,变压器的容量不能得到充分利用。例如,若 $Z_{sI}^* < Z_{sII}^*$,则 $\beta_I > \beta_{II}$,当变压器 I 满载($\beta_I = 1$)时,变压器 II 将欠

载（$\beta_{II} < 1$）；而当变压器 II 满载（$\beta_{II} = 1$）时，变压器 I 将过载（$\beta_{I} > 1$），显然负载分配是不合理的。同理，当 $Z_{sI}^* > Z_{sII}^*$ 时，负载分配也是不合理的。

因此，当短路阻抗标幺值不等的变压器并联运行时，为了不使任何一台变压器过载运行，应使短路阻抗标幺值小的变压器处于满载运行，其他变压器则处于欠载运行。这种情况下，变压器的容量得不到充分利用，是不经济的。通常要求各变压器的短路阻抗标幺值相差不应超过其平均值的 10%。

为使各变压器所承担的电流同相，还要求各台变压器的短路阻抗角相等。一般说来，变压器的容量相差越大，它们的短路阻抗角相差也越大，因此要求并联运行变压器的最大容量和最小容量之比不超过 3 : 1。

【例 3.8.1】　两台 S13 型三相电力变压器并联运行，额定电压均为 $U_{1N}/U_{2N} = 10/0.4$ kV，联结组别均为 Yyn0，$S_{NI} = 1\ 000$ kV·A，$u_{sI}\% = 4.5\%$，$S_{NII} = 800$ kV·A，$u_{sII}\% = 4\%$。试求：（1）当总负载 1 800 kV·A 时，每台变压器所分担的负载为多少？（2）在任何一台变压器都不过载的情况下，最大的输出负载应为多少？（3）在第（2）种运行状态下，并联变压器的设备利用率为多少？

【解】　（1）两台变压器分担的负载

$$S_I^* : S_{II}^* = \frac{1}{U_{sI}^*} : \frac{1}{U_{sII}^*}$$

$$\frac{S_I}{1\ 000} : \frac{S_{II}}{800} = \frac{1}{0.045} : \frac{1}{0.04}$$

$$\left.\begin{array}{l} \dfrac{S_I}{S_{II}} = \dfrac{0.04}{0.045} \times \dfrac{1\ 000}{800} = \dfrac{10}{9} \\[2mm] S_I + S_{II} = 1\ 800 \end{array}\right\}$$

联立求解上面两式，得

$$S_I = 947.4 \text{ kV·A}, S_{II} = 852.6 \text{ kV·A}$$

由此可知，短路电压大的变压器欠载，短路电压小的变压器过载。

（2）任一台变压器不过载时的最大负载

由于 $S_{II} = 852.6$ kV·A，已过载，要不过载只能 $S_{II} = 800$ kV·A，因此

$$S_I = \frac{10}{9} S_{II} = \frac{10}{9} \times 800 \text{ kV·A} = 888.9 \text{ kV·A}$$

$$S_I + S_{II} = (888.9 + 800) \text{ kV·A} = 1\ 688.9 \text{ kV·A}$$

（3）变压器的设备利用率

$$\frac{\sum S_{max}}{\sum S_N} = \frac{1\ 688.9}{1\ 800} \times 100\% = 93.8\%$$

*3.9　特殊变压器

在电力系统和各种工业生产中，除大量采用普通双绕组变压器外，还常采用多种特殊用途的变压器。例如，自耦变压器、三绕组变压器、仪用互感器和整流变压器等，这些变压器功能独特，用于特定的场合，统称为特殊变压器。本节仅介绍较常用的自耦变压器、三绕组变压器和仪用互感器的工作原理及特点。

教学课件：
特殊变压器

3.9.1 自耦变压器

一、结构特点与用途

普通双绕组变压器一次、二次绕组是两个分离的电路,二者之间只有磁的耦合,没有电的直接联系。而自耦变压器的结构特点是低压绕组为高压绕组的一部分,因此自耦变压器一次、二次绕组之间既有磁的耦合,又有电的联系。图 3.9.1 所示为单相降压自耦变压器,U1U2 为一次绕组,匝数为 N_1;u1u2 为二次绕组,匝数为 N_2。因为 u1u2 绕组既是二次绕组又是一次绕组的一部分,故又称为公共绕组;U1u1 绕组匝数为 N_1-N_2,称为串联绕组。自耦变压器也可被看成从双绕组变压器演变而来的,把双绕组变压器的一次、二次绕组顺向串联作为高压绕组,其二次绕组作为低压绕组,就成为一台自耦变压器了。

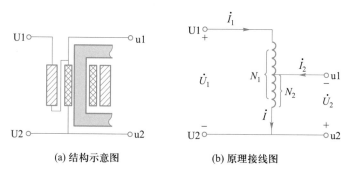

(a) 结构示意图　　　　　　(b) 原理接线图

图 3.9.1　单相降压自耦变压器

在电力系统中,自耦变压器主要用来连接两个电压等级相近的电力网,作为两个电网的联络变压器;在实验室中常采用二次侧有滑动触点的自耦变压器作为调压器;另外,当异步电动机或同步电动机需降压起动时,也常用自耦变压器进行降压起动。

二、基本电磁关系

1. 电压关系

自耦变压器也是利用电磁感应原理工作的。当一次绕组施加交变电压 $\dot{U}_1$ 时,铁心中产生交变磁通,并分别在一次、二次绕组中产生感应电动势,若忽略漏阻抗电压降,则有

$$\left.\begin{array}{l} U_1 \approx E_1 = 4.44 f N_1 \Phi_{\mathrm{m}} \\ U_2 \approx E_2 = 4.44 f N_2 \Phi_{\mathrm{m}} \end{array}\right\} \tag{3.9.1}$$

自耦变压器的变比为

$$k_{\mathrm{a}} = \frac{E_1}{E_2} = \frac{N_1}{N_2} \approx \frac{U_1}{U_2} \tag{3.9.2}$$

自耦变压器的变比一般为 1.5~3。

2. 电流关系

与双绕组变压器一样,自耦变压器负载时的合成磁动势等于空载时的磁动势。负载时串联绕组 U1u1 的磁动势为 $\dot{I}_1(N_1-N_2)$,公共绕组 u1u2 的磁动势为 $(\dot{I}_1+\dot{I}_2)N_2$;而空载磁动势为 $\dot{I}_0 N_1$。因此,自耦变压器的磁动势平衡关系为

$$(N_1-N_2)\dot{I}_1 + N_2(\dot{I}_1+\dot{I}_2) = N_1 \dot{I}_0$$

即

$$N_1 \dot{I}_1 + N_2 \dot{I}_2 = N_1 \dot{I}_0 \tag{3.9.3}$$

若忽略空载电流,则

$$\dot{I}_1 N_1 + \dot{I}_2 N_2 \approx 0 \tag{3.9.4}$$

或

$$\dot{I}_1 \approx -\frac{N_2}{N_1}\dot{I}_2 = -\frac{1}{k_a}\dot{I}_2 \tag{3.9.5}$$

二次绕组（公共绕组）中的电流为

$$\dot{I} = \dot{I}_1 + \dot{I}_2 = -\frac{1}{k_a}\dot{I}_2 + \dot{I}_2 = \left(1 - \frac{1}{k_a}\right)\dot{I}_2 \tag{3.9.6}$$

式（3.9.5）和式（3.9.6）说明，$\dot{I}_1$ 与 $\dot{I}_2$ 反相位，$\dot{I}$ 与 $\dot{I}_2$ 同相位。因此，在图 3.9.1（b）所示参考方向下，$\dot{I}_1$、$\dot{I}_2$、$\dot{I}$ 之间的大小关系为

$$I_2 = I + I_1 \tag{3.9.7}$$

可见，自耦变压器的输出电流 I_2 由两部分组成，其中公共绕组电流 I 是通过电磁感应作用在低压侧产生的，称为感应电流；串联绕组电流 I_1 是由于高、低压绕组之间有电的连接，从高压侧直接流入低压侧的，称为传导电流。

3. 容量关系

变压器的额定容量（铭牌容量）是由绕组容量（又称电磁容量或设计容量）决定的。普通双绕组变压器的一次、二次绕组之间只有磁的联系，功率的传递全靠电磁感应，所以普通双绕组变压器的额定容量等于一次绕组或二次绕组的容量。

自耦变压器则不同，一次、二次绕组之间既有磁的联系又有电的联系。从一次侧到二次侧的功率传递，一部分是通过电磁感应，另一部分是直接传导，二者之和是铭牌上标注的额定容量。

自耦变压器的额定容量（铭牌容量）是指输入容量或输出容量，二者相等，为

$$S_N = U_{1N} I_{1N} = U_{2N} I_{2N} \tag{3.9.8}$$

自耦变压器的绕组容量（电磁容量）是指串联绕组或公共绕组的容量。

串联绕组 U1u1 的容量为

$$S_{U1u1} = U_{U1u1} I_{1N} = \frac{N_1 - N_2}{N_1} U_{1N} I_{1N} = \left(1 - \frac{1}{k_a}\right) S_N \tag{3.9.9}$$

公共绕组 u1u2 的容量为

$$S_{u1u2} = U_{u1u2} I = U_{2N} I_{2N}\left(1 - \frac{1}{k_a}\right) = \left(1 - \frac{1}{k_a}\right) S_N \tag{3.9.10}$$

从式（3.9.9）和式（3.9.10）可见，自耦变压器的绕组容量（电磁容量）是额定容量的 $\left(1 - \dfrac{1}{k_a}\right)$ 倍。

由于 $k_a > 1$，$\left(1 - \dfrac{1}{k_a}\right) < 1$，因此自耦变压器的绕组容量小于额定容量。

自耦变压器输出容量可表示为

$$S_2 = U_2 I_2 = U_2(I + I_1) = U_2 I + U_2 I_1 = \left(1 - \frac{1}{k_a}\right) S_2 + \frac{1}{k_a} S_2 \tag{3.9.11}$$

可见，自耦变压器的输出容量由两部分组成，其中，$U_2 I = \left(1 - \dfrac{1}{k_a}\right) S_2$ 为电磁容量，是通过电磁感应作用从一次侧传递给二次侧负载的，这与双绕组变压器传递方式相同。$U_2 I_1 = \dfrac{1}{k_a} S_2$ 为传导容量，是由电源经串联绕组直接传导给二次侧负载的，这是双绕组变压器所没有的。也正因为如此，自耦变压器的绕组设计容量才小于其额定容量。

三、自耦变压器的优、缺点

1. 自耦变压器的优点

（1）节省材料：变压器的重量和尺寸是由绕组容量决定的。与同容量双绕组变压器相比，由于自耦变压器有一部分传导容量，所以它的绕组容量相应减少，因而材料较省，尺寸较小，造价较低。由于自耦变压器的绕组容量为额定容量的 $\left(1-\dfrac{1}{k_a}\right)$ 倍，k_a 越接近 1，$\left(1-\dfrac{1}{k_a}\right)$ 越小，绕组容量越小，这一优点越突出。

（2）效率较高：与同容量双绕组变压器相比，由于自耦变压器所用有效材料（硅钢片和铜材）较少，所以自耦变压器的铜损耗和铁损耗相应较少，因此效率较高。

2. 自耦变压器的缺点

（1）由于自耦变压器一次、二次绕组之间有电的连接，当一次侧发生过电压时，必然导致二次侧过电压，这将危及用电设备安全。使用时需要使中性点可靠接地，且一次、二次侧均需装设避雷器。

（2）自耦变压器的短路阻抗标幺值比同容量的双绕组变压器小，其短路电流较大。为了提高自耦变压器承受短路电流的能力，需采用相应的保护措施。

3.9.2 三绕组变压器

三绕组变压器有高压、中压和低压三个绕组。在发电厂和变电所中，常需要把三个不同电压等级的输电系统连接起来。为了经济起见，此时可不用两台双绕组变压器，而采用一台三绕组变压器来实现。例如，采用三绕组变压器，将两台发电机分别接到三绕组变压器的两个低压绕组，电能则从高压绕组传送给电网；有时由于输电距离的不同，发电厂发出的电能需要由两种不同的电压等级输出，这时也可用一台三绕组变压器来实现。下面对三绕组变压器的主要特点进行介绍。

一、结构特点与联结组别

三绕组变压器的铁心一般为心式结构，每个铁心柱上套装高、中、低压三个同心绕组。三个绕组的排列位置既要考虑绝缘方便，又要考虑功率的传递方向。从绝缘上考虑，高压绕组不宜靠近铁心，因而总是放在最外层。从功率的传递方向考虑，相互间传递功率较多的绕组应靠得近些。例如发电厂里的升压变压器，是把发电机发出的低压功率传递到高压和中压电网，因此把低压绕组放在中间层，中压绕组放在内层，如图 3.9.2（a）所示。而变电站里的降压变压器，多是把高压电网的功率传递到中压和低压电网，因此把中压绕组放在中间层，把低压绕组放在内层，如图 3.9.2（b）所示。

三相三绕组变压器的标准联结组别有 YNyn0d11 和 YNyn0y0 两种。

二、额定容量与容量配合

在双绕组变压器中，额定容量既是一次绕组的容量，也是二次绕组的容量，即一次、二次绕组的容量是相等的。而在三绕组变压器中，三个绕组的容量可能相等，也可能不等，其中把最大的绕组容量定义为三绕组变压器的额定容量。

国家标准规定，三绕组变压器三个绕组之间的容量配合有三种情况，见表3.9.1。表中用数字100表示变压器的额定容量，50表示额定容量的50%。因此，第一种配合表示三个绕组的容量均为额定容量，这种配合主要用于升压变压器；第二种配合表示高、低绕组的容量为额定容量，中压绕组容量为额定容量的50%；第三种配合表示高、中压绕组的容量为额定容量，低压绕组容量为额定容量的50%。应当注意，这三种配合是指三个绕组额定容量之间的关系，并不是实际运行时的功率传输关系。实际运行时，一个绕组的输入功率等于两个绕组的输出功率之和，或两个绕组的输入功率之和等于一个绕

(a) 升压变压器

(b) 降压变压器

图 3.9.2　三绕组变压器的绕组排列图

表 3.9.1　三绕组额定容量配合关系

高压绕组	中压绕组	低压绕组
100	100	100
100	50	100
100	100	50

组的输出功率。

在实际应用中,选择哪种容量配合的三绕组变压器,要根据各绕组负载大小决定。例如,当中压侧负载为额定容量的 80%,低压侧负载为额定容量的 40% 时,应选择表 3.9.1 中的第三种配合。

三、变比与磁通

设三绕组变压器的高压绕组 1 接电源,中压绕组 2 和低压绕组 3 接负载,其原理示意图如图 3.9.3 所示。三绕组变压器有三个变比,分别为高、中压绕组变比 k_{12};高、低压绕组变比 k_{13};中、低压绕组变比 k_{23}。即

$$\left.\begin{aligned} k_{12} &= \frac{N_1}{N_2} = \frac{U_{1N}}{U_{2N}} \\ k_{13} &= \frac{N_1}{N_3} = \frac{U_{1N}}{U_{3N}} \\ k_{23} &= \frac{N_2}{N_3} = \frac{U_{2N}}{U_{3N}} \end{aligned}\right\} \qquad (3.9.12)$$

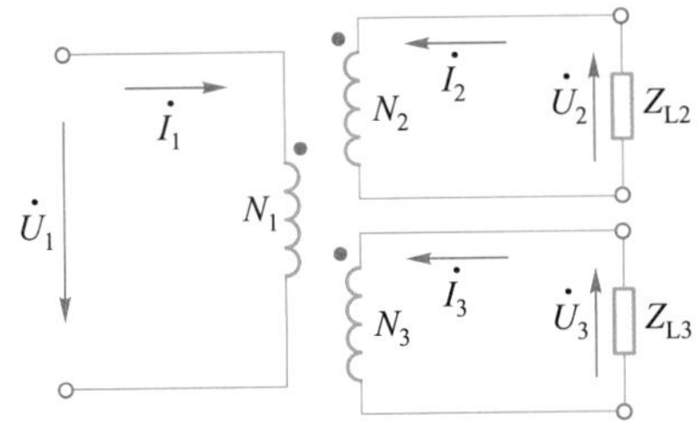

图 3.9.3　三绕组变压器原理示意图

三绕组变压器的磁通也可以分为主磁通和漏磁通。主磁通是指与三个绕组同时交链的磁通,由三个绕组磁动势共同建立,经铁心磁路闭合,相应的励磁阻抗随铁心饱和程度而变化。漏磁通是指只交链一个或两个绕组的磁通,前者叫自漏磁通,后者叫互漏磁通。自漏磁通由一个绕组本身的磁动势产生,互漏磁通由它所交链的两个绕组的合成磁动势产生。漏磁通主要通过空气或油而闭合,相应的漏抗为常值。主磁通和漏磁通在三个绕组中分别产生主电动势和漏电动势,其中漏电动势以漏抗压降来处理。

四、基本方程式与等效电路

三绕组变压器负载运行时的磁动势平衡方程式为

$$\dot{I}_1 N_1 + \dot{I}_2 N_2 + \dot{I}_3 N_3 = \dot{I}_0 N_1 \qquad (3.9.13)$$

当把中压绕组 2 和低压绕组 3 折算到高压绕组 1 后,可得

$$\dot{I}_1 + \dot{I}_2' + \dot{I}_3' = \dot{I}_0 \qquad (3.9.14)$$

式中,$\dot{I}_2' = \dot{I}_2 / k_{12}$,为中压绕组 2 的电流折算值;$\dot{I}_3' = \dot{I}_3 / k_{13}$ 为低压绕组 3 的电流折算值。

由于空载电流 $\dot{I}_0$ 很小,可忽略不计,则

$$\dot{I}_1 + \dot{I}_2' + \dot{I}_3' = 0 \qquad (3.9.15)$$

将中、低压绕组折算到高压绕组后,可得到三绕组变压器的等效电路,如图 3.9.4 所示,若忽略励磁电流(移开励磁支路),可得到简化等效电路。需要注意的是:三绕组变压器等效电路中的 X_1、X_2'、X_3' 是等效漏电抗,它与自漏磁通和互漏磁通相对应。而双绕组变压器等效电路中的 X_1、X_2' 是漏电抗,它只与自漏磁通相对应。

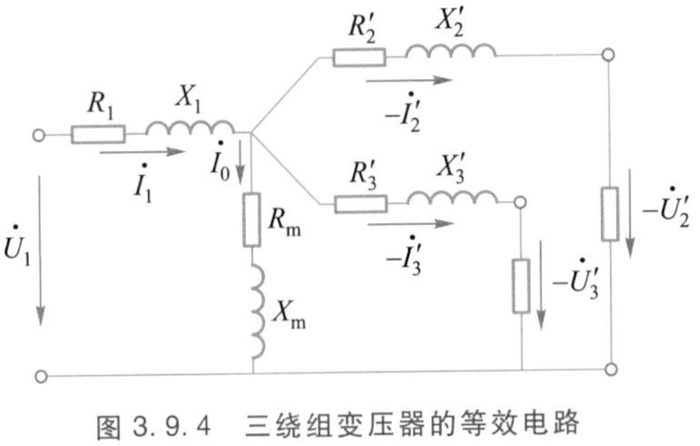

按照双绕组变压器的分析方法,可列出三绕组变压器的电压方程为

$$\dot{U}_1 = \dot{I}_1 Z_1 - \dot{I}_2' Z_2' - \dot{U}_2' \qquad (3.9.16)$$

$$\dot{U}_1 = \dot{I}_1 Z_1 - \dot{I}_3' Z_3' - \dot{U}_3'$$

图 3.9.4　三绕组变压器的等效电路

三绕组变压器等效电路中的励磁参数可由空载试验测取,短路参数可由短路试验测取。不过,由于三绕组变压器有三个绕组,须做三次短路试验,具体实验方法略。

微课：
仪用互感器

3.9.3 仪用互感器

互感器是在电气测量中经常使用的一种特殊变压器，分电压互感器和电流互感器两种，它们的工作原理与变压器相同。

使用互感器有两个目的：一是用小量程的电压表和电流表测量高电压和大电流；二是使测量回路与高压线路隔离，以保障工作人员和测试设备的安全。

互感器的主要性能指标是测量精度，影响测量精度的重要因素是互感器的线性度，即一次、二次侧电压或电流的线性程度。为了保证测量精度，通常互感器靠采用不同于普通变压器的特殊结构来保证线性度。下面分别介绍电流互感器和电压互感器。

一、电流互感器

1. 工作原理

电流互感器的一次绕组匝数很少，一般只有一匝或几匝，二次绕组匝数很多。图3.9.5所示为电流互感器的工作原理图。一次绕组串联在被测量的大电流线路中，二次绕组接电流表或功率表的电流线圈。由于电流表的阻抗很小，所以电流互感器工作时，相当于变压器的短路运行状态。如果忽略很小的励磁电流，则一次、二次电流与匝数成反比，即

$$\frac{I_1}{I_2} = \frac{N_2}{N_1} = k_i \quad \text{或} \quad I_1 = k_i I_2 \tag{3.9.17}$$

式中，k_i 为电流变比。可见，将二次侧电流表读数 I_2 乘上 k_i，就是被测大电流 I_1 的数值。通常将电流表的表盘按 $k_i I_2$ 来刻度，这样可以直接读出被测电流 I_1 的数值。电流互感器二次额定电流通常设计成 5 A 或 1 A。

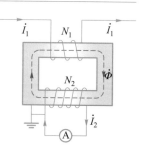

图3.9.5 电流互感器原理图

2. 电流互感器的误差

电流互感器主要有变比误差和相角误差。变比误差的定义为

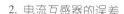

$$变比误差 = \frac{k_i I_2 - I_1}{I_1} \times 100\% \tag{3.9.18}$$

相角误差是一次、二次电流之间的相位差。这两种误差是由励磁电流和一次、二次侧的漏阻抗压降以及仪表的阻抗引起的。

根据误差的大小，电流互感器的准确度等级分为 0.2、0.5、1、3、10 五级。例如，0.5 级的电流互感器表示在额定电流时误差最大不超过±0.5%，对其他各级的允许误差详见国家有关技术标准。各级电流互感器的适用场合：0.2 级电流互感器适用于实验室的精密测量；0.5、1 级适用于发电厂和变电所的盘式仪表；3、10 级适用于一般测量和继电保护装置。

3. 使用电流互感器应注意的问题

（1）二次侧绝对不允许开路。如果二次侧开路，电流互感器处于空载运行状态，此时一次侧被测线路大电流全部成为励磁电流，使铁心磁通密度大大增加。这一方面使铁心严重饱和，铁耗急剧增加，引起铁心严重过热；另一方面将在匝数很多的二次绕组中感应出很高电压，不但会使绝缘击穿，而且还危及操作人员和其他设备的安全。因此，严禁在电流互感器的二次回路中安装熔断器。运行中需要更换测量仪表时，应先把二次绕组短路后才能更换仪表。

（2）二次绕组及铁心必须可靠接地，以防止绝缘击穿后，一次侧高电压危及二次侧回路的设备及操作人员的安全。

二、电压互感器

1. 工作原理

电压互感器一次绕组匝数多,二次绕组匝数少。图 3.9.6 所示为电压互感器的工作原理图。一次绕组并接到被测量的高电压线路上,二次绕组接电压表或功率表的电压线圈。由于电压表的阻抗很大,所以电压互感器工作时,相当于降压变压器的空载运行状态。如果忽略很小的漏阻抗压降,则一次、二次电压与匝数成正比,即

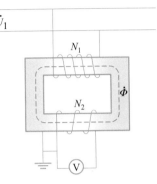

图 3.9.6 电压互感器原理图

$$\frac{U_1}{U_2} = \frac{N_1}{N_2} = k_u \quad \text{或} \quad U_1 = k_u U_2 \quad (3.9.19)$$

式中,k_u 为电压变比。可见,将二次侧电压表读数 U_2 乘上 k_u,就是被测高电压 U_1 的数值。通常将电压表的表盘按 $k_u U_2$ 来刻度,这样可以直接读出被测电压 U_1 的数值。电压互感器二次额定电压都统一设计成 100 V,而一次侧可以有几个抽头,便于根据被测线路电压大小,选取适当的电压变比 k_u。

2. 电压互感器的误差

电压互感器也有两种误差,一种是变比误差,其定义为

$$变比误差 = \frac{k_u U_2 - U_1}{U_1} \times 100\% \quad (3.9.20)$$

另一种是相角误差,就是一次、二次电压之间的相位差。励磁电流和一次、二次侧的漏阻抗压降是产生这两种误差的主要原因。

电压互感器的准确度级别有 0.2、0.5、1.0 和 3.0 四级。例如,0.5 级的电压互感器表示在额定电压时的最大误差不超过 ±0.5%。各级电压互感器的应用情况:实验室精密测量可采用 0.2 级的电压互感器;发电厂和变电所的盘式仪表一般配用 0.5 或 1.0 级的电压互感器;用于计量电能的电能表可选用 0.5 级的电压互感器;3.0 级电压互感器用于一般测量和继电保护电路中。

3. 使用电压互感器应注意的问题

(1) 电压互感器二次侧严禁短路,否则将产生很大的短路电流,绕组将因过热而烧毁。为防止二次侧短路,电压互感器二次回路中应串接熔断器。

(2) 电压互感器的二次绕组连同铁心一起必须可靠接地,以防止绕组绝缘损坏时,高电压侵入低压回路,危及人身和设备的安全。

3.10 变压器在电力系统中的应用

图 3.10.1 所示为一电力系统示意图,其中,G 为发电机,T 为变压器,L 为输电线路。由图可知,电力系统中广泛使用电力变压器。图中标注的最高输电电压为 750 kV,实际上在我国还有 1 000 kV 的电压等级,称为特高压输电。

图 3.10.2 所示为某 220/66 kV 降压变电所主变压器。

教学课件:
变压器在电力
系统中的应用

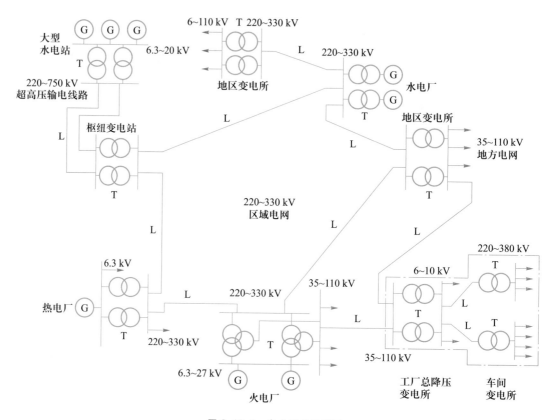

图 3.10.1 电力系统示意图

图 3.10.2 某 220/66 kV 降压变电所主变压器

小结

变压器是一种变换交流电能的静止电气设备,它利用一次、二次绕组匝数不同,通过电磁感应作用,把一种电压等级的交流电能转变成同频率的另一种电压等级的交流电能,以满足电能的传输、分配和使用的需要。

在分析变压器内部电磁关系时,通常按其磁通的实际分布和所起作用不同,分成主磁通和漏磁通两部分,前者以铁心作闭合磁路,在一次、二次绕组中均感应电动势,起着传递能量的媒介作用;而漏磁通主要以非铁磁材料闭合,只起电抗压降的作用,不能传递能量。

　　基本方程式、等效电路和相量图是分析、计算变压器的有效工具,三者彼此一致,是同一问题的不同表述形式。基本方程式是用数学表达式来描述变压器的电磁关系;等效电路是以电路的形式来模拟实际的变压器;相量图则是基本方程式的图形表示。定量计算时采用等效电路较为方便;定性分析时,采用方程式和相量图较为直观。

　　励磁阻抗 $Z_{\mathrm{m}}=R_{\mathrm{m}}+\mathrm{j}X_{\mathrm{m}}$ 和短路参数 $Z_{\mathrm{s}}=R_{\mathrm{s}}+\mathrm{j}X_{\mathrm{s}}$ 是变压器的重要参数,可分别通过空载试验和短路试验测取。励磁电阻 R_{m} 是反映铁心损耗大小的等效电阻,铁心损耗 $P_{\mathrm{Fe}}=I_0^2R_{\mathrm{m}}$(单相)。铁心损耗近似等于变压器的空载损耗。

　　短路电阻 $R_{\mathrm{s}}=R_1+R_2'$,是折算后一次、二次绕组的电阻之和。铜损耗 $P_{\mathrm{Cu}}=I_{1\mathrm{N}}^2R_{\mathrm{s}}$ 又称为负载损耗,近似等于变压器的短路损耗。

　　每一种电抗都对应磁场中的一种磁通,励磁电抗对应于主磁通,漏电抗对应于漏磁通,励磁电抗受磁路饱和影响不是常量,而漏电抗基本上不受铁心饱和的影响,因此它为常数。

　　电压变化率和效率是衡量变压器运行性能的两个主要指标。电压变化率的大小反映了变压器负载运行时二次端电压的稳定性,而效率则是表明变压器运行时的经济性。ΔU 和 η 的大小不仅与变压器自身参数有关,而且还与负载的大小和性质有关。

　　三相变压器分为组式变压器和心式变压器。三相组式变压器每相有独立的磁路,三相心式变压器各相磁路彼此相关。

　　三相变压器的电路系统实质上是研究变压器两侧线电压(或线电动势)之间的相位关系。变压器两侧电压的相位关系通常用时钟法来表示,即所谓联结组别。影响三相变压器联结组别的因素除有绕组绕向和首末端标志外,还有三相绕组的连接方式。变压器的联结组别有很多种,国家标准规定三相变压器有 5 种标准联结组别。

　　不同磁路结构和不同连接方式的三相变压器,其励磁电流中的三次谐波分量流通情况不同。对于 Yy 联结的三相变压器组,由于三次谐波电流流不通,而三次谐波的磁通在铁心中可以畅通,造成三次谐波电动势幅值较大,导致相电动势波形畸变和相电压的升高。因此,三相变压器组不能接成 Yy 联结运行。

　　变压器并联运行的条件是:①变比相等;②联结组别相同;③短路电压(短路阻抗)标幺值相等,且短路阻抗角相同。前两个条件保证了空载运行时变压器绕组之间不产生环流,后一个条件是保证并联运行变压器的容量得以充分利用。除组别相同这一条件必须严格满足外,其他条件允许有一定的偏差。

　　自耦变压器的特点是一次、二次绕组之间既有磁耦合,又有直接电的联系。故其一部分功率不通过电磁感应,而直接由一次侧传递到二次侧,因此和同容量普通变压器相比,自耦变压器具有省材料,损耗小,体积小等优点。但自耦变压器也有其缺点,如短路电抗标幺值较小,短路电流较大等。

　　自耦变压器在电力系统中用来连接两个电压等级相近的电力网,在实验室中可作调压器用,它也是异步电动机的降压起动设备。

　　三绕组变压器的每个铁心柱上套装着高、中、低压三个同心绕组。为了绝缘方便,总是把高压绕组放在最外层。从功率传递考虑,作升压变压器运行时,把低压绕组放在中间层,中压绕组放在内层;而作降压变压器运行时,则把中绕组放在中间层,低压绕组放在内层。

　　三绕组变压器主要应用于发电厂或变电所中,用来把三个不同电压等级的电网联系起来。

　　三绕组变压器的一次电流同时受二、三次绕组电流的影响。一次漏阻抗压降直接影响二、三次侧的端电压。故二次某侧负载发生变化,不仅影响本侧端电压,还会影响另一侧端电压。或者说,二次某侧端电压大小不仅受本侧负载的影响,而且还受另侧负载的影响。

仪用互感器是测量用的变压器,使用时应注意其二次侧接地,电流互感器二次侧绝不允许开路,而电压互感器二次侧则绝不允许短路。

思考题与习题

3.1 简述变压器的基本工作原理。

3.2 变压器铁心的作用是什么? 为什么要用 0.35 mm 厚,表面涂有绝缘漆的硅钢片或非晶合金钢片叠成?

3.3 变压器一次绕组若接在直流电源上,二次侧会有稳定的直流电压吗? 为什么?

3.4 一台 380/220 V 的单相变压器,如不慎将 380 V 加在低压绕组上,会产生什么现象?

3.5 为什么要把变压器的磁通分成主磁通和漏磁通,它们有哪些区别?

3.6 变压器空载电流的性质和作用如何,其大小与哪些因素有关?

3.7 当变压器一次绕组匝数比设计值减少而其他条件不变时,铁心饱和程度,空载电流大小,铁损耗,二次侧感应电动势和变比都将如何变化?

3.8 变压器的励磁电抗和漏电抗各对应于什么磁通,对已制成的变压器,它们是否是常数?

3.9 变压器运行时电源电压降低,试分析对变压器铁心饱和程度、励磁电流、励磁阻抗和铁损耗有何影响。

3.10 变压器负载时,一次、二次绕组各有哪些电动势或电压降,它们产生的原因是什么? 写出电动势平衡方程式。

3.11 为什么变压器的空载损耗可近似看成铁损耗,短路损耗可否近似看成铜损耗?

3.12 变压器空载试验一般在哪侧进行? 将额定电压电源加在低压侧或高压侧所测得的空载电流、空载电流百分值、空载功率及励磁阻抗是否相等? 如试验时电源电压不加到额定值,问能否将测得的空载电流和空载功率换算到对应于额定电压时的值,为什么?

3.13 变压器短路试验一般在哪一侧进行? 在高压侧加额定电流或在低压侧加额定电流所测得的短路电压、短路电压百分值、短路功率及计算出的短路阻抗是否相等? 如试验时电流达不到额定值,将对短路试验应测的和应求的哪些量有影响,哪些量无影响? 如何将非额定电流时测得的 U_s、P_s 换算到对应额定电流时的值?

3.14 变压器负载运行时引起二次电压变化的原因是什么? 电压变化率是如何定义的,它与哪些因素有关? 当二次侧带什么性质负载时有可能使电压变化率为零?

3.15 为何电力变压器设计时,一般取 $P_0 < P_{SN}$? 如果取 $P_0 = P_{SN}$,变压器最适合带多大负载?

3.16 三相心式变压器和三相组式变压器相比,具有哪些优点? 在测取三相心式变压器的空载电流时,为何中间一相的电流小于两边的电流?

3.17 什么是三相变压器的联结组别,影响其组别的因素有哪些? 如何用时钟法来表示?

3.18 三相变压器的一次、二次绕组按题 3.18 图连接,试画出电动势相量图,并判断其联结组别。

3.19 变压器并联运行的理想条件是什么? 试分析当某一条件不满足时并联运行所产生的后果。

3.20 自耦变压器的功率是如何传递的? 为什么它的绕组设计容量比额定容量小?

3.21 三绕组变压器的额定容量是如何定义的,三个绕组的容量有哪几种配合方式? 实际运行时三个绕组传输的功率关系如何?

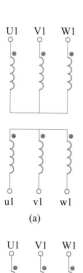

(a)

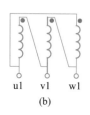

(b)

题 3.18 图

3.22　使用电流互感器和电压互感器时都应注意哪些事项?

3.23　电流互感器变比误差的定义是什么? 电流互感器的准确度等级是怎样定义的? 分哪五级?

3.24　有一台单相变压器,$S_N = 50$ kV·A,$U_{1N}/U_{2N} = 10\ 500/230$ V,试求一次、二次绕组的额定电流。

3.25　有一台 $S_N = 5\ 000$ kV·A,$U_{1N}/U_{2N} = 10$ kV/6.3 kV,Yd 联结的三相变压器,试求:(1)变压器的额定电压和额定电流;(2)变压器一次、二次绕组的额定相电压和额定相电流。

3.26　某三相变压器容量为 500 kV·A,Yyn 联结,电压为 6 300/400 V,现将电源电压由 6 300 V 改为 10 000 V,如保持低压每相绕组匝数 40 匝不变,试求原来高压绕组匝数及新的高压绕组匝数。

3.27　某三相铝线变压器,$S_N = 750$ kV·A,$U_{1N}/U_{2N} = 10\ 000/400$ V,Yyn0 联结。低压侧做空载试验,测出 $U_0 = 400$ V,$I_0 = 60$ A,$P_0 = 3\ 800$ W。高压侧做短路试验,测得 $U_s = 440$ V,$I_s = 43.3$ A,$P_s = 10\ 900$ W,室温为 20 ℃。试求:(1)折算到高压侧的 T 形等效电路参数并画出等效电路图(设 $R_1 = R_2'$,$X_1 = X_2'$);(2)当满载且 $\cos \varphi_2 = 0.8$(滞后)时的电压变化率、二次电压和效率;(3)该变压器带多大容量时效率最大?

3.28　一台三相电力变压器,额定容量为 180 kV·A,Yd11 联结,$U_{1N}/U_{2N} = 10\ 000$ V/400 V,铭牌数据:$I_0\% = 4.5\%$,$P_0 = 1\ 000$ W,$U_s(\%) = 6\%$,$P_{SN} = 4\ 000$ W。试求:

(1)用标幺值表示的近似等效电路参数;

(2)满载且功率因数 $\cos \varphi_2 = 0.8$(滞后)时的电压变化率;

(3)半载且功率因数 $\cos \varphi_2 = 0.8$(滞后)时的效率。

本章自测题

一、填空题(每空 1 分,共 20 分)

1.　一台接到电源频率固定的变压器,忽略漏阻抗压降,其主磁通的大小主要取决于_____的大小,而与磁路的_____基本无关。

2.　变压器铁心导磁性能越好,其励磁电抗_____,励磁电流_____。

3.　变压器空载实验测得的损耗近似等于_____,而短路实验时测得的损耗近似等于_____。

4.　变压器负载运行时,二次端电压不仅与本身的短路参数有关,而且还与_____和_____有关。

5.　变压器等效电路中,反映主磁通影响的电路参数是_____,反映一次、二次绕组漏磁通影响的电路参数分别是_____。

6.　当变压器所带的阻感性负载阻抗($\varphi_2 > 0$)一定,而电源电压下降时,则 Φ_m _____,Z_m _____,P_{Fe} _____。(填变化情况)。

7.　三相变压器的联结组别不仅与绕组的_____和_____有关,而且还与三相绕组的_____有关。

8.　一台 2 kV·A,400/100 V 的单相变压器,低压侧加 100 V,高压侧开路,测得 $I_0 = 2$ A;$P_0 = 20$ W;当高压侧加 400 V,低压侧开路,测得 $I_0 = $ _____A,$P_0 = $ _____W。

9.　变压器空载电流可分为有功分量和无功分量,有功分量用来_____,无功分量用来_____。

二、判断题(每题2分,共10分)

1. 一台变压器一次电压 U_1 不变,二次侧接电阻性负载或接电感性负载,如负载电流相等,则两种情况下,二次电压也相等。 ( )

2. 变压器一次侧外加额定电压不变条件下,二次电流增大,导致一次电流也增大,因此变压器的主磁通也增大。 ( )

3. 变压器二次额定电压是指一次侧加额定电压,二次侧带额定负载时的端电压。 ( )

4. 变压器二次侧带纯电感性负载时,一次侧的输入功率全为无功功率。 ( )

5. 使用电压互感器时其二次侧不允许短路,而使用电流互感器时二次侧则不允许开路。 ( )

三、选择题(每题2分,共10分)

1. 变压器空载电流小的原因是( )。

A. 一次绕组匝数多且导线细,电阻很大　　　　　B. 一次绕组的漏电抗很大

C. 变压器的励磁阻抗很大　　　　　D. 变压器铁心的电阻很大

2. 变压器空载损耗( )。

A. 全部为铜损耗　　　B. 全部为铁损耗　　　C. 主要为铜损耗　　　D. 主要为铁损耗

3. 自耦变压器的电磁容量与它的额定容量之间的关系是( )。

A. 大小相等

B. 额定容量小于电磁容量

C. 电磁容量小于额定容量

D. 作升压变压器时,电磁容量小于额定容量;作降压变压器时,电磁容量大于额定容量

4. 变压器中,不考虑漏阻抗压降和饱和的影响,若一次电压不变,铁心不变,而将一次匝数增加,则励磁电流( )。

A. 增加　　　　　　　B. 减少　　　　　　　C. 不变　　　　　　　D. 基本不变

5. 变压器二次侧开路,一次侧加额定电压,则变压器从电网吸取的功率( )。

A. 只包含有功功率

B. 只包含无功功率

C. 既包含有功功率,又包含无功功率

D. 由于二次侧开路,变压器从电网输入的功率为零

四、简答与作图题(每题5分,共25分)

1. 双绕组变压器一、二次侧的额定容量为什么按相等进行设计?

2. 变压器运行时电源频率降低,其他条件不变,试分析变压器铁心的饱和程度、励磁电流、励磁电抗的变化情况。

3. 变压器并联运行的理想条件是什么?哪一个条件要求绝对严格满足?

4. 绘出变压器带纯电阻负载和阻容性负载时的简化相量图。

5. 三相变压器的绕组连接如自测题四、5图所示,试绘出一次、二次侧的电动势相量图,并判定其联结组别。

自测题四、5图

五、分析题(10分)

一台降压变压器所接电源电压一定,当所接阻感性负载($\varphi_2 > 0$)增大时,一次电流、二次电压将如何变化?若二次电压偏低,该如何调节绕组的匝数?

六、计算题(25 分)

1. 一台 S-100/6.3,Yyn 联结的三相电力变压器,$U_{1N}/U_{2N} = 6.3/0.4$ kV,$I_0\% = 7$,$P_0 = 600$ W,$u_S\% = 4.5$,$P_{SN} = 2\ 250$ W。试求:(1)用标么值计算简化等效电路参数;(2)半载且 $\cos\varphi_2 = 0.8$(滞后)时的二次电压 U_2。(10 分)

2. 一台 Yd 联结的三相变压器,其额定容量 $S_N = 5\ 600$ kV·A,额定电压 $U_{1N}/U_{2N} = 6\ 000/3\ 300$ V。空载损耗 $P_0 = 18$ kW,额定短路损耗 $P_{SN} = 56$ kW,试求:(1)$I_2 = I_{2N}$,$\cos\varphi_2 = 0.8$(滞后)时的效率 η;(2)效率最高时的负载系数 β_m 和 $\cos\varphi_2 = 0.8$(滞后)时的最大效率 η_{max}。(15 分)

内容简介

交流电机可分为异步电机和同步电机两大类。异步电机主要用作电动机,拖动各种生产机械。异步电动机具有结构简单,制造、使用和维护方便,运行可靠,价格较低以及效率较高等优点,但也存在以下缺点:(1)功率因数较差。因为在运行时需从电网吸取感性无功电流来建立磁场,从而降低了电网功率因数。(2)起动和调速性能较差。但近年来,随着电力电子技术、自动控制技术及计算机应用技术的发展,异步电动机的调速性能有了实质性的进展,使得异步电动机得到了更加广泛的应用。

异步电动机按相数分,主要分为三相和单相异步电动机,三相异步电动机是当前工农业生产中应用最普遍的电动机;而单相异步电动机由于容量较小,性能较差,一般应用在实验室和家用电器中。

本章主要讨论三相异步电动机的基本工作原理和结构,交流绕组及其感应电动势,三相异步电动机的空载及负载运行,折算和等效电路,功率平衡,转矩平衡,工作特性,参数测定以及三相异步电动机应用等内容。对于单相和两相异步电动机,将放在微控电机一章中讨论。

教学课件:
三相异步电动机的基本工作原理和结构

4.1 三相异步电动机的基本工作原理和结构

本节首先介绍三相异步电动机的基本结构,然后定性分析三相异步电动机的基本工作原理,并重点讲述转差率的概念及异步电动机的三种运行状态,最后介绍异步电动机的铭牌和主要系列。

4.1.1 三相异步电动机的基本结构

三相异步电动机主要由定子和转子两大部分组成。转子装在定子腔内,定子、转子之间有一缝隙,称为气隙。图 4.1.1 所示为笼型异步电动机的结构图。

动画:
三相异步电动机的基本结构

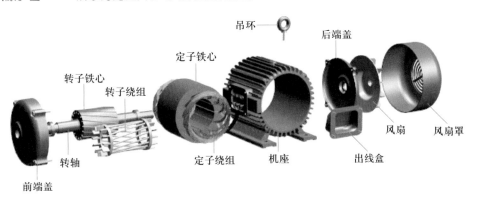

图 4.1.1 笼型异步电动机的结构图

一、定子部分

定子部分主要由定子铁心、定子绕组和机座三部分组成。

定子铁心的作用是构成电机的磁路及放置定子绕组。为减少铁心损耗，一般由 0.5 mm 厚的导磁性能较好的硅钢片叠成，安放在机座内。定子铁心叠片冲有嵌放绕组的槽，故又称为冲片。中、小型电动机的定子铁心采用整圆冲片，如图 4.1.2 所示。大、中型电动机常采用扇形冲片拼成一个圆。为了冷却铁心，在大容量电动机中，定子铁心分成很多段，每两段之间留有径向通风槽，作为冷却空气的通道。

常用的定子槽形有三种：半闭口槽、半开口槽和开口槽，如图 4.1.3 所示。

从提高效率和功率因数来看，半闭口槽最好，因为它可以减少气隙磁阻，使产生一定数量的旋转磁动势所需的励磁电流最少。但绕组的绝缘和嵌线工艺比较复杂，因此只用于低压中小型异步电动机。对于 500 V 以下的中型异步电动机通常采用半开口槽。对于高压中型和大型异步电动机，一般采用开口槽，以便于嵌线。

定子绕组作为电动机的电路部分，它嵌放在定子铁心的内圆槽内。定子绕组分单层和双层两种。一般小型异步电动机采用单层绕组，大、中型异步电动机采用双层绕组。

图 4.1.4 所示为一台小型异步电动机的机座。机座的作用是固定和支撑定子铁心及端盖，因此机座应有较好的机械强度和刚度。中、小型电动机一般用铸铁机座，大型电动机的机座则用钢板焊接而成。

图 4.1.2　定子铁心冲片

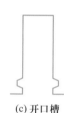

(a) 半闭口槽　　(b) 半开口槽　　(c) 开口槽

图 4.1.3　定子槽形图

图 4.1.4　小型异步
电动机的机座

二、转子部分

转子主要由转子铁心、转子绕组和转轴三部分组成。整个转子靠端盖和轴承支撑着。转子的主要作用是产生感应电流，形成电磁转矩，以实现机电能量转换。

转子铁心是电机磁路的一部分，一般也用 0.5 mm 厚的硅钢片叠成，转子铁心冲片冲有嵌放转子绕组的槽，如图 4.1.5 所示。转子铁心固定在转轴或转子支架上。

根据转子绕组的结构形式，异步电动机分为笼型转子和绕线转子两种。

1. 笼型转子

在转子铁心的每一个槽中，插入一根裸导条，在铁心两端分别用两个短路环把导条连接成一个整体，形成一个自身闭合的多相对称短路绕组。如去掉转子铁心，整个绕组犹如一个"松鼠笼子"，由此得名笼型转子。中小型电动机采用铸铝转子，如图 4.1.6(a) 所示，大型电动机则采用铜条转子，如图 4.1.6(b) 所示。

2. 绕线转子

绕线转子的绕组与定子绕组相似，它是在绕线转子铁心的槽内嵌有绝缘导线组成的三相对称绕组，一般采用星形联结。三个端头分别接在与转轴绝缘的三个滑环上，再经一套电刷引出来与外电路相连，如图 4.1.7 所示。

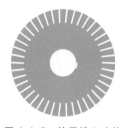

图 4.1.5　转子铁心冲片

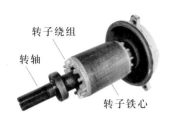

(a) 铸铝转子　　　　　　　(b) 铜条转子

图 4.1.6　笼型转子

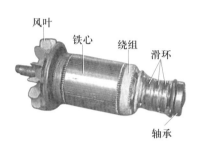

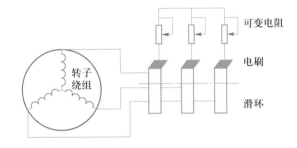

(a) 绕线转子　　　　　(b) 绕线转子回路接线示意图

图 4.1.7　绕线转子

转轴用强度和刚度较高的低碳钢制成。

三、气隙

异步电动机的气隙是均匀的。气隙大小对异步电动机的运行性能和参数影响较大。由于励磁电流由电网供给,气隙越大,励磁电流也就越大,而励磁电流又属无功性质,它要影响电网的功率因数,因此异步电动机的气隙大小往往为机械条件所能允许达到的最小数值。中、小型电动机的气隙长度一般为 0.2~1.5 mm。

4.1.2　三相异步电动机的基本工作原理

一、三相旋转磁场的形成

假设在定子三相对称绕组中通入三相对称交流电流,其电流表达式为

$$\left. \begin{array}{l} i_{\mathrm{U}} = I_{\mathrm{m}} \sin \omega t \\ i_{\mathrm{V}} = I_{\mathrm{m}} \sin(\omega t - 120°) \\ i_{\mathrm{W}} = I_{\mathrm{m}} \sin(\omega t + 120°) \end{array} \right\} \qquad (4.1.1)$$

式中,I_{m} 为电流幅值。

与式(4.1.1)对应的电流波形如图 4.1.8 所示。下面用简单、形象的图解法来分析旋转磁场的形成。

用图解法分析旋转磁场的步骤是:

(1) 绘出对称三相交流电流波形;

(2) 选出几个瞬时,并将各瞬时电流的实际方向表示在三相绕组中;

(3) 根据右手螺旋定则,确定各瞬间合成磁动势的方向;

(4) 观察各瞬时合成磁动势的方向,能形象地看到磁场在旋转。

动画:
三相异步电
动机的基本
工作原理

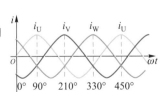

图 4.1.8　三相对称交流
电流波形

图 4.1.9 所示为用图解法分析旋转磁场示意图。图中交流电动机定子上嵌放着三相对称绕组 U1—U2、V1—V2、W1—W2。

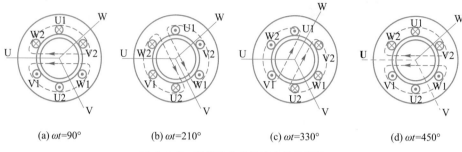

(a) $\omega t=90°$ (b) $\omega t=210°$ (c) $\omega t=330°$ (d) $\omega t=450°$

图 4.1.9　图解法分析旋转磁场示意图

假定电流从绕组首端 U1、V1、W1 流入为正,从末端 U2、V2、W2 流入为负。电流的流入端用 ⊗ 表示,流出端用 ⊙ 表示。

对称的三相电流通入对称三相绕组时,便产生一个旋转磁场。下面选取各相电流出现最大值的几个瞬间进行分析。

当 $\omega t = 90°$ 时,U 相电流达到正最大值,即 $i_U = +I_m$,电流从首端 U1 流入,用 ⊗ 表示,从末端 U2 流出,用 ⊙ 表示;V 相和 W 相电流均为负,即 $i_V = i_W = -\dfrac{I_m}{2}$,因此电流均从绕组的末端流入,首端流出,故末端 V2 和 W2 应填上 ⊗,首端 V1 和 W1 应填上 ⊙,如图 4.1.9(a)所示。由图可见,合成磁场的轴线正好位于 U 相绕组轴线上。

当 $\omega t = 210°$ 时,V 相电流达到正最大值,即 $i_V = +I_m$,电流从首端 V1 流入,用 ⊗ 表示,从末端 V2 流出,用 ⊙ 表示;U 相和 W 相电流均为负,即 $i_U = i_W = -\dfrac{I_m}{2}$,因此电流均从绕组的末端流入,首端流出,故末端 U2 和 W2 应填上 ⊗,首端 U1 和 W1 应填上 ⊙,如图 4.1.9(b)所示。由图可见,合成磁场的轴线正好位于 V 相绕组轴线上。合成磁场的位置已从 $\omega t = 90°$ 时的位置,沿逆时针方向旋转了 120° 电角度。

同理可证明,当 $\omega t = 330°$,W 相电流达到正最大值时,合成磁场又逆时针旋转了 120° 电角度,其轴线到达 W 相绕组的轴线上,如图 4.1.9(c)所示。当 $\omega t = 450°$ 时,合成磁场又逆时针旋转了 120° 电角度,转回到 U 相绕组的轴线上。即电流变化一个周期,合成磁场旋转了 360° 电角度(一周),如图 4.1.9(d)所示。

由此可见,对称三相交流电流通入对称三相绕组中,所产生的合成磁场是一个旋转磁场,磁场旋转的方向与电流相序一致,即由电流超前相转向电流滞后相。还可以看出,ωt 变化了多少电角度,合成磁场就转过多少空间电角度,旋转磁场的转速与电流的频率成正比。另外,旋转磁场的转速还与电动机磁极对数有关,电动机的一对磁极对应 360° 电角度,因此,磁极对数越多,磁场旋转得越慢,旋转磁场的速度与电动机磁极对数成反比。合成磁场的位置由下列方法判定:哪相电流达到最大值,合成磁场的轴线就转到该相绕组的轴线上。

二、基本工作原理

图 4.1.10 所示为一台三相笼型异步电动机的工作原理图。在定子铁心里嵌放着对称的三相绕组 U1—U2、V1—V2、W1—W2。转子槽内放有导条,导体两端用短路环短接起来,形成一个笼型的闭合绕组。定子三相绕组可接成星形,也可以接成三角形。

定子对称三相绕组被施以对称的三相电压,就有对称的三相电流流过,并且会在电动机的气隙中

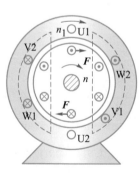

图 4.1.10　异步电动机
工作原理图

形成一个旋转的磁场。这个磁场的转速 n_1 称为同步转速,它与电网的频率 f_1 和电动机的磁极对数 p 的关系为

$$n_1 = \frac{60f_1}{p} \tag{4.1.2}$$

对于已制成的电动机,磁极对数已确定,则 $n_1 \propto f_1$,即决定旋转磁场转速的唯一因素是电流频率。

我国电网频率 $f_1 = 50$ Hz,故 n_1 与 p 的关系见表 4.1.1。

表 4.1.1　同步转速 n_1 与磁极对数 p 的关系

p	1	2	3	4	5	6	24
$n_1/(\text{r}\cdot\text{min}^{-1})$	3 000	1 500	1 000	750	600	500	125

转向与三相电流的相序有关,图中 U、V、W 相以顺时针方向排列,当定子绕组中通入 U、V、W 相序的三相电流时,定子旋转磁场为顺时针转向。由于转子是静止的,转子与旋转磁场之间有相对运动,转子导体因切割定子磁场而产生感应电动势,因转子绕组自身闭合,转子绕组内便有电流流过。转子有功电流与转子感应电动势同相位,其方向可由"右手定则"确定。载有有功分量电流的转子绕组在定子旋转磁场作用下,将产生电磁力 F,其方向由"左手定则"确定。电磁力对转轴形成一个电磁转矩,其作用方向与旋转磁场方向一致,拖着转子沿着旋转磁场的旋转方向旋转,将输入的电能变成旋转的机械能。如果电动机轴上带有机械负载,则机械负载随着电动机的旋转而旋转,电动机对机械负载做功。

综上分析可知,三相异步电动机转动的基本工作原理是:

(1) 三相对称绕组中通入三相对称电流产生圆形旋转磁场。

(2) 闭合转子导体切割定子旋转磁场产生感应电动势和电流。

(3) 转子载流导体在磁场中受到电磁力的作用,从而形成电磁转矩,驱使电动机转子转动。

异步电动机的旋转方向始终与旋转磁场方向一致,而旋转磁场方向又取决于异步电动机的三相电流相序,因此三相异步电动机的转向与电流的相序一致。要改变转向,只需改变电流的相序即可,即任意对调电动机的两根电源线,便可使电动机反转。

异步电动机的转速恒小于旋转磁场转速 n_1,因为只有这样,转子绕组中才能产生感应电动势和电流,进而产生电磁转矩,使电动机旋转。如果 $n = n_1$,转子绕组与定子磁场之间便无相对运动,则转子绕组中无感应电动势和感应电流产生,可见 $n < n_1$,是异步电动机工作的必要条件。由于电动机转速 n 与旋转磁场转速 n_1 不同步,故称为异步电动机。又因为异步电动机转子电流是通过电磁感应作用产生的,所以又称为感应电动机。

三、转差率

同步转速 n_1 与转子转速 n 之差 $(n_1 - n)$ 和同步转速 n_1 的比值称为转差率,用字母 s 表示,即

$$s = \frac{n_1 - n}{n_1} \tag{4.1.3}$$

转差率 s 是异步电机的一个基本物理量,它反映异步电机的各种运行情况。对异步电动机而言,在转子尚未转动(如起动瞬间)时,$n = 0$,此时转差率 $s = 1$;当转子转速接近同步转速(空载运行)时,$n \approx n_1$,此时转差率 $s \approx 0$。由此可见,作为异步电动机,转速 n 在 $0 \sim n_1$ 范围内变化,其转差率 s 在 $1 \sim 0$ 范围内变化。

异步电动机负载越大,转速就越慢,其转差率就越大;反之,负载越小,转速就越快,其转差率就越

小。故转差率的大小直接反映了转子转速的快慢或电动机负载的大小。异步电动机的转速可由式(4.1.3)推导出

$$n = (1-s)n_1 \tag{4.1.4}$$

在正常运行范围内,转差率的数值很小,一般为 $0.01 \sim 0.06$,即异步电动机的转速很接近同步转速。

四、异步电机的三种运行状态

根据转差率的大小和正负,异步电机有三种运行状态。

1. 电动机运行状态

异步电机定子绕组接至电源,转子就会在电磁转矩的驱动下旋转,电磁转矩为驱动转矩,其转向与旋转磁场方向相同,如图 4.1.11(b)所示。此时电机从电网取得电功率,并将电功率转变成机械功率,由转轴传输给负载。电动机转速范围为 $n_1 > n > 0$,其转差率范围为 $0 < s < 1$。

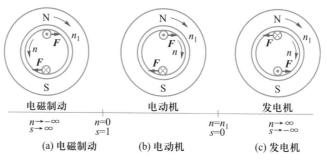

图 4.1.11　异步电机的三种运行状态

2. 发电机运行状态

异步电机定子绕组仍接至电源,该电机的转轴不再接机械负载,而是用一台原动机拖动异步电动机的转子以大于同步转速($n > n_1$)的速度顺旋转磁场方向旋转,如图 4.1.11(c)所示。显然,此时电磁转矩方向与转子转向相反,起着制动作用,为制动转矩。为克服电磁转矩的制动作用而使转子继续旋转,并保持 $n > n_1$,电机必须不断地从原动机吸收机械功率,把机械功率转换为输出的电功率,因此成为发电机运行状态。此时,$n > n_1$,则转差率 $s < 0$。

3. 电磁制动运行状态

异步电机定子绕组仍接至电源,如果用外力拖着电机逆着旋转磁场方向转动。此时电磁转矩与电机旋转方向相反,起制动作用,如图 4.1.11(a)所示。电机定子仍从电网吸收电功率,同时转子从外力吸收机械功率,这两部分功率都在电机内部以损耗的方式转换成热能消耗掉。这种运行状态称为电磁制动运行状态。此种情况下,n 为负值,即 $n < 0$,则转差率 $s > 1$。

综上所述,异步电机可以作电动机运行,也可以作发电机运行和电磁制动运行,但一般作电动机运行,异步发电机很少使用。电磁制动是异步电机在完成某一生产过程中出现的短时运行状态,例如,起重机下放重物时,为了安全、平稳,需限制下放速度时,就使异步电动机短时处于电磁制动状态。

4.1.3　异步电动机的铭牌和主要系列

一、铭牌

每台电机的铭牌上标注了电机的型号、额定值和额定运行情况下的有关技术数据。电机按铭牌上所规定的额定值和工作条件运行,称为额定运行。铭牌上的额定值及有关技术数据是正确选择、使用和检修电机的依据。

微课:
三相异步
电动机的铭牌

下面对铭牌中的型号、额定值、接线、电机的防护等级等分别加以叙述。

1. 型号

异步电动机的型号主要包括产品代号、设计序号、规格代号和特殊环境代号等。产品代号表示电机的类型,用大写印刷体的汉语拼音字母表示,如 Y 表示异步电动机,YR 表示绕线转子异步电动机等。设计序号是指电动机产品设计的顺序,用阿拉伯数字表示。规格代号是用中心高、铁心外径、机座号、机座长度、铁心长度、功率、转速或极数表示。主要系列产品的规格代号见表 4.1.2。

表 4.1.2 系列产品的规格代号

序号	系列产品	规格代号
1	中小型异步电动机	中心高(mm)机座长度(字母代号)铁心长度(数字代号)-极数
2	大型异步电动机	功率(kW)-极数/定子铁心外径(mm)

注:1. 机座长度的字母代号采用国际通用符号表示:S 表示短机座;M 表示中机座;L 表示长机座。
　　2. 铁心长度的数字代号用数字 1,2,3,… 依次表示。

此外,还有特殊环境代号,详见有关电机手册。

现以 Y 和 Y2 系列异步电动机为例,说明型号中各字母及数字代表的含义:

中小型异步电动机

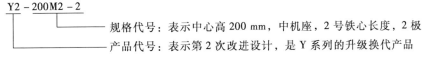

规格代号:表示中心高 200 mm,中机座,2 号铁心长度,2 极
产品代号:表示第 2 次改进设计,是 Y 系列的升级换代产品

大型异步电动机

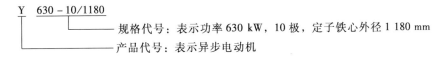

规格代号:表示功率 630 kW,10 极,定子铁心外径 1 180 mm
产品代号:表示异步电动机

2. 额定值

额定值是制造厂对电动机在额定工作条件下所规定的量值。

(1) 额定电压 U_N:指在额定状态下运行时,加在电动机定子绕组上的线电压值,单位为 V 或 kV。

(2) 额定电流 I_N:指在额定状态下运行时,流入电动机定子绕组中的线电流值,单位为 A 或 kA。

(3) 额定功率 P_N:指在额定状态下运行时,转子轴上输出的机械功率,单位为 W 或 kW。

对于三相异步电动机,其额定功率为

$$P_N = \sqrt{3} \, U_N I_N \cos \varphi_N \eta_N \times 10^{-3} \qquad (4.1.5)$$

式中,η_N 为电动机的额定效率;$\cos \varphi_N$ 为电动机的额定功率因数;U_N 单位为 V;I_N 单位为 A;P_N 单位为 kW。

对 380 V 的低压异步电动机,其 $\cos \varphi_N$ 和 η_N 的乘积大约为 0.8,代入式(4.1.5)中,计算得

$$I_N \approx 2P_N \qquad (4.1.6)$$

式中,P_N 的单位为 kW;I_N 的单位为 A。由此可估算其额定电流(1 kW 功率对应 2 A 电流)。

(4) 额定频率 f_N:在额定状态下运行时,电动机定子侧电压的频率称为额定频率,单位为 Hz。我国电网 $f_N = 50$ Hz。

(5) 额定转速 n_N:指额定运行时电动机的转速,单位为 r/min。

3. 接线

接线是指定子三相绕组的接线方式。在额定电压运行时,电动机定子三相绕组有星形联结和三角

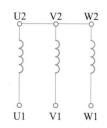

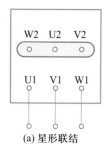

(a) 星形联结

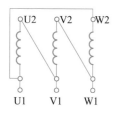

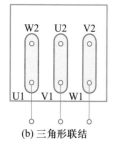

(b) 三角形联结

图 4.1.12 三相异步
电动机接线

形联结两种。具体采用哪种接线方式取决于相绕组能承受的电压设计值。例如一台相绕组能承受 220 V电压的三相异步电动机，铭牌上额定电压为 220/380 V、D/Y 联结，这时采用什么接线方式视电源电压而定。若电源电压为 220 V，则用三角形联结；若电源电压为 380 V，则用星形联结。在这两种情况下，每相绕组实际上都只承受 220 V 电压。

国产 Y 系列电动机的接线盒标志，首端用 U1、V1、W1 表示，末端用 W2、U2、V2 表示，星形联结、三角形联结如图 4.1.12 所示。

4. 防护等级

电动机外壳防护等级的标志，是以字母"IP"和其后面的两位数字表示的。"IP"为国际防护的缩写。IP 后面第一位数字代表第一种防护形式（防尘）的等级，共分 0~6 七个等级，第二个数字代表第二种防护形式（防水）的等级，共分 0~8 九个等级。数字越大，表示防护的能力越强。例如 IP44 标志电动机能防护大于 1 mm 固体物入内，同时能防止溅水入内。

二、三相异步电动机主要系列简介

我国生产的异步电动机种类很多，现有老系列和新系列之分。老系列电动机已不再生产，现有的将逐步被新系列电动机所取代。新系列电动机都符合国际电工委员会（IEC）标准，具有国际通用性，技术、经济指标更高。

我国生产的异步电动机主要有以下产品系列。

Y 系列：是一般用途的小型笼型全封闭自冷式三相异步电动机。额定电压为 380 V，额定频率为 50 Hz，功率为 0.55~315 kW，同步转速为 600~3 000 r/min，外壳防护形式有 IP44 和 IP23 两种。该系列异步电动机主要用于金属切削机床、通用机械、矿山机械和农业机械等，也可用于拖动静止负载或惯性负载大的机械，如压缩机、传送带、磨床、锤击机、粉碎机、小型起重机、运输机械等。

Y2 和 Y3 系列：Y2 系列电动机是 Y 系列的升级换代产品，是采用新技术而开发出的新系列。它具有噪声低、效率和转矩高、起动性能好、结构紧凑、使用维修方便等特点，能广泛应用于机床、风机、泵类、压缩机和交通运输、农业、食品加工等各类机械传动设备。Y3 系列电动机是 Y2 系列电动机的升级产品，它与 Y、Y2 系列相比具有以下特点：采用冷轧硅钢片作为导磁材料；用铜用铁量略低于 Y2 系列；噪声限值比 Y2 系列低等。

YR 系列：为三相绕线转子异步电动机。该系列异步电动机用在电源容量小，不能用同容量笼型异步电动机起动的生产机械上。

YD 系列：为变极多速三相异步电动机。

YQ 系列：为高起动转矩异步电动机。该系列异步电动机用在起动静止负载或惯性负载较大的机械上，如压缩机、粉碎机等。

YZ 和 YZR 系列：为起重和冶金用三相异步电动机，YZ 是笼型转子异步电动机，YZR 是绕线转子异步电动机。

YB 系列：为防爆式笼型异步电动机。

YCT 系列：为电磁调速异步电动机。该系列异步电动机主要用于纺织、印染、化工、造纸、船舶及要求变速的机械上。

【例 4.1.1】 一台型号为 Y2-100L1-4 的三相异步电动机，额定功率 $P_N = 2.2$ kW，电网频率 $f_N =$ 50 Hz，额定电压 $U_N = 380$ V，额定效率 $\eta_N = 0.8$，额定功率因数 $\cos \varphi_N = 0.81$，额定转速 $n_N = 1$ 430 r/min，F 级绝缘，防护等级为 IP55。试求：（1）同步转速 n_1；（2）额定电流 I_N；（3）额定负载时的转差率 s_N；（4）该电动机的机座中心高是多少？

【解】 （1）同步转速 n_1

$$n_1 = \frac{60f_1}{p} = \frac{60 \times 50}{2} \text{ r/min} = 1\ 500 \text{ r/min}$$

（2）额定电流 I_N

$$I_N = \frac{P_N \times 10^3}{\sqrt{3}\, U_N \eta_N \cos\varphi_N} = \frac{2.2 \times 10^3}{\sqrt{3} \times 380 \times 0.8 \times 0.81}\,A \approx 5.16\,A$$

（3）转差率 s_N

$$s_N = \frac{n_1 - n_N}{n_1} = \frac{1\,500 - 1\,430}{1\,500} = 0.047$$

（4）由电动机型号可知，机座中心高为 100 mm。

4.2　交流电机的绕组和感应电动势

交流电机的绕组是实现机电能量转换的重要部件，对发电机而言，定子绕组的作用是产生感应电动势和输出电功率。而对电动机而言，定子绕组的作用是通电后建立旋转磁场，该旋转磁场切割转子导体，在转子导体中形成感应电流，彼此相互作用产生电磁转矩，使电机旋转，输出机械能。

4.2.1　交流绕组的基本知识

一、交流电机绕组的基本要求和分类

虽然交流电机定子绕组的种类很多，但对各种交流绕组的基本要求却是相同的。从设计制造和运行性能两个方面考虑，对交流绕组提出如下几点基本要求：

（1）三相绕组对称，以保证三相电动势和磁动势对称。

（2）在导体数一定的情况下，力求获得最大的电动势和磁动势。

（3）绕组的电动势和磁动势波形力求接近于正弦波。

（4）端部连线应尽可能短，以节省用铜量。

（5）绕组的绝缘和机械强度可靠，散热条件好。

（6）工艺简单，便于制造、安装和检修。

三相交流电机定子绕组根据绕法可分为叠绕组和波绕组，如图 4.2.1 所示。按槽内导体层数可分为单层绕组和双层绕组。按绕组节距可分为整距绕组和短距绕组。汽轮发电机和大中型异步电动机的定子绕组，一般采用双层短距叠绕组；水轮发电机定子绕组和绕线转子异步电动机转子绕组常采用双层短距波绕组。而小型异步电动机则采用单层绕组。

二、交流绕组的几个基本概念

1. 极距 τ

两个相邻磁极轴线之间沿定子铁心内圆的距离称为极距 τ，极距一般用每个极面下所占的槽数来表示。如图 4.2.2 所示，定子槽数为 Z，磁极对数为 p，则

$$\tau = \frac{Z}{2p} \tag{4.2.1}$$

2. 线圈节距 y

一个线圈的两个有效边之间所跨过的距离称为线圈节距 y，如图 4.2.1 所示。节距一般用线圈跨过的槽数表示。为使每个线圈具有尽可能大的电动势或磁动势，节距 y 应等于或接近于极距 τ。将 $y = \tau$ 的绕组称为整距绕组，$y < \tau$ 的绕组称为短距绕组。

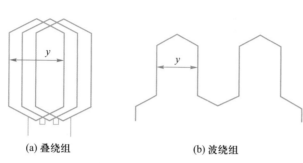

(a) 叠绕组　　　　　(b) 波绕组

图 4.2.1　叠绕组和波绕组

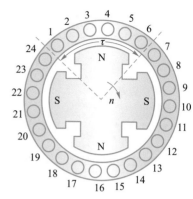

图 4.2.2　交流电机的极距

3. 电角度

电机圆周的几何角度为 360°,称为机械角度。从电磁观点看,若转子上有一对磁极,它旋转一周,定子导体每掠过一对磁极,导体中的感应电动势就变化一个周期,即 360° 电角度。若电机的磁极对数为 p,则转子转一周,定子导体中感应电动势就变化 p 个周期,即变化 $p×360°$,因此电机整个圆周对应的机械角度为 360°,而对应的电角度则为 $p×360°$,则有

$$电角度 = p×机械角度 \tag{4.2.2}$$

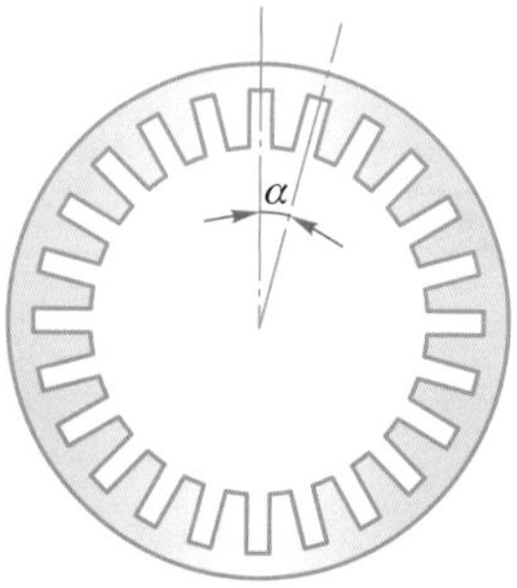

4. 槽距角 α

相邻两个槽之间的电角度称为槽距角 α,如图 4.2.3 所示。若电机的磁极对数为 p,定子槽数为 Z,则

$$\alpha = \frac{p×360°}{Z} \tag{4.2.3}$$

图 4.2.3　$Z=24$ 槽的定子铁心

对于图 4.2.3 所示的定子铁心,如 $2p=4$,则有 $\alpha=30°$。

5. 每极每相槽数 q

每一个极面下每相所占有的槽数为 q,若绕组相数为 m,则

$$q = \frac{Z}{2pm} \tag{4.2.4}$$

若 q 为整数,则相应的交流绕组为整数槽绕组;若 q 为分数,则相应的交流绕组为分数槽绕组。

6. 相带

为了确保三相绕组对称,每个极面下的导体必须平均分给各相,则每一相绕组在每个极面下所占的范围,用电角度表示,称为相带。因为每个磁极占有的电角度是 180°,对于三相绕组而言,一相占有 60° 电角度,称为 60° 相带。由于三相绕组在空间彼此要相距 120° 电角度,且相邻磁极下导体感应电动势方向相反,根据节距的概念,沿一对磁极对应的定子内圆相带的划分依次为 U1、W2、V1、U2、W1、V2,如图 4.2.4 所示。

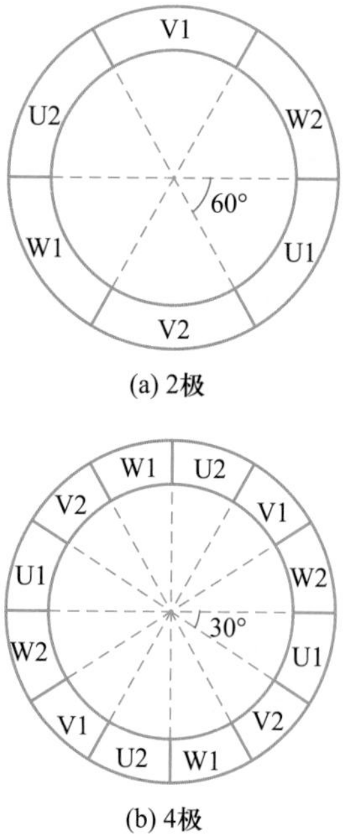

(a) 2极

(b) 4极

图 4.2.4　60° 相带三相绕组

4.2.2　三相单层绕组

单层绕组的每个槽内只放置一个线圈边,整台电机的线圈总数等于槽数的一半。单层绕组可分为单层整距叠绕组、链式绕组、交叉式绕组和同心式绕组等,这里以 $Z=24$,要求绕成 $2p=4$,$m=3$ 的单层绕组为例,说明单层绕组的排列和连接规律。

一、单层整距叠绕组

1. 计算绕组数据

$$\tau = \frac{Z}{2p} = \frac{24}{4} = 6$$

$$q = \frac{Z}{2pm} = \frac{24}{2 \times 2 \times 3} = 2$$

$$\alpha = \frac{p \times 360°}{Z} = \frac{2 \times 360°}{24} = 30° \text{（电角度）}$$

2. 划分相带

将槽依次编号、按 60°相带的排列次序,将各相带包含的槽填入表 4.2.1 中。

表 4.2.1 相带与槽号对照表(60°相带)

	相带	U1	W2	V1	U2	W1	V2
第一对极	槽号	1、2	3、4	5、6	7、8	9、10	11、12
第二对极	相带	U1	W2	V1	U2	W1	V2
	槽号	13、14	15、16	17、18	19、20	21、22	23、24

3. 组成线圈和线圈组

将属于 U 相的 1 号槽的线圈边和 7 号槽的线圈边组成一个线圈($y = \tau = 6$),2 号与 8 号槽的线圈边组成一个线圈,再将上面两个线圈串联成一个线圈组(又称极相组)。同理,13、19 和 14、20 号槽中的线圈边分别组成线圈后再串联成一个线圈组。

4. 构成一相绕组

同一相的两个线圈组串联或并联可构成一相绕组。图 4.2.5 所示为 U 相的两个线圈组串联形式,每相只有一条支路。

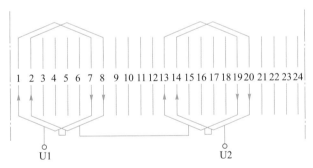

图 4.2.5 单层整距叠绕组

可见,本例中的每相线圈组数恰好等于极对数,可以证明,单层绕组每相共有 p 个线圈组。这 p 个线圈组所处的磁极位置完全相同,它们可以串联也可以并联。在此引入并联支路数的概念,用以表示并联支路数,对于图 4.2.5,则有 $a = 1$。可见,单层绕组的每相最大并联支路数 $a_{max} = p$。

二、单层链式绕组

图 4.2.5 所示的绕组是一分布($q > 1$)整距($y = \tau$)的等元件绕组,称之为单层整距叠绕组。为了缩短端部连线,节省用铜和便于嵌线、散热,在实际应用中,常将上述绕组改进成单层链式绕组。

以上例的 U 相绕组为例,将属于 U 相的 2-7、8-13、14-19、20-1 号线圈边分别连接成 4 个节距相等的线圈,并按电动势相加的原则,将 4 个线圈按"头接头,尾接尾"的规律相连,构成 U 相绕组,展开图如图 4.2.6 所示。此种绕组就整个外形来看,形如长链,故称为链式绕组。

动画:
三相单层链式
绕组展开图

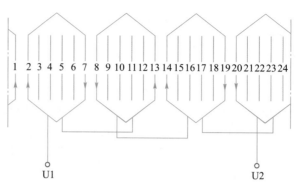

图 4.2.6　三相单层链式绕组展开图(U 相)

同样,V、W 两相绕组的首端依次与 U 相首端相差 120°和 240°空间电角度,可画出 V、W 两相展开图。

可见,链式绕组的每个线圈节距相等并且制造方便,线圈端部连线较短因而省铜。链式绕组主要用于 $q=2$ 的 4、6、8 极小型三相异步电动机中。

对于 $q=3$、$p\geqslant2$ 的单层绕组常接成交叉式绕组。对于 $q=4、6、8$ 等偶数的 2 极小型三相异步电动机常采用单层同心式绕组。

单层绕组的优点是,它不存在层间绝缘问题,不会在槽内发生层间或相间绝缘击穿故障;其次,它的线圈数仅为槽数的一半,故绕线及嵌线所费工时较少,工艺简单,因而被广泛应用于 10 kW 以下的异步电动机。

4.2.3　三相双层绕组

双层绕组每个槽内放置上下两层线圈的有效边,线圈的一个有效边放置在某一槽的上层,另一个有效边则放置在相隔节距为 y 的另一槽的下层。整台电机的线圈总数等于槽数。双层绕组所有线圈尺寸相同,这有利于绕制;端部排列整齐,有利于散热。通过合理地选择线圈节距 y 还可以改善电动势和磁动势波形。

双层绕组按线圈形状和端部连接线的连接方式不同分为双层叠绕组和双层波绕组(如图 4.2.1 所示)。本节仅介绍双层叠绕组。

【例 4.2.1】　一台三相双层叠绕组电机,磁极对数 $2p=4$,定子槽数 $Z=36$,说明三相双层短距叠绕组的构成原理,并绘出展开图。

【解】　(1)计算绕组数据

$$\tau=\frac{Z}{2p}=\frac{36}{4}=9$$

$$q=\frac{Z}{2pm}=\frac{36}{4\times3}=3$$

$$\alpha=\frac{p\times360°}{Z}=\frac{2\times360°}{36}=20°$$

(2)分相

根据 $q=3$,按 60°相带次序 U1、W2、V1、U2、W1、V2,对上层线圈有效边进行分相,即 1、2、3 三个槽为 U1;4、5、6 三个槽为 W2;7、8、9 三个槽为 V1;……依此类推,见表 4.2.2。

表 4.2.2　按双层 60°相带排列表

	相带	U1	W2	V1	U2	W1	V2
第一对极	槽号或上层边	1、2、3	4、5、6	7、8、9	10、11、12	13、14、15	16、17、18
第二对极	相带	U1	W2	V1	U2	W1	V2
	槽号或上层边	19、20、21	22、23、24	25、26、27	28、29、30	31、32、33	34、35、36

（3）构成相绕组并绘出展开图

根据上述对上层线圈边的分相以及双层绕组的嵌线特点，一个线圈的一个有效边放在上层，另一个有效边放在下层。如 1 号线圈一个有效边放在 1 号槽上层（实线表示），则另一个有效边根据节距应放在 9 号槽下层（用虚线表示），依此类推。一个极面下属于 U 相的 1、2、3 号三个线圈顺向串联起来构成一个线圈组（也称极相组），再将第二个极面下属于 U 相的 10、11、12 号三个线圈串联构成第二个线圈组。按照同样方法，另两个极面下属于 U 相的 19、20、21 号和 28、29、30 号线圈分别构成第三、第四个线圈组，这样每个极面下都有一个属于 U 相的线圈组，所以双层绕组的线圈组数和磁极数相等。然后根据电动势相加的原则把 4 个线圈组串联起来，组成 U 相绕组，如图 4.2.7 所示。V、W 相类同。

动画：三相双层短距叠绕组

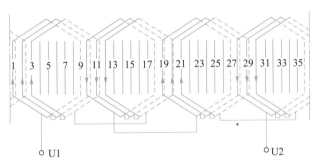

图 4.2.7　三相双层叠绕组展开图(U 相)

各线圈组也可以采用并联连接，用 a 来表示每相绕组的并联支路数，对于图 4.2.7，则 $a=1$，即有一条并联支路。随着电机容量的增加，要求增加每相绕组的并联支路数。如本例绕组也可以构成 2 条或 4 条并联支路，即 $a=2$ 或 $a=4$。由于每相线圈组数等于磁极数，其最大可能并联支路数 a_{max} 等于每相线圈组数，也等于磁极数，即 $a_{max}=2p$。

由于双层绕组是按上层分相的，线圈的另一个有效边是按节距放在下层的，所以可以任意选择合适的节距来改善电动势或磁动势波形，故其技术性能优于单层绕组。一般稍大容量的电机均采用双层绕组。

4.2.4　交流绕组的感应电动势

交流电机的定子绕组电动势是由气隙磁场与定子绕组相对运动而产生的。根据推导，定子绕组每相的基波感应电动势为

$$E_1 = 4.44fN_1k_{w1}\Phi_0 \qquad (4.2.5)$$

式中，N_1 为每相串联总匝数，对于单层绕组，$N_1 = \dfrac{pqN_c}{a}$；对于双层绕组，则有 $N_1 = \dfrac{2pqN_c}{a}$；f 为电源频率；k_{w1} 为基波绕组因数，它反映了绕组采用短距、分布后，基波电动势应打的折扣，$k_{w1} = k_{y1} \cdot k_{q1}$，$k_{y1}$ 为短距因

数, k_{q1} 为分布因数,一般 k_{w1} 在 0.9～1 之间。

式(4.2.5)是计算交流绕组每相电动势有效值的一个普遍公式。它与变压器中绕组感应电动势的计算公式十分相似,仅多一项绕组因数 k_{w1}。事实上,因为变压器绕组中每个线匝的电动势大小、相位都相同,因此变压器绕组实际上是个整距集中绕组,即 $k_{w1}=1$。

虽然,交流绕组采用短距、分布后,基波电动势会略有减少,但可以证明,高次谐波会大大削弱,使电动势波形接近于正弦波,这将有利于电机的正常运行。因为高次谐波电动势将影响电机的效率、温升、起动和运行性能,还会增大电机的电磁噪声和振动。

与定子相绕组基波感应电动势 E_1 相似,异步电动机转子不转时的相绕组基波感应电动势 E_2 为

$$E_2 = 4.44 f N_2 k_{w2} \Phi_0 \tag{4.2.6}$$

式中,$N_2 k_{w2}$ 为转子绕组每相有效串联匝数,k_{w2} 为转子绕组的绕组因数。

4.3 三相异步电动机的空载运行

教学课件:
三相异步电动
机的空载运行

三相异步电动机的定子和转子之间只有磁的耦合,没有电的直接联系,它是靠电磁感应作用,将能量从定子传递到转子的。这一点和变压器完全相似。三相异步电动机的定子绕组相当于变压器的一次绕组,转子绕组则相当于变压器的二次绕组。因此,分析变压器内部电磁关系的三种基本方法(电压方程式、等效电路和相量图)也同样适用于异步电动机。

4.3.1　空载运行时的电磁关系

三相异步电动机定子绕组接在对称的三相电源上,转子轴上不带机械负载时的运行,称为空载运行。

一、主、漏磁通的分布

为便于分析,根据磁通经过的路径和性质的不同,异步电动机的磁通可分为主磁通和漏磁通两大类。

1. 主磁通 Φ_0

当三相异步电动机定子绕组通入三相对称交流电时,将产生旋转磁动势,该磁动势产生的磁通绝大部分穿过气隙,并同时交链于定子、转子绕组,这部分磁通称为主磁通,用 Φ_0 表示。其路径为:定子铁心—气隙—转子铁心—气隙—定子铁心,构成闭合磁路,如图 4.3.1(a)所示。

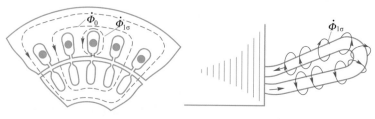

(a) 主磁通和槽部漏磁通　　　　　　(b) 端部漏磁通

图 4.3.1　主磁通与漏磁通

主磁通同时交链定子、转子绕组并在其中分别产生感应电动势。转子绕组为三相或多相短路绕组,在电动势的作用下,转子绕组中有电流通过。转子电流与定子磁场相互作用产生电磁转矩,实现异步电动机的机电能量转换,因此,主磁通起转换能量的媒介作用。

2. 漏磁通 Φ_σ

除主磁通外的磁通称为漏磁通,它包括定子绕组的槽部漏磁通和端部漏磁通(如图 4.3.1 所示)以及由高次谐波磁动势所产生的高次谐波磁通。前两项漏磁通只交链于定子绕组,而不交链于转子绕组,而高次谐波磁通实际上穿过气隙,同时交链定子、转子绕组。由于高次谐波磁动势对转子不产生有效转矩,另外它在定子绕组中感应电动势又很小,且其频率和定子前两项漏磁通在定子绕组中感应电动势的频率又相同,它也具有漏磁通的性质,所以就把它当作漏磁通来处理,故称为谐波漏磁通。

由于漏磁通沿磁阻很大的空气隙形成闭合回路,因此它比主磁通小很多。漏磁通仅在定子绕组上产生漏电动势,因此不能起能量转换的媒介作用,只起电抗压降的作用。

二、空载电流和空载磁动势

异步电动机空载运行时的定子电流称为空载电流,用 $\dot{I}_0$ 表示。

异步电动机空载运行时,定子三相绕组中通过空载电流 $\dot{I}_0$,将产生空载磁动势,用 $\dot{F}_0$ 表示,经推导,其基波幅值为

$$F_0 = \frac{m_1}{2} \times 0.9 \times \frac{N_1 k_{w1}}{p} I_0 \tag{4.3.1}$$

异步电动机空载运行时,由于轴上不带机械负载,其转速很高,接近同步转速,即 $n \approx n_1$,转差率 s 很小。此时定子旋转磁场与转子之间的相对速度几乎为零,于是转子感应电动势 $E_{2s} \approx 0$,转子电流 $I_2 \approx 0$,转子磁动势 $F_2 \approx 0$。

与分析变压器时一样,空载电流 $\dot{I}_0$ 由两部分组成:一部分是用来产生主磁通 $\dot{\Phi}_0$ 的无功分量 $\dot{I}_{0r}$,另一部分是用来供给空载损耗的有功分量电流 $\dot{I}_{0a}$,即

$$\dot{I}_0 = \dot{I}_{0a} + \dot{I}_{0r} \tag{4.3.2}$$

由于 $I_{0r} \gg I_{0a}$,故空载电流基本上为一无功性质的电流,即 $\dot{I}_0 \approx \dot{I}_{0r}$。

三、电磁关系

空载运行时的电磁关系如图 4.3.2 所示。

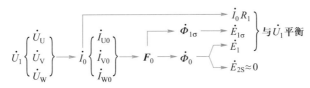

图 4.3.2　空载运行时的电磁关系

4.3.2　空载运行时的电压平衡方程与等效电路

一、主、漏磁通感应的电动势

主磁通在定子绕组中感应的电动势为

$$\dot{E}_1 = -j4.44 f_1 N_1 k_{w1} \dot{\Phi}_0 \tag{4.3.3}$$

和变压器一样,定子漏磁通在定子绕组中感应的漏电动势可用漏抗压降的形式表示,即

$$\dot{E}_{1\sigma} = -jX_1 \dot{I}_0 \tag{4.3.4}$$

式中,X_1 称为定子漏电抗,它是对应于定子漏磁通的电抗。

二、空载时电压平衡方程式与等效电路

设定子绕组上外加电压为 $\dot{U}_1$,相电流为 $\dot{I}_0$,主磁通 $\dot{\Phi}_0$ 在定子绕组中感应的电动势为 $\dot{E}_1$,定子漏磁

通在定子每相绕组中感应的电动势为 $\dot{E}_{1\sigma}$,定子每相电阻为 R_1,类似于变压器空载时的一次侧,根据基尔霍夫第二定律,可列出电动机空载时每相的定子电压方程式如下

$$\dot{U}_1 = -\dot{E}_1 - \dot{E}_{1\sigma} + R_1\dot{I}_0 = -\dot{E}_1 + jX_1\dot{I}_0 + R_1\dot{I}_0$$
$$= -\dot{E}_1 + (R_1 + jX_1)\dot{I}_0 = -\dot{E}_1 + Z_1\dot{I}_0 \tag{4.3.5}$$

式中,Z_1 为定子绕组的漏阻抗,$Z_1 = R_1 + jX_1$。

与分析变压器时相似,可写出

$$\dot{E}_1 = -(R_m + jX_m)\dot{I}_0 \tag{4.3.6}$$

式中,$R_m + jX_m = Z_m$ 为励磁阻抗,其中 R_m 为励磁电阻,是反映铁损耗的等值电阻;X_m 为励磁电抗,与主磁通 $\dot{\Phi}_0$ 相对应。

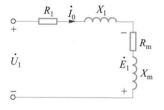

图 4.3.3　异步电动机
空载时等效电路

由式(4.3.5)和式(4.3.6),即可画出异步电动机空载时的等效电路,如图 4.3.3 所示。

尽管异步电动机电磁关系与变压器十分相似,但它们之间还是存在差异:

(1) 主磁场性质不同,异步电动机主磁场为旋转磁场,而变压器为脉动磁场。

(2) 变压器空载时,$E_{2s} \neq 0$,$I_2 = 0$;而异步电动机空载时,$E_{2s} \approx 0$,$I_2 \approx 0$,即实际有微小的数值。

(3) 由于异步电动机存在气隙,主磁路磁阻大,同变压器相比,建立同样的磁通所需励磁电流大,励磁电抗小。如大容量电动机的 $I_0\%$ 为 20%~30%,小容量电动机可达 50%,而变压器的 $I_0\%$ 仅为 2%~10%,大型变压器则在 1% 以下。

(4) 由于气隙的存在,加之绕组结构的不同,异步电动机的漏磁通较大,其所对应的漏抗也比变压器的大。

(5) 异步电动机通常采用短距绕组和分布绕组,故计算电动机时需考虑绕组因数,而变压器则为整距、集中绕组,绕组因数为 1。

4.4　三相异步电动机的负载运行

教学课件:
三相异步电动
机的负载运行

所谓负载运行是指异步电动机的定子外施对称三相电压,转子带上机械负载时的运行状态。

4.4.1　负载运行时的电磁关系

异步电动机空载运行时,转子转速接近同步转速,转子侧 $\dot{E}_{2s} \approx 0$,$\dot{I}_2 \approx 0$,此时转子绕组几乎不产生磁场,气隙主磁通 Φ_0 主要由定子磁动势 F_0 产生。

当异步电动机带上机械负载时,转子转速下降,定子旋转磁场切割转子绕组的相对速度 $\Delta n = n_1 - n$ 增大,转子感应电动势 E_{2s} 和转子电流 I_2 增大。此时,定子三相电流 $\dot{I}_1$ 合成产生基波旋转磁动势 F_1,转子对称的多相(或三相)电流 $\dot{I}_2$ 合成产生基波旋转磁动势 F_2,这两个旋转磁动势共同作用于气隙中,两者同速、同向旋转,处于相对静止状态,因此形成合成磁动势($F_1 + F_2 = F_0$),电动机就在这个合成磁动势作用下产生交链于定子绕组、转子绕组的主磁通 $\dot{\Phi}_0$,并分别在定子绕组、转子绕组中感应电动势 $\dot{E}_1$ 和 $\dot{E}_{2s}(\dot{E}_2)$。同时定子、转子磁动势 F_1 和 F_2 分别产生只交链于本侧的漏磁通 $\dot{\Phi}_{1\sigma}$ 和 $\dot{\Phi}_{2\sigma}$,感应出相应的漏电动势 $\dot{E}_{1\sigma}$ 和 $\dot{E}_{2\sigma}$,其电磁关系如图 4.4.1 所示。

4.4.2　转子绕组各电磁量

转子不转时,气隙旋转磁场以同步转速 n_1 切割转子绕组,当转子以转速 n 旋转后,旋转磁场就以 $(n_1 - n)$ 的相对速度切割转子绕组。因此,当转子转速 n 变化时,转子绕组各电磁量将随之变化。

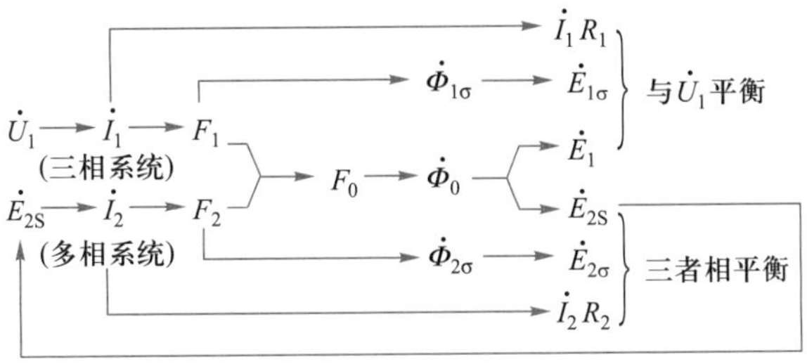

图 4.4.1 负载运行时的电磁关系

一、转子电动势的频率

感应电动势的频率正比于导体与磁场的相对切割速度,故转子电动势的频率为

$$f_2 = \frac{p(n_1 - n)}{60} = \frac{n_1 - n}{n_1} \cdot \frac{pn_1}{60} = sf_1 \tag{4.4.1}$$

式中,f_1 为电网频率,为一定值,故转子绕组感应电动势的频率 f_2 与转差率 s 成正比。

由于异步电动机在额定情况运行时,转差率很小,通常在 $0.01 \sim 0.06$ 之间,若电网频率为 50 Hz,则转子感应电动势频率仅在 $0.5 \sim 3$ Hz 之间,所以异步电动机在正常运行时,转子绕组感应电动势的频率很低。

二、转子绕组的感应电动势

转子旋转时的转子绕组感应电动势 E_{2S} 为

$$E_{2S} = 4.44 f_2 N_2 k_{w2} \Phi_0 \tag{4.4.2}$$

若转子不转,其感应电动势频率 $f_2 = f_1$,故此时感应电动势 E_2 为

$$E_2 = 4.44 f_1 N_2 k_{w2} \Phi_0 \tag{4.4.3}$$

把式(4.4.1)和式(4.4.3)代入式(4.4.2),得

$$E_{2S} = sE_2 \tag{4.4.4}$$

当电源电压 U_1 一定时,Φ_0 就一定,故 E_2 为常数,则 $E_{2S} \propto s$,即转子绕组感应电动势也与转差率成正比。

三、转子绕组的漏阻抗

由于电抗与频率成正比,故转子旋转时的转子绕组漏电抗 X_{2S} 为

$$X_{2S} = 2\pi f_2 L_2 = 2\pi s f_1 L_2 = sX_2 \tag{4.4.5}$$

式中,$X_2 = 2\pi f_1 L_2$ 为转子不转时的漏电抗,其中,L_2 为转子绕组的漏电感。

显然,X_2 是个常数,故转子旋转时的转子绕组漏电抗也正比于转差率 s。

同样,在转子不转(如起动瞬间)时,$s = 1$,转子绕组漏电抗最大。当转子转动时,它随转子转速的升高而减小。

转子绕组每相漏阻抗为

$$Z_{2S} = R_2 + jX_{2S} = R_2 + jsX_2 \tag{4.4.6}$$

式中,R_2 为转子绕组每相电阻。

四、转子绕组的电流

异步电动机的转子绕组正常运行时处于短接状态,其端电压 $U_2 = 0$,所以,转子绕组电动势平衡方程为

$$\dot{E}_{2S} - Z_{2S}\dot{I}_2 = 0 \quad 或 \quad \dot{E}_{2S} = (R_2 + jX_{2S})\dot{I}_2 \tag{4.4.7}$$

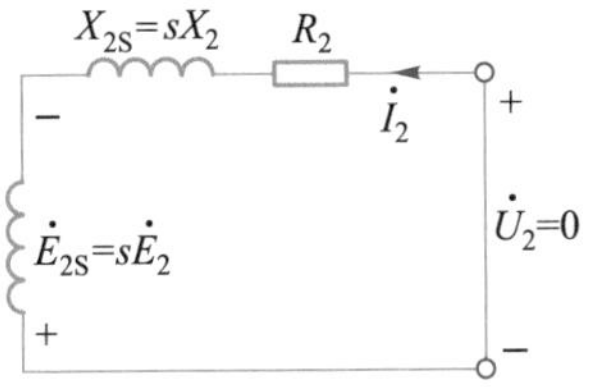

其电路如图 4.4.2 所示,转子每相电流 $\dot{I}_2$ 为

图 4.4.2 转子绕组一相电路

$$\dot{I}_2 = \frac{\dot{E}_{2S}}{Z_{2S}} = \frac{\dot{E}_{2S}}{R_2 + jX_{2S}} = \frac{s\dot{E}_2}{R_2 + jsX_2} \tag{4.4.8}$$

其有效值为

$$I_2 = \frac{sE_2}{\sqrt{R_2^2 + (sX_2)^2}} \tag{4.4.9}$$

式(4.4.9)说明,转子绕组电流 I_2 也与转差率 s 有关。当 $s=0$ 时,$I_2=0$;当转子转速降低时,转差率 s 增大,转子电流也随之增大。

五、转子绕组功率因数

$$\cos \varphi_2 = \frac{R_2}{\sqrt{R_2^2 + (sX_2)^2}} \tag{4.4.10}$$

式(4.4.10)说明,转子回路功率因数也与转差率 s 有关。当 $s=0$ 时,$\cos \varphi_2 = 1$;当 s 增大时,$\cos \varphi_2$ 则减小。

六、转子旋转磁动势

异步电动机的转子为多相(或三相)绕组,它通过多相(或三相)电流,也将产生旋转磁动势,其性质如下。

1. 幅值

$$F_2 = \frac{m_2}{2} \times 0.9 \frac{N_2 k_{w2}}{p} I_2$$

2. 转向与转子电流相序一致

可以证明,转子电流相序与定子旋转磁动势方向一致,由此可知,转子旋转磁动势转向与定子旋转磁动势转向一致。

3. 转子磁动势相对于转子的转速为

$$n_2 = \frac{60f_2}{p} = \frac{60sf_1}{p} = sn_1 = n_1 - n \tag{4.4.11}$$

即转子磁动势的转速也与转差率成正比。

转子磁动势相对于定子的转速为

$$n_2 + n = (n_1 - n) + n = n_1 \tag{4.4.12}$$

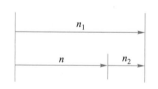

图 4.4.3　定、转子磁动势的转速关系

由此可见,无论转子转速怎样变化,定子、转子磁动势总是以同速、同向在空间旋转,两者在空间始终保持相对静止,如图 4.4.3 所示。

综上所述,转子各电磁量除 R_2 外,其余各量均与转差率 s 有关,因此说转差率 s 是异步电动机的一个重要参数。转子各电磁量随转差率变化的情况如图 4.4.4 所示。

【例 4.4.1】　一台三相异步电动机接到 50 Hz 的交流电源上,其额定转速 $n_N = 1\,455$ r/min,试求:(1)该电动机的磁极对数 p;(2)额定转差率 s_N;(3)额定转速运行时,转子电动势的频率。

【解】　(1)因异步电动机额定转差率很小,故可根据电动机的额定转速 $n_N = 1\,455$ r/min,直接判断出最接近 n_N 的气隙旋转磁场的同步转速 $n_1 = 1\,500$ r/min,于是

$$p = \frac{60f_1}{n_1} = \frac{60 \times 50}{1\,500} = 2$$

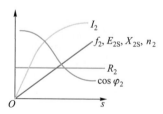

图 4.4.4　转子各电磁量与转差率的关系

或

$$p = \frac{60f_1}{n_1} \approx \frac{60f_1}{n_N} = \frac{60 \times 50}{1\,455} = 2.06$$

取 $$p = 2$$

（2） $$s_N = \frac{n_1 - n}{n_1} = \frac{1\,500 - 1\,455}{1\,500} = 0.03$$

（3） $$f_2 = s f_1 = 0.03 \times 50 \text{ Hz} = 1.5 \text{ Hz}$$

4.4.3 磁动势平衡方程

异步电动机空载运行时，气隙主磁通 $\dot{\Phi}_0$ 仅由定子励磁磁动势 F_0 单独产生；而负载运行时，气隙主磁通 $\dot{\Phi}_0$ 由定子磁动势 F_1 和转子磁动势 F_2 共同产生。因为外施电压 U_1 不变时，主磁通 Φ_0 基本不变，所以，异步电动机在空载和负载时的气隙主磁通 Φ_0 基本是同一数值。因此，负载时 F_2 与 F_1 的合成磁动势应等于空载时的励磁磁动势 F_0，即负载运行时的磁动势平衡方程为

$$F_1 + F_2 = F_0 \tag{4.4.13}$$

或者写成

$$F_1 = F_0 + (-F_2) = F_0 + F_{1L} \tag{4.4.14}$$

式中，$F_{1L} = -F_2$，为定子磁动势的负载分量。

式（4.4.14）说明，负载运行时定子磁动势包含两个分量：一个是励磁磁动势 F_0，用来产生气隙磁通 Φ_0；另一个是负载分量磁动势 F_{1L}，用来平衡转子磁动势 F_2，即用来抵消转子磁动势对主磁通的影响。

将多相对称绕组磁动势公式代入式（4.4.13），可得

$$\frac{m_1}{2} \times 0.9 \frac{N_1 k_{w1}}{p} \dot{I}_0 = \frac{m_1}{2} \times 0.9 \frac{N_1 k_{w1}}{p} \dot{I}_1 + \frac{m_2}{2} \times 0.9 \frac{N_2 k_{w2}}{p} \dot{I}_2 \tag{4.4.15}$$

式中，m_1、m_2 分别为定子、转子绕组的相数。整理后可得

$$\dot{I}_1 + \frac{1}{k_i} \dot{I}_2 = \dot{I}_0 \tag{4.4.16}$$

或者写成

$$\dot{I}_1 = \dot{I}_0 + \left(-\frac{1}{k_i} \dot{I}_2 \right) = \dot{I}_0 + \dot{I}_{1L} \tag{4.4.17}$$

式中，$k_i = \frac{m_1 N_1 k_{w1}}{m_2 N_2 k_{w2}}$，为异步电动机的电流变比，$\dot{I}_{1L} = -\frac{\dot{I}_2}{k_i}$ 为定子电流的负载分量。

由式（4.4.17）可见，当异步电动机空载运行时，转子电流 $I_2 \approx 0$，定子电流 $I_1 = I_0$，主要为励磁电流；负载运行时，定子电流将随负载增大而增大。显然，异步电动机定子、转子之间的电流关系与变压器一次、二次绕组之间的电流关系相似。

4.4.4 电动势平衡方程

在定子电路中，主电动势 $\dot{E}_1$、漏电动势 $\dot{E}_{1\sigma}$、定子绕组电阻压降 $R_1 \dot{I}_1$ 与外加电源电压 $\dot{U}_1$ 相平衡。负载时定子电压平衡关系与空载时相似，只是定子电流由 $\dot{I}_0$ 变成了 $\dot{I}_1$。在转子电路中，由于转子为短路绕组，故主电动势 $\dot{E}_{2S}$、漏电动势 $\dot{E}_{2\sigma}$ 和转子绕组电阻压降 $R_2 \dot{I}_2$ 相平衡。因此，可写出负载时定子、转子的电动势平衡方程式为

$$\left. \begin{array}{l} \dot{U}_1 = -\dot{E}_1 + (R_1 + jX_1)\dot{I}_1 = -\dot{E}_1 + Z_1 \dot{I}_1 \\ 0 = \dot{E}_{2S} - (R_2 + jX_{2S})\dot{I}_2 = \dot{E}_{2S} - Z_{2S} \dot{I}_2 \end{array} \right\} \tag{4.4.18}$$

式（4.4.18）中，$E_1 = 4.44 f_1 N_1 k_{w1} \Phi_0$；$E_{2S} = s E_2$，$E_2 = 4.44 f_1 N_2 k_{w2} \Phi_0$ 为转子不动时的转子绕组感应电动势，E_1 与 E_2 之比用 k_e 来表示，称为电动势变比，即

$$\frac{E_1}{E_2} = \frac{N_1 k_{w1}}{N_2 k_{w2}} = k_e \qquad (4.4.19)$$

4.5 三相异步电动机的折算和等效电路

在进行异步电动机运行分析及计算时,也采用与变压器相似的等效电路方法,即把定子、转子之间的电磁关系用等效电路形式来表示,以便于分析和计算。

根据电动势平衡方程式可画出图 4.5.1 所示的三相异步电动机旋转时定子、转子电路图,类似于变压器,要作出异步电动机的等效电路,必须首先进行折算。尽管异步电动机与变压器有很多相似之处,但由于异步电动机是旋转电机,其定子、转子频率不相等,因此就比变压器多了一个频率折算的问题。另外,异步电动机定子、转子绕组的相数、绕组系数和匝数不一定相同,因此在绕组折算时应给予考虑。本节重点叙述频率折算的方法及物理意义,绕组折算与变压器相似,在此只简要分析。

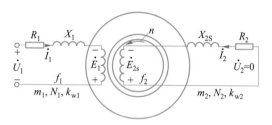

图 4.5.1 旋转时异步电动机的定子、转子电路

4.5.1 折算

一、频率折算

频率折算就是要寻求一个等效的转子电路来代替实际旋转的转子系统,而该等效的转子电路应与定子电路有相同的频率。由 4.4 节可知,只有当转子静止时,转子电路才与定子电路有相同的频率。所以频率折算的实质就是把旋转的转子等效成静止的转子。

当然在等效过程中,要保持电机的电磁效应不变,因此折算的原则有两条:一是保持转子电路对定子电路的影响不变,而这一影响是通过转子磁动势 F_2 来实现的,所以进行频率折算时,应保持转子磁动势 F_2 不变,要达到这一点,只要使被等效静止的转子电流大小和相位与原转子旋转时的电流大小和相位一样即可;二是被等效转子电路的功率和损耗与原转子旋转时一样。

由式(4.4.8)可知,转子旋转时的转子电流为

$$\dot{I}_2 = \frac{\dot{E}_{2s}}{R_2 + jX_{2s}} = \frac{s\dot{E}_2}{R_2 + jsX_2} \text{(频率为} f_2) \qquad (4.5.1)$$

将上式分子、分母同除以 s,得

$$\dot{I}_2 = \frac{\dot{E}_2}{\dfrac{R_2}{s} + jX_2} \text{(频率为} f_1) \qquad (4.5.2)$$

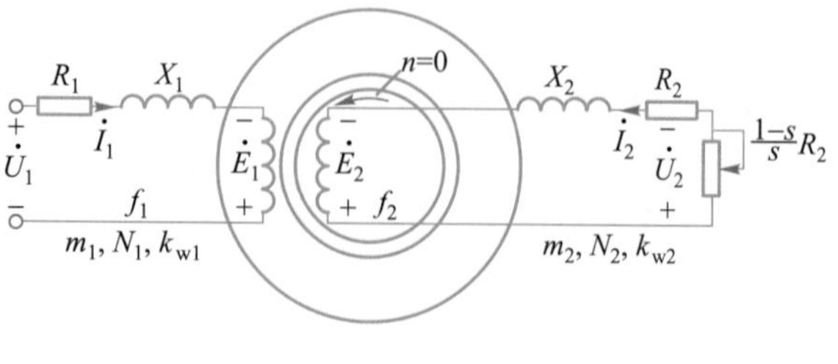

比较式(4.5.2)和式(4.5.1)可见,频率折算方法只要把原转子电路中的 R_2 变换为 $\dfrac{R_2}{s}$,即在原转子旋转的电路中串入一个 $\dfrac{R_2}{s} - R_2 = \dfrac{1-s}{s}R_2$ 的附加电阻即可,如图 4.5.2 所示。由此可知,变换后的转子电路中多了一个附加电阻 $\dfrac{1-s}{s}R_2$。实际旋转的转子在转轴上有机械功率输出并且转子还会产生机械损耗。而经频率折算后,因转子等效为静止状态,转子就不再有

图 4.5.2 频率折算后异步电动机的定子、转子电路

机械功率输出及机械损耗了,但却在电路中多了一个附加电阻 $\dfrac{1-s}{s}R_2$。根据能量守恒及总功率不变原

则,该电阻所消耗的功率 $m_2I_2^2\dfrac{1-s}{s}R_2$ 就应等于转轴上的输出机械功率、机械损耗与附加损耗之和,这部分功率称为总机械功率,附加电阻$\dfrac{1-s}{s}R_2$ 称为模拟总机械功率的等值电阻。

由图 4.5.2 可知,频率折算后的异步电动机转子电路和一个二次侧接有可变电阻$\dfrac{1-s}{s}R_2$ 的变压器二次电路相似,因此从等效电路角度,可把$\dfrac{1-s}{s}R_2$ 看成是异步电动机的"负载电阻",把转子电流 $\dot{I}_2$ 在该电阻上的电压降看成是转子回路的端电压,即 $\dot{U}_2 = \dot{I}_2\dfrac{1-s}{s}R_2$,这样转子回路电动势平衡方程就可写成

$$\dot{U}_2 = \dot{E}_2 - (R_2 + jX_2)\dot{I}_2 \tag{4.5.3}$$

二、转子绕组折算

转子绕组的折算就是用一个和定子绕组具有相同相数 m_1、匝数 N_1 及绕组系数 k_{w1} 的等效转子绕组来取代相数为 m_2、匝数为 N_2 及绕组系数 k_{w2} 的实际转子绕组。其折算原则和方法与变压器基本相同。

1. 电流的折算

根据折算前、后转子磁动势不变的原则,可得

$$\frac{m_1}{2} \times 0.9\,\frac{N_1 k_{w1}}{p} I_2' = \frac{m_2}{2} \times 0.9\,\frac{N_2 k_{w2}}{p} I_2$$

折算后的转子电流为

$$I_2' = \frac{m_2 N_2 k_{w2}}{m_1 N_1 k_{w1}} I_2 = \frac{1}{k_i} I_2 \tag{4.5.4}$$

式中,$k_i = \dfrac{m_1 N_1 k_{w1}}{m_2 N_2 k_{w2}}$为电流变比。

2. 电动势的折算

根据折算前、后传递到转子侧的视在功率不变的原则,可得

$$m_1 E_2' I_2' = m_2 E_2 I_2$$

折算后的转子电动势为

$$E_2' = \frac{N_1 k_{w1}}{N_2 k_{w2}} E_2 = k_e E_2 \tag{4.5.5}$$

式中,$k_e = \dfrac{N_1 k_{w1}}{N_2 k_{w2}}$为电动势变比。

3. 阻抗的折算

根据折算前、后转子铜损耗不变的原则,可得

$$m_1 I_2'^2 R_2' = m_2 I_2^2 R_2$$

折算后的转子电阻为

$$R_2' = \frac{m_2}{m_1}\left(\frac{I_2}{I_2'}\right)^2 R_2 = \frac{m_2}{m_1}\left(\frac{m_1 N_1 k_{w1}}{m_2 N_2 k_{w2}}\right)^2 R_2 = k_e k_i R_2 \tag{4.5.6}$$

同理,根据磁场储能不变,可得折算后的转子电抗为

$$X_2' = k_e k_i X_2 \tag{4.5.7}$$

上两式中,$k_e k_i$ 为阻抗变比。

4.5.2 等效电路

一、折算后的基本方程组

经过频率和绕组折算后,异步电动机的基本方程式为

$$
\left.\begin{array}{l}
\dot{U}_1 = -\dot{E}_1 + (R_1 + jX_1)\dot{I}_1 \\[6pt]
\dot{U}_2' = \dot{E}_2' - (R_2' + jX_2')\dot{I}_2' \\[6pt]
\dot{I}_1 + \dot{I}_2' = \dot{I}_0 \\[6pt]
\dot{E}_1 = -(R_m + jX_m)\dot{I}_0 \\[6pt]
\dot{E}_2' = \dot{E}_1 \\[6pt]
\dot{U}_2' = \dot{I}_2' \dfrac{1-s}{s} R_2'
\end{array}\right\} \tag{4.5.8}
$$

二、T形等效电路

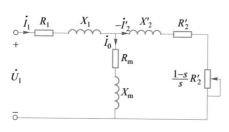

图 4.5.3 异步电动机的 T 形等效电路

根据基本方程式,再仿照变压器的分析方法,可画出异步电动机的 T 形等效电路,如图 4.5.3 所示。

下面用等效电路分析异步电动机的几个特殊运行状态:

(1)当电动机发生堵转或起动瞬间,$n = 0$,$s = 1$,$\dfrac{1-s}{s} R_2' = 0$,等效电路处于短路状态。此时,转子电流、定子电流都很大。如果长期堵转(短路)运行,将会烧毁电动机。

(2)当电动机空载运行时,$n \approx n_1$,$s \approx 0$,$\dfrac{1-s}{s} R_2' \approx \infty$,等效电路近似为开路状态。此时,转子电流近似为零,定子电流主要是励磁电流,电动机的功率因数很低,所以应避免长期空载或轻载运行。

(3)异步电动机正常运行时,转差率很小,通常 $s = 0.01 \sim 0.06$,此时模拟总机械功率的等效电阻 $\dfrac{1-s}{s} R_2'$ 很大,表示从转轴上输出机械功率。机械负载的变化在等效电路中是由转差率 s 来体现的。负载增加时,转差率 s 增大,等效电阻 $\dfrac{1-s}{s} R_2'$ 减小,转子电流增大,根据磁动势平衡关系,定子电流也随之增大。此时转子电流产生的电磁转矩与负载转矩保持平衡,电动机从电网吸取电功率供给电动机本身损耗和转轴上的机械功率输出,从而实现能量转换与功率平衡。

(4)异步电动机的等效电路是一个阻感性电路。这表明电动机需要从电网吸收感性无功电流来激励主磁通和漏磁通,因此定子电流总是滞后于定子电压,即异步电动机的功率因数总是滞后的。异步电动机正常运行时的功率因数较高。

三、简化等效电路

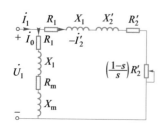

图 4.5.4 异步电动机简化等效电路

T 形等效电路为复阻抗的串并联电路,计算起来比较复杂。在实际应用中通常采用简化等效电路。

变压器的简化等效电路是把励磁电流完全略去,即直接去掉励磁支路而得到的。在异步电动机中,由于气隙的存在,定子漏抗比变压器的大,而励磁阻抗又比变压器的小,励磁电流较大,把励磁电流完全略去会带来较大误差。此时可以把励磁支路移到等效电路的输入端,同时在励磁支路中串入 R_1 和 X_1,用来校正因励磁支路电压升高对励磁电流的影响,这样得到一个并联的简化等效电路,如图 4.5.4 所示。当然,利用简化等效电路计算会引起一定的误差,但对一般容量较大($P_N > 40$ kW)的异步

电动机而言,这种误差是不大的,能够满足工程上所要求的准确度。

4.6　三相异步电动机的功率平衡、转矩平衡和工作特性

4.6.1　功率平衡和转矩平衡

一、功率平衡

异步电动机运行时,定子从电网吸收电功率,转子向拖动的机械负载输出机械功率。电动机在实现机电能量转换的过程中,必然会产生各种损耗。根据能量守恒定律,输出功率应等于输入功率减去总损耗。

由电网供给电动机的功率称为输入功率,其计算公式为

$$P_1 = m_1 U_1 I_1 \cos \varphi_1 \tag{4.6.1}$$

定子电流流过定子绕组时,电流 I_1 在定子绕组电阻 R_1 上的功率损耗称为定子铜损耗,其计算式为

$$P_{\mathrm{Cu1}} = m_1 R_1 I_1^2 \tag{4.6.2}$$

旋转磁场在定子铁心中还将产生铁损耗(因转子频率很低,一般为 0.5~3 Hz,故转子铁损耗很小,可忽略不计),其值可看成励磁电流 I_0 在励磁电阻上所消耗的功率,即

$$P_{\mathrm{Fe}} = m_1 R_{\mathrm{m}} I_0^2 \tag{4.6.3}$$

因此,从输入功率 P_1 中扣除定子铜损耗 P_{Cu1} 和定子铁损耗 P_{Fe},剩余的功率便是由气隙磁场通过电磁感应关系由定子传递到转子侧的电磁功率 P_{em},即

$$P_{\mathrm{em}} = P_1 - (P_{\mathrm{Cu1}} + P_{\mathrm{Fe}}) \tag{4.6.4}$$

由等效电路可得

$$P_{\mathrm{em}} = m_1 E_2' I_2' \cos \varphi_2 = m_1 I_2'^2 \frac{R_2'}{s} \tag{4.6.5}$$

转子电流流过转子绕组时,电流 I_2 在转子绕组电阻 R_2 上的功率损耗称为转子铜损耗,其计算式为

$$P_{\mathrm{Cu2}} = m_1 R_2' I_2'^2 \tag{4.6.6}$$

传递到转子的电磁功率扣除转子铜损耗为电动机的总机械功率 P_{MEC},即

$$P_{\mathrm{MEC}} = P_{\mathrm{em}} - P_{\mathrm{Cu2}} \tag{4.6.7}$$

由等效电路可知,它就是转子电流消耗在附加电阻 $\frac{1-s}{s} R_2'$ 上的电功率,即

$$P_{\mathrm{MEC}} = m_1 I_2'^2 \frac{1-s}{s} R_2' \tag{4.6.8}$$

由式(4.6.5)和式(4.6.6)可得

$$\frac{P_{\mathrm{Cu2}}}{P_{\mathrm{em}}} = s \quad 或 \quad P_{\mathrm{Cu2}} = s P_{\mathrm{em}} \tag{4.6.9}$$

由式(4.6.5)和式(4.6.8)可得

$$\frac{P_{\mathrm{MEC}}}{P_{\mathrm{em}}} = 1-s \quad 或 \quad P_{\mathrm{MEC}} = (1-s) P_{\mathrm{em}} \tag{4.6.10}$$

由式（4.6.9）和式（4.6.10）可知，由定子经空气隙传递到转子侧的电磁功率有一小部分 sP_{em} 转变为转子铜损耗，其余绝大部分 $(1-s)P_{em}$ 转变为总机械功率。

电动机运行时，还会产生轴承及风阻等摩擦所引起的机械损耗 P_{mec}，另外还有由于定子、转子开槽和谐波磁场引起的附加损耗 P_{ad}。电动机的附加损耗很小，一般在大型异步电动机中，P_{ad} 约为 0.5% P_N；而在小型异步电动机中，满载时，P_{ad} 可达 1%~3% 或更大些。

总机械功率 P_{MEC} 扣去机械损耗 P_{mec} 和附加损耗 P_{ad}，才是电动机转轴上输出的机械功率 P_2，即

$$P_2 = P_{MEC} - (P_{mec} + P_{ad}) \tag{4.6.11}$$

可见异步电动机运行时，从电源输入电功率 P_1 到转轴上输出功率 P_2 的全过程为

$$P_2 = P_1 - (P_{Cu1} + P_{Fe} + P_{Cu2} + P_{mec} + P_{ad}) = P_1 - \sum P \tag{4.6.12}$$

式中，$\sum P$ 为电动机的总损耗。

异步电动机的功率流程图如图 4.6.1 所示。

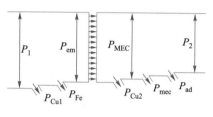

图 4.6.1　异步电动机功率流程图

二、转矩平衡

由动力学可知，旋转体的机械功率等于作用在旋转体上的转矩与其机械角速度 Ω 的乘积，$\Omega = \dfrac{2\pi n}{60}$ （rad/s）。将式（4.6.11）的两边同除以转子机械角速度 Ω 便得到稳态时异步电动机的转矩平衡方程式

$$\frac{P_2}{\Omega} = \frac{P_{MEC}}{\Omega} - \frac{P_{mec} + P_{ad}}{\Omega}$$

$$T_2 = T_{em} - T_0 \quad 或 \quad T_{em} = T_2 + T_0 \tag{4.6.13}$$

式中，$T_{em} = \dfrac{P_{MEC}}{\Omega}$ 为电动机电磁转矩，为驱动性质转矩；$T_2 = \dfrac{P_2}{\Omega}$ 为电动机轴上输出的机械负载转矩，为制动性质转矩；$T_0 = \dfrac{P_{mec} + P_{ad}}{\Omega}$ 为对应于机械损耗和附加损耗的转矩，称为空载转矩，它也为制动性质转矩。

从式（4.6.10）可推得

$$T_{em} = \frac{P_{MEC}}{\Omega} = \frac{(1-s)P_{em}}{\dfrac{2\pi n}{60}} = \frac{P_{em}}{\dfrac{2\pi n_1}{60}} = \frac{P_{em}}{\Omega_1} = 9.55 \frac{P_{em}}{n_1} \tag{4.6.14}$$

式中，Ω_1 为同步机械角速度，$\Omega_1 = \dfrac{2\pi n_1}{60}$（rad/s）。

由此可知，电磁转矩从转子方面看，它等于总机械功率除以转子机械角速度；从定子方面看，它又等于电磁功率除以同步机械角速度。

在计算中，若功率单位为 W，机械角速度单位为 rad/s，则转矩单位为 N·m。

【例 4.6.1】　一台三相 6 极异步电动机，额定功率 $P_N = 7.5$ kW，额定电压 $U_N = 380$ V，定子三角形联结，额定频率 $f_N = 50$ Hz，额定转速 $n_N = 962$ r/min，额定负载时功率因数 $\cos \varphi_1 = 0.827$，定子铜损耗 $P_{Cu1} = 470$ W，铁损耗 $P_{Fe} = 234$ W，机械损耗 $P_{mec} = 45$ W，附加损耗 $P_{ad} = 80$ W。试计算额定负载时的 (1)转差率 s_N；(2)转子频率 f_2；(3)转子铜损耗 P_{Cu2}；(4)定子电流 I_1；(5)负载转矩 T_2、空载转矩 T_0 和电磁转矩 T_{em}。

【解】　（1）额定转差率 s_N

$$n_1 = \frac{60f_1}{p} = \frac{60 \times 50}{3} \text{ r/min} = 1\ 000 \text{ r/min}$$

$$s_N = \frac{n_1 - n_N}{n_1} = \frac{1\ 000 - 962}{1\ 000} = 0.038$$

（2）转子频率 f_2

$$f_2 = s_N f_1 = 0.038 \times 50 \text{ Hz} = 1.9 \text{ Hz}$$

（3）转子铜损耗 P_{Cu2}

$$P_{MEC} = P_2 + P_{mec} + P_{ad} = (7\ 500 + 45 + 80) \text{ W} = 7\ 625 \text{ W}$$

$$P_{em} = \frac{P_{MEC}}{1 - s_N} = \frac{7\ 625}{1 - 0.038} \text{ W} = 7\ 926.2 \text{ W}$$

$$P_{Cu2} = s_N P_{em} = 0.038 \times 7\ 926.2 \text{ W} = 301.2 \text{ W}$$

（4）定子电流 I_1

$$P_1 = P_{em} + P_{Cu1} + P_{Fe} = (7\ 926.2 + 470 + 234) \text{ W} = 8\ 630.2 \text{ W}$$

$$I_1 = \frac{P_1}{\sqrt{3}\,U_N \cos\varphi_1} = \frac{8\ 630.2}{\sqrt{3} \times 380 \times 0.827} \text{ A} = 15.86 \text{ A}$$

（5）负载转矩 T_2、空载转矩 T_0、电磁转矩 T_{em}

$$T_2 = 9.55 \frac{P_2}{n_N} = 9.55 \times \frac{7\ 500}{962} \text{ N} \cdot \text{m} = 74.45 \text{ N} \cdot \text{m}$$

$$T_0 = 9.55 \frac{P_{mec} + P_{ad}}{n_N} = 9.55 \times \frac{45 + 80}{962} \text{ N} \cdot \text{m} = 1.24 \text{ N} \cdot \text{m}$$

$$T_{em} = T_0 + T_2 = (1.24 + 74.45) \text{ N} \cdot \text{m} = 75.69 \text{ N} \cdot \text{m}$$

或

$$T_{em} = \frac{P_{MEC}}{\Omega_N} = \frac{7\ 625}{2\pi \frac{962}{60}} \text{ N} \cdot \text{m} = 75.69 \text{ N} \cdot \text{m}$$

或

$$T_{em} = \frac{P_{em}}{\Omega_1} = \frac{7\ 926.2}{2\pi \frac{1\ 000}{60}} \text{ N} \cdot \text{m} = 75.69 \text{ N} \cdot \text{m}$$

4.6.2　三相异步电动机的工作特性

　　异步电动机的工作特性是指在额定电压和额定频率下，电动机的转速 n、输出转矩 T_2、定子电流 I_1、功率因数 $\cos\varphi_1$、效率 η 等随输出功率 P_2 变化的关系曲线。图 4.6.2 所示为三相异步电动机的工作特性曲线。现分别加以介绍。

　　一、转速特性 $n = f(P_2)$

　　空载时，输出功率 $P_2 = 0$，转子转速接近于同步转速，即 $n \approx n_1$。负载增加时，转速 n 将下降，旋转磁场以较大的转差速度 $\Delta n = n_1 - n$ 切割转子，使转子导体中的感应电动势及电流增加，以便产生较大的电磁转矩与机械负载转矩相平衡。额定运行时，转差率很小，一般 $s_N = 0.01 \sim 0.06$，相应的转速 $n_N = (1 - s_N)n_1 = (0.99 \sim 0.94)n_1$。这表明负载由空载增加到额定时，转速 n 仅下降 1%～6%，故转速特性 $n = f(P_2)$ 是一条稍微向下倾斜的曲线。

　　二、转矩特性 $T_2 = f(P_2)$

　　由输出转矩 $T_2 = \dfrac{P_2}{2\pi n/60}$ 可知，如果 n 为常数，则 T_2 与 P_2 成正比，即 $T_2 = f(P_2)$ 应该是一条通过原点

动画：
三相异步电动
机的工作特性

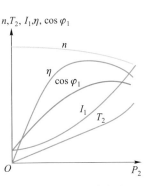

图 4.6.2　三相异步电动机的工作特性曲线

的一条直线。但随负载增加时,转速 n 略有下降,故转矩特性 $T_2 = f(P_2)$ 是一条略微上翘的曲线。

三、定子电流特性 $I_1 = f(P_2)$

由磁动势平衡方程式 $\dot{I}_1 = \dot{I}_0 + (-\dot{I}_2')$ 可知,空载时,转子电流 $I_2' \approx 0$,定子电流 $I_1 = I_0$。当负载增加时,转速下降,转子电流增大,定子电流也相应增加。因此定子电流 I_1 随输出功率 P_2 增加而增加。

四、定子功率因数特性 $\cos \varphi_1 = f(P_2)$

空载时,定子电流主要是无功性质的励磁电流,故功率因数很低,约为 0.2。负载后,由于要输出一定的机械功率,根据功率平衡关系可知,输入功率将随之增加,即定子电流中的有功分量随之增加,所以功率因数逐渐提高。在额定负载附近,功率因数将达到最大数值,一般为 0.8～0.9。负载超过额定值后,由于转速下降较多,转差率 s 增大较多,转子漏抗迅速增大,转子功率因数角 $\varphi_2 = \arctan \dfrac{s X_2}{R_2}$ 增大较快,故转子功率因数 $\cos \varphi_2$ 将下降,于是转子电流无功分量增大,与之相平衡的定子电流无功分量也增大,致使电动机功率因数 $\cos \varphi_1$ 下降。

五、效率特性 $\eta = f(P_2)$

电动机在正常运行范围内,其主磁通和转速变化很小,铁心损耗 P_{Fe} 和机械损耗 P_{mec} 基本不变,故称为不变损耗;而铜损耗 $P_{Cu1} + P_{Cu2}$ 和附加损耗 P_{ad} 是随负载变化而变化的,所以称为可变损耗。

根据效率公式 $\eta = \dfrac{P_2}{P_1} = 1 - \dfrac{\sum P}{P_2 + \sum P}$ 可知,空载时,$P_2 = 0$,$\eta = 0$。负载运行时,随着 P_2 增加,η 也随之增加。当负载增加到可变损耗与不变损耗相等时,效率达最大值。此后负载增加,由于定子、转子电流增加,可变损耗增加很快,效率反而降低。对中小型异步电动机,通常在 $(0.7 \sim 1) P_N$ 范围内效率最高。异步电动机的效率通常在 74%～94% 之间,电动机的容量越大,其额定效率越高。

由于额定负载附近的功率因数和效率均较高,因此电动机应运行在额定负载附近。所以电动机容量的选择要与负载容量相匹配,若电动机容量选择过大,电动机长期处于轻载运行,效率及功率因数均较低,很不经济。

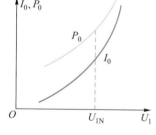

教学课件:
三相异步电动
机的参数测定

*4.7　三相异步电动机的参数测定

异步电动机的参数包括励磁参数(Z_m、R_m、X_m)和短路参数(Z_s、R_s、X_s)。知道了这些参数,就可用等效电路计算异步电动机的运行特性。和变压器一样,可以通过空载和短路(堵转)试验来测定其参数。

4.7.1　空载试验

空载试验的目的是测定励磁参数 R_m、X_m 以及铁心损耗 P_{Fe} 和机械损耗 P_{mec}。试验时,电动机轴上不带负载,即电动机处于空载运行状态。定子接到额定频率的对称三相电源上,当电源电压达额定值时,让电动机运行一段时间,使其机械损耗达到稳定值。用调压器改变外加电压大小,使其从 $(1.1 \sim 1.3) U_N$ 开始逐渐降低电压,直到转速发生明显变化为止。每次记录电动机的端电压 U_1、空载电流 I_0 和空载功率 P_0 和转速 n,并绘制空载特性曲线 $I_0 = f(U_1)$ 和 $P_0 = f(U_1)$,如图 4.7.1 所示。

由于异步电动机空载时,转差率 s 很小,转子电流很小,转子铜损耗可以忽略。此时输入功率消耗在定子铜损耗 $P_{Cu1} = 3 R_1 I_0^2$、铁损耗 P_{Fe},机械损耗 P_{mec} 和空载附加损耗 P_{ad} 上,即

$$P_0 = 3 R_1 I_0^2 + P_{Fe} + P_{mec} + P_{ad}$$

图 4.7.1　异步电动机
的空载特性

从空载功率 P_0 中减去 $3R_1I_0^2$，并用 P_0' 表示，又由于 P_{ad} 较小，可忽不计，得

$$P_0' = P_0 - 3R_1I_0^2 = P_{Fe} + P_{mec} \tag{4.7.1}$$

由于 P_{Fe} 随电压 U_1 的变化而变化，而 P_{mec} 与电压 U_1 无关，它只取决于电动机转速的大小，当转速变化不大时，可认为 P_{mec} 为常数。因为 P_{Fe} 可认为与磁通密度的平方成正比，可近似地看成与端电压 U_1^2 成正比。故可将 P_0' 与 U_1^2 的关系画成曲线，如图4.7.2所示，延长此近似直线与纵轴交于 O' 点，过 O' 点作一水平虚线将曲线纵坐标分为两部分。显然空载时，$n \approx n_1$，P_{mec} 不变。而当 $U_1 = 0$ 时，$P_{Fe} = 0$。所以虚线下部纵坐标就表示机械损耗 P_{mec}，其余部分当然就是铁损耗 P_{Fe} 了。

定子加额定电压时，根据空载试验测得的数据 I_0 和 P_0，可以算出

$$\left. \begin{array}{l} Z_0 = \dfrac{U_1}{I_0} \\[2mm] R_0 = \dfrac{P_0 - P_{mec}}{3I_0^2} \\[2mm] X_0 = \sqrt{Z_0^2 - R_0^2} \end{array} \right\} \tag{4.7.2}$$

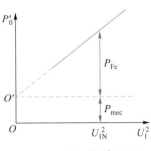

图 4.7.2　$P_0' = f(U_1^2)$ 曲线

式中，P_0 是测得的三相功率；I_0、U_1 分别为定子相电流和相电压。

电动机空载时，转差率 $s \approx 0$，$I_2 \approx 0$，$\dfrac{1-s}{s}R_2' \approx \infty$，转子侧可看成开路，从异步电动机的等效电路可得

$$X_0 = X_m + X_1$$

式中，X_1 可由下面短路试验测得，于是励磁电抗

$$X_m = X_0 - X_1 \tag{4.7.3}$$

励磁电阻则为

$$R_m = R_0 - R_1 \tag{4.7.4}$$

式中，R_1 为定子绕组每相电阻，事先可通过电桥法测得。

4.7.2　短路试验

短路试验的目的是测定短路阻抗 $Z_s = R_s + jX_s$ 及额定电流时的定子、转子铜损耗 $P_{Cu1} + P_{Cu2}$。试验时如果是绕线转子异步电动机，转子绕组应予以短路（笼型电动机转子本身已短路），并将转子堵住不转。故短路试验又称为堵转试验。做短路试验时，定子外施对称三相低电压（约 $0.4U_N$），使定子短路电流 I_s 从 $1.2I_N$ 开始逐渐减小到 $0.3I_N$ 左右为止。每次记录电动机的外加电压 $U_1(U_s)$、定子短路电流 I_s 和短路功率 P_s，从而画出电动机的短路特性 $I_s = f(U_s)$ 和 $P_s = f(U_s)$，如图 4.7.3 所示。

图 4.7.4 所示为异步电动机转子堵转时的等效电路图。因电压低铁损耗可忽略，为简单起见，可认为 $Z_m \gg Z_2'$，$I_m \approx 0$，即图 4.7.4 所示等效电路中的励磁支路开路。由于试验时，转速 $n = 0$，机械损耗 $P_{mec} = 0$，定子全部的输入功率 P_s 都消耗在定子、转子的电阻上，即

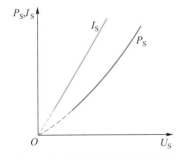

图 4.7.3　异步电动机的短路特性

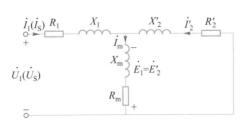

图 4.7.4　异步电动机转子堵转时的等效电路

$$P_s = 3R_1I_1^2 + 3R_2'I_2'^2 \tag{4.7.5}$$

由于 $I_m \approx 0$，则有 $I_2' \approx I_1 \approx I_s$，所以

$$P_s = 3(R_1 + R_2')I_s^2 \quad 或 \quad P_{SN} = 3(R_1 + R_2')I_{NP}^2 \tag{4.7.6}$$

根据短路试验数据，可求出短路阻抗 Z_s、短路电阻 R_s 和短路电抗 X_s

$$\left.\begin{array}{l} Z_s = \dfrac{U_{SN}}{I_{NP}} \\[3mm] R_s = \dfrac{P_{SN}}{3I_{NP}^2} \\[3mm] X_s = \sqrt{Z_s^2 - R_s^2} \end{array}\right\} \tag{4.7.7}$$

式中，$R_s = R_1 + R_2'$；$X_s = X_1 + X_2'$。从 R_s 中减去定子电阻 R_1，即得 R_2'。对于 X_1 和 X_2' 无法用试验的方法分开。对大、中型异步电动机，可认为

$$X_1 \approx X_2' \approx \frac{X_s}{2}$$

由于短路试验时 $P_2 = 0$，$P_{mec} = P_{ad} = 0$ 且 $P_{Fe} \approx 0$，所以 P_{SN} 就是额定电流时定子、转子铜损耗之和，即

$$P_{SN} = 3R_sI_s^2 = 3R_sI_{NP}^2 = P_{Cu1} + P_{Cu2} \tag{4.7.8}$$

教学课件：
三相异步电动机
的应用案例

4.8　三相异步电动机的应用案例

三相异步电动机是将电能转换为机械能供给生产机械实现各种运动的一种动力设备，在电力、机械、冶金、煤炭、石油、化工等工业领域应用十分广泛。例如，各类机床设备、起重设备、运料装置、电铲、轧钢机、水泵、风机和纺织机械等，都大量采用三相异步电动机来拖动，一个现代化的工厂需要几百甚至上万台三相异步电动机。

虚拟实训：
三相异步电动
机的装配

随着农业机械化、电气化的不断发展，三相异步电动机在农业领域中的应用也日趋广泛，如碾米机、磨面机、榨油机、抽水灌溉用的水泵和粉碎机等农业生产机械大都是采用异步电动机来拖动。

由于国防工业日趋现代化，各类军事装备的高科技含量不断增加，三相异步电动机在国防工业和各类军事装备中也得到越来越广泛的应用。例如，各类陆用、舰用雷达和武器装备的随动系统大都是由三相异步电动机拖动的。

4.8.1　三相异步电动机在火力发电厂中的应用案例

在火力发电厂中，发电机、锅炉和汽轮机的各种辅机多数都需要由三相异步电动机来驱动。例如，发电机氢冷泵、锅炉电动给水泵、磨煤机、送风机和引风机、汽轮机射水泵、凝结水泵和循环水泵等都用三相异步电动机作为原动机。图 4.8.1 所示为某火力发电厂锅炉电动给水泵及其驱动电动机，它的作用是把除氧器储水箱内具有一定温度、除过氧的给水，提高压力后输送给锅炉，以满足锅炉用水的需要。图 4.8.2 所示为引（吸）风机及驱动电动机，它的作用是：引（吸）风机安装在锅炉烟道除尘器和烟囱之间，将烟气吸出炉膛，排入烟囱。引风机功率大于送风机，能够形成炉膛负压。

图 4.8.1　锅炉电动给水泵及驱动电动机

图 4.8.2　引(吸)风机及驱动电动机

4.8.2　三相异步电动机在油田中的应用案例

一、油田中使用三相异步电动机的情况

在油田中广泛使用三相异步电动机驱动抽油机、输油泵和注水泵等。图 4.8.3 所示为油田工作流程框图。利用抽油机将地下含气水的原油抽出,送到计量站,通过输油管道送到转油站,通过输油泵加压把原油送到联合站。在联合站把含有气水的原油通过油气水分离器分离,再把分离出的原油通过输油管道送往炼化厂。分离出的水通过联合站、注水站注水系统回送到注水井中。

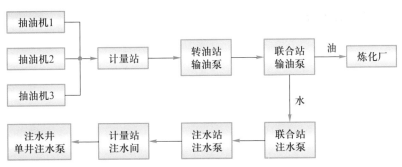

图 4.8.3　油田工作流程框图

图 4.8.4 所示为抽油机及驱动电动机。三相异步电动机通过皮带将机械能传到减速箱,减速后输出至曲柄,通过曲柄、连杆、横梁、游梁将电机旋转运动转变为驴头的上下往复运动,驴头带动抽油杆实现将地层原油抽至地面。

油田中的输油泵是由三相异步电动机来驱动的,图 4.8.5 所示为输油泵及驱动电机。输油泵将原油在转油站加压后输往联合站,在联合站再次加压输往化工厂。

油田中的注水泵也是由三相异步电动机来驱动的,图 4.8.6 所示为注水泵及驱动电动机。注水泵主要有两种类型,一种是离心式注水泵,另一种是往复式注水泵。图中,往复式注水泵通过皮带传送能量;离心式注水泵通过联轴器实现电动机与泵的连接,电动机带动离心泵,将低压常压水增压至一定的压力(20 MPa 以上)后,注入地层,为地层补充能量。

图 4.8.4　抽油机及驱动电动机

图 4.8.5　输油泵及驱动电动机

(a) 往复式注水泵

(b) 离心式注水泵

图 4.8.6　注水泵及驱动电动机

二、油田中所用电动机的选择

电动机容量根据泵的额定排量、额定压力来确定,如额定排量 100 m³/h、额定压力为 1.8 MPa 的离心式输油泵,通过计算可选择功率 75 kW、转速 2 920 r/min 的电动机。抽油机的电动机容量根据抽油机能够承受的最大载荷及最大冲次来确定,如 14 型游梁式抽油机,最大载荷 140 kN,最高冲次 4 次/分钟,通过计算一般选用功率 55 kW、转速为 740 r/min 的电动机。

三、电动机的控制方式

在设备选型时,会提升一个能力等级进行选择,以应对生产过程中的突发状况,正常运行时设备基本不会满负荷运转。因此在实际使用过程中,大部分电动机采用变频调速,即使用变频控制柜进行控制,变频控制柜可在 0~50 Hz 范围内调节电源的频率。操作人员可以通过调节频率,控制电动机转速,以适应负载的需要或油、水的流量。

在交通运输业中,电气化铁道、城市地铁和其他电气化公共交通工具也需要大量的具有优良的起动、制动和调速性能的牵引电动机。在水运和航空运输中,需要很多具有特殊要求的船用电动机和航空电动机。因此,异步电动机广泛应用于国民经济各行各业。

小结

三相异步电动机是依电磁感应原理来工作的,三相对称绕组通入三相对称的正弦交流电流将产生旋转磁场。该磁场切割转子导体将在转子中感应电流,由于转子电流是感应产生的,故异步电动机也称为感应电动机。

转差率是异步电动机的重要物理量,它的大小反映了电动机负载的大小,它的存在是异步电动机旋转的必要条件。用转差率的大小可区分异步电机的运行状态。

异步电动机按转子结构不同,分为笼型和绕线转子异步电动机两种,它们的定子结构相同,而转子结构不同。

三相绕组的构成原则是力求获得最大的基波电动势和磁动势,尽可能地削弱谐波电动势和磁动势,并保证三相绕组产生的电动势(磁动势)对称。因而要求线圈节距尽量接近于极距;采用短距绕组和分布绕组,可以削弱高次谐波,但短距绕组和分布绕组对基波分量也有一定的削弱,所以,线圈节距 y 及每极每相槽数 q 值选择要合理;每极每相槽数相等,相带排列要正确,采用 60°相带时为 U1、W2、V1、U2、W1、V2,各相绕组在空间相差 120°电角度。

基波相电动势 $E_1 = 4.44fN_1k_{w1}\Phi_0$,其大小与主磁极磁通、频率、相绕组支路串联匝数及绕组的结构有关。

从电磁感应本质看,异步电动机与变压器极为相似,因此可以采用研究变压器的方法来分析异步电动机。异步电动机和变压器具有相同的等效电路形式,但两者之间存在显著差异。

为求出异步电动机的等效电路,除对转子绕组进行折算外,还应对转子频率进行折算。频率折算的实质就是用转子静止的异步电动机去代替转子旋转的异步电动机。等效电路中,$\dfrac{1-s}{s}R_2'$ 是模拟总机械功率的等值电阻。

异步电动机由定子经空气隙传递到转子侧的电磁功率有一小部分 sP_{em} 转变为转子铜损耗,其余绝大部分 $(1-s)P_{em}$ 转变为总机械功率。

异步电动机的电磁转矩:从转子方面看,等于总机械功率除以转子机械角速度;从定子方面看,又等于电磁功率除以同步机械角速度。

当电动机负载变化时,其转速、输出转矩、定子电流、定子功率因数和效率将随输出功率变化而变化,其关系曲线称为异步电动机的工作特性,这些特性可衡量电动机性能的优劣。

可通过空载试验和短路(堵转)试验来测定异步电动机的参数。

思考题与习题

4.1　三相异步电动机为什么会旋转?怎样改变它的转向?

4.2　异步电动机的定子和转子都分别包括哪几部分?具有什么作用?

4.3　异步电动机额定电压、额定电流、额定功率是如何定义的?

4.4　简述转差率的定义。异步电机有哪三种运行状态?在每种状态下运行时,电机的转速和转差率的取值范围是多少?电磁转矩的性质和能量转换关系如何?

4.5　异步电机"异步"的含义是什么?异步电动机为什么又称为感应电动机?

4.6　异步电动机的空气隙为什么做得很小?若把气隙加大,其空载电流以及定子功率因数将如何变化?

4.7　一台交流电机,$Z=36$ 槽,$2p=4$,$y=7$,$a=2$。试列出 60°相带分相情况,并画出双层叠绕组的展开图。

4.8　交流电机一相绕组电动势的频率、波形、大小与哪些因素有关?哪些由构造决定?哪些由运行条件决定?

4.9　异步电动机在起动及空载运行时,为什么功率因数较低?当满载运行时,功率因数为什么会较高?

4.10　当异步电动机运行时,设外加电源的频率为 f_1,电机运行时转差率为 s,问:定子电动势的频率是多少?转子电动势的频率是多少?由定子电流所产生的旋转磁动势以什么速度截切定子?又以什么速度截切转子?由转子电流产生的旋转磁动势以什么速度截切转子?又以什么速度截切定子?定子、转子旋转磁动势的相对速度为多少?

4.11　三相异步电动机主磁通和漏磁通是如何定义的?主磁通在定子、转子绕组中感应电动势的频率一样吗?两个频率之间数量关系如何?

4.12　为什么三相异步电动机的功率因数总是滞后的?而变压器呢?

4.13　试说明异步电动机转轴上机械负载增加时,电动机的转速 n、定子电流 I_1 和转子电流 I_2 如何变化?为什么?

4.14　当三相异步电动机在额定电压下正常运行时,如果转子突然被卡住,会产生什么后果?为什么?

4.15　三相异步电动机带额定负载运行时,如果负载转矩不变,当电源电压降低时,电动机的主磁通、定子电流、转子电流和转速 n 如何变化?

4.16　一台异步电动机额定运行时,通过气隙传递的电磁功率约有 5%转化为转子铜损耗,试问这时的转差率是多少?有多少转化为总机械功率?

4.17　一台型号为 Y2-315L2-4 的三相异步电动机,$P_N=200$ kW、三角形联结,$U_N=380$ V,$\cos\varphi_N=0.89$,$\eta_N=95\%$,$n_N=1\,455$ r/min。试求:(1)该电动机的额定电流;(2)同步转速 n_1 及定子磁极对数 p;(3)额定负载时的转差率 s_N。

4.18　一台三相 6 极异步电动机,$P_N=28$ kW,$U_N=380$ V,频率为 50 Hz,$n_N=950$ r/min,额定负载时,$\cos\varphi_N=0.88$,$P_{Cu1}+P_{Fe}=2.2$ kW,$P_{mec}=1.1$ kW,$P_{ad}=0$。试计算额定负载时的:(1)转差率;(2)转子铜损耗;(3)定子电流;(4)效率;(5)转子电流频率。

4.19　一台 4 极星形联结的三相异步电动机,$P_N=10$ kW,$U_N=380$ V,$I_N=11.6$ A,$f_1=50$ Hz,额定运行时,$P_{Cu1}=560$ W,$P_{Cu2}=310$ W,$P_{Fe}=270$ W,$P_{mec}=70$ W,$P_{ad}=200$ W。试求:(1)额定转速 n_N;(2)空载转矩 T_0;(3)输出转矩 T_2;(4)电磁转矩 T_{em}。

4.20　已知一台三相异步电动机定子输入功率为 60 kW,定子铜损耗为 600 W,铁损耗为 400 W,转差率为0.03,试求电磁功率 P_{em}、总机械功率 P_{MEC} 和转子铜损耗 P_{Cu2}。

本章自测题

一、填空题(每空 1 分,共 20 分)

1. 当 $0<s<1$ 范围内,三相异步电机运行于_____状态,此时电磁转矩性质为_____;当 $-\infty<s<0$ 范围内,三相异步电机运行于_____状态,此时电磁转矩性质为_____;在 $1<s<\infty$ 范围内,三

相异步电机运行于_____状态,此时电磁转矩性质为_____。

2. 一台 6 极三相异步电动机接于 50 Hz 的三相对称电源,其 $s = 0.05$,则此时转子转速为_____ r/min,定子旋转磁动势相对于转子的转速为_____ r/min,定子旋转磁动势相对于转子旋转磁动势的转速为_____ r/min。

3. 三相异步电动机根据转子结构不同可分为_____和_____两大类。

4. 若在 $p = 1$ 的三相对称绕组中通入 $i_U = I_m \sin \omega t$, $i_V = I_m \sin(\omega t - 120°)$, $i_W = I_m \sin(\omega t + 120°)$ 的三相电流,电流的频率为 $f = 50$ Hz,在 $\omega t = 90°$ 瞬间,旋转磁场的轴线处在_____位置。

5. 三相异步电动机的磁动势平衡方程式为_____。

6. 三相异步电动机等效电路中的附加电阻 $\frac{1-s}{s}R'_2$ 是模拟_____的等值电阻。

7. 三相异步电动机在额定负载运行时,其转差率 s 一般在_____范围内。

8. 异步电机"异步"的含义是_____,由于_____原因,故异步电动机又称为感应电动机。

9. 已知异步电动机转子每相漏电抗 $X_2 = 10$ Ω, $X_{2s} = 0.3$ Ω,则电动机的转差率为_____,当定子频率为 50 Hz 时,其转子频率为_____ Hz。

10. 三相异步电动机的气隙设计得越大,则空载电流就越_____。

二、判断题(每题 2 分,共 10 分)

1. 当三相异步电动机转子不动时,经由气隙由定子传递到转子侧的电磁功率全部转化为转子铜损耗。　　　　　　　　　　　　　　　　　　　　　　　　　　　　(　　)

2. 不管转子旋转还是静止,异步电动机定子旋转磁动势和转子磁动势之间都是相对静止的。　　　　　　　　　　　　　　　　　　　　　　　　　　　　　　　(　　)

3. 改变电流相序,可以改变三相旋转磁动势的转向。　　　　　　　　　(　　)

4. 通常三相笼型异步电动机定子绕组和转子绕组的相数不相等,而三相绕线转子异步电动机的定子、转子相数则相等。　　　　　　　　　　　　　　　　　(　　)

5. 当三相异步电动机转子不动时,转子绕组电流的频率与定子电流的频率相同。　(　　)

三、选择题(每题 2 分,共 10 分)

1. 异步电动机的功率因数(　　)。

A. 总是超前的　　　　　　　　　　B. 总是滞后的

C. 负载大时超前,负载小时滞后　　D. 负载小时超前,负载大时滞后

2. 三相异步电动机的额定功率是指(　　)。

A. 输入的电功率　　　　　　　　　B. 输出的机械功率

C. 输入的机械功率　　　　　　　　D. 输出的电功率

3. 三相异步电动机空载时气隙磁通的大小主要取决于(　　)。

A. 电源电压　　　　　　　　　　　B. 气隙大小

C. 定子、转子铁心材质　　　　　　D. 定子绕组的漏阻抗

4. 三相异步电动机能画出像变压器那样的等效电路是由于(　　)。

A. 它们的定子或一次侧电流都滞后于电源电压

B. 气隙磁场在定子、转子或主磁通在一次、二次侧都感应电动势

C. 它们都有主磁通和漏磁通

　　D. 它们都是由电网取得励磁电流

　　5. 异步电动机等效电路中的电阻$\dfrac{R'_2}{s}$上消耗的功率为(　　　)。

　　A. 轴端输出的机械功率　　　　　　　B. 总机械功率

　　C. 电磁功率　　　　　　　　　　　　D. 转子铜损耗

四、简答与作图题(每题 5 分,共 25 分)

　　1. 三相笼型异步电动机为什么能旋转? 试画图说明。

　　2. 试画出三相异步电动机的 T 形等效电路图,并说明机械负载变化在等效电路中是如何体现的。

　　3. 异步电动机的铭牌标有 220/380 V,△/Y。当电源电压为 220 V 时应采用什么接线方式? 当电源电压为 380 V 时又应采用什么接线方式? 为什么?

　　4. 为什么通常只考虑异步电动机的定子铁心损耗,而不考虑转子铁心损耗?

　　5. 异步电动机在空载运行时,为什么功率因数很低?

五、分析题(10 分)

　　一台三相异步电动机若转子被卡住不动,而定子绕组上加额定电压,此时电动机的定子电流、转子电流及电动机的温度都将如何变化? 为什么?

六、计算题(25 分)

　　1. 一台 $P_N = 4.5$ kW、Y/△ 联结、380/220 V、$\cos\varphi_N = 0.8$、$\eta_N = 0.8$、$n_N = 1\,450$ r/min 的三相异步电动机,试求:(1)接成 Y 联结及 △ 联结时的额定电流;(2)同步转速及定子磁极对数;(3)带额定负载时的转差率。(13 分)

　　2. 一台三相异步电动机,额定功率 $P_N = 10$ kW,额定频率 $f_N = 50$ Hz,极数 $2p = 6$ 极,额定转数 $n_N = 960$ r/min。额定情况下,机械损耗 P_{mec} 和附加损耗 P_{ad} 之和为输出功率的 2%。试求额定情况下:(1)电磁功率;(2)转子铜损耗;(3)电磁转矩。(12 分)

教学课件：
三相异步电动
机的机械特性

内容简介

与直流电动机相比,异步电动机具有结构简单,运行可靠,价格低,维护方便等一系列优点,因此异步电动机被广泛应用在电力拖动系统中。尤其是随着电力电子技术的发展和交流调速技术的日益成熟,使得异步电动机在调速性能方面完全可与直流电动机相媲美。目前,异步电动机的电力拖动已被广泛地应用在各个工业电气自动化领域中,并逐步成为电力拖动的主流。

本章首先讨论三相异步电动机的机械特性,然后以机械特性为理论基础,研究三相异步电动机的起动、制动和调速等问题。

5.1　三相异步电动机的机械特性

5.1.1　三相异步电动机机械特性的三种表达式

三相异步电动机的机械特性也是指电动机的转速 n 与电磁转矩 T_{em} 之间的关系,即 $n=f(T_{em})$。因为异步电动机的转速 n 与转差率 s 之间存在着一定的关系,所以异步电动机的机械特性通常用 $T_{em}=f(s)$ 表示。

三相异步电动机的电磁转矩有三种表达式,分别为物理表达式、参数表达式和实用表达式,下面分别介绍。

一、物理表达式

由电磁功率表达式以及转子电动势公式,可推得

$$T_{em}=\frac{P_{em}}{\Omega_1}=\frac{m_1 E_2' I_2' \cos\varphi_2}{2\pi\frac{n_1}{60}}=\frac{m_1 \times 4.44 f_1 N_1 k_{w1}\Phi_0 I_2'\cos\varphi_2}{2\pi\frac{f_1}{p}}$$

$$=\frac{4.44 m_1 p N_1 k_{w1}}{2\pi}\Phi_0 I_2'\cos\varphi_2 = C_T \Phi_0 I_2'\cos\varphi_2 \tag{5.1.1}$$

式中, $C_T=\dfrac{4.44}{2\pi}m_1 p N_1 k_{w1}$ 为转矩常数,对于已制成的电动机, C_T 为一常数。

式(5.1.1)表明,异步电动机的电磁转矩是由主磁通 Φ_0 与转子电流的有功分量 $I_2'\cos\varphi_2$ 相互作用产生的,在形式上与直流电动机的转矩表达式 $T_{em}=C_T\Phi I_a$ 相似,它是电磁力定律在异步电动机中的具体体现。

物理表达式虽然反映了异步电动机电磁转矩产生的物理本质,但并没有直接反映出电磁转矩与电动机参数之间的关系,更没有明显地表示电磁转矩与转速之间的关系,因此,分析或计算异步电动机的机械特性时,一般不采用物理表达式,而是采用下面介绍的参数表达式。

二、参数表达式

异步电动机的电磁转矩为

$$T_{em} = \frac{P_{em}}{\Omega_1} = \frac{m_1 I_2'^2 R_2' / s}{2\pi f_1 / p} \tag{5.1.2}$$

根据简化等效电路得到

$$I_2' = \frac{U_1}{\sqrt{\left(R_1 + \dfrac{R_2'}{s}\right)^2 + (X_1 + X_2')^2}} \tag{5.1.3}$$

将式（5.1.3）代入式（5.1.2）中，可以得到异步电动机机械特性的参数表达式

$$T_{em} = \frac{m_1 p U_1^2 \dfrac{R_2'}{s}}{2\pi f_1 \left[\left(R_1 + \dfrac{R_2'}{s}\right)^2 + (X_1 + X_2')^2\right]} \tag{5.1.4}$$

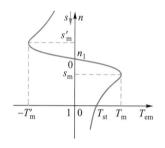

图 5.1.1　三相异步电动机
的机械特性

在式（5.1.4）中，定子相数 m_1、磁极对数 p、定子相电压 U_1、电源频率 f_1、定子每相绕组电阻 R_1 和漏抗 X_1、折算到定子侧的转子电阻 R_2' 和漏抗 X_2' 等都是不随转差率 s 变化的常量。当电动机的转差率 s（或转速 n）变化时，可由式（5.1.4）算出相应的电磁转矩 T_{em}，因而可以画出图 5.1.1 所示的机械特性。

当同步转速 n_1 为正时，机械特性曲线跨第一、二、四象限。在第一象限时，$0<n<n_1$，$0<s<1$，n、T_{em} 均为正值，电机处于电动机运行状态；在第二象限时，$n>n_1$，$s<0$，n 为正值，T_{em} 为负值，电机处于发电机运行状态；在第四象限时，$n<0$，$s>1$，n 为负值，T_{em} 为正值，电机处于电磁制动运行状态。

在机械特性曲线上，转矩有两个最大值，一个出现在电动状态，另一个出现在发电状态。最大转矩 T_m 和对应的转差率 s_m（称为临界转差率）可以通过对式（5.1.4）求导数 $\dfrac{dT_{em}}{ds}$，并令 $\dfrac{dT_{em}}{ds} = 0$，求得

$$s_m = \pm \frac{R_2'}{\sqrt{R_1^2 + (X_1 + X_2')^2}} \tag{5.1.5}$$

微课：
三相异步电动
机的运行状态

$$T_m = \pm \frac{m_1 p U_1^2}{4\pi f_1 \left[\pm R_1 + \sqrt{R_1^2 + (X_1 + X_2')^2}\right]} \tag{5.1.6}$$

式中，"+"号对应电动状态；"−"号对应发电状态。

通常 $R_1 \ll (X_1 + X_2')$，故式（5.1.5）、式（5.1.6）可以近似为

$$s_m \approx \pm \frac{R_2'}{X_1 + X_2'} \tag{5.1.7}$$

$$T_m \approx \pm \frac{m_1 p U_1^2}{4\pi f_1 (X_1 + X_2')} \tag{5.1.8}$$

由式（5.1.7）、式（5.1.8）可以得出：

（1）T_m 与 U_1^2 成正比，而 s_m 与 U_1 无关。

（2）s_m 与 R_2' 成正比，而 T_m 与 R_2' 无关。

（3）T_m 和 s_m 都近似地与 $(X_1 + X_2')$ 成反比。

以上三点结论对后面研究电动机的人为机械特性是非常有用的。

最大电磁转矩对电动机来说具有重要意义。电动机运行时，若负载转矩短时突然增大，且大于最大电磁转矩，则电动机将因为承载不了而停转。为了保证电动机不会因短时过载而停转，一般电动机都具有一定的过载能力。显然，最大电磁转矩越大，电动机短时过载能力越强，因此把最大电磁转矩与

动画：
转子电阻对 T-S
曲线的影响

额定转矩之比称为电动机的过载能力，用 λ_T 表示，即

$$\lambda_T = \frac{T_m}{T_N} \qquad (5.1.9)$$

λ_T 是表征电动机运行性能的重要参数，它反映了电动机短时过载能力的大小。一般电动机的过载能力 $\lambda_T = 1.6 \sim 2.2$，起重、冶金机械专用电动机的 $\lambda_T = 2.2 \sim 2.8$。

除了最大转矩 T_m 以外，机械特性曲线（图 5.1.1）上还反映了异步电动机的另一个重要参数，即起动转矩 T_{st}，它是异步电动机接至电源开始起动瞬间的电磁转矩。将 $s = 1$（$n = 0$ 时）代入式（5.1.4）得起动转矩为

$$T_{st} = \frac{m_1 p U_1^2 R_2'}{2\pi f_1 \left[(R_1 + R_2')^2 + (X_1 + X_2')^2 \right]} \qquad (5.1.10)$$

由式（5.1.10）可以得出：

（1）T_{st} 与 U_1^2 成正比。

（2）电抗参数 $(X_1 + X_2')$ 越大，T_{st} 越小。

（3）在一定范围内增大 R_2' 时，T_{st} 增大。

由于 s_m 随 R_2' 正比增大，而 T_m 与 R_2' 无关，所以绕线转子异步电动机可以在转子回路串入适当的电阻 R_{st}'，使 $s_m = 1$，如图 5.1.2 所示。这时起动转矩 $T_{st}' = T_m$。

可见，绕线转子异步电动机可以通过转子回路串电阻的方法增大起动转矩，改善起动性能。

对于笼型异步电动机，无法在转子回路中串电阻，起动转矩大小只能在设计时考虑，在额定电压下，其 T_{st} 是一个恒值。T_{st} 与 T_N 之比称为起动转矩倍数，用 k_{st} 表示，即

$$k_{st} = \frac{T_{st}}{T_N} \qquad (5.1.11)$$

k_{st} 是表征笼型异步电动机性能的另一个重要参数，它反映了电动机起动能力的大小。显然，只有当起动转矩大于负载转矩，即 $T_{st} > T_L$ 时，电动机才能起动起来。一般笼型异步电动机的 $k_{st} = 1.0 \sim 2.0$，起重和冶金专用的笼型异步电动机的 $k_{st} = 2.8 \sim 4.0$。

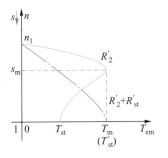

图 5.1.2　异步电动机转子
回路串电阻使 $T_{st}' = T_m$

三、实用表达式

机械特性的参数表达式清楚地表示了转矩与转差率、参数之间的关系，用它分析各种参数对机械特性的影响是很方便的。但是，针对电力拖动系统中的具体电动机而言，其参数是未知的，欲求得其机械特性的参数表达式显然是困难的。因此希望能够利用电动机的技术数据和铭牌数据求得电动机的机械特性，即机械特性的实用表达式。

在忽略 R_1 的条件下，用电磁转矩公式（5.1.4）除以最大转矩公式（5.1.8），并考虑到临界转差率公式（5.1.7），化简后可得电动机机械特性的实用表达式

$$T_{em} = \frac{2T_m}{\dfrac{s}{s_m} + \dfrac{s_m}{s}} \qquad (5.1.12)$$

式（5.1.12）中的 T_m 和 s_m 可由电动机额定数据方便地求得，因此式（5.1.12）在工程计算中是非常实用的机械特性表达式。

如果考虑 $\dfrac{s}{s_m} \ll \dfrac{s_m}{s}$，即认为 $\dfrac{s}{s_m} \approx 0$，则可以得到机械特性的线性表达式

$$T_{em} = \frac{2T_m}{s_m} s \qquad (5.1.13)$$

下面介绍 T_m 和 s_m 的求法。已知电动机的额定功率 P_N、额定转速 n_N、过载能力 λ_T,则额定转矩为

$$T_\mathrm{N} = \frac{P_\mathrm{N}}{\Omega_\mathrm{N}} = \frac{P_\mathrm{N} \times 10^3}{\dfrac{2\pi n_\mathrm{N}}{60}} = 9\,550\,\frac{P_\mathrm{N}}{n_\mathrm{N}}(\mathrm{N} \cdot \mathrm{m})$$

式中,P_N 的单位为 kW;n_N 的单位为 r/min。最大转矩为

$$T_\mathrm{m} = \lambda_T T_\mathrm{N}$$

额定转差率为

$$s_\mathrm{N} = \frac{n_1 - n_\mathrm{N}}{n_1}$$

忽略空载转矩,当 $s = s_\mathrm{N}$ 时,$T_{em} = T_\mathrm{N}$,代入式(5.1.12)得

$$T_\mathrm{N} = \frac{2T_\mathrm{m}}{\dfrac{s_\mathrm{N}}{s_\mathrm{m}} + \dfrac{s_\mathrm{m}}{s_\mathrm{N}}}$$

将 $T_\mathrm{m} = \lambda_T T_\mathrm{N}$ 代入上式可得

$$s_\mathrm{m}^2 - 2\lambda_T s_\mathrm{N} s_\mathrm{m} + s_\mathrm{N}^2 = 0$$

其解为

$$s_\mathrm{m} = s_\mathrm{N}(\lambda_T \pm \sqrt{\lambda_T^2 - 1})$$

因为 $s_\mathrm{m} > s_\mathrm{N}$,故上式中应取+号,于是

$$s_\mathrm{m} = s_\mathrm{N}(\lambda_T + \sqrt{\lambda_T^2 - 1}) \tag{5.1.14}$$

求出 T_m 和 s_m 后,式(5.1.12)便成为已知的机械特性方程。只要给定一系列的 s 值,便可求出相应的 T_{em} 值,即可画出机械特性曲线。

上述异步电动机机械特性的三种表达式,虽然都能用来表征电动机的运行性能,但其应用场合各有不同。一般来说,物理表达式适用于对电动机的运行作定性分析;参数表达式适用于分析各种参数变化对电动机运行性能的影响;实用表达式适用于电动机机械特性的工程计算。

【例 5.1.1】 一台 Y80L-2 型三相笼型异步电动机,已知 $P_\mathrm{N} = 2.2$ kW,$U_\mathrm{N} = 380$ V,$I_\mathrm{N} = 4.74$ A,$n_\mathrm{N} = 2\,840$ r/min,过载能力 $\lambda_T = 2$,试绘制其机械特性曲线。

【解】 电动机的额定转矩

$$T_\mathrm{N} = 9\,550\,\frac{P_\mathrm{N}}{n_\mathrm{N}} = 9\,550 \times \frac{2.2}{2\,840}\,\mathrm{N} \cdot \mathrm{m} = 7.4\,\mathrm{N} \cdot \mathrm{m}$$

最大转矩

$$T_\mathrm{m} = \lambda_T T_\mathrm{N} = 2 \times 7.4\,\mathrm{N} \cdot \mathrm{m} = 14.8\,\mathrm{N} \cdot \mathrm{m}$$

额定转差率

$$s_\mathrm{N} = \frac{n_1 - n_\mathrm{N}}{n_1} = \frac{3\,000 - 2\,840}{3\,000} = 0.053$$

临界转差率

$$s_\mathrm{m} = s_\mathrm{N}(\lambda_T + \sqrt{\lambda_T^2 - 1}) = 0.053 \times (2 + \sqrt{2^2 - 1}) = 0.198$$

实用机械特性方程式为

$$T_{em} = \frac{2 \times 14.8}{\dfrac{s}{0.198} + \dfrac{0.198}{s}}$$

把不同的 s 值代入上式,求出对应的 T_{em} 值,列表如下:

s	1.0	0.9	0.8	0.7	0.6	0.5	0.4	0.3	0.2	0.15	0.1	0.053
$T_{em}/N \cdot m$	5.64	6.21	6.90	7.75	8.81	10.13	11.77	13.61	14.80	14.25	11.91	7.40

根据表中数据,便可绘出电动机的机械特性曲线。但应该指出,用这种方法绘制的机械特性曲线,其非线性段与实际有一定的误差。

5.1.2　三相异步电动机的固有机械特性和人为机械特性

一、固有机械特性

三相异步电动机的固有机械特性是指电动机在额定电压和额定频率下,按规定的接线方式接线,定子和转子电路不外接电阻或电抗时的机械特性。当电机处于电动机运行状态时,其固有机械特性如图 5.1.3 所示。下面对固有机械特性上的几个特殊点进行说明。

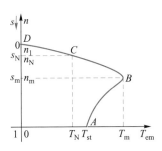

图 5.1.3　三相异步电动机的固有机械特性

1. 起动点 A

电动机接通电源开始起动瞬间,其工作点位于 A 点,此时:$n = 0$,$s = 1$,$T_{em} = T_{st}$,定子电流 $I_1 = I_{st} = (4 \sim 7)I_N$($I_N$ 为额定电流)。

2. 最大转矩点 B

B 点是机械特性曲线中线性段(D-B)与非线性段(B-A)的分界点,此时:$s = s_m$,$T_{em} = T_m$。通常情况下,电动机在线性段上工作是稳定的,而在非线性段上工作是不稳定的,所以 B 点也是电动机稳定运行的临界点,临界转差率 s_m 也是由此而得名。

3. 额定运行点 C

电动机额定运行时,工作点位于 C 点,此时:$n = n_N$,$s = s_N$,$T_{em} = T_N$,$I_1 = I_N$。额定运行时转差率很小,一般 $s_N = 0.01 \sim 0.06$,所以电动机的额定转速 n_N 略小于同步转速 n_1,这也说明了固有特性的线性段为硬特性。

4. 同步转速点 D

D 点是电动机的理想空载点,即转子转速达到了同步转速。此时:$n = n_1$,$s = 0$,$T_{em} = 0$,转子电流 $I_2 = 0$。显然,如果没有外界转矩的作用,异步电动机本身不可能达到同步转速点。

二、人为机械特性

三相异步电动机的人为机械特性是指人为地改变电源参数或电动机参数而得到的机械特性。由电磁转矩的参数表达式(5.1.4)可知,可以改变的电源参数有:电压 U_1 和频率 f_1;可以改变的电动机参数有:磁极对数 p、定子电路参数 R_1 和 X_1、转子电路参数 R_2' 和 X_2' 等。所以,三相异步电动机的人为机械特性种类很多,这里介绍两种常见的人为机械特性。

1. 降低定子电压时的人为机械特性

由前面的分析可知,当定子电压 U_1 降低时,T_{em}(包括 T_{st} 和 T_m)与 U_1^2 成正比减小,s_m 和 n_1 与 U_1 无关而保持不变,所以可得 U_1 下降后的人为机械特性如图 5.1.4 所示。

由图 5.1.4 可见,降低电压后的人为机械特性,其线性段的斜率变大,即特性变软。T_{st} 和 T_m 均按 U_1^2 关系减小,即电动机的起动转矩倍数和过载能力均显著下降。如果电动机在额定负载下运行,U_1 降低后将导致 n 下降,s 增大,转子电流将因转子电动势 $E_{2s} = sE_2$ 的增大而增大,从而引起定子电流增大,导致电动机过载。长期欠压过载运行,必然使电动机过热,电动机的使用寿命缩短。另外电压下降过多,可能出现最大转矩小于负载转矩,这时电动机将停转。

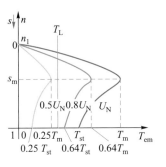

图 5.1.4　异步电动机降压时的人为机械特性

(a) 电路图

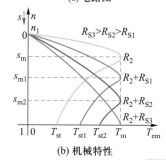

(b) 机械特性

图 5.1.5 绕线转子异步电动机转子电路串接对称电阻

2. 转子电路串接对称电阻时的人为机械特性

在绕线转子异步电动机的转子三相电路中,可以串接三相对称电阻 R_s,如图 5.1.5(a)所示,由前面的分析可知,此时 n_1、T_m 不变,而 s_m 则随外接电阻 R_s 的增大而增大。其人为机械特性如图 5.1.5(b)所示。

由图 5.1.5(b)可见,在一定范围内增加转子电阻,可以增大电动机的起动转矩。当所串接的电阻(如图中的 R_{S3})使其 $s_m = 1$ 时,对应的起动转矩将达到最大转矩,如果再增大转子电阻,起动转矩反而会减小。另外,转子串接对称电阻后,其机械特性曲线线性段的斜率增大,特性变软。

转子电路串接对称电阻适用于绕线转子异步电动机的起动、制动和调速,这些内容将在以后几节中讨论。

除了上述两种人为机械特性外,关于改变电源频率,改变定子绕组极对数的人为机械特性,将在异步电动机调速一节中介绍。

5.2 三相异步电动机的起动

电动机的起动是指电动机接通电源后,由静止状态加速到稳定运行状态的过程。对异步电动机起动性能的要求,主要有以下两点:

(1) 起动电流要小,以减小对电网的冲击。

(2) 起动转矩要大,以加速起动过程,缩短起动时间。

本节主要介绍笼型异步电动机和绕线转子异步电动机的起动方法,还将介绍三相异步电动机的软起动内容。

5.2.1 三相笼型异步电动机的起动

笼型异步电动机的起动方法有两种:直接起动和降压起动。下面分别进行介绍。

一、直接起动

直接起动也称全压起动。起动时,电动机定子绕组直接接入额定电压的电网上。这是一种最简单的起动方法,不需要复杂的起动设备,但是,它的起动性能恰好与所要求的相反。

1. 起动电流 I_{st} 大

对于普通笼型异步电动机,起动电流倍数 $k_I = I_{st}/I_N = 4 \sim 7$。起动电流大的原因是:起动时 $n = 0$,$s = 1$,转子电动势很大,所以转子电流很大,根据磁动势平衡关系,定子电流也必然很大。

2. 起动转矩 T_{st} 不大

对于普通笼型异步电动机,起动转矩倍数 $k_{st} = T_{st}/T_N = 1 \sim 2$。

起动时,为什么起动电流大而起动转矩并不大呢? 这可以从机械特性物理表达式 $T_{em} = C_T \Phi_0 I_2' \cos \varphi_2$ 来说明。

首先,起动时的转差率($s = 1$)远大于正常运行时的转差率($s = 0.01 \sim 0.06$)。起动时转子电路的功率因数角 $\varphi_2 = \arctan \dfrac{sX_2'}{R_2'}$ 很大,转子的功率因数 $\cos \varphi_2$ 很低(一般只有 0.3 左右),因此,起动时虽然 I_2' 大,但其有功分量 $I_2' \cos \varphi_2$ 并不大,所以起动转矩不大。

其次,由于起动电流大,定子绕组漏抗压降大,使定子绕组感应电动势 E_1 减小,导致对应的气隙磁通量 Φ 减小(起动瞬间 Φ 约为额定值的一半),这是造成起动转矩不大的另一个原因。

教学课件:
三相异步电动机的起动

微课:
三相异步电动机的起动控制

通过以上分析可见,笼型异步电动机直接起动时,起动电流大,而起动转矩不大,这样的起动性能是不理想的。过大的起动电流对电网电压的波动及电动机本身均会带来不利影响,因此,直接起动一般只在小容量电动机中使用,如 7.5 kW 以下的电动机可采用直接起动。对于容量较大的电动机可以采用降压起动方法。

二、降压起动

降压起动的目的是限制起动电流。起动时,通过起动设备使加到电动机上的电压小于额定电压,待电动机转速上升到一定数值时,再使电动机承受额定电压,保证电动机在额定电压下稳定工作。下面介绍几种常见的降压起动方法。

1. 电阻(或电抗)降压起动

电阻(或电抗)降压起动,就是起动时在笼型电动机定子三相绕组上串接对称电阻(或电抗),如图 5.2.1 所示。

起动时,先将转换开关 Q2 投向“起动”侧,然后合上主开关 Q1 进行起动,此时较大的起动电流在起动电阻(或电抗)上产生了较大的电压降,从而降低了加到定子绕组上的电压,起到了限制起动电流的作用。当转速升高到一定数值时,把 Q2 切换到“运行”侧,切除起动电阻(或电抗),电动机在全压下进入稳定运行。

电阻降压起动时耗能较大,一般只在容量较小的电动机上采用,容量较大的电动机多采用电抗降压起动。

相对较大的起动电流而言,异步电动机的励磁电流可以忽略不计,且起动时转差率 $s=1$,根据异步电动机简化等效电路可得起动电流为

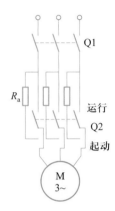

图 5.2.1　异步电动机的电阻降压起动原理接线图

$$I_{st} = \frac{U_1}{\sqrt{(R_1+R_2')^2+(X_1+X_2')^2}}$$

起动转矩公式(5.1.10)重写如下:

$$T_{st} = \frac{m_1 p R_2' U_1^2}{2\pi f_1\left[(R_1+R_2')^2+(X_1+X_2')^2\right]}$$

由以上二式可知,起动电流 I_{st} 与 U_1 成正比,起动转矩 T_{st} 与 U_1^2 成正比。

设额定电压 U_N 下的起动电流为 I_{st}、起动转矩为 T_{st};串入电阻(或电抗)后定子电压降为 U_1',这时的起动电流为 I_{st}'、起动转矩为 T_{st}'。又设电压下降倍数为 $\frac{1}{a}(a>1)$,即

$$\frac{U_1'}{U_N} = \frac{1}{a} \tag{5.2.1}$$

式中,U_N、U_1' 均指相电压。

根据 $I_{st} \propto U_1$,$T_{st} \propto U_1^2$,可得起动电流和起动转矩下降倍数分别为

$$\frac{I_{st}'}{I_{st}} = \frac{1}{a} \tag{5.2.2}$$

$$\frac{T_{st}'}{T_{st}} = \frac{1}{a^2} \tag{5.2.3}$$

可见,采用电阻(或电抗)降压起动时,若电压下降到额定电压的 $\frac{1}{a}$ 倍,则起动电流也下降到直接起动电流的 $\frac{1}{a}$ 倍,但起动转矩却下降到直接起动转矩的 $\frac{1}{a^2}$ 倍。这表明,降压起动虽然减少了起动电流,

但同时起动转矩也大为减小。因此电阻（或电抗）降压起动方法只适用于电动机轻载起动。

起动电阻（或电抗）值的计算可根据图 5.2.2 所示的简化等效电路进行，图中 $R_S = R_1 + R_2'$ 为短路电阻，$X_S = X_1 + X_2'$ 为短路电抗。图 5.2.2（a）是直接（全压）起动时的等效电路，图 5.2.2（b）是电阻降压起动时的等效电路。

由图 5.2.2 可得

$$\frac{U_N}{I_{st}} = \sqrt{R_S^2 + X_S^2} \tag{5.2.4}$$

$$\frac{U_N}{I_{st}'} = \sqrt{(R_{st} + R_S)^2 + X_S^2} \tag{5.2.5}$$

将 $I_{st}' = \frac{1}{a} I_{st}$ 代入式（5.2.5）并比较以上二式，得

$$\sqrt{(R_{st} + R_S)^2 + X_S^2} = a\sqrt{R_S^2 + X_S^2} \tag{5.2.6}$$

于是可解出起动电阻为

$$R_{st} = \sqrt{a^2 R_S^2 + (a^2 - 1) X_S^2} - R_S \tag{5.2.7}$$

当电抗降压起动时，起动电抗为

$$X_{st} = \sqrt{a^2 X_S^2 + (a^2 - 1) R_S^2} - X_S \tag{5.2.8}$$

采用电阻（或电抗）降压起动时，在考虑减小起动电流的同时，应注意校核起动转矩是否满足负载的需要，即

$$T_{st}' = \frac{T_{st}}{a^2} > T_L \tag{5.2.9}$$

如果不满足式（5.2.9），应选用其他的起动方法。

【例 5.2.1】 一台三相笼型异步电动机的额定数据：$P_N = 125$ kW，$n_N = 1\,460$ r/min，$U_N = 380$ V，Y 联结，$I_N = 230$ A，起动电流倍数 $k_I = 5.5$，起动转矩倍数 $k_{st} = 1.1$，过载能力 $\lambda_T = 2.2$。设供电变压器限制该电动机的最大起动电流为 900 A，问：(1)该电动机可否直接起动？(2)如采用电抗器降压起动，起动电抗 X_{st} 值为多少？(3)串入(2)中的电抗器时能否半载起动？

【解】 （1）直接起动电流为

$$I_{st} = k_I I_N = 5.5 \times 230 \text{ A} = 1\,265 \text{ A} > 900 \text{ A}$$

所以不能采用直接起动法。

（2）定子串接电抗器后，起动电流限制为 900 A

则

$$a = \frac{I_{st}}{I_{st}'} = \frac{1\,265}{900} = 1.4$$

短路阻抗为

$$Z_S = \sqrt{R_S^2 + X_S^2} = \frac{U_N}{\sqrt{3} I_{st}} = \frac{380}{\sqrt{3} \times 1\,265} \text{ Ω} = 0.173 \text{ Ω}$$

估算时可取 $R_S = (0.25 \sim 0.4) Z_S$，这里取

$$R_S = 0.3 Z_S = 0.3 \times 0.173 \text{ Ω} = 0.052 \text{ Ω}$$

$$X_S = \sqrt{Z_S^2 - R_S^2} = \sqrt{0.173^2 - 0.052^2} \text{ Ω} = 0.165 \text{ Ω}$$

应串接电抗值为

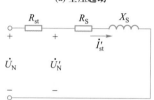

(a) 全压起动

(b) 电阻降压起动

图 5.2.2 异步电动机的简化等效电路

$$X_{st} = \sqrt{a^2 X_S^2 + (a^2-1)R_S^2} - X_S$$

$$= \left[\sqrt{1.4^2 \times 0.165^2 + (1.4^2-1) \times 0.052^2} - 0.165\right]\Omega$$

$$= 0.072\ \Omega$$

（3）串入 $X_{st} = 0.072\ \Omega$ 时的起动转矩为

$$T'_{st} = \frac{1}{a^2}T_{st} = \frac{1}{a^2}k_{st}T_N = \frac{1}{1.4^2} \times 1.1T_N = 0.56T_N$$

因为，$T'_{st} = 0.56T_N > T_L = 0.5T_N$

所以，可以半载起动。

2. Y-Δ 降压起动

Y-Δ 降压起动，即星形－三角形降压起动，只适用于正常运行时定子绕组为三角形联结的电动机。起动接线原理图如图 5.2.3 所示。起动时先将开关 Q2 投向"起动"侧，将定子绕组接成星形（Y）联结，然后合上开关 Q1 进行起动。此时，定子每相绕组电压为额定电压的 $\frac{1}{\sqrt{3}}$，从而实现了降压起动。待转速上升至一定数值时，将 Q2 投向"运行"侧，恢复定子绕组为三角形（Δ）联结，使电动机在全压下运行。

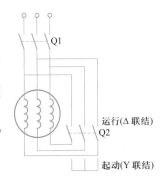

图 5.2.3　异步电动机 Y-Δ 降压起动原理接线图

设电动机额定电压为 U_N，每相漏阻抗为 Z_S，由简化等效电路可得：

Y 联结时的起动电流为

$$I_{stY} = \frac{U_N/\sqrt{3}}{Z_S} \tag{5.2.10a}$$

Δ 联结时的起动电流（线电流），即直接起动电流为

$$I_{st\Delta} = \sqrt{3}\frac{U_N}{Z_S} \tag{5.2.10b}$$

于是得到起动电流减小的倍数为

$$\frac{I_{stY}}{I_{st\Delta}} = \frac{1}{3} \tag{5.2.11}$$

根据 $T_{st} \propto U_1^2$，可得起动转矩减小的倍数为

$$\frac{T_{stY}}{T_{st\Delta}} = \left(\frac{U_N/\sqrt{3}}{U_N}\right)^2 = \frac{1}{3} \tag{5.2.12}$$

可见，Y-Δ 降压起动时，起动电流和起动转矩都降为直接起动时的 $\frac{1}{3}$。

Y-Δ 降压起动操作方便，起动设备简单，应用较为广泛，但它仅适用于正常运行时定子绕组作三角形联结的电动机，因此作一般用途的小型异步电动机，当容量大于 4 kW 时，定子绕组都采用三角形联结。由于起动转矩为直接起动时的 $\frac{1}{3}$，这种起动方法多用于空载或轻载起动。

3. 自耦变压器降压起动

这种起动方法是通过自耦变压器把电压降低后再加到电动机定子绕组上，以达到减小起动电流的目的，其接线图如图 5.2.4（a）所示。

起动时，把开关 Q2 投向"起动"侧，并合上开关 Q1，这时自耦变压器一次绕组加全电压，而电动机定子电压为自耦变压器二次抽头部分的电压，电动机在低压下起动。待转速上升至一定数值时，再把

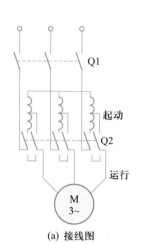

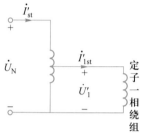

图 5.2.4 异步电动机的自耦
变压器降压起动原理线路图

开关 Q2 切换到"运行"侧,切除自耦变压器,电动机在全压下运行。

自耦变压器降压起动时的一相电路如图 5.2.4(b)所示。U_N 是自耦变压器一次相电压,也是电动机直接起动时的额定相电压;U'_1 是自耦变压器的二次相电压,也是电动机降压起动时的相电压。设自耦变压器的变比为 k_a,则

$$k_a = \frac{U_N}{U'_1} = \frac{I'_{1st}}{I'_{st}}$$

式中,I'_{1st} 是自耦变压器的二次电流,也是电压降至 U'_1 后流过定子绕组的起动电流;I'_{st} 是自耦变压器的一次电流,也是降压后电网供给的起动电流。设电动机的短路阻抗为 Z_S,则

直接起动时的起动电流为

$$I_{st} = \frac{U_N}{Z_S} \tag{5.2.13}$$

降压后自耦变压器二次侧供给电动机的起动电流为

$$I'_{1st} = \frac{U'_1}{Z_S} = \frac{U_N/k_a}{Z_S} \tag{5.2.14}$$

自耦变压器的一次电流,即电网提供的起动电流为

$$I'_{st} = \frac{1}{k_a} I'_{1st} = \frac{1}{k_a^2} \cdot \frac{U_N}{Z_S} \tag{5.2.15}$$

由式(5.2.13)、式(5.2.15)可得电网提供的起动电流减小倍数为

$$\frac{I'_{st}}{I_{st}} = \frac{1}{k_a^2} \tag{5.2.16}$$

起动转矩减小倍数为

$$\frac{T'_{st}}{T_{st}} = \left(\frac{U'_1}{U_N}\right)^2 = \frac{1}{k_a^2} \tag{5.2.17}$$

式(5.2.16)、式(5.2.17)表明,采用自耦变压器降压起动时,起动电流和起动转矩都降低到直接起动时的 $\frac{1}{k_a^2}$。

自耦变压器降压起动适用于容量较大的低压电动机,这种方法可获得较大的起动转矩,且自耦变压器二次侧一般有三个抽头,可以根据需要选用,故这种起动方法在 10 kW 以上的三相异步电动机中得到了广泛应用。

起动用自耦变压器有 QJ$_2$ 和 QJ$_3$ 两个系列。QJ$_2$ 型的三个抽头比$\left(即 \frac{1}{k_a}\right)$分别为 55%、64% 和 73%;QJ$_3$ 型的三个抽头比分别为 40%、60% 和 80%。

为了比较上述三种降压起动方法,现将主要数据列于表 5.2.1 中。

表 5.2.1 异步电动机降压起动方法比较

起动方法	U'_1/U_N	I'_{st}/I_{st}	T'_{st}/T_{st}	优缺点
直接起动	1	1	1	起动最简单,起动电流大,起动转矩不大,适用于小容量轻载起动
电阻(或电抗)降压起动	$\frac{1}{a}$	$\frac{1}{a}$	$\frac{1}{a^2}$	起动设备简单,起动转矩小,适用于轻载起动

续表

起动方法	U_1'/U_N	I_{st}'/I_{st}	T_{st}'/T_{st}	优缺点
Y-Δ 降压起动	$\dfrac{1}{\sqrt{3}}$	$\dfrac{1}{3}$	$\dfrac{1}{3}$	起动设备简单,起动转矩小,适用于轻载起动。只适用于三角形联结的电动机
自耦变压器降压起动	$\dfrac{1}{k_a}$	$\dfrac{1}{k_a^2}$	$\dfrac{1}{k_a^2}$	起动转矩大,有三种抽头可选,起动设备复杂,可带较大负载起动

【例 5.2.2】　一台三相笼型异步电动机,$P_N = 75$ kW,$n_N = 1\,470$ r/min,$U_N = 380$ V,定子为 Δ 联结,$I_N = 137.5$ A,起动电流倍数 $k_I = 6.5$,起动转矩倍数 $k_{st} = 1.0$,拟带半载起动,试选择适当的降压起动方法。(假设供电电源允许最大电流为该电动机额定电流的 4 倍)

【解】　(1) 电阻(电抗)降压起动

电源允许起动电流为 $I_{st}' = 4I_N$,因此:

$$\frac{1}{a} = \frac{I_{st}'}{I_{st}} = \frac{4I_N}{k_I I_N} = \frac{4}{6.5} = \frac{1}{1.625}$$

$$T_{st}' = \frac{1}{a^2} T_{st} = \frac{1}{a^2} k_{st} T_N = \frac{1}{1.625^2} T_N = 0.38 T_N$$

因为,$T_{st}' < 0.5 T_N$

所以,不能采用这种起动方法。

(2) Y-Δ 降压起动

$$I_{st}' = \frac{1}{3} I_{st} = \frac{1}{3} k_I I_N = \frac{1}{3} \times 6.5 I_N = 2.17 I_N$$

$$T_{st}' = \frac{1}{3} T_{st} = \frac{1}{3} k_{st} T_N = \frac{1}{3} T_N = 0.33 T_N$$

因为,$T_{st}' < 0.5 T_N$,所以不能采用 Y-Δ 降压起动。

(3) 自耦变压器降压起动

选用 QJ_2 系列,其电压抽头比为 55%、64%、73%。

选用 55% 抽头比时有

$$k_a = \frac{1}{0.55} = 1.82$$

$$I_{st}' = \frac{1}{k_a^2} I_{st} = \frac{1}{1.82^2} \times 6.5 I_N = 1.96 I_N$$

$$T_{st}' = \frac{1}{k_a^2} T_{st} = \frac{1}{1.82^2} \times 1 \times T_N = 0.3 T_N < 0.5 T_N$$

可见起动转矩不满足要求。

选用 64% 抽头比时,计算结果与上相似,起动转矩也不满足要求。

选用 73% 抽头比时有

$$k_a = \frac{1}{0.73} = 1.37$$

$$I_{st}' = \frac{1}{1.37^2} \times 6.5 I_N = 3.46 I_N < 4 I_N$$

$$T_{st}' = \frac{1}{1.37^2} \times 1 \times T_N = 0.53 T_N > 0.5 T_N$$

可见,选用73%抽头比时,起动电流和起动转矩均满足要求,所以该电动机可以采用73%抽头比的自耦变压器降压起动。

5.2.2 三相绕线转子异步电动机的起动

三相笼型异步电动机直接起动时,起动电流大,起动转矩不大;降压起动时,虽然减小了起动电流,但起动转矩也随电压的平方关系减小,因此笼型异步电动机只能用于空载或轻载起动。

绕线转子异步电动机,若转子回路串入适当的电阻,既能限制起动电流,又能增大起动转矩,同时克服了笼型异步电动机起动电流大、起动转矩不大的缺点,这种起动方法适用于大、中容量异步电动机重载起动。绕线转子异步电动机的起动分为转子串电阻和转子串频敏变阻器两种起动方法。

一、转子串电阻起动

为了在整个起动过程中得到较大的加速转矩,并使起动过程比较平滑,应在转子回路中串入多级对称电阻。起动时,随着转速的升高,逐段切除起动电阻,这与直流电动机电枢串电阻起动类似,称为电阻分级起动。图5.2.5所示为三相绕线转子异步电动机转子串接对称电阻分级起动的接线图和对应三级起动时的机械特性。

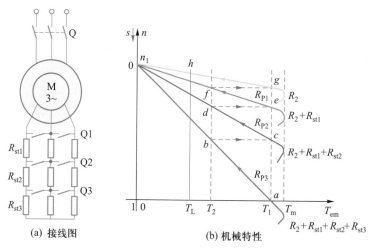

(a) 接线图 (b) 机械特性

图 5.2.5 三相绕线转子异步电动机转子串电阻分级起动

下面介绍转子串接对称电阻的起动过程。

起动开始时[参见图5.2.5(a)],开关Q闭合,Q1、Q2、Q3断开,起动电阻全部串入转子回路中,转子每相电阻为 $R_{P3} = R_2 + R_{st1} + R_{st2} + R_{st3}$,对应的机械特性如图5.2.5(b)中曲线 R_{P3}。起动瞬间,转速 $n = 0$,电磁转矩 $T_{em} = T_1$(T_1 称为最大加速转矩),因 T_1 大于负载转矩 T_L,于是电动机从 a 点沿曲线 R_{P3} 开始加速。随着 n 上升,T_{em} 逐渐减小,当减小到 T_2 时(对应于 b 点),触点Q3闭合,切除 R_{st3},切换电阻时的转矩值 T_2 称为切换转矩。切除 R_{st3} 后,转子每相电阻变为 $R_{P2} = R_2 + R_{st1} + R_{st2}$,对应的机械特性变为曲线 R_{P2}。切换瞬间,转速 n 不突变,电动机的运行点由 b 点跃变到 c 点,T_{em} 由 T_2 跃升为 T_1。此后,n、T_{em} 沿曲线 R_{P2} 变化,待 T_{em} 又减小到 T_2 时(对应 d 点),触点Q2闭合,切除 R_{st2}。此后转子每相电阻变为 $R_{P1} = R_2 + R_{st1}$,电动机运行点由 d 点跃变到 e 点,工作点(n、T_{em})沿曲线 R_{P1} 变化。最后在 f 点开关Q1闭合,切除 R_{st1},转子绕组直接短路,电动机运行点由 f 点变到 g 点后沿固有机械特性加速到负载点 h 稳定运行,起动结束。

二、转子串频敏变阻器起动

　　绕线转子异步电动机采用转子串接电阻起动时,若想在起动过程中保持有较大的起动转矩且起动平稳,则必须采用较多的起动级数,这必然导致起动设备复杂化。为了克服这个问题,可以采用频敏变阻器起动。频敏变阻器是一个铁损耗很大的三相电抗器,从结构上看,它好像一个没有二次绕组的三相心式变压器,它的铁心是用较厚的钢板叠成。三个绕组分别绕在三个铁心柱上并作星形联结,然后接到转子滑环上,如图 5.2.6(a)所示。图 5.2.6(b)所示为频敏变阻器每相的等效电路,其中 R_1 为频敏电阻器绕组的电阻;X_m 为带铁心绕组的电抗;R_m 为反映铁损耗的等效电阻。因为频敏变阻器的铁心用厚钢板制成,所以铁损耗较大,对应的 R_m 也较大。

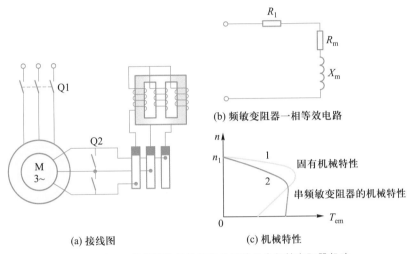

(b) 频敏变阻器一相等效电路

(a) 接线图　　　　　　　(c) 机械特性

图 5.2.6　三相绕线转子异步电动机转子串频敏变阻器起动

　　用频敏变阻器起动的过程如下:起动时[如图 5.2.6(a)所示]开关 Q2 断开,转子串入频敏变阻器,当触点 Q1 闭合时,电动机接通电源开始起动。起动瞬间,$n=0$,$s=1$,转子电流频率 $f_2=sf_1=f_1$(最大),频敏变阻器的铁心中与频率平方成正比的涡流损耗最大,即铁损耗大,反映铁损耗大小的等效电阻 R_m 大,此时相当于转子回路中串入一个较大的电阻。起动过程中,随着 n 上升,s 减小,$f_2=sf_1$ 逐渐减小,频敏变阻器的铁损耗逐渐减小,R_m 也随之减小,这相当于在起动过程中逐渐切除转子回路串入的电阻。起动结束后,开关 Q2 闭合,切除频敏变阻器,转子电路直接短路。

　　因为频敏变阻器的等效电阻 R_m 是随频率 f_2 的变化而自动变化的,因此称为"频敏"变阻器,它相当于一种无触点的变阻器。在起动过程中,它能自动、无级地减小电阻,如果参数选择适当,可以在起动过程中保持转矩近似不变,使起动过程平稳、快速。这时电动机的机械特性如图 5.2.6(c)曲线 2 所示。曲线 1 是电动机的固有机械特性。

　　频敏变阻器的结构简单,运行可靠,使用维护方便,因此使用广泛。

5.2.3　三相异步电动机的软起动

　　前面介绍的几种传统的起动方法都是有级起动,电动机在起动过程中从一级切换到另一级瞬间会产生冲击电流,起动不够平稳。随着电力电子技术的发展,一种新型的无级起动器——软起动器(又称固态起动器)以其优良的起动性能和保护性能得到了越来越广泛的应用。

一、软起动器的工作原理

　　所谓软起动,是指在起动过程中电动机的转矩变化平滑而不跳跃,即起动过程是平稳的。典型软

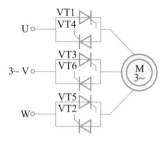

图 5.2.7　三相异步电动机
软起动主电路图

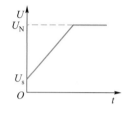

图 5.2.8　斜坡电压软起动

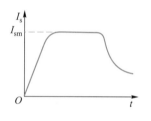

图 5.2.9　斜坡恒流软起动

起动器的主电路是三相晶闸管移相调压器,如图 5.2.7 所示。

每一相都是由反并联的两个晶闸管或者双向晶闸管组成的。改变晶闸管触发导通的控制角 α,就能改变调压器的输出电压,由于是通过改变控制角相位来调压,所以称为移相调压。当移相调压器用于电动机调速时可使速度平滑地变化,称为软调速;还可以用于电动机的平稳制动,称为软制动。

二、软起动的起动方法

软起动有多种起动方法,常用的起动方法有斜坡电压软起动和斜坡恒流软起动。

1. 斜坡电压软起动

起动电压从较低的起始电压 U_s 开始,以固定的速率上升,直至达到额定电压 U_N 并保持不变,如图 5.2.8 所示,电压由小到大线性上升,可以实现无级降压起动。电磁转矩与电压的平方成正比,呈抛物线上升。改变起始电压 U_s 和电压上升斜率就可以改变起动时间。

2. 斜坡恒流软起动

软起动器大多以起动电流为控制对象。斜坡恒流软起动时,起动电流按固定的上升斜率由零上升至限定起动电流 I_{sm},并保持不变,直至起动结束,电流才下降为正常运行电流,如图 5.2.9 所示。起动电流 $I_{sm} = (1.5 \sim 4.5)I_N$,可根据要求进行调节,要求起动转矩大,可选取较大的 I_{sm},否则应选取较小的 I_{sm}。

三、异步电动机软起动的优缺点

1. 异步电动机软起动的优点

(1)起动电流小,对电网无冲击电流,减小负载的机械冲击。

(2)起动电压及其上升斜率、起动时间可根据负载进行调节,实现电机平稳起动。

(3)可实现电动机软停车、软制动及短路保护、断相保护、过热保护和欠压保护等。

(4)电动机轻载或空载时,输出电压能随负载而变化,实现节能运行。

2. 异步电动机软起动的缺点

(1)起动时的谐波对电网产生影响。

(2)当重载或满负荷运转时,起动转矩大于额定转矩 60% 的拖动系统,起动电流大,软起动器容量大,成本高。

除了三相移相调压器用作软起动器外,变频器作为软起动器,其起动性能更为优越,可实现无过流软起动,也可实现恒转矩软起动,适用于各种类型负载的起动,并且具有软停车、软调速等功能,只是价格较贵,但是随着电力电子技术的发展,随着价格的下降,变频器的应用前景会越来越广阔。

5.3　三相异步电动机的制动

教学课件:
三相异步
电动机的制动

微课:
三相异步电动
机能耗制动原理

三相异步电动机除了运行于电动状态外,还时常运行于制动状态。运行于电动状态时,T_{em} 与 n 方向相同,T_{em} 是驱动转矩,电动机从电网吸收电能并转换成机械能从轴上输出,其机械特性位于第一或第三象限。运行于制动状态时,T_{em} 与 n 方向相反,T_{em} 是制动转矩,电动机从轴上吸收机械能并转换成电能,该电能或消耗在电机内部,或反馈回电网,其机械特性位于第二或第四象限。

异步电动机制动的目的是使电力拖动系统快速停车或者使拖动系统尽快减速,对于位能性负载,制动运行可获得稳定的下降速度。

异步电动机制动的方法有能耗制动、反接制动和回馈制动三种。

5.3.1　能耗制动

异步电动机的能耗制动接线图如图 5.3.1(a)所示。制动时,开关 Q1 断开,电动机脱离电网,同时开关 Q2 闭合,在定子绕组中通入直流电流(称为直流励磁电流),于是定子绕组便产生一个恒定的磁场。转子因惯性而继续旋转并切割该恒定磁场,转子导体中便产生感应电动势及感应电流。由图 5.3.1(b)可以判定,转子感应电流与恒定磁场作用产生的电磁转矩为制动转矩,因此转速迅速下降,当转速下降至零时,转子感应电动势和感应电流均为零,制动过程结束。制动期间,转子的动能转变为电能消耗在转子回路的电阻上,故称为能耗制动。

异步电动机能耗制动机械特性表达式的推导比较复杂,其曲线形状与接到交流电网上正常运行时的机械特性是相似的,只是它要通过坐标原点,如图 5.3.2 所示。图中曲线 1 和曲线 2 具有相同的转子电阻,但曲线 2 比曲线 1 具有较大的直流励磁电流;曲线 1 和曲线 3 具有相同的直流励磁电流,但曲线 3 比曲线 1 具有较大的转子电阻。

由图 5.3.2 可见,转子电阻较小时(曲线 1),初始制动转矩比较小。对于笼型异步电动机,为了增大初始制动转矩,就必须增大直流励磁电流(曲线 2)。对绕线转子异步电动机,可以采用转子串电阻的方法来增大初始制动转矩(曲线 3)。

能耗制动过程可分析如下:设电动机原来工作在固有机械特性曲线上的 A 点,在制动瞬间,因转速不突变,工作点便由 A 点平移至能耗制动特性(如曲线 1)上的 B 点,在制动转矩的作用下,电动机开始减速,工作点沿曲线 1 变化,直到原点,$n=0$,$T_{em}=0$,如果拖动的是反抗性负载,则电动机便停转,实现了快速制动停车;如果是位能性负载,当转速过零时,若要停车,必须立即用机械抱闸将电动机轴刹住,否则电动机将在位能性负载转矩的倒拉下反转,直到进入第四象限中的 C 点($T_{em}=T_L$),系统处于稳定的能耗制动运行状态,这时重物保持匀速下降。C 点称为能耗制动运行点。由图 5.3.2 可见,改变制动电阻 R_B 或直流励磁电流的大小,可以获得不同的稳定下降速度。

对于绕线转子异步电动机采用能耗制动时,按照最大制动转矩为(1.25~2.2)T_N 的要求,可用下列两式计算直流励磁电流和转子应串接电阻的大小

$$I=(2\sim3)I_0 \tag{5.3.1}$$

$$R_B=(0.2\sim0.4)\frac{E_{2N}}{\sqrt{3}I_{2N}}-R_2 \tag{5.3.2}$$

式中,I_0 为异步电动机的空载电流。

能耗制动广泛应用于要求平稳准确停车的场合,也可应用于起重机一类带位能性负载的机械上,用来限制重物下降的速度,使重物保持匀速下降。

5.3.2　反接制动

当异步电动机转子的旋转方向与定子磁场的旋转方向相反时,电动机便处于反接制动状态。它有两种情况,一是在电动状态下突然将电源两相反接,使定子旋转磁场的方向由原来的顺转子转向改为逆转子转向,这种情况下的制动称为定子两相反接的反接制动;二是保持定子磁场的转向不变,而转子在位能负载作用下进入倒拉反转,这种情况下的制动称为倒拉反转的反接制动。

一、电源两相反接的反接制动

设电动机处于电动状态运行,其工作点为固有机械特性曲线上的 A 点,如图 5.3.3(b)所示。当把定子两相绕组出线端对调时[图 5.3.3(a)],由于改变了定子电压的相序,所以定子旋转磁场方向改变

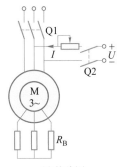

(a) 接线图

直流恒定磁场

(b) 制动原理图

图 5.3.1　三相异步电动机的能耗制动

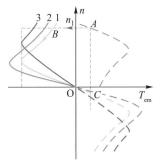

图 5.3.2　异步电动机能耗制动时的机械特性

微课:
三相异步电动机反接制动原理

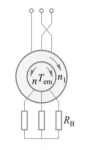

(a) 制动原理图

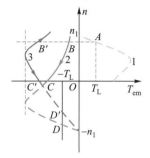

(b) 机械特性

图 5.3.3 异步电动机定子
两相反接的反接制动

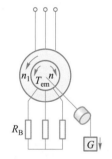

(a) 制动原理图

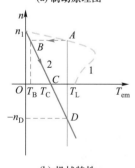

(b) 机械特性

图 5.3.4 异步电动机倒拉
反转的反接制动

了,由原来的逆时针方向变为顺时针方向,电磁转矩方向也随之改变,变为制动性质,其机械特性曲线变为图 5.3.3(b)中曲线 2,其对应的理想空载转速为 $-n_1$。

在定子两相反接瞬间,转速来不及变化,工作点由 A 点平移到 B 点,这时系统在制动的电磁转矩和负载转矩共同作用下迅速减速,工作点沿曲线 2 移动,当到达 C 点时,转速为零,制动过程结束。如要停车,则应立即切断电源,否则电动机将反向起动。

对于绕线转子异步电动机,为了限制制动瞬间电流以及增大电磁制动转矩,通常在定子两相反接的同时,在转子回路中串接制动电阻 R_B,这时对应的机械特性如图 5.3.3(b)中的曲线 3 所示。定子两相反接的反接制动是指从反接开始至转速为零这一段制动过程,即图 5.3.3(b)中曲线 2 的 BC 段或曲线 3 的 $B'C'$ 段。

二、倒拉反转的反接制动

这种反接制动适用于绕线转子异步电动机拖动位能性负载的情况,它能够使重物获得稳定的下放速度。现以起重机为例来说明。

图 5.3.4 所示为绕线转子异步电动机倒拉反转反接制动时的原理图及其机械特性。设电动机原来工作在固有机械特性曲线上的 A 点提升重物,当在转子回路串入电阻 R_B 时,其机械特性变为曲线 2。串入 R_B 瞬间,转速来不及变化,工作点由 A 平移到 B 点,此时电动机的提升转矩 T_B 小于位能负载转矩 T_L,所以提升速度减小,工作点沿曲线 2 由 B 点向 C 点移动。在减速过程中,电机仍运行在电动状态。当工作点到达 C 点时,转速降至零,对应的电磁转矩 T_C 仍小于负载转矩 T_L,重物将倒拉电动机的转子反向旋转,并加速到 D 点,这时 $T_D = T_L$,拖动系统将以转速 n_D 稳定下放重物。在 D 点, $T_{em} = T_D > 0$, $n = -n_D < 0$,负载转矩成为拖动转矩,拉着电动机反转,而电磁转矩起制动作用,如图 5.3.4(a)所示,故把这种制动称为倒拉反转的反接制动。

由图 5.3.4(b)可见,要实现倒拉反转反接制动,转子回路必须串接足够大的电阻,使工作点位于第四象限。这种制动方式的目的主要是限制重物的下放速度。

以上介绍的电源两相反接的反接制动和倒拉反转的反接制动具有一个相同特点,就是定子磁场的转向和转子的转向相反,即转差率 s 大于 1。因此,异步电动机等效电路中表示机械负载的等效电阻 $\dfrac{1-s}{s}R_2'$ 是个负值,其机械功率为

$$P_{MEC} = m_1 I_2'^2 \frac{1-s}{s}R_2' = -m_1 I_2'^2 \frac{s-1}{s}R_2' < 0$$

定子传递到转子的电磁功率为

$$P_{em} = m_1 I_2'^2 \frac{R_2'}{s} > 0$$

P_{MEC} 为负值,表明电动机从轴上输入机械功率; P_{em} 为正值,表明定子从电源输入电功率,并由定子向转子传递功率。将 $|P_{MEC}|$ 与 P_{em} 相加得

$$|P_{MEC}| + P_{em} = m_1 I_2'^2 \frac{s-1}{s}R_2' + m_1 I_2'^2 \frac{R_2'}{s} = m_1 I_2'^2 R_2'$$

上式表明,轴上输入的机械功率转变成电功率后,连同定子传递给转子的电磁功率一起全部消耗在转子回路电阻上,所以反接制动时的能量损耗较大。

5.3.3 回馈制动

若异步电动机在电动状态运行时,由于某种原因,使电动机的转速超过了同步转速(转向不变),这

时电动机便处于回馈制动状态。

要使电动机转子的转速超过同步转速($n>n_1$),那么转子必须在外力矩的作用下,即转轴上必须输入机械能。因此回馈制动状态实际上就是将轴上的机械能转变成电能并回馈到电网的异步电动机的发电运行状态。

回馈制动时,$n>n_1$,T_{em} 与 n 反方向,所以其机械特性是第一象限正向电动状态特性曲线在第二象限的延伸,如图 5.3.5 中的曲线 1;或是第三象限反向电动状态特性曲线在第四象限的延伸,如图 5.3.5 中曲线 2、3 所示。

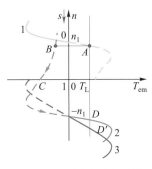

图 5.3.5　异步电动机回馈制动时的机械特性

在生产实践中,异步电动机的回馈制动有以下两种情况:一种是出现在位能负载下放时;另一种是出现在电动机变极调速或变频调速过程中。

一、下放重物时的回馈制动

在图 5.3.5 中,设 A 点是电动状态提升重物工作点,D 点是回馈制动状态下放重物工作点。电动机从提升重物工作点 A 过渡到下放重物工作点 D 的过程如下:首先将电动机定子两相反接,这时定子旋转磁场的同步转速为 $-n_1$,机械特性如图 5.3.5 中曲线 2。反接瞬间,转速不突变,工作点由 A 平移到 B,然后电动机经过反接制动过程(工作点沿曲线 2 由 B 变到 C)、反向电动加速过程(工作点由 C 向同步点 $-n_1$ 变化),最后在位能负载作用下反向加速并超过同步速,直到 D 点保持稳定运行,即匀速下放重物。如果在转子电路中串入制动电阻,对应的机械特性如图 5.3.5 中曲线 3,这时的回馈制动工作点为 D',其转速增加,重物下放的速度增大。为了限制电动机的转速,回馈制动时在转子电路中串入的电阻值不应太大。

二、变极或变频调速过程中的回馈制动

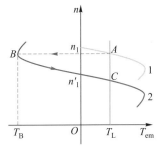

图 5.3.6　异步电动机在变极或变频调速过程中的回馈制动

这种制动情况可用图 5.3.6 来说明。设电动机原来在机械特性曲线 1 上的 A 点稳定运行,当电动机采用变极(如增加极数)或变频(如降低频率)进行调速时,其机械特性变为曲线 2,同步转速变为 n_1'。在调速瞬间,转速不突变,工作点由 A 变到 B。在 B 点,转速 $n_B>0$,电磁转矩 $T_B<0$,为制动转矩,且因为 $n_B>n_1'$,故电动机处于回馈制动状态。工作点沿曲线 2 的 B 点到 n_1' 点这一段变化过程为回馈制动过程,在此过程中,电动机吸收系统释放的动能,并转换成电能回馈到电网。电动机沿曲线 2 的 n_1' 点到 C 点的变化过程为电动状态的减速过程,C 点为调速后的稳态工作点。

5.4　三相异步电动机的调速

根据异步电动机的转速公式

$$n = n_1(1-s) = \frac{60f_1}{p}(1-s) \tag{5.4.1}$$

可知,异步电动机有下列三种基本调速方法:

(1)改变定子磁极对数 p 调速。

(2)改变电源频率 f_1 调速。

(3)改变转差率 s 调速。

其中改变转差率 s 调速,包括绕线转子电动机的转子串接电阻调速、串级调速及定子调压调速。本节介绍上述各种调速方法的基本原理、运行特性和调速性能。

5.4.1　变极调速

在电源频率 f_1 不变的条件下,改变电动机的磁极对数 p,电动机的同步转速 n_1 就会变化,磁极对数

教学课件:
三相异步电
动机的调速

增加一倍,同步转速就降低一半,电动机的转速也几乎下降一半,从而实现转速的调节。

要改变电动机的磁极对数,可以在定子铁心槽内嵌放两套不同磁极对数的三相绕组,从制造的角度看,这种方法很不经济。通常是利用改变定子绕组接法来改变磁极对数,这种电机称为多速电机。由电机学原理可知,只有定子和转子具有相同的磁极对数时,电动机才具有恒定的电磁转矩,才能实现机电能量的转换。因此,在改变定子磁极对数的同时,必须改变转子的磁极对数,因笼型电动机的转子磁极对数能自动地跟随定子磁极对数的变化,所以变极调速只用于笼型电动机。

一、变极原理

下面以4极变2极为例,说明定子绕组的变极原理。图5.4.1所示画出了4极电机 U 相绕组的两个线圈,每个线圈代表 U 相绕组的一半,称为半相绕组。两个半相绕组顺向串联(头尾相接)时,根据线圈中的电流方向,可以看出定子绕组产生4极磁场,即 $2p=4$,磁场方向如图5.4.1(a)中的虚线或图5.4.1(b)中的⊗、⊙所示。

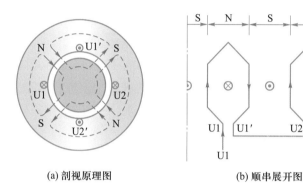

(a) 剖视原理图　　　　　　　(b) 顺串展开图

图5.4.1　绕组变极原理图($2p=4$)

如果将两个半相绕组的连接方式改为图5.4.2所示的样子,即使其中的一个半相绕组 U2、U2′中电流反向,这时定子绕组便产生2极磁场,即 $2p=2$。由此可见,使定子每相的一半绕组中电流改变方向,就可改变磁极对数。

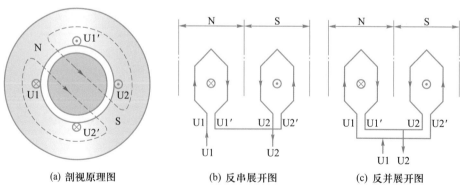

(a) 剖视原理图　　　　(b) 反串展开图　　　　(c) 反并展开图

图5.4.2　绕组变极原理图($2p=2$)

二、三种常用的变极接线方式

图5.4.3示出了三种常用的变极接线方式的原理图,其中图(a)表示由单星形联结改接成并联的双星形联结;图(b)表示由单星形联结改接成反向串联的单星形联结;图(c)表示由三角形联结改接成双星形联结。由图可见,这三种接线方式都是使每相的一半绕组内的电流改变了方向,因而定子磁场

动画:
三相异步电动机变极调速

微课:
三相异步电动机磁极对数和转速的判断

的磁极对数减少一半。

必须指出,当改变定子绕组接线时,必须同时改变定子绕组的相序(对调任意两相绕组出线端),以保证调速前后电动机的转向不变。这是因为在电动机定子圆周上,电角度 = p×机械角度,当 $p=1$ 时,U、V、W 三相绕组在空间分布的电角度依次为 0°、120°、240°;而当 $p=2$ 时,U、V、W 三相绕组在空间分布的电角度变为 0°、120°×2 = 240°、240°×2 = 480°(即 120°)。可见,变极前后三相绕组的相序发生了变化,因此变极后只有对调定子的两相绕组出线端,才能保证电动机的转向不变。

变极调速电动机,有倍极比(如 2/4 极、4/8 极等)双速电动机、非倍极比(如 4/6 极、6/8 极等)双速电动机,还有单绕组三速电动机,这种电动机的绕组结构复杂一些。

变极调速时,转速几乎是成倍变化,所以调速的平滑性差。但它在每个转速等级运转时,和普通的异步电动机一样,具有较硬的机械特性,稳定性较好。变极调速既可用于恒转矩负载,又可用于恒功率负载,所以对于不需要无级调速的生产机械,如金属切削机床、通风机、升降机等都采用多速电动机拖动。

5.4.2　变频调速

一、电压随频率调节的规律

根据转速公式(5.4.1)可知,当转差率 s 变化不大时,异步电动机的转速 n 基本上与电源频率 f_1 成正比。连续调节电源频率,就可以平滑地改变电动机的转速。但是,单一地调节电源频率,将导致电动机运行性能的恶化,其原因可分析如下。

电动机正常运行时,定子漏抗压降很小,可以认为

$$U_1 \approx E_1 = 4.44 f_1 N_1 k_{w1} \Phi_0 \qquad (5.4.2)$$

若端电压 U_1 不变,则当频率 f_1 减小时,主磁通 Φ_0 将增加,这将导致磁路过分饱和,励磁电流增大,功率因数降低,铁心损耗增大;而当 f_1 增大时,Φ_0 将减少,电磁转矩及最大转矩下降,过载能力降低,电动机的容量也得不到充分利用。因此,为了使电动机能保持较好的运行性能,要求在调节 f_1 的同时,改变定子电压 U_1,以维持 Φ_0 不变,或者保持电动机的过载能力不变。U_1 随 f_1 按什么样的规律变化最为合适呢?一般认为,在任何类型负载下变频调速时,若能保持电动机的过载能力不变,则电动机的运行性能较为理想。电动机的过载能力为

$$\lambda_T = \frac{T_m}{T_N} \qquad (5.4.3)$$

在最大转矩公式(5.1.6)中,当 f_1 较高时,$(X_1 + X_2') \gg R_1$,故可略去 R_1,又因为 $(X_1 + X_2') = 2\pi f_1(L_1 + L_2')$,由此得到的最大转矩公式代入式(5.4.3)中可得

$$\lambda_T = \frac{m_1 p U_1^2}{4\pi (X_1 + X_2') T_N} = C \frac{U_1^2}{f_1^2 T_N} \qquad (5.4.4)$$

式中,常数 $C = \dfrac{m_1 p}{8\pi^2 (L_1 + L_2')}$,$L_1$、$L_2'$ 为定子、转子绕组的漏电感。

为了保持变频前后 λ_T 不变,要求下式成立

$$\frac{U_1^2}{f_1^2 T_N} = \frac{U_1'^2}{f_1'^2 T_N'}$$

$$\frac{U_1'}{U_1} = \frac{f_1'}{f_1} \sqrt{\frac{T_N'}{T_N}} \qquad (5.4.5)$$

即

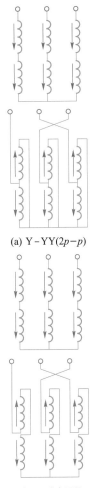

(a) Y–YY(2p–p)

(b) 顺串 Y–反串 Y(2p–p)

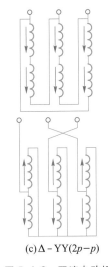

(c) Δ–YY(2p–p)

图 5.4.3　双速电动机常用的变极接线方式

微课：
变频调速
控制线路

式中加"'"的量表示变频后的量。

式(5.4.5)表示变频调速时，U_1 和 f_1 的变化规律，此时的电动机的过载能力 λ_T 将保持不变。

变频调速时，U_1 和 f_1 的调节规律是和负载性质有关的，通常分为恒转矩变频调速和恒功率变频调速两种情况。

1. 恒转矩变频调速

对于恒转矩负载，$T_N = T'_N$，于是式(5.4.5)变为

$$\frac{U_1}{f_1} = \frac{U'_1}{f'_1} = 常数 \tag{5.4.6}$$

就是说，在恒转矩负载下，若能保持电压与频率成正比调节，则电动机在调速过程中，既保证了过载能力 λ_T 不变，同时又满足主磁通 Φ_0 不变的要求，这也说明变频调速特别适用于恒转矩负载。

2. 恒功率变频调速

对于恒功率负载，要求在变频调速时电动机的输出功率保持不变，即

$$P_N = \frac{T_N n_N}{9\ 550} = \frac{T'_N n'_N}{9\ 550} = 常数 \tag{5.4.7}$$

所以

$$\frac{T'_N}{T_N} = \frac{n_N}{n'_N} = \frac{f_1}{f'_1} \tag{5.4.8}$$

将式(5.4.8)代入式(5.4.5)，得

$$\frac{U_1}{\sqrt{f_1}} = \frac{U'_1}{\sqrt{f'_1}} = 常数 \tag{5.4.9}$$

即在恒功率负载下，如能保持 $U_1/\sqrt{f_1} =$ 常数的调节，则电动机的过载能力 λ_T 不变，但主磁通 Φ_0 将发生变化。

二、变频装置简介

要实现异步电动机的变频调速，必须有能够同时改变电压和频率的供电电源。现有的交流供电电源都是恒压恒频的，所以必须通过变频装置才能获得变压变频电源。变频装置可分为间接变频和直接变频两类。间接变频装置先将工频交流电通过整流器变成直流，然后再经过逆变器将直流变成可控频率的交流，通常称为交-直-交变频装置。直接变频装置则将工频交流一次变换成可控频率的交流，没有中间直流环节，也称为交-交变频装置。目前应用较多的还是间接变频装置。

1. 间接变频装置（交-直-交变频装置）

图 5.4.4 所示给出了间接变频装置的主要构成环节。按照不同的控制方式，它又可分为图 5.4.5 中的（a）、（b）、（c）三种。

图 5.4.4　间接变频装置（交-直-交变频装置）

图 5.4.5（a）所示是用可控整流器变压，用逆变器变频的交-直-交变频装置。调压和调频分别在两个环节上进行，两者要在控制电路上协调配合。这种装置结构简单，控制方便。但是，由于输入环节采用可控整流器，当电压和频率调得较低时，电网端的功率因数较低；输出环节多用晶闸管组成的三相六拍逆变器（每周换流六次），输出的谐波较大。这是此类变频装置的主要缺点。

图 5.4.5（b）所示是用不控整流器整流，斩波器变压，逆变器变频的交-直-交变频装置。整流器采

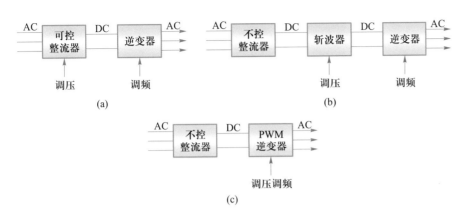

图 5.4.5　间接变频装置的各种结构形式

用二极管不控整流器,增设斩波器进行脉宽调压。这样虽然多了一个环节,但输入功率因数高,克服了图 5.4.5(a)的第一个缺点。输出逆变环节不变,仍有谐波较大的问题。

　　图 5.4.5(c)所示是用不控整流器整流,脉宽调制(PWM)逆变器同时变压变频的交-直-交变频装置。用不控整流器,则输入端功率因数高;用 PWM 逆变器,则谐波可以减少。这样可以克服图 5.4.5(a)装置的两个缺点。

　　2. 直接变频装置(交-交变频装置)

　　直接变频装置的结构如图 5.4.6 所示,它只用一个变换环节就可以把恒压恒频的交流电源变换成变压变频电源。这种变频装置输出的每一相都是一个两组晶闸管整流装置反并联的可逆线路,如图 5.4.7 所示。正、反两组按一定周期相互切换,在负载上就获得交变的输出电压 u_o。u_o 的幅值取决于各组整流装置的控制角,u_o 的频率取决于两组整流装置的切换频率。当整流器的控制角和这两组整流装置的切换频率不断变化时,即可得到变压变频的交流电源。

图 5.4.6　直接(交-交)变频装置

5.4.3　变转差率调速

　　异步电动机的变转差率调速包括绕线转子异步电动机的转子串接电阻调速、串级调速及异步电动机的定子调压调速等。

一、绕线转子电动机的转子串接电阻调速

绕线转子电动机的转子回路串接对称电阻时的机械特性如图 5.4.8 所示。

　　从机械特性上看,转子串入附加电阻时,n_1、T_m 不变,但 s_m 增大,特性斜率增大。当负载转矩一定时,工作点的转差率随转子串联电阻的增大而增大,电动机的转速随转子串联电阻的增大而减小。

　　这种调速方法的优点是:设备简单,易于实现。缺点是:调速是有级的,不平滑;低速时转差率较大,造成转子铜损耗增大,运行效率降低,机械特性变软,当负载转矩波动时将引起较大的转速变化,所以低速时静差率较大。

　　这种调速方法多应用在起重机一类对调速性能要求不高的恒转矩负载上。

　　因为转子串接电阻时,最大转矩 T_m 不变,所以,由实用机械特性简化的线性表达式(5.1.13)可得

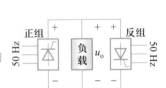

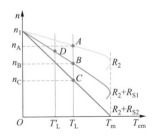

图 5.4.7　交-交变频装置一相电路

$$\frac{s_m}{s}T_{em} = 2T_m = 常数 \tag{5.4.10}$$

设 s_m、s、T_{em} 为转子串接电阻前的量,s'_m、s'、T'_{em} 为串入电阻 R_s 后的量,由式(5.4.10)可得

$$\frac{s_m}{s}T_{em} = \frac{s'_m}{s'}T'_{em}$$

图 5.4.8　绕线转子电动机的转子回路串接对称电阻时的机械特性

又因为临界转差率与转子电阻成正比，故

$$\frac{R_2}{s}T_{em} = \frac{R_2+R_s}{s'}T'_{em} \tag{5.4.11}$$

于是转子串接的附加电阻为

$$R_s = \left(\frac{s'\,T_{em}}{s\,T'_{em}} - 1\right)R_2 \tag{5.4.12}$$

当负载转矩保持不变，即恒转矩调速时，$T_{em} = T'_{em}$（如图 5.4.8 中 A、B 两点），则

$$R_s = \left(\frac{s'}{s} - 1\right)R_2 \tag{5.4.13}$$

如果调速时负载转矩发生了变化（如图 5.4.8 中 A、D 两点），则必须用式（5.4.12）来计算串接的电阻值。

二、绕线转子电动机的串级调速

在负载转矩不变的条件下，异步电动机的电磁功率 $P_{em} = T_{em}\Omega_1 = $ 常数，转子铜损耗 $P_{Cu2} = sP_{em}$ 与转差率成正比，所以转子铜损耗又称为转差功率。转子串接电阻调速时，转速调得越低，转差功率越大，输出功率越小，效率就越低，所以转子串接电阻调速很不经济。

如果在转子回路中不串接电阻，而是串接一个与转子电动势 $\dot{E}_{2s}$ 同频率的附加电动势 $\dot{E}_{ad}$，如图 5.4.9 所示，通过改变 $\dot{E}_{ad}$ 的幅值和相位，同样也可实现调速。这样，电动机在低速运行时，转子中的转差功率只有小部分被转子绕组本身电阻所消耗，而其余大部分被附加电动势 $\dot{E}_{ad}$ 所吸收，利用产生 $\dot{E}_{ad}$ 的装置可以把这部分转差功率回馈到电网，使电动机在低速运行时仍具有较高的效率。这种在绕线转子电动机转子回路串接附加电动势的调速方法称为串级调速。

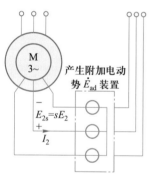

图 5.4.9 转子串 $\dot{E}_{ad}$ 的
串级调速原理图

串级调速完全克服了转子串接电阻调速的缺点，它具有高效率，无级平滑调速，低速时仍具有较硬的机械特性等优点。

串级调速的基本原理可分析如下。

未串 $\dot{E}_{ad}$ 时，转子电流为

$$I_2 = \frac{sE_2}{\sqrt{R_2^2 + (sX_2)^2}} \tag{5.4.14}$$

当转子串入的 $\dot{E}_{ad}$ 与 $\dot{E}_{2s} = s\dot{E}_2$ 反相位时，电动机的转速将下降。因为反相位的 $\dot{E}_{ad}$ 串入后，立即引起转子电流 I_2 的减小，即

$$I_2 = \frac{sE_2 - E_{ad}}{\sqrt{R_2^2 + (sX_2)^2}} = \frac{E_2 - \dfrac{E_{ad}}{s}}{\sqrt{\left(\dfrac{R_2}{s}\right)^2 + X_2^2}} \tag{5.4.15}$$

而电动机产生的电磁转矩 $T_{em} = C_T\Phi I'_2\cos\varphi_2$ 也随 I_2 减小而减小，于是电动机开始减速，转差率 s 增大。由式（5.4.15）可知，随着 s 增大，转子电流 I_2 开始回升，T_{em} 也相应回升，直到转速降至某个值，I_2 回升到使得 T_{em} 复原到与负载转矩平衡时，减速过程结束，电动机便在此低速下稳定运行。串入反相位 $\dot{E}_{ad}$ 的幅值越大，电动机的稳定转速就越低，这就是向低于同步转速方向调速的原理。

当转子串入的 $\dot{E}_{ad}$ 与 $\dot{E}_{2s}$ 同相位时，电动机的转速将升高。因为同相位的 $\dot{E}_{ad}$ 串入后，立即使 I_2 增大，即

$$I_2 = \frac{sE_2 + E_{ad}}{\sqrt{R_2^2 + (sX_2)^2}} \tag{5.4.16}$$

于是,电动机的 T_{em} 相应增大,转速将上升,s 减小。随着 s 的减小,I_2 开始减小,T_{em} 也相应减小,直到转速上升到某个值,I_2 减小到使得 T_{em} 复原到与负载转矩平衡时,升速过程结束,电动机便在高速下稳定运行。

由上面分析可知,当 $\dot{E}_{ad}$ 与 $\dot{E}_{2s}$ 反相位时,可使电动机在同步转速以下调速,称为低同步串级调速,这时提供 $\dot{E}_{ad}$ 的装置从转子电路中吸收电能并回馈到电网;当 $\dot{E}_{ad}$ 与 $\dot{E}_{2s}$ 同相位时,可使电动机朝着同步转速方向加速,$\dot{E}_{ad}$ 幅值越大,电动机的稳定转速越高。当 $\dot{E}_{ad}$ 幅值足够大时,电动机的转速将达到甚至超过同步转速,这称为超同步串级调速。这时提供 $\dot{E}_{ad}$ 的装置向转子电路输入电能,同时电源还要向定子电路输入电能,因此又称为电动机的双馈运行。

串级调速时的机械特性(推导略)如图 5.4.10 所示。由图可见,当 $\dot{E}_{ad}$ 与 $\dot{E}_{2s}$ 同相位时,机械特性基本上是向右上方移动;当 $\dot{E}_{ad}$ 与 $\dot{E}_{2s}$ 反相位时,机械特性基本上是向左下方移动。因此机械特性的硬度基本不变,但低速时的最大转矩和过载能力降低,起动转矩也减小。

串级调速的性能比较好,但获得附加电动势 $\dot{E}_{ad}$ 的装置比较复杂,成本较高,且在低速时电动机的过载能力较低,因此串级调速最适用于调速范围不太大(一般为 2~4)的场合,例如通风机和提升机等。

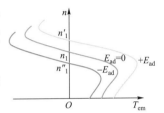

图 5.4.10 串级调速时的机械特性

三、异步电动机的定子调压调速

改变定子电压时的异步电动机机械特性如图 5.4.11 所示。当定子电压降低时,电动机的同步转速 n_1 和临界转差率 s_m 均不变,但电动机的最大电磁转矩和起动转矩均随着电压平方关系减小。对于通风机负载(图 5.4.11 中特性 1),电动机在全段机械特性上都能稳定运行,在不同电压下的稳定工作点分别为 a_1、b_1、c_1,即降低定子电压可以获得较低的稳定运行速度。对于恒转矩负载(图 5.4.11 中特性 2),电动机只能在机械特性的线性段($0<s<s_m$)稳定运行,在不同电压时的稳定工作点分别为 a_2、b_2、c_2,显然电动机的调速范围很窄。

异步电动机的调压调速通常应用在专门设计的具有较大转子电阻的高转差率异步电动机上,这种电动机的机械特性如图 5.4.12 所示。由图可见,即使是恒转矩负载,改变电压也能获得较宽的调速范围。但是,这种电动机在低速时的机械特性太软,其静差率和运行稳定性往往不能满足生产工艺的要求。因此,现代的调压调速系统通常采用速度反馈的闭环控制,以提高低速时机械特性的硬度,从而在满足一定静差率条件下,获得较宽的调速范围,同时保证电动机具有一定的过载能力。

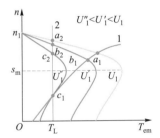

图 5.4.11 改变定子电压时的异步电动机机械特性

调压调速既非恒转矩调速,也非恒功率调速,它最适用于转矩随转速降低而减小的负载(如通风机负载),也可用于恒转矩负载,最不适用于恒功率负载。

5.4.4 电磁调速异步电动机

电磁调速异步电动机是一种交流恒转矩无级调速电动机。它由异步电动机、电磁滑差离合器、测速发电机和控制装置组成,如图 5.4.13 所示。电磁调速异步电动机起调速作用的部件是电磁滑差离合器,下面具体分析其结构和工作原理。

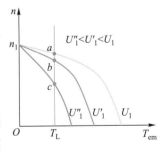

图 5.4.12 高转差率异步电动机改变定子电压时的机械特性

一、电磁滑差离合器的结构

从原理上讲,电磁滑差离合器也是一台异步电动机,只是结构上与普通异步电动机不同,它主要由电枢和磁极两个旋转部分组成,其连接原理图如图 5.4.14(a)所示。

1. 电枢

电枢是主动部分,它是由铸钢制成的空心圆柱体,用联轴器与异步电动机的转子相连接,并随拖动异步电动机一起转动。

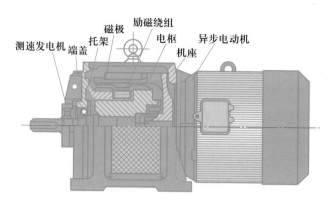

图 5.4.13　电磁调速异步电动机结构图

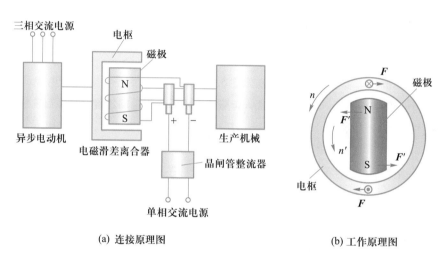

(a) 连接原理图　　　　　　　　　　(b) 工作原理图

图 5.4.14　电磁滑差离合器的原理图

2. 磁极

磁极由磁极铁心和励磁绕组两部分组成,是从动部分,绕组通过滑环和电刷装置接到直流电源上或晶闸管整流电源上。磁极通过联轴器与机械负载直接连接。

电枢和磁极之间在机械上是分开的,各自独立旋转。

二、电磁滑差离合器的工作原理

电磁滑差离合器的工作原理可用图 5.4.14(b)来说明。

(1) 磁极上的励磁绕组通入直流电流后产生磁场,电磁滑差离合器的电枢由异步电动机带动并以转速 n 沿逆时针方向旋转,此时电枢因切割磁场而产生涡流,其方向用右手定则确定。

(2) 此涡流与磁场相互作用使电枢受到电磁力 F 作用,其方向由左手定则确定。

(3) 根据作用力与反作用力大小相等,方向相反的原理,可确定磁极转子受电磁力 F' 的方向。在电磁力 F' 的作用下,在磁极转子上形成电磁转矩,其方向与电枢旋转方向相同,此时磁极转子便带着机械负载顺着电枢旋转方向以转速 n' 旋转,如图 5.4.14(b)所示。显然电磁滑差离合器的工作原理与异步电动机的工作原理相同。

(4) 当负载转矩恒定时,调节励磁电流的大小,就可以平滑地调节机械负载的转速。当增大励磁电流时,磁场增强,电磁转矩增大,转速 n' 上升;反之,当减小励磁电流时,磁场减弱,电磁转矩减小,转

速 n' 下降。

需要指出,异步电动机工作的必要条件是:电动机的转速 n 必须小于同步转速 n_1,即 $n<n_1$。而滑差离合器工作的必要条件是:磁极转子的转速 n' 必须小于电枢(异步电动机)的转速 n,即 $n'<n$。若 $n'=n$,则电枢与磁极间便无相对运动,就不会在电枢中产生涡流,也就不会产生电磁转矩,当然磁极就不会旋转了。也就是说,电磁滑差离合器必须有滑差才能工作,所以电磁调速异步电动机又称为滑差电动机,其滑差率为

$$s' = \frac{n-n'}{n} \tag{5.4.17}$$

转速为

$$n' = n(1-s') \tag{5.4.18}$$

三、电磁调速异步电动机的优缺点及应用

电磁调速异步电动机的优点是:

(1) 调速范围广,其调速比可为 10:1,且调速平滑,可以实现无级调速。

(2) 结构简单,运行可靠,维修方便。

其缺点是:涡流损耗大,效率较低。

目前,电磁调速异步电动机广泛应用于纺织、印染、造纸、船舶、冶金和电力等工业部门的许多生产机械中,例如,火力发电厂中的锅炉给粉机的原动机就使用这种电动机。

5.5　三相异步电动机电力拖动应用案例

三相异步电动机因其结构简单,运行可靠,控制方便等优异性能在厂矿企业得到了大量使用。图5.5.1 所示为三相异步电动机驱动旋转夹持机构示意图。

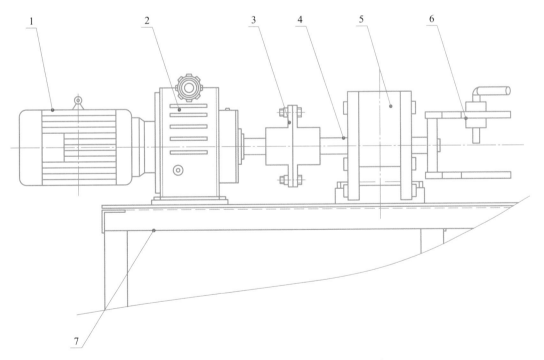

图 5.5.1　三相异步电动机驱动旋转夹持机构示意图
1—三相异步电动机;2—行星摩擦式减速器;3—凸缘联轴器;4—轴;5—轴承座;6—夹紧翻转机构;7—底部支撑架

教学课件:
三相异步电动
机电力拖动
应用案例

此机构运行时,电动机和减速器带动轴通过联轴器将扭矩传递给旋转夹持机构,带动该夹持机构转动。

运行时,三相异步电动机采用变频器实现速度控制。根据夹紧机构所夹持工件直径的大小进行速度设定。工件直径大时,电动机应低速运行;工件直径小时,电动机可相对高速运行。

▬ 小结

三相异步电动机的机械特性是指电动机的转速 n 与电磁转矩 T_{em} 之间的关系。由于转速 n 与转差率 s 有一定的对应关系,所以机械特性也常用 $T_{em} = f(s)$ 的形式表示。三相异步电动机的电磁转矩表达式有三种形式,即物理表达式、参数表达式和实用表达式。物理表达式反映了异步电动机电磁转矩产生的物理本质,说明了电磁转矩是由主磁通和转子有功电流相互作用而产生的。参数表达式反映了电磁转矩与电源参数及电动机参数之间的关系,利用该式可以方便地分析参数变化对电磁转矩的影响和对各种人为机械特性的影响。实用表达式简单、便于记忆,是工程计算中常采用的形式。

电动机的最大转矩和起动转矩是反映电动机的过载能力和起动性能的两个重要指标,最大转矩和起动转矩越大,则电动机的过载能力越强,起动性能越好。

三相异步电动机的机械特性是一条非线性曲线,一般情况下,以最大转矩(或临界转差率)为分界点,其线性段为稳定运行区,而非线性段为不稳定运行区。固有机械特性的线性段属于硬特性,额定工作点的转速略低于同步转速。人为机械特性曲线的形状可由参数表达式分析得出,分析时关键要抓住最大转矩、临界转差率及起动转矩这三个量随参数的变化规律。

小容量的三相异步电动机可以采用直接起动,容量较大的笼型电动机可以采用降压起动。降压起动分为 Y-Δ 降压起动和自耦变压器降压起动等。Y-Δ 降压起动只适用于三角形联结的电动机,其起动电流和起动转矩均降为直接起动时的 $1/3$,它适用于轻载起动。自耦变压器降压起动时,起动电流和起动转矩均降为直接起动时的 $1/k_a^2$(k_a 为自耦变压器的变比),它适用于带较大的负载起动。

绕线转子异步电动机可采用转子串接电阻或频敏变阻器起动,其起动转矩大,起动电流小,它适用于中、大型异步电动机的重载起动。

三相异步电动机也有三种制动状态:能耗制动、反接制动(电源两相反接和倒拉反转)和回馈制动。这三种制动状态的机械特性曲线、能量转换关系及用途、特点等均与直流电动机制动状态类似。

三相异步电动机的调速方法有变极调速、变频调速和变转差率调速。其中变转差率调速包括绕线转子异步电动机的转子串接电阻调速、串级调速和降压调速。变极调速是通过改变定子绕组接线方式来改变电动机磁极对数,从而实现电动机转速的变化。变极调速为有级调速。变极调速时的定子绕组连接方式有三种:Y-YY、顺串 Y-反串 Y、Δ-YY。其中 Y-YY 联结方式属于恒转矩调速方式,另外两种属于恒功率调速方式。变极调速时,应同时对调定子两相接线,这样才能保证调速后电动机的转向不变。变频调速是现代交流调速技术的主要方向,它可实现无级调速,适用于恒转矩和恒功率负载。绕线转子电动机的转子串接电阻调速方法简单,易于实现,但调速是有级的,不平滑,且低速时特性软,转速稳定性差,同时转子铜损耗大,电动机的效率低。串级调速克服了转子串接电阻调速的缺点,但设备要复杂得多。异步电动机的降压调速主要用于风机类负载的场合,或高转差率的电动机上,同时应采用速度负反馈的闭环控制系统。电磁调速异步电动机是由电磁滑差离合器与异步电动机构成的一种无级调速电动机,因其结构简单,调速范围广而得到了广泛应用。

思考题与习题

5.1　何谓三相异步电动机的固有机械特性和人为机械特性?

5.2　三相异步电动机的定子电压、转子电阻及定、转子漏电抗对最大转矩、临界转差率及起动转矩有何影响?

5.3　一台额定频率为 60 Hz 的三相异步电动机,用在频率为 50 Hz 的电源上(电压大小不变),问电动机的最大转矩和起动转矩有何变化?

5.4　三相异步电动机在额定负载下运行,如果电源电压低于其额定电压,则电动机的转速、主磁通及定、转子电流将如何变化?

5.5　三相异步电动机,当降低定子电压,转子串接对称电阻时的人为机械特性各有什么特点?

5.6　三相异步电动机直接起动时,为什么起动电流很大,而起动转矩却不大?

5.7　三相笼型异步电动机在什么条件下可以直接起动? 不能直接起动时,应采用什么方法起动?

5.8　三相笼型异步电动机采用自耦变压器降压起动时,起动电流和起动转矩与自耦变压器的变比有什么关系?

5.9　什么是三相异步电动机的 Y-Δ 降压起动? 它与直接起动相比,起动转矩和起动电流有何变化?

5.10　三相绕线转子异步电动机转子回路串接适当的电阻时,为什么起动电流减小,而起动转矩增大? 如果串接电抗器,会有同样的结果吗? 为什么?

5.11　为使三相异步电动机快速停车,可采用哪几种制动方法? 如何改变制动的强弱? 试用机械特性说明其制动过程。

5.12　当三相异步电动机拖动位能性负载时,为了限制负载下降时的速度,可采用哪几种制动方法? 如何改变制动运行时的速度? 各制动运行时的能量关系如何?

5.13　三相异步电动机怎样实现变极调速? 变极调速时为什么要改变定子电源的相序?

5.14　三相异步电动机变频调速时,其机械特性有何变化?

5.15　三相异步电动机在基频以下和基频以上变频调速时,应按什么规律来控制定子电压? 为什么?

5.16　三相绕线转子异步电动机转子串接电阻调速时,为什么低速时的机械特性变软? 为什么轻载时的调速范围不大?

5.17　一台三相异步电动机的额定数据为:$P_N = 7.5$ kW,$f_N = 50$ Hz,$n_N = 1\ 440$ r/min,$\lambda_T = 2.2$,求:(1)临界转差率 s_m;(2)机械特性实用表达式;(3)电磁转矩为多大时电动机的转速为 1 300 r/min;(4)绘制出电动机的固有机械特性曲线。

5.18　一台三相绕线转子异步电动机的数据为:$P_N = 75$ kW,$n_N = 720$ r/min,$\lambda_T = 2.4$,求:(1)临界转差率 s_m 和最大转矩 T_m;(2)用实用表达式计算并绘制固有机械特性。

5.19　一台三相笼型异步电动机的数据为:$U_N = 380$ V,Δ 联结,$I_N = 20$ A,$k_I = 7$,$k_{st} = 1.4$,求:(1)如用 Y-Δ 降压起动,起动电流为多少? 能否半载起动? (2)如用自耦变压器在半载下起动,起动电流为多少? 试选择抽头比。

5.20　一台三相绕线转子异步电动机的数据为:$P_N = 40$ kW,$n_N = 1\ 470$ r/min,转子每相绕组电阻 $R_2 = 0.08$ Ω,$\lambda_T = 2.6$,要求起动转矩为 $2T_N$,试利用机械特性的近似公式计算转子每相应串接的电阻值。

5.21　一台三相绕线转子异步电动机的数据为：$P_N = 75$ kW，$U_N = 380$ V，$n_N = 970$ r/min，$\lambda_T = 2.05$，$E_{2N} = 238$ V，$I_{2N} = 210$ A，定、转子绕组均为 Y 联结。拖动位能性额定恒转矩负载运行时，若在转子回路中串接三相对称电阻 $R = 0.8$ Ω，则电动机的稳定转速为多少？运行于什么状态？

5.22　一台三相绕线转子异步电动机的数据为：$P_N = 22$ kW，$n_N = 1\,460$ r/min，$I_{1N} = 43.9$ A，$E_{2N} = 355$ V，$I_{2N} = 40$ A，$\lambda_T = 2$。要使电动机满载时的转速调到 $1\,050$ r/min，转子每相应串接多大的电阻？

本章自测题

一、填空题(每空 1 分,共 20 分)

1. 拖动恒转矩负载运行的三相异步电动机,其转差率 s 在_____范围内时,电动机都能稳定运行。

2. 三相异步电动机的过载能力是指_____。

3. Y-Δ 降压起动时,起动电流和起动转矩各降为直接起动时的_____倍。

4. 三相异步电动机进行能耗制动时,直流励磁电流越大,则初始制动转矩越_____。

5. 三相异步电动机拖动恒转矩负载进行变频调速时,为了保证过载能力和主磁通不变,则 U_1 应随 f_1 按_____规律调节。

6. 异步电动机的电磁转矩是由_____和_____相互作用产生的。

7. 在异步电动机机械特性曲线上,最大转矩所对应的转差率称为_____,它的大小与转子电阻的大小_____。

8. 异步电动机的最大转矩与电压_____,与转子电阻大小_____。

9. 异步电动机的额定转差率一般在_____之间,所以额定转速略低于_____转速。

10. 异步电动机的电源电压下降时,起动转矩将_____,而转子回路串适当电阻时,起动转矩将_____。

11. 要实现倒拉反转的反接制动,绕线转子异步电动机的转子回路必须串联足够大_____,这样才能使工作点位于_____象限。

12. 三相异步电动机的电磁转矩有三种表达式,分别是_____表达式、_____表达式和_____表达式。

二、判断题(每题 2 分,共 10 分)

1. 由公式 $T_{em} = C_T \Phi_0 I_2' \cos \varphi_2$ 可知,电磁转矩与转子电流成正比,因为直接起动时的起动电流很大,所以起动转矩也很大。　　　　　　　　　　　　　　　　　　（　　）

2. 电源电压下降越多,三相异步电动机的过载能力就越低。　　　　　　　　（　　）

3. 三相绕线转子异步电动机转子回路串入电阻可以增大起动转矩,串入电阻值越大,起动转矩也越大。　　　　　　　　　　　　　　　　　　　　　　　　　　　（　　）

4. 三相绕线转子异步电动机提升位能性恒转矩负载,当转子回路串接适当的电阻值时,重物将停在空中。　　　　　　　　　　　　　　　　　　　　　　　　　　　（　　）

5. 三相异步电动机的变极调速只能用在笼型异步电动机上。　　　　　　　　（　　）

三、选择题(每题 2 分,共 10 分)

1. 与固有机械特性相比,人为机械特性上的最大电磁转矩减小,临界转差率没变,则该机械特性是异步电动机的（　　）。

    A. 转子串接电阻的人为机械特性　　　　B. 降低电压的人为机械特性

    C. 定子串电阻的人为机械特性

    2. 一台三相笼型异步电动机的数据为：$P_N = 20\ kW$，$U_N = 380\ V$，$\lambda_T = 1.15$，$k_I = 6$，定子绕组为三角形联结。当拖动额定负载转矩起动时，若供电变压器允许起动电流不超过 $12I_N$，最好的起动方法是（　　）。

    A. 直接起动　　　　　　　　B. Y-Δ 降压起动　　　　　　C. 自耦变压器降压起动

    3. 一台三相异步电动机拖动额定转矩负载运行时，若电源电压下降了 10%，这时电动机的电磁转矩（　　）。

    A. $T_{em} = T_N$　　　　　　　　B. $T_{em} = 0.81T_N$　　　　　　C. $T_{em} = 0.9T_N$

    4. 三相绕线转子异步电动机拖动起重机的主钩，提升重物时电动机运行于正向电动状态，当在转子回路串接三相对称电阻下放重物时，电动机运行状态是（　　）。

    A. 能耗制动运行　　　　　　B. 反向回馈制动运行　　　　C. 倒拉反转运行

    5. 三相异步电动机拖动恒转矩负载，当进行变极调速时，应采用的联结方式为（　　）。

    A. Y-YY　　　　　　　　　　B. Δ-YY　　　　　　　　　C. 顺串 Y-反串 Y

四、简答与作图题（每题 5 分，共 25 分）

    1. 为什么功率为几个千瓦的直流电动机不能直接起动，而同样容量的三相笼型异步电动机却可以直接起动？

    2. 试定性画出三相异步电动机的固有机械特性曲线，并在图中标出起动点、最大转矩点和同步转速点的位置。

    3. 简述异步电动机的能耗制动方法及原理。

    4. 三相异步电动机有哪几种制动方法？

    5. 三相异步电动机有哪三种基本调速方法？

五、分析题（10 分）

试分析一般笼型异步电动机直接起动时，起动电流大而起动转矩却不大的原因。

六、计算题（25 分）

    1. 一台三相笼型异步电动机的数据为：$P_N = 40\ kW$，$U_N = 380\ V$，$n_N = 2\ 930\ r/min$，$\eta_N = 90\%$，$\cos\varphi_N = 0.85$，$k_I = 5.5$，$k_{st} = 1.2$；定子绕组为三角形联结。供电变压器允许起动电流为 150 A，分析能否在下列情况下用 Y-Δ 降压起动？（12 分）

    （1）负载转矩为 $0.25T_N$；（2）负载转矩为 $0.5T_N$。

    2. 一台三相绕线转子异步电动机的数据为：$P_N = 75\ kW$，$n_N = 720\ r/min$，$\lambda_T = 2.4$，求：（1）临界转差率 s_m 和最大转矩 T_m；（2）用实用表达式计算并绘制固有机械特性。（13 分）

第6章 同步电机及同步电动机的电力拖动

▶ **内容简介**

同步电机是交流旋转电机中的一种。同步电机主要用作发电机,也可用作电动机和调相机。现代电力工业中,无论是火力发电、水力发电、还是原子能发电,几乎全部采用同步发电机。同步电动机主要用于功率较大,转速不要求调节的生产机械,如大型水泵、空气压缩机、矿井通风机等。同步调相机专门用来改善电网的功率因数,以提高电网的运行经济性及电压的稳定性。

同步发电机与异步电动机比较,二者的定子相同,其三相绕组流过三相对称电流都将产生一个旋转磁场;但二者的转子却差别很大。同步发电机转子的主要特点是:(1)转子绕组外加直流励磁电流而产生一个恒定磁场;(2)转子转速与定子旋转磁场转速相同,即转子与定子磁场严格保持同步旋转,因此称为同步电机。

本章主要介绍同步发电机的工作原理与结构,电枢反应与机电能量转换,方程式、相量图和等效电路,参数及运行特性,并联运行及有功功率、无功功率调整,还将介绍同步电动机和调相机,最后介绍同步电动机的起动和调速等内容。

6.1 同步电机的基本工作原理与结构

教学课件:
同步电机的基本
工作原理与结构

6.1.1 同步电机的基本工作原理与分类

一、同步电机的基本工作原理

1. 同步发电机的基本工作原理

同步发电机是将机械能转换为电能的电磁装置。三相同步发电机的基本工作原理可用图 6.1.1 说明。

同步发电机的定子铁心槽内安放着空间相隔 120°电角度的三相对称绕组 U1U2、V1V2、W1W2。转子主要由磁极铁心和励磁绕组组成。当励磁绕组通入直流电流后,建立恒定的转子磁场。转子由原动机拖动以转速 n 匀速旋转时,转子磁场不断切割定子三相对称绕组,在三相绕组中感应出三相交变电动势,其方向可用右手定则确定。由于定子三相绕组在空间位置上互差 120°电角度,所以三相电动势在时间上互差 120°电角度。

如果同步发电机接上负载,将有三相电流流过定子绕组。这说明同步发电机把机械能转换成了电能。

(1)感应电动势的波形

根据感应电动势公式 $e=Blv$ 可知,当导体有效长度 l 和导体切割磁场线速度 v 为常数时,$e \propto B$,即导体感应电动势的波形取决于转子磁场沿气隙空间分布的波形。若把转子磁极的极弧设计制造成适

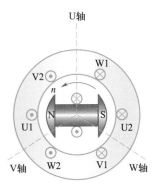

图 6.1.1 同步发电机的工作
原理示意图

当的形状，使它产生的磁场沿气隙空间按正弦规律分布，再通过三相绕组的星形联结以及采用短距和分布绕组，定子绕组便可得到正弦波形的感应电动势。

（2）感应电动势的频率

由图6.1.1可知，转子转过一对磁极，电动势就经历了一个周期的变化；若转子有 p 对磁极，转子以每分钟 n 转的转速旋转，则每分钟内感应电动势变化 pn 个周期。电动势在1 s内所变化的周期数称为交流电的频率，因此感应电动势的频率为

$$f=\frac{pn}{60} \tag{6.1.1}$$

已经制造好的同步发电机，磁极对数 p 一定，$f \propto n$，即定子绕组感应电动势的频率和转子转速之间保持严格的比例关系，这是同步发电机的主要特征。

（3）三相电动势的大小和相序

由于三相绕组对称，所以三相绕组中的感应电动势也对称。同步发电机每相绕组感应电动势大小为

$$E = 4.44 f N_1 k_{w1} \Phi_0 \tag{6.1.2}$$

式中，N_1 为定子每相绕组匝数；k_{w1} 为定子绕组系数；Φ_0 为主磁通。

转子由原动机拖动旋转，转子磁场切割定子绕组在时间上有先后。如图6.1.1中，当转子逆时针方向旋转时，转子磁场切割定子绕组的先后顺序依次为U相、V相、W相，因此U相超前V相120°电角度，V相超前W相120°电角度。即三相电动势的相序与转子的转向一致，因此相序由转子的转向决定。

2. 同步电动机的基本工作原理

如果同步电机作为电动机运行，则需要在定子绕组上施以三相交流电压，以使电机内部产生一个同步转速的旋转磁场，此刻在转子绕组上加上直流励磁，转子将在定子旋转磁场的带动下，拖动负载沿定子磁场的方向以相同的转速旋转，转子的转速为

$$n = n_1 = \frac{60f}{p} \tag{6.1.3}$$

此时，同步电动机将电能转换为机械能。

综上所述，同步电机无论作为发电机还是作为电动机运行，其转速与频率之间都将保持严格不变的关系。即同步电机在恒定频率下的转速恒为同步转速，这是同步电机和异步电机的基本差别之一。

二、同步电机的分类

同步电机可以按运行方式、结构、原动机的类别以及冷却介质和冷却方式等进行分类。

（1）按运行方式分类

按运行方式分类，同步电机可分为发电机、电动机和调相机三类。发电机把机械能转换为电能；电动机把电能转换为机械能；调相机专门用来调节电网的无功功率，改善电网的功率因数。

（2）按结构分类

按结构分类，同步电机可分为旋转电枢式和旋转磁极式两种。前者在某些小容量同步电机中得到应用，后者应用比较广泛，并成为同步电机的基本结构。

旋转磁极式同步电机按磁极的形状，又可分为隐极式和凸极式两种类型，如图6.1.2所示。隐极式气隙是均匀的，转子做成圆柱形。凸极式气隙是不均匀的，极弧底下气隙较小，极间部分气隙较大。

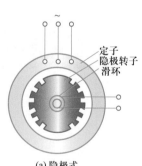

(a) 隐极式

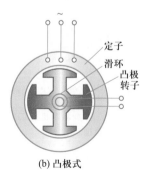

(b) 凸极式

图6.1.2 旋转磁极式同步电机

（3）按原动机类别分类

按原动机类别分类,同步发电机可分为汽轮发电机、水轮发电机和柴油发电机等。汽轮发电机的原动机为汽轮机,由于汽轮机在高转速运行时较为经济,故汽轮发电机应当有尽可能高的转速或尽可能少的极数。汽轮发电机由于转速高,转子各部分受到的离心力很大,机械强度要求高,故一般采用隐极式,汽轮发电机一般应用在火力发电厂中。水轮发电机的原动机为水轮机。水轮机的转速由水头和流量决定,通常很低,为几十转/分到数百转/分。为了获得 50 Hz 的交流电,电机应设计成低转速、多极数。故水轮发电机一般采用结构和制造上比较简单的凸极式,水轮发电机一般应用在水力发电厂中。同步电动机、柴油发动机和调相机,一般也做成凸极式。柴油发电机的原动机为柴油机,柴油机的转速通常在 500~1 500 r/min 之间,由此决定了柴油发电机的转速。柴油发电机容量较小,主要作为自备电源、移动电源,或某些重要用电设备的保安电源。

（4）按冷却介质和冷却方式分类

按冷却介质和冷却方式分,同步电机可分为空气冷却（空冷）,氢气冷却（氢冷）和水冷却（水冷）。

6.1.2　同步电机的基本结构

与其他旋转电机一样,同步电机主要分为定子和转子两部分。

一、定子

同步电机的定子又称为电枢,由定子铁心、定子绕组、机座、端盖等部件组成。

定子铁心是磁路的一部分,又起固定电枢绕组的作用,一般由厚度为 0.35 mm 或 0.5 mm 的硅钢片叠成,每叠厚 3~6 cm,各叠之间留有 0.6~1 cm 的通风槽,以利于铁心散热。当定子铁心的外径大于 1 m 时,为了合理地利用材料,其每层硅钢片常由若干块扇形片组合而成。叠装时把各层扇形片间的接缝互相错开,压紧后仍为一个整体的圆筒形铁心。整个铁心固定于机座上,如图 6.1.3 所示。

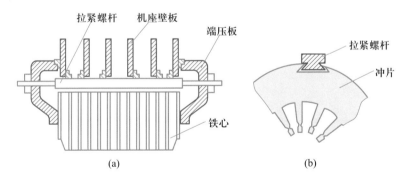

图 6.1.3　定子铁心冲片及夹紧结构

电枢绕组为三相对称绕组,一般采用三相双层短距叠绕组。由扁铜线绕制成形后,包以绝缘而成,如图 6.1.4 所示。直线部分嵌于槽内,是感应电动势的有效部分,端接部分有两个出线端头,用以绕组的连接。电枢绕组在槽内靠用绝缘材料制成的槽楔作径向固定,端部用绑扎或压板固定,以防止突然短路产生巨大电磁力而引起线圈端部变形。某 300 MW 同步发电机端部图如图 6.1.5 所示。

机座和端盖构成电机的壳体,机座主要是固定定子铁心和构成冷却风道,故应有足够的强度和刚度,并满足通风散热的需要,一般由钢板焊接而成。

定子部分除上述主要部件外,还有端盖、轴承及电刷等部件。

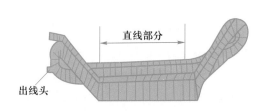

图 6.1.4 同步发电机的定子线圈　　　　图 6.1.5 某 300 MW 同步发电机端部图

二、转子

根据转子形式的不同,同步电机的转子分为隐极式和凸极式两种类型。

1. 隐极式转子

隐极式同步发电机的转子通常由转子铁心、励磁绕组、护环、中心环、滑环和转轴等部件组成。

隐极式转子铁心成圆柱形,无明显的磁极。转子铁心既是电机磁路的主要组成部分,又起固定励磁绕组和阻尼绕组的作用。由于汽轮发电机转速很高,转子所受离心力很大,因而其材料要求有良好的导磁性能,需要有很高的机械强度。一般采用整块的含铬、镍和钼的合金钢锻成,与转轴锻成一个整体。

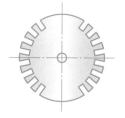

图 6.1.6 隐极式转子的大齿与小齿

沿转子铁心表面全长铣有槽,槽内嵌放励磁绕组。开槽的部分大约占圆周的 2/3,有 1/3 部分没有开槽,这部分称为大齿。大齿的中心实际上就是磁极的中心,如图 6.1.6 所示。

励磁绕组一般用扁铜线绕成同心式线圈,且利用不导磁、高强度的槽楔将励磁绕组在槽内压紧。

护环用以保护励磁绕组的端部不致因离心力而甩出。中心环用以支持护环,并阻止励磁绕组的轴向移动,如图 6.1.7 所示。

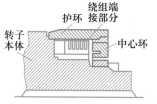

图 6.1.7 转子绕组端接部分的箍紧

滑环装在转轴一端,通过引线接到励磁绕组的两端,励磁电流经电刷、滑环而进入励磁绕组。

汽轮发电机常采用隐极式结构,其结构特点是:(1)转子极数少,通常为 2 极或 4 极,电机转速高;(2)沿圆周气隙均匀,无明显的磁极;(3)直径较小,轴向长度较长;(4)电机转子轴水平放置,为卧式结构。

2. 凸极式转子

凸极式转子的形状有明显凸出的磁极,周围的气隙不均匀,圆周上各处的磁阻不同。凸极式同步电机的转子主要由磁极铁心、励磁绕组、转子支架和转轴等组成。

磁极铁心一般由 1~1.5 mm 厚的钢板冲片用铆钉装成一体,也有采用整体锻钢或铸钢件制成的实心磁极。磁极铁心上套装有励磁绕组。励磁绕组一般由扁铜线绕成,匝间粘贴玻璃丝布或石棉纸绝缘。各励磁绕组串联后接到同轴的滑环上。

磁极的极靴上一般还装有类似于异步电机中笼型绕组的阻尼绕组,如图 6.1.8 所示。

对于发电机,阻尼绕组可以减小并联运行时转子振荡的幅值,对于电动机,阻尼绕组主要作为起动绕组用。由于实心磁极本身有较好的阻尼作用,故不另装阻尼绕组。

水轮发电机通常采用凸极式结构,其结构特点是:(1)转子极数多,电机转速低;(2)沿圆周气隙不均匀,主磁极中心线处气隙小,极间中性线处气隙大;(3)电机径向尺寸大,轴向尺寸小;(4)电机转子轴立式放置。

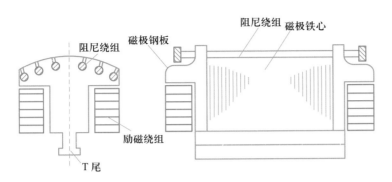

图 6.1.8　凸极式转子的磁极铁心

6.1.3　同步电机的型号与额定值

一、型号

同步电机的型号表示该电机的类型和特点。例如：

QFQS-200-2 表示定子绕组水内冷、转子绕组氢内冷、铁心氢冷的二极汽轮发电机,容量为 200 MW。

TS854/210-40 表示立式同步水轮发电机,定子铁心外径为 854 cm,定子铁心长度为 210 cm,有 40 个磁极。

二、额定值

额定值是制造厂对电机长期安全工作所作的使用规定,也是设计和试验电机的依据。同步电机的额定值如下。

1. 额定容量 S_N 或额定功率 P_N

额定容量或额定功率指电机长期安全运行的最大允许输出的视在功率或有功功率,常用 kV·A 或 kW 表示。对于同步发电机,指从定子绕组输出的电功率;对于同步电动机,是指从轴上输出的机械功率,同步电动机的额定容量一般都用 kW 表示。对于同步调相机,则用额定视在功率(或无功功率)来表示,单位用 kV·A(或 kvar)表示。

2. 额定电压

额定电压指同步电机长期安全工作时的三相定子绕组的最高线电压,常以 V 或 kV 为单位。

3. 额定电流

额定电流指同步电机正常连续运行时三相定子绕组的最大工作线电流,单位为 A 或 kA。

4. 额定功率因数 $\cos \varphi_N$

额定功率因数指额定有功功率和额定视在功率的比值。

除上述额定值外,铭牌上还列出电机的额定频率 f_N、额定效率 η_N、额定转速 n_N、额定励磁电流 I_{fN}、额定励磁电压 U_{fN} 和额定温升等。

额定值之间的关系是:

对于同步发电机

$$P_N = \sqrt{3} U_N I_N \cos \varphi_N \qquad (6.1.4)$$

对于同步电动机

$$P_N = \sqrt{3} U_N I_N \eta_N \cos \varphi_N \qquad (6.1.5)$$

教学课件：
同步发电机的
空载运行

6.2　同步发电机的空载运行

6.2.1　空载运行时的物理情况

　　同步发电机被原动机拖动到同步转速，转子励磁绕组中通以直流电流，定子绕组开路时的运行称为空载运行。此时电机内部唯一存在的磁场就是由直流励磁电流产生的励磁磁场，又称主磁场。由于同步发电机处于空载状态，三相定子电流均为零，所以又把主磁场称为空载磁场。其中既交链转子，又经过气隙交链定子的磁通，称为主磁通，即空载时气隙磁通，它的磁通密度波形是沿气隙圆周空间分布的近似正弦波。忽略高次谐波分量，主磁通基波每极磁通量用 Φ_0 表示。而另一部分仅和励磁绕组本身交链的磁通称为主极漏磁通，用 $\Phi_{f\sigma}$ 表示，这部分磁通不参与电机的机-电能量转换，如图 6.2.1 所示。由于主磁通的路径（即主磁路）主要由定子铁心、转子铁心和两段气隙构成，而漏磁通的路径主要由空气和非铁磁性材料组成，因此主磁路的磁阻比漏磁路的磁阻小得多，所以主磁通远大于漏磁通。

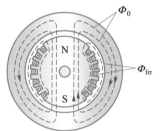

图 6.2.1　隐极式同步发电机的励磁磁场

6.2.2　空载特性

　　同步发电机空载运行时，气隙中仅存在由直流励磁并随转子一同旋转的空载磁场，称为直流励磁的旋转磁场或机械旋转磁场。其主磁通切割定子绕组，在定子绕组中感应出频率为 f 的三相基波电动势，其大小如式（6.1.2）所示。由式（6.1.2）可知，当改变转子励磁电流 I_f 时，就可以相应地改变主磁通 Φ_0 和空载电动势 E_0 的大小，其关系曲线 $E_0 = f(I_f)$ 称为同步发电机的空载特性，如图 6.2.2 所示。

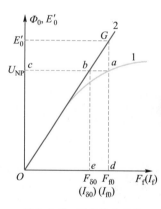

图 6.2.2　同步发电机的空载特性
1—空载特性；2—气隙线

　　对给定的电机而言，其定子绕组的有效匝数和励磁绕组的匝数都是确定的，因此，$E_0 \propto \Phi_0$，$I_f \propto F_f$，所以改变坐标后空载特性曲线实质上就是电机的磁化曲线 $\Phi_0 = f(F_f)$。当主磁通 Φ_0 较小时，磁路处于不饱和状态，此时铁心部分所需的磁动势与气隙所需磁动势相比较，可忽略不计，因此可以认为绝大部分磁动势消耗在气隙中，$E_0 \propto I_f$，空载特性曲线的下部是一条直线。该直线部分的延长线 OG 称为气隙线，它表示气隙磁动势 F_δ 与基波每极磁通 Φ_0 间的关系。随着 Φ_0 的增大，铁心逐渐饱和，它所消耗的磁压降将不能忽略，此时空载曲线就逐渐变弯曲。

　　为了充分地利用材料，在电机设计时，通常把电机的额定电压点设计在磁化曲线的弯曲处，如图 6.2.2 曲线 1 上的 a 点，此时的磁动势称为额定空载磁动势 F_{f0}。若磁路不饱和，对应 $E_0 = U_N$ 的磁动势仅为 $F_{\delta 0}$。线段 ab 表示消耗在铁心部分的磁动势，线段 bc 表示消耗于气隙部分的磁动势。F_{f0} 与 $F_{\delta 0}$ 的比值反映了电机磁路的饱和程度，称为饱和系数，用 k_μ 表示，其表达式为

$$k_\mu = \frac{F_{f0}}{F_{\delta 0}} = \frac{ac}{bc} = \frac{dG}{da} = \frac{E_0'}{U_{NP}} \tag{6.2.1}$$

式中，E_0' 表示磁路不饱和时，对应于励磁磁动势 F_{f0} 的空载电动势。

　　显然，k_μ 是一个大于 1 的系数，其值越大，说明磁路越饱和。同步发电机的饱和系数一般为 1.1～1.25。

　　空载特性曲线很有实用价值。用它可以看出电机的磁路饱和程度、铁心的质量以及材料的利用情况。

6.3　同步发电机的电枢反应与机电能量转换

教学课件：
同步发电机的
电枢反应与机电
能量转换

当同步发电机接入三相对称负载后,如保持转速和励磁电流不变,发电机的端电压将随着负载的性质不同而变化。如带上电阻性负载时电压将减少,带上电感性负载时电压下降更多,带上电容性负载时电压则可能增加。为什么会出现此现象呢? 其主要原因之一就是电枢反应所致,以下从同步发电机带上负载后对气隙磁场的影响方面来分析。

6.3.1　电枢反应

同步发电机空载时,气隙中只有一个由励磁磁动势基波 F_{f1} 产生的同步转速旋转的主磁极磁场,它在定子绕组中感应空载电动势 $\dot{E}_0$。

当带上三相对称负载时,就有三相对称电流流过定子绕组,产生一个旋转的电枢磁动势,用 F_a 表示。因此,带负载时在同步发电机气隙中同时存在两个磁动势。此时主极的励磁磁动势和电枢磁动势的基波两者之和构成了负载时气隙的合成磁动势。即

$$F_\delta = F_{f1} + F_a \tag{6.3.1}$$

电枢磁动势的基波对励磁磁动势的基波的影响,称为电枢反应,其结果使气隙磁动势和气隙磁场发生变化,所以电枢反应实质上就是研究同步发电机带负载时的气隙磁动势。

要研究电枢反应,首先要了解励磁磁动势和电枢磁动势的性质,从表面看,前者是直流励磁,而后者为交流励磁,性质截然不同,但进一步分析可知,它们却又十分相似:(1)励磁磁动势大小恒定不变,而电枢磁动势的幅值大小也恒定不变;(2)它们的基波分量均为正弦波,故可用空间矢量表示;(3)两者均为旋转磁动势,且又同速同向旋转,即相对静止,它们之间的相对关系始终保持不变,从而共同建立起数值稳定的气隙磁动势和磁场,产生平均电磁转矩,实现了机电能量转换。实际上,定子、转子磁动势相对静止是一切电磁感应型旋转电机正常运行的基本条件。

电枢反应的性质,取决于电枢磁动势基波分量与励磁磁动势基波分量之间的相对位置,即与空载电动势 $\dot{E}_0$ 和电枢电流 $\dot{I}$ 之间的夹角 ψ 有关。ψ 定义为内功率因数角,ψ 主要与负载的性质有关,还与发电机本身的阻抗参数有关。规定 $\dot{I}$ 滞后于 $\dot{E}_0$ 时 ψ 角为正。下面就 ψ 角的几种情况,分别讨论电枢反应的性质。

在同步电机分析中,通常把转子绕组轴线称为直轴(d 轴),两极之间的中线称为交轴(q 轴),如图 6.3.1(b)所示。

一、$\psi = 0°$ 时的电枢反应

图 6.3.1(a)所示是 $\dot{E}_{0U}$ 达最大瞬间三相电动势和电流的相量图。由于 $\psi = 0°$,U 相电流 $\dot{I}_U$ 也达最大值,由旋转磁场的性质可知,此时电枢磁动势 F_a 的幅值恰好转到 U 相绕组轴线上,与 q 轴重合,如图 6.3.1(b)所示。称 $\psi = 0°$ 时的电枢反应为交轴电枢反应,电枢磁动势 F_a 称为交轴电枢反应磁动势,记作 F_{aq},对应的电枢电流称作交轴分量电流,记作 $\dot{I}_q$。交轴电枢反应呈交磁作用,其结果使气隙磁场轴线位置发生移动,移动的角度大小取决于同步发电机负载的大小,并且幅值有所增大。

由图 6.3.1(b)可知,此时 F_a 与 F_{f1} 之间的空间夹角为 $\widehat{F_{f1}F_a} = 90° + \psi = 90°$,故 F_a 为交轴电枢反应磁动势。定义 F_a 滞后 F_{f1} 时的空间夹角为正角,由此可根据 ψ 来确定 F_a 的空间位置,借此判断电枢反应的性质,因此把式 $\widehat{F_{f1}F_a} = 90° + \psi$ 作为判断电枢反应性质的通式。

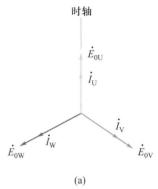

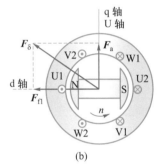

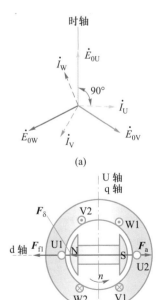

图 6.3.1　$\psi = 0°$ 时的电枢反应

图 6.3.2　$\psi = 90°$ 时的电枢反应

从近似的角度看,若认为 $\varphi \approx \psi = 0°$,则可认为发电机带电阻性负载时产生交轴电枢反应。

二、$\psi = 90°$ 时的电枢反应

图 6.3.2(a)所示是 $\psi = 90°$ 时三相电动势和电流的相量图。由于 $\psi = 90°$,U 相电流 $\dot{I}_{0U} = 0$,U 相电流要等 $\omega t = 90°$ 后才达最大值,此时电枢磁动势 F_a 的空间位置滞后 U 相绕组轴线 $90°$ 电角度,它位于转子磁极轴线即 d 轴的反方向上。同样,也可以利用通式 $\overset{\frown}{F_{f1}F_a} = 90° + \psi = 180°$ 来确定 F_a 与 F_{f1} 之间的空间夹角,如图 6.3.2(b)所示。所以 $\psi = 90°$ 时的电枢反应称为直轴去磁电枢反应,此电枢磁动势记作 F_{ad},称为直轴电枢反应磁动势,直轴去磁电枢反应使气隙磁场削弱,电机的端电压下降。

若认为 $\varphi \approx \psi = 90°$,则可认为发电机带纯感性负载时产生直轴去磁电枢反应,导致电机的端电压下降。

三、$\psi = -90°$ 时的电枢反应

图 6.3.3(a)所示为 $\psi = -90°$ 时的三相电动势和电流相量图。$\psi = -90°$,根据判断电枢反应的通式 $\overset{\frown}{F_{f1}F_a} = 90° + \psi = 0°$ 可知,F_a 也处于磁极轴线上,且与 F_{f1} 同向,如图 6.3.3(b)所示,故此时产生直轴助磁电枢反应。

若认为 $\varphi \approx \psi = -90°$,则可认为发电机带纯容性负载时产生直轴助磁电枢反应,导致电机的端电压上升。

四、一般情况下的电枢反应

一般情况下,发电机电枢电流 $\dot{I}$ 与空载电动势 $\dot{E}_0$ 之间夹角 ψ 角在 $-90° \sim +90°$ 之间。现以 $0° < \psi < 90°$ 为例来分析。

图 6.3.4(a)所示为 $0° < \psi < 90°$ 时的三相电动势和电流相量图,把电流 $\dot{I}$ 分解成两个分量,一个是滞后于 $\dot{E}_0$ $90°$ 的直轴分量电流 $\dot{I}_d$,一个是与 $\dot{E}_0$ 同相位的交轴分量电流 $\dot{I}_q$,此时

$$\left. \begin{array}{l} \dot{I} = \dot{I}_d + \dot{I}_q \\ I_d = I\sin\psi \\ I_q = I\cos\psi \end{array} \right\} \quad (6.3.2)$$

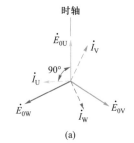

时轴

(a)

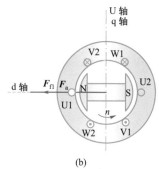

图 6.3.3 $\psi = -90°$ 时的电枢反应

直轴分量电流 $\dot{I}_d$ 产生直轴去磁性质的电枢磁动势 F_{ad},交轴分量电流 $\dot{I}_q$ 产生交轴电枢磁动势 F_{aq},所以当 $0° < \psi < 90°$ 时的电枢反应为既有交磁又有直轴去磁电枢反应。

根据 F_{f1} 与 F_a 的空间夹角通式 $\overset{\frown}{F_{f1}F_a} = 90° + \psi$ 可确定 F_a 的位置,如图 6.3.4(b)所示,F_a 可以分解为两个分量

$$\left. \begin{array}{l} \dot{F}_a = \dot{F}_{ad} + \dot{F}_{aq} \\ F_{ad} = F_a\sin\psi \\ F_{aq} = F_a\cos\psi \end{array} \right\} \quad (6.3.3)$$

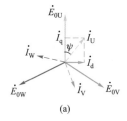

(a)

同理,当 $-90° < \psi < 0°$ 时的电枢反应既有交磁又有直轴助磁电枢反应,读者可自行分析。

综上所述,同步发电机电枢反应的性质可归纳如表 6.3.1 所示。

表 6.3.1 同步发电机不同 ψ 角时电枢反应的性质

内功率因数角	电枢磁动势性质	电枢反应的效应
$\psi = 0°$	交轴	使气隙磁场轴线偏移,幅值增大
$\psi = 90°$	直轴去磁	使气隙磁场削弱,电枢端电压降低
$\psi = -90°$	直轴增磁	使气隙磁场增强,电枢端电压升高
$0° < \psi < 90°$	交轴及直轴去磁	使气隙磁场轴线偏移,幅值减小,电枢端电压降低
$-90° < \psi < 0°$	交轴及直轴增磁	使气隙磁场轴线偏移,幅值增大,电枢端电压升高

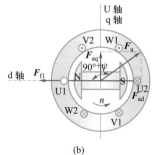

(b)

图 6.3.4 $0° < \psi < 90°$ 时的电枢反应

6.3.2　电枢反应与机电能量转换

同步发电机带负载后电枢电流建立电枢反应磁场,它与励磁绕组中的电流相互作用产生电磁力,在某种情况下形成电磁转矩,从而实现机电能量转换。

一、有功电流产生电磁力,并形成电磁转矩

当发电机带电阻性负载(有功功率负载)时,可近似认为 $\psi \approx \varphi = 0°$,发电机只发有功功率,而不发无功功率。也就是说,当电枢绕组中流过有功电流时,产生交轴电枢反应。转子励磁绕组的载流导体在电枢反应磁场作用下产生电磁力,它们对转子轴形成电磁转矩 T_{em},如图 6.3.5(a)所示。电磁转矩 T_{em} 与转子的转向相反,对转子起制动作用,使电机的转速和频率下降。原动机的驱动转矩必须克服此制动转矩做功,才能把机械能转变为电能输出。发电机发出的有功功率越大,交轴电枢反应越强,制动的电磁转矩越大,为保持发电机的转速(频率)不变,需同时增大原动机的转矩,这就是当有功负载增大时,汽轮发电机需开大气门(水轮发电机需开大水门)的道理。

二、无功电流产生电磁力而不形成电磁转矩

当发电机带纯感性或纯容性负载时,可认为 $\psi \approx \varphi = \pm 90°$,发电机只发无功功率,而不发有功功率。也就是说,当电枢绕组中电流为纯无功电流时,产生直轴电枢反应。励磁绕组的载流导体在无功电流产生的直轴电枢磁场作用下也产生电磁力,但它们对转轴的总转矩为零,即不形成电磁转矩,如图 6.3.5(b)或(c)所示。因此发电机无功负载改变时,不影响转子的旋转速度,不需要改变原动机的输入转矩。但是直轴电枢反应的结果削弱(或增强)了气隙磁场,影响发电机的端电压大小。欲保持端电压不变,就必须调节发电机的励磁电流,这就是调节发电机的励磁电流能调节无功功率输出的道理。

在一般情况下,发电机既带有功负载,又带感性无功负载。有功电流的变化会影响发电机的转速,从而影响到发电机的频率。无功电流的变化会影响发电机的电压。为了保持发电机的电压和频率的稳定,必须随负载的变化及时调节发电机的输入功率和励磁电流。

综上所述,交轴电枢反应的存在是实现机-电能量转换的关键。

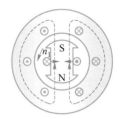

(a) $\psi = 0°$

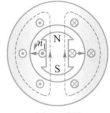

(b) $\psi = 90°$

(c) $\psi = -90°$

图 6.3.5　电枢反应与机电能量转换示意图

6.4　同步发电机的负载运行

6.4.1　隐极式同步发电机的电动势方程式、等效电路和相量图

一、电动势方程式

隐极式同步发电机的气隙是均匀的,在对称负载下运行时,气隙中存在两种磁动势,即转子励磁绕组产生的励磁磁动势 F_f 和定子三相绕组产生的电枢磁动势 F_a。如果不考虑磁路饱和(即认为磁路为线性),分析时可应用叠加定理,即认为 F_f 和 F_a 分别产生磁通,并在电枢绕组中分别产生感应电动势,最后再把它们叠加起来。

因此,隐极式同步发电机负载后的电磁过程可描述如下:转子励磁绕组通入直流励磁电流 I_f 产生励磁磁动势 F_f,F_f 建立主磁通 $\dot\Phi_0$,$\dot\Phi_0$ 随转子一起旋转而切割定子绕组,在定子每相绕组中产生感应电动势 $\dot E_0$。在 $\dot E_0$ 作用下,定子三相对称绕组流过(发出)三相对称电枢电流 $\dot I$,产生旋转的电枢磁动势 F_a,F_a 建立电枢反应磁通 $\dot\Phi_a$,旋转的 $\dot\Phi_a$ 在定子每相绕组中产生电枢反应电动势 $\dot E_a$。F_a 除了产生 $\dot\Phi_a$ 外,还将产生只交链定子绕组的漏磁通 $\dot\Phi_\sigma$,交变的 $\dot\Phi_\sigma$ 在定子绕组中产生漏电动势 $\dot E_\sigma$。另外,电枢电

教学课件:
同步发电机的
负载运行

流 $\dot{I}$ 还将在电枢绕组电阻 R_a 上产生电压降 $\dot{I}R_a$。

可见,在隐极式同步发电机的每相绕组中,存在电动势 $\dot{E}_0$、$\dot{E}_a$ 和 $\dot{E}_\sigma$,以及电阻电压降 $\dot{I}R_a$,若发电机的端电压为 $\dot{U}$,按发电机惯例规定各量的正方向,则有

$$\dot{E}_0 + \dot{E}_a + \dot{E}_\sigma = \dot{U} + \dot{I}R_a \qquad (6.4.1)$$

或

$$\dot{E}_\delta + \dot{E}_\sigma = \dot{U} + \dot{I}R_a \qquad (6.4.2)$$

式中,$\dot{E}_\delta = \dot{E}_0 + \dot{E}_a$ 为电枢绕组中的合成电动势,称为气隙电动势,它对应气隙合成磁通 $\dot{\Phi}_\delta = \dot{\Phi}_0 + \dot{\Phi}_a$。

磁路不饱和时,$E_a \propto \Phi_a \propto F_a \propto I$,即 E_a 正比于 I,在时间相位上,$\dot{E}_a$ 滞后于 $\dot{\Phi}_a$ 90°电角度,若不计铁心损耗,$\dot{\Phi}_a$ 与 $\dot{I}$ 同相位,所以 $\dot{E}_a$ 滞后于 $\dot{I}$ 90°电角度。因此,电枢反应电动势 $\dot{E}_a$ 可用负的电抗电压降形式表示,即

$$\dot{E}_a = -\mathrm{j}\dot{I}X_a \qquad (6.4.3)$$

式中,X_a 是对应电枢反应磁通的等效电抗,称为电枢反应电抗,其值为 $X_a = E_a/I$。在同样的电枢电流情况下,X_a 越大,电枢反应电动势越大,表示电枢磁动势所产生的电枢磁通越强。因此,X_a 的大小反映了电枢反应磁通的大小。

与异步电动机相同,定子漏感电动势 $\dot{E}_\sigma$ 可用负的漏电抗电压降形式表示,即

$$\dot{E}_\sigma = -\mathrm{j}\dot{I}X_\sigma \qquad (6.4.4)$$

式中,X_σ 是对应定子绕组漏磁通的等效电抗,称为定子绕组漏电抗。

将式(6.4.3)和式(6.4.4)代入式(6.4.1),可得隐极式同步发电机的电动势方程

$$\dot{E}_0 = \dot{U} + \dot{I}R_a + \mathrm{j}\dot{I}(X_a + X_\sigma) = \dot{U} + \dot{I}(R_a + \mathrm{j}X_t) \qquad (6.4.5)$$

通常可把较小的电枢绕组电阻 R_a 忽略不计,则

$$\dot{E}_0 = \dot{U} + \mathrm{j}\dot{I}X_t \qquad (6.4.6)$$

式中,X_t 称为隐极式同步发电机的同步电抗,即

$$X_t = X_a + X_\sigma \qquad (6.4.7)$$

同步电抗是同步电机的一个重要参数,它是表征同步发电机稳定运行时电枢反应磁场和电枢漏磁场对电枢电路作用的一个综合参数。同步电抗的大小直接影响同步发电机端电压随负载波动的程度及运行的稳定性,也影响同步发电机短路电流的大小。

通过以上分析,可把隐极式同步发电机的电磁过程和各电磁量之间的关系用图 6.4.1 表示。

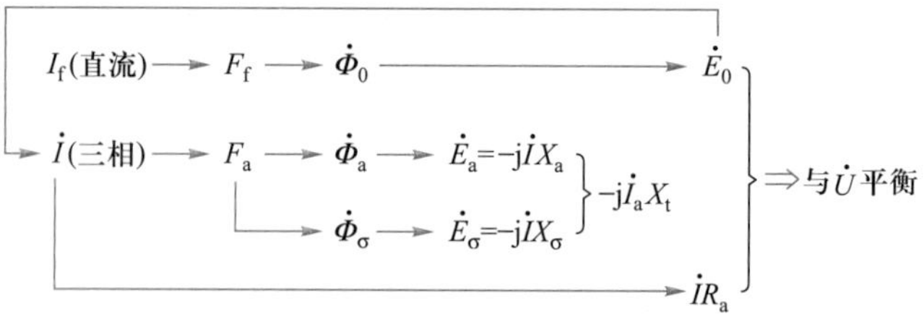

$$
\begin{array}{l}
I_f(\text{直流}) \longrightarrow F_f \longrightarrow \dot{\Phi}_0 \longrightarrow \dot{E}_0 \\
\dot{I}(\text{三相}) \longrightarrow F_a \longrightarrow \dot{\Phi}_a \longrightarrow \dot{E}_a = -\mathrm{j}\dot{I}X_a \left. \right\} -\mathrm{j}\dot{I}_a X_t \\
\qquad\qquad\qquad\qquad\quad \dot{\Phi}_\sigma \longrightarrow \dot{E}_\sigma = -\mathrm{j}\dot{I}X_\sigma \\
\qquad\qquad\qquad\qquad\qquad\qquad\qquad \dot{I}R_a
\end{array} \right\} \Rightarrow \text{与} \dot{U} \text{平衡}
$$

图 6.4.1 隐极式同步发电机的电磁过程电磁量之间的关系

二、等效电路

由隐极式同步发电机的电动势方程式(6.4.5)可画出等效电路图如图 6.4.2 所示。

三、相量图

不计电枢绕组电阻 R_a,根据式(6.4.6)可以作出隐极式同步发电机的相量图。隐极式同步发电机接感性负载时的相量图如图 6.4.3 所示。画相量图的步骤如下:

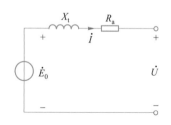

图 6.4.2 隐极式同步发电机的等效电路

（1）以电压 $\dot{U}$ 为参考相量,画出电压相量 $\dot{U}$;

（2）根据负载功率因数角 φ 画电流相量 $\dot{I}$;

（3）在电压相量 $\dot{U}$ 上,加上 $j\dot{I}X_t$ 相量,它超前电流 $\dot{I}$ 90°;

（4）连接电压相量 $\dot{U}$ 的首端和相量 $j\dot{I}X_t$ 的末端,便得到电动势相量 $\dot{E}_0$。

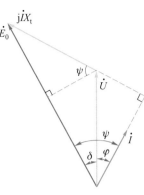

图 6.4.3　隐极式同步发电机接感性负载时的相量图($\varphi>0$)

由相量图可见,同步发电机负载时的端电压 $\dot{U}$ 与空载电动势 $\dot{E}_0$ 之间不仅相位不同,而且数值也不同,这是由于发电机内部存在同步阻抗电压降所致。

从相量图可以得出

$$\psi = \varphi + \delta = \arctan \frac{IX_t + U\sin\varphi}{U\cos\varphi} \qquad (6.4.8)$$

$$E_0 = U\cos\delta + IX_t\sin\psi = \sqrt{(U\cos\varphi)^2 + (U\sin\varphi + IX_t)^2} \qquad (6.4.9)$$

式中,φ 角是发电机外部端电压 $\dot{U}$ 与电流 $\dot{I}$ 的夹角,由负载阻抗性质决定,因此称为外功率因数角;ψ 角是发电机内部电动势 $\dot{E}_0$ 和电流 $\dot{I}$ 的夹角,由发电机内阻抗和负载阻抗决定,因此称为内功率因数角。δ 角是空载电动势 $\dot{E}_0$ 与端电压 $\dot{U}$ 之间的夹角,称为功率角,简称功角。因为发电机发出的有功功率和无功功率均与 δ 角有关,由此得名。

【例 6.4.1】 隐极式同步发电机,$P_N = 300\ \text{MW}$,$U_N = 18\ \text{kV}$（Y 联结）,同步电抗 $X_t = 2\ \Omega$,不计电枢电阻,端电压保持额定值不变。试求:当 $I = I_N$,$\cos\varphi = 0.8$（滞后）时的 E_0 和 δ。

【解】 定子绕组 Y 联结,相电流等于线电流。

额定相电流　$I_N = \dfrac{P_N}{\sqrt{3}\,U_N\cos\varphi} = \dfrac{300\times10^6}{\sqrt{3}\times18\times10^3\times0.8}\ \text{A} = 12\ 028\ \text{A}$

额定相电压　$U_{NP} = \dfrac{U_N}{\sqrt{3}} = \dfrac{18\times10^3}{\sqrt{3}}\ \text{V} = 10\ 392\ \text{V}$

当 $I = I_N$,$\cos\varphi = 0.8$ 时,$\varphi = 36.87°$,$\sin\varphi = 0.6$。

$$\psi = \delta + \varphi = \arctan\frac{I_N X_t + U_{NP}\sin\varphi}{U_{NP}\cos\varphi} = \arctan\frac{12\ 028\times2 + 10\ 392\times0.6}{10\ 392\times0.8} = 74.65°$$

$$\delta = \psi - \varphi = 74.65° - 36.87° = 37.78°$$

$$E_0 = U_{NP}\cos\delta + I_N X_t\sin\psi = (10\ 392\times\cos37.78° + 12\ 028\times2\times\sin74.65°)\ \text{V} = 31\ 411\ \text{V}$$

6.4.2　凸极式同步发电机的电动势方程式和相量图

一、双反应理论

与隐极式同步发电机不同,凸极式同步发电机的气隙不均匀,直轴处（极面下）气隙小,磁阻小;交轴处（两极之间）气隙大,磁阻大。凸极式同步发电机的直轴和交轴磁路如图 6.4.4 所示。因此,当旋转的电枢磁动势作用在不同位置时,遇到的磁阻不同,产生的电枢反应磁通不同,对应的电枢反应电抗也不同,这给凸极式同步发电机的分析带来了困难。解决这个问题依赖于"双反应理论"。

所谓双反应理论就是:不论电枢磁动势 $\boldsymbol{F}_a$ 作用在什么位置,总是先把它分解为直轴电枢反应磁动势 $\boldsymbol{F}_{ad}$ 和交轴电枢反应磁动势 $\boldsymbol{F}_{aq}$,这两个分量分别固定地作用在直轴和交轴磁路上,各自产生直轴和交轴电枢反应（即"双反应"）,最后再把结果叠加起来。实践证明,不计磁路饱和时,采用这种方法分析凸极式同步发电机,其结果是准确的。

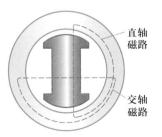

图 6.4.4　凸极式同步发电机的直轴和交轴磁路

二、电动势方程式

凸极式同步发电机与隐极式同步发电机的电磁过程相同。但由于凸极式同步发电机的气隙不均匀,此时,为了分析问题方便起见,对电枢磁动势的作用要用双反应理论来处理。即把 F_a 分解为 $F_{ad} = F_a \sin\psi$ 和 $F_{aq} = F_a \cos\psi$ 两个分量,F_{ad} 固定地作用在直轴磁路上,对应一个恒定不变的磁阻,产生磁通 $\dot{\Phi}_{ad}$;F_{aq} 固定地作用在交轴磁路上,也对应一个恒定不变的磁阻,产生磁通 $\dot{\Phi}_{aq}$。$\dot{\Phi}_{ad}$ 和 $\dot{\Phi}_{aq}$ 分别切割定子绕组产生感应电动势 $\dot{E}_{ad}$ 和 $\dot{E}_{aq}$。因此,在凸极式同步发电机的每相绕组中,存在的电动势有 $\dot{E}_0$、$\dot{E}_{ad}$、$\dot{E}_{aq}$ 和 $\dot{E}_\sigma$。其电动势方程式为

$$\dot{E}_0 + \dot{E}_{ad} + \dot{E}_{aq} + \dot{E}_\sigma = \dot{U} + \dot{I}R_a \tag{6.4.10}$$

或

$$\dot{E}_\delta + \dot{E}_\sigma = \dot{U} + \dot{I}R_a \tag{6.4.11}$$

式中,气隙电动势 $\dot{E}_\delta = \dot{E}_0 + \dot{E}_{ad} + \dot{E}_{aq}$,对应气隙合成磁通 $\dot{\Phi}_\delta = \dot{\Phi}_0 + \dot{\Phi}_{ad} + \dot{\Phi}_{aq}$。

与 $F_a = F_{ad} + F_{aq}$ 相对应,$\dot{I} = \dot{I}_d + \dot{I}_q$。不计磁路饱和时,电枢反应各物理量之间有下列关系:

$$\left.\begin{array}{l} E_{ad} \propto \Phi_{ad} \propto F_{ad} \propto I_d \\ E_{aq} \propto \Phi_{aq} \propto F_{aq} \propto I_q \end{array}\right\} \tag{6.4.12}$$

即直轴电枢反应电动势 E_{ad} 正比于直轴电流 I_d;交轴电枢反应电动势 E_{aq} 正比于交轴电流 I_q。同时各电动势在相位上又滞后于对应的磁通（或电流）90°,因此直轴和交轴电枢反应电动势可用相应的负电抗电压降形式来表示,即

$$\left.\begin{array}{l} \dot{E}_{ad} = -j\dot{I}_d X_{ad} \\ \dot{E}_{aq} = -j\dot{I}_q X_{aq} \end{array}\right\} \tag{6.4.13}$$

式中,X_{ad} 称为直轴电枢反应电抗,是对应直轴电枢反应磁通 Φ_{ad} 的等效电抗;X_{aq} 称为交轴电枢反应电抗,是对应交轴电枢反应磁通 $\dot{\Phi}_{aq}$ 的等效电抗。由于凸极式同步发电机的直轴磁阻比交轴磁阻小,$\Phi_{ad} > \Phi_{aq}$,故 $X_{ad} > X_{aq}$。

与隐极式同步发电机相同,漏电动势可表示为

$$\dot{E}_\sigma = -j\dot{I}X_\sigma = -j(\dot{I}_d + \dot{I}_q)X_\sigma = -j\dot{I}_d X_\sigma - j\dot{I}_q X_\sigma \tag{6.4.14}$$

将式（6.4.13）和式（6.4.14）代入式（6.4.10）,可得凸极式同步发电机的电动势方程式

$$\begin{aligned} \dot{E}_0 &= \dot{U} + \dot{I}R_a + j\dot{I}_d(X_{ad} + X_\sigma) + j\dot{I}_q(X_{aq} + X_\sigma) \\ &= \dot{U} + \dot{I}R_a + j\dot{I}_d X_d + j\dot{I}_q X_q \end{aligned} \tag{6.4.15}$$

通常可把较小的电枢绕组电阻 R_a 忽略不计,则

$$\dot{E}_0 = \dot{U} + j\dot{I}_d X_d + j\dot{I}_q X_q \tag{6.4.16}$$

式中,X_d 和 X_q 分别称为直轴同步电抗和交轴同步电抗,即

$$\left.\begin{array}{l} X_d = X_{ad} + X_\sigma \\ X_q = X_{aq} + X_\sigma \end{array}\right\} \tag{6.4.17}$$

由于凸极式同步发电机气隙不均匀,所以有两个同步电抗 X_d 和 X_q,不计饱和时,X_d 和 X_q 为常数。因 $X_{ad} > X_{aq}$,故 $X_d > X_q$,一般 $X_q \approx 0.6 X_d$。对于隐极式同步发电机,由于气隙均匀,故 $X_d = X_q = X_t$。

通过以上分析,可把凸极式同步发电机的电磁过程和各电磁量之间的关系用图 6.4.5 表示。

三、相量图

若已知端电压 U、电枢电流 I、功率因数 $\cos\varphi$、内功率因数角 ψ,以及参数 X_d、X_q（忽略电枢绕组电阻）,可根据式（6.4.16）作出凸极式同步发电机的相量图。其接感性负载时的相量图如图 6.4.6 所示。

事实上,在作出相量图之前,ψ 是未知的,$\dot{I}_d$ 和 $\dot{I}_q$ 也是未知的。为了确定 ψ 角,分解出 $\dot{I}_d$ 和 $\dot{I}_q$,可

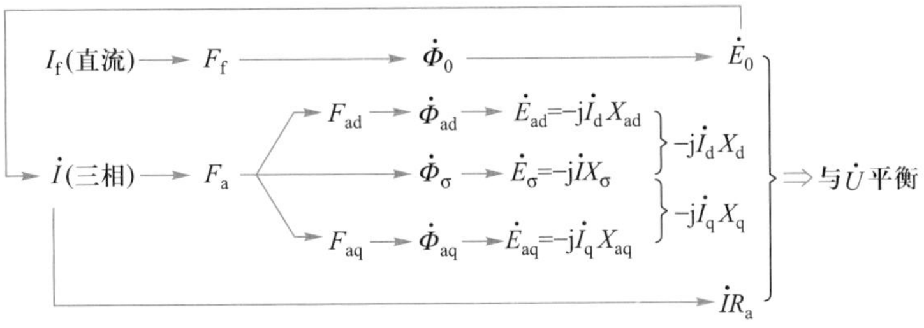

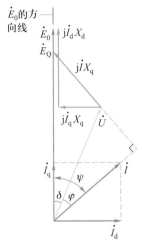

图 6.4.5 凸极式同步发电机的电磁过程和各电磁量之间的关系

将式(6.4.16)改写成如下形式：

$$\dot{E}_0 = \dot{U}+\mathrm{j}\dot{I}_d X_d+\mathrm{j}\dot{I}_q X_q+\mathrm{j}\dot{I}_d X_q-\mathrm{j}\dot{I}_d X_q = \dot{U}+\mathrm{j}\dot{I}X_q+\mathrm{j}\dot{I}_d(X_d-X_q)$$

即

$$\dot{U}+\mathrm{j}\dot{I}X_q = \dot{E}_0-\mathrm{j}\dot{I}_d(X_d-X_q) \tag{6.4.18}$$

由于相量 $\dot{E}_0$ 与 $\dot{I}_d$ 相垂直，所以相量 $\mathrm{j}\dot{I}_d(X_d-X_q)$ 与相量 $\dot{E}_0$ 重合。因此，相量 $\dot{E}_0-\mathrm{j}\dot{I}_d(X_d-X_q)$ 的位置也就是 $\dot{E}_0$ 的位置。根据式(6.4.18)，若作出相量 $\dot{U}+\mathrm{j}\dot{I}X_q$，就确定了 $\dot{E}_0$ 的相位，从而就确定了内功率因数角 ψ，由图 6.4.6 可得

$$\psi = \arctan\frac{IX_q+U\sin\varphi}{U\cos\varphi} \tag{6.4.19}$$

确定出 ψ 角以后，就可以把电枢电流 $\dot{I}$ 分解为 $\dot{I}_d$ 和 $\dot{I}_q$，从而可根据式(6.4.16)画出凸极式同步发电机的相量图。

画相量图的步骤：

（1）以电压 $\dot{U}$ 为参考相量，画出相量 $\dot{U}$；

（2）根据 φ 角画电流相量 $\dot{I}$；

（3）根据式(6.4.19)计算出 ψ 角，确定出 $\dot{E}_0$ 的方向（或由 $\dot{U}+\mathrm{j}\dot{I}X_q$ 确定出 $\dot{E}_0$ 的相位），并将 $\dot{I}$ 分解为 $\dot{I}_d$ 和 $\dot{I}_q$；

（4）在电压相量 $\dot{U}$ 上依次加上 $\mathrm{j}\dot{I}_q X_q$ 和 $\mathrm{j}\dot{I}_d X_d$ 相量，它们分别超前电流 $\dot{I}_q$ 和 $\dot{I}_d$ 90°；

（5）连接电压相量 $\dot{U}$ 的首端和相量 $\mathrm{j}\dot{I}_d X_d$ 的末端，便得到电动势相量 $\dot{E}_0$。

图 6.4.6 凸极式同步发电机
接感性负载时的相量图

【例 6.4.2】 一凸极式同步发电机的直轴和交轴同步电抗分别等于 $X_d^*=1.0$，$X_q^*=0.6$，电枢电阻略去不计。试计算额定电压、额定电流且 $\cos\varphi=0.8$（滞后）时的励磁电动势 $\dot{E}_0^*$。

【解】 把发电机端电压 $\dot{U}$ 作为参考相量，即设 $\dot{U}^*=1.0\underline{/0°}$，则

$$\dot{I}^*=1.0\underline{/-36.8°}\quad(因为\cos 36.9°=0.8)$$

电动势 $\dot{E}_Q^*$ 为

$$\begin{aligned}\dot{E}_Q^* &= \dot{U}^*+\mathrm{j}X_q^*\dot{I}^* = 1.0\underline{/0°}+\mathrm{j}0.6\times 1.0\underline{/-36.9°}\\ &= 1.44\underline{/19.4°}\end{aligned}$$

于是

$$\psi = 19.4°+36.9° = 56.3°$$

$$I_d^* = I^*\sin\psi = 1\times\sin 56.3° = 0.832$$

$$\dot{I}_d^* = 0.832\underline{/-(90°-19.4°)} = 0.832\underline{/-70.6°}$$

$$I_q^* = I^*\cos\psi = 1\times\cos 56.3° = 0.555$$

$$\dot{I}_q^* = 0.555\underline{/19.4°}$$

故空载电动势为

$$\dot{E}_0^* = \dot{U}^* + jX_d^* \dot{I}_d^* + jX_q^* \dot{I}_q^*$$

$$= 1.0 \underline{/0°} + j1 \times 0.832 \underline{/-70.6°} + j0.6 \times 0.555 \underline{/19.4°}$$

$$= 1.77 \underline{/19.4°}$$

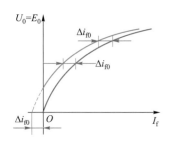

图 6.4.7 空载特性曲线的校正

6.4.3 同步发电机的特性

当同步发电机保持同步转速旋转，并假定功率因数 $\cos\varphi$ 不变，则发电机三个互相影响的量端电压 U、负载电流 I 和励磁电流 I_f 中的一个不变，其他两者之间的关系就确定了同步发电机的五种基本特性，即空载特性、短路特性、零功率因数负载特性、外特性和调整特性。前三条特性主要用于确定同步发电机的稳态参数和磁路饱和情况，后两条特性主要表示发电机运行性能的基本数据。本节主要介绍空载特性、短路特性、外特性和调整特性。

一、空载特性

空载特性是在发电机的转速保持为同步转速（$n=n_1$）、电枢开路（$I=0$）的情况下，空载电压（$U_0=E_0$）与励磁电流 I_f 的关系曲线 $U_0=f(I_f)$。

前已述及，空载特性曲线本质上就是电机的磁化曲线。用实验测定空载特性时，由于磁滞现象，当励磁电流 I_f 从零改变到某一最大值，再由此值减小到零时，将得到上升和下降的两条曲线，一般采用从 $U_0 \approx 1.3 U_N$ 开始直至 $I_f=0$ 的下降曲线，如图 6.4.7 所示。图中 $I_f=0$ 时的电动势为剩磁电动势。延长曲线与横轴相交，交点的横坐标绝对值 Δi_{f0} 作为校正量。在所有实验励磁电流数据上加上此值，即得到通过原点的校正曲线。

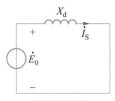

(a) 等效电路

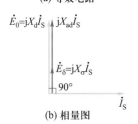

(b) 相量图

图 6.4.8 同步发电机稳态短路时的等效电路和相量图

二、短路特性

短路特性是指发电机在同步转速下，电枢绕组端点三相短接时，电枢短路电流 I_S 与励磁电流 I_f 的关系曲线 $I_S=f(I_f)$。

短路时，发电机的端电压 $U=0$，限制短路电流的仅是发电机的内部阻抗。由于一般同步发电机的电枢电阻 R_a 远小于同步电抗，所以短路电流可认为是纯感性的，即 $\varphi \approx 90°$。这时的电枢电流几乎全部为直轴电流，它所产生的电枢磁动势基本上是一个纯去磁作用的直轴磁动势，即 $F_a = F_{ad}$，$F_{aq}=0$，此时电枢绕组的电抗为直轴同步电抗 X_d，如图 6.4.8 所示。由式(6.4.16)可知

$$\dot{E}_0 = jX_d \dot{I}_S \tag{6.4.20}$$

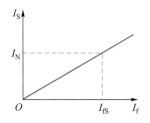

图 6.4.9 短路特性曲线

短路时由于电枢反应的去磁作用，发电机中气隙合成磁动势数值甚小，致使磁路处于不饱和状态，所以短路特性为一直线，如图 6.4.9 所示。即

$$I_S = \frac{E_0}{X_d} \propto I_f \tag{6.4.21}$$

三、外特性

外特性是指发电机的转速保持同步转速，励磁电流和负载功率因数不变时，端电压与负载电流的关系曲线 $U=f(I)$。

图 6.4.10 所示表示不同功率因数时同步发电机的外特性。在感性负载和纯电阻负载时，由于电枢反应的去磁作用及定子漏阻抗压降使端电压下降，所以外特性是下降的。而在容性负载（容抗大于感抗）时，电枢反应是增磁的，因此端电压 U 随负载电流 I 的增大反而升高，外特性则是上升的。

从外特性可以求出发电机的电压调整率。调节励磁电流，使额定负载时（$I=I_N$，$\cos\varphi=$

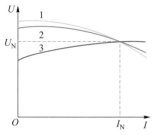

图 6.4.10 不同功率因数时发电机的外特性

1—$\cos\varphi=0.8$（滞后）；
2—$\cos\varphi=1$；
3—$\cos\varphi=0.8$（超前）

$\cos\varphi_N$)发电机的端电压为额定电压 U_N ,此时的励磁电流称为额定励磁电流 I_{fN} 。然后保持励磁和转速不变,卸去负载,此时端电压将上升到空载电动势 E_0 ,如图 6.4.11 所示。同步发电机的电压调整率定义为

$$\Delta U\% = \frac{E_0 - U_N}{U_N} \times 100\% \qquad (6.4.22)$$

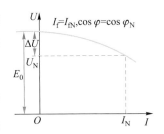

图 6.4.11　从外特性求
电压调整率

电压调整率是表征同步发电机运行性能的重要数据之一。过去发电机的端电压要靠值班人员手动操作来调整,因此对 $\Delta U\%$ 要求很严,以免电网电压波动太大。现代的同步发电机都装有快速的自动调压装置,能自动调整励磁电流以维持电压基本不变,所以对 $\Delta U\%$ 的要求已大为放宽。

四、调整特性

当发电机的负载发生变化时,为保持端电压恒定,必须同时调节励磁电流。保持发电机的转速为同步转速,当其端电压和功率因数不变时,励磁电流与负载电流的关系曲线 $I_f = f(I)$ 称为同步发电机的调整特性。

图 6.4.12 所示表示不同负载性质时同步发电机的调整特性。在感性和纯电阻性负载时,为了克服负载电流所产生的去磁电枢反应和漏阻抗压降,随着负载的增加,励磁电流必须相应地增大,以保持端电压为一常值。因此,这两种情况下的调整特性都是上升的。而在容性负载时,随着负载的增加,必须相应地减小励磁电流,以维持端电压的恒定。

对应于额定运行状态的同步发电机的调整特性,即可确定额定励磁电流。

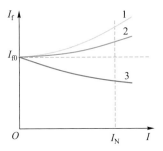

图 6.4.12　调整特性曲线
1—$\cos\varphi = 0.8$(滞后);2—$\cos\varphi = 1$;
3—$\cos\varphi = 0.8$(超前)

6.5　同步发电机的并联运行

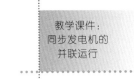

教学课件:
同步发电机的
并联运行

现代电力系统一般总是由许多发电厂(包括利用不同能源发电的火电厂、水电站和核电站)并联组成。而每个发电厂或电站通常又有多台发电机在一起并联运行。这样一方面可以根据负载的变化统一调度来调整投入运行的机组数目,提高机组的运行效率,另一方面又可合理地安排定期轮流检修,提高供电的可靠性,减少机组检修和事故的备用容量。特别是对水电站和火电厂并联的系统,可以充分利用水能,合理地调度电能。如在丰水期,主要由水电站发出大量廉价的电力,火电厂则可以少发电;而在枯水季节,则主要由火电厂提供电力,水电机组则作调峰或作调相机运行。这样使总的电能成本降低,从而保证整个电力系统在最经济的条件下运行。当许多发电厂并联在一起时,形成了强大的电力网,因此负载的变化对电网电压和频率的影响就很小,基本满足 U =常量,f =常量,从而提高了供电的质量和可靠性。这样的电网相对于单台发电机而言,可以称为无穷大电网或称为无限大电网。

6.5.1　并联运行的条件与方法

同步发电机与电网并联合闸时,为了避免产生巨大的冲击电流,防止发电机组的转轴受到突然的冲击扭矩而损坏,以致电力系统受到严重的干扰,为此需要满足如下的并联条件:

(1) 发电机和电网电压大小、相位要相同,即 $\dot{U}_g = \dot{U}_s$;

(2) 发电机的频率和电网频率相同,即 $f_g = f_s$;

(3) 发电机和电网的电压波形要相同,即均为正弦波;

(4) 发电机和电网的相序要相同。

上述条件中第(3)项在制造电机时已得到保证。第(4)项在安装发电机时,根据发电机规定的旋

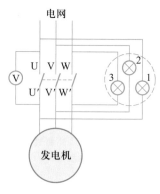

图 6.5.1　直接接法

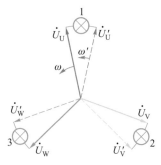

图 6.5.2　直接接法相量图

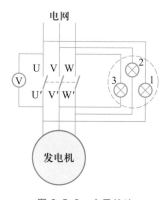

图 6.5.3　交叉接法

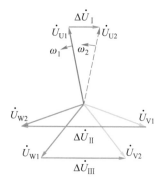

图 6.5.4　交叉接法相量图

转方向,确定发电机的相序,因而得到满足。一般在并网操作时只需注意满足(1)和(2)两项条件即可。事实上绝对地符合这两个条件只是一种理想情况,通常允许在小的冲击电流下将发电机投入电网并联运行。

将发电机并网的过程称为同期过程,同期的方法有两种,即准同期法和自同期法。

把发电机调整到基本符合上述四条并联条件后并入电网,这种方法称为准同期法。常采用同步指示器来判断这些条件是否满足,最简单的同步指示器由三组相灯组成。相灯接法有直接接法(又称灯光熄灭法)和交叉接法(又称灯光旋转法)。

采用直接接法,在发电机和电网相序相同、电压调整到和电网电压相等、但频率还有差别时,如图 6.5.1 所示,加在各组相灯上的电压忽大忽小,三组相灯忽亮忽暗,其相量图如图 6.5.2 所示。其闪烁的频率由发电机与电网的频率差所决定。当调节发电机的转速,使闪烁的频率很低时,在各相灯熄灭瞬间,迅速合闸,即完成了并联合闸的操作。

如果采用交叉接法,如图 6.5.3 所示,则在发电机和电网相序相同、电压相等、但频率还有差别时,由于各相灯上的电压各不相等,三组相灯不会同时亮或暗,而是交替亮暗,其相量图如图 6.5.4 所示。当三组灯排成圆形时,就出现灯光(最亮灯)旋转现象。如果发电机频率高于电网频率,则灯光沿逆时针方向旋转;如果发电机的频率低于电网的频率,则灯光沿顺时针方向旋转。当调节发电机的转速,使灯光旋转的速度很低时,就可准备合闸。当直接跨开关的相灯组熄灭,而另外两组相灯的亮度相同时,迅速合上闸刀,发电机就并入了电网。由于交叉接法依据灯光旋转的方向能够判断发电机频率比电网的频率高或低,故更有实用价值。

准同期法的优点是投入瞬间,发电机与电网间无电流冲击,缺点是手续复杂,需要较长的时间进行调整,尤其是电网处于异常状态时,电压和频率都在不断地变化,此时要用准同期法并联就相当困难。

自同期法是借助于合闸后发电机的自整步作用拉入同步。其步骤如下:发电机被拖到接近于同步转速,励磁绕组经过约等于 10 倍的励磁绕组电阻短接后先把发电机投入电网,再立即加直流励磁,如图 6.5.5 所示。此时发电机转子依靠定子和转子主极磁场间形成的自整步作用,把转子自动拉入同步。

自同期法的优点是操作简单,并且迅速。缺点是合闸及加入励磁时有电流冲击,普遍用于事故状态下的并网操作。

6.5.2　同步发电机的有功功角特性、有功功率调节及静态稳定概念

一台同步发电机并入电网后,必须向电网输送功率,并根据电力系统的需要随时进行调节,以满足电网中负载变化的需要。为了弄清有功功率的调节,首先必须研究同步发电机的功率平衡关系和功角特性。

一、功率和转矩平衡

同步发电机的功率转换可用图 6.5.6 所示关系来说明。来自原动机的输入机械功率为 P_1,这个功率的一小部分用来抵偿机械损耗 P_{mec}、铁心损耗 P_{Fe} 和附加损耗 P_{ad},其余部分便以电磁感应的方式传递到电枢绕组,这个功率称为电磁功率,用 P_{em} 来表示。即

$$P_1 - (P_{mec} + P_{Fe} + P_{ad}) = P_{em} \qquad (6.5.1)$$

励磁损耗与励磁系统有关。对于同轴励磁机,P_1 还应扣除励磁机的输入功率后才是 P_{em}。电磁功率中再扣除电枢绕组中的铜损耗 $P_{Cu1} = 3R_a I^2$,才为输出的电功率 P_2,即

$$P_2 = P_{em} - P_{Cu1} \qquad (6.5.2)$$

对大、中型同步发电机,电枢铜损耗不超过额定功率的1%,可略去不计,则

$$P_{em} \approx P_2 = mUI\cos\varphi \qquad (6.5.3)$$

把式(6.5.2)代入式(6.5.1)经整理得

$$P_1 = P_2 + \sum P \qquad (6.5.4)$$

式中,$\sum P$ 为发电机的总损耗。式(6.5.4)即为同步发电机的功率平衡方程。

将式(6.5.1)两边同除以同步机械角速度 $\Omega_1 = 2\pi\dfrac{n_1}{60}$,得转矩平衡方程

$$T_1 - T_0 = T_{em}$$

或

$$T_1 = T_{em} + T_0 \qquad (6.5.5)$$

式中,$T_1 = \dfrac{P_1}{\Omega_1}$ 为原动机转矩,为驱动转矩;$T_{em} = \dfrac{P_{em}}{\Omega_1}$ 为电磁转矩,为制动转矩;$T_0 = \dfrac{P_{mec}+P_{Fe}+P_{ad}}{\Omega_1}$ 为空载转矩,为制动转矩。

二、有功功角特性

式(6.5.5)说明,对于同步发电机,电磁转矩是以阻力矩的形式出现的,它对应于通过电磁感应关系传递给定子的电磁功率。那么电磁功率究竟和电机的哪些因素有关呢?下面介绍同步发电机电磁功率的另一种表达式,即功角特性。

对凸极式同步发电机,若忽略电枢绕组电阻,则电磁功率等于输出功率,即

$$\begin{aligned} P_{em} \approx P_2 &= mUI\cos\varphi = mUI\cos(\psi-\delta) \\ &= mUI(\cos\psi\cos\delta + \sin\psi\sin\delta) \\ &= mI_q U\cos\delta + mI_d U\sin\delta \end{aligned} \qquad (6.5.6)$$

由图 6.4.6 可得

$$\left. \begin{aligned} I_q &= \frac{U\sin\delta}{X_q} \\ I_d &= \frac{E_0 - U\cos\delta}{X_d} \end{aligned} \right\} \qquad (6.5.7)$$

将式(6.5.7)代入式(6.5.6)可得

$$P_{em} = m\frac{E_0 U}{X_d}\sin\delta + m\frac{U^2}{2}\left(\frac{1}{X_q}-\frac{1}{X_d}\right)\sin 2\delta \qquad (6.5.8)$$

式中,$\dfrac{mE_0 U}{X_d}\sin\delta$ 为基本电磁功率;$\dfrac{mU^2}{2}\left(\dfrac{1}{X_q}-\dfrac{1}{X_d}\right)\sin 2\delta$ 为附加电磁功率,也称为磁阻功率。

对于隐极式同步发电机,由于 $X_d = X_q = X_t$,附加电磁功率为零,则电磁功率为

$$P_{em} = m\frac{E_0 U}{X_t}\sin\delta \qquad (6.5.9)$$

由式(6.5.8)和式(6.5.9)可知:当电网电压 U 和频率恒定,参数 X_d 和 X_q 为常数,空载电动势 E_0 不变(即 I_f 不变)时,同步发电机的电磁功率只取决于 $\dot{E}_0$ 与 $\dot{U}$ 的夹角 δ,δ 称为功率角(又称为功角),则 $P_{em} = f(\delta)$ 为同步电机的有功功角特性,如图 6.5.7 所示。

从隐极式同步发电机的功角特性可知,电磁功率 P_{em} 与功角 δ 的正弦函数 $\sin\delta$ 成正比。当 $\delta = 90°$ 时,功率达到极限值 $P_{emmax} = m\dfrac{E_0 U}{X_t}$;当 $\delta > 180°$ 时,电磁功率由正变负,此时电机转入电动机运行状态,如图 6.5.7(a)所示。

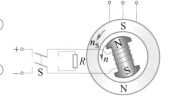

图 6.5.5　自同期法线路图

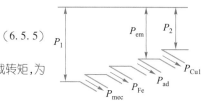

图 6.5.6　同步发电机的功率流程图

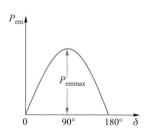

(a) 隐极

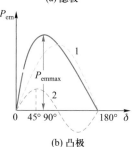

(b) 凸极

图 6.5.7　同步发电机的功角特性

从凸极式同步发电机的功角特性可知,由于 $X_d \neq X_q$,附加的电磁功率不为零,且在 $\delta = 45°$ 时,附加电磁功率出现最大值,如图 6.5.7(b) 中的曲线 2。这部分功率与 E_0 无关,即只要定子绕组上加有电压,功角不为零,即使转子绕组不加励磁电流(E_0 为零)也会有附加电磁功率。凸极式同步发电机的功角特性即是基本电磁功率[图 6.5.7(b) 中的曲线 1]和附加电磁功率两条特性曲线相加,如图 6.5.7(b) 所示。凸极式同步发电机的最大电磁功率将比具有同样 E_0、U 和 X_d(即 X_t)的隐极式同步发电机稍大一些,并且在 $45° < \delta < 90°$ 时出现。

由此可见,发电机电磁功率(近似为输出的有功功率)的大小与功角 δ 有关,正如转差率是异步电机中主磁场与转子之间相对速度的基本变量一样,功角则是同步电机的一个基本变量。那么功角 δ 的物理意义是什么呢?它具有双重含义:(1)空载电动势 $\dot{E}_0$ 与发电机端电压 $\dot{U}$ 之间的时间相位角;(2)感应空载电动势 $\dot{E}_0$ 的主磁通 $\dot{\Phi}_0$(超前 $\dot{E}_0$ 90°)和产生端电压 $\dot{U}$ 的电枢定子等效假想合成磁通 $\dot{\Phi}_u$(超前 $\dot{U}$ 90°)之间的夹角,如图 6.5.8(b) 所示。所谓电枢定子等效假想合成磁通 $\dot{\Phi}_u$ 实际上不存在,是一个虚拟的磁通,为了帮助树立功角概念,假想发电机定子电枢端电压 $\dot{U}$ 是一个由超前它 90°的磁通 $\dot{\Phi}_u$ 所感生,该磁通由主磁通,电枢反应磁通和漏磁通合成,并假想它是由定子上的一个等效合成磁极所产生,因此 $\dot{\Phi}_0$ 与 $\dot{\Phi}_u$ 之间的夹角即为转子磁极与定子等效假想合成磁极之间的空间夹角。

对功角的正负做如下规定:沿着转子旋转方向,$\dot{E}_0$ 超前 $\dot{U}$,功角 δ 为正,这表明 F_f 超前 F_u,对应的电磁功率 P_{em} 为正,同步电机输出有功功率,即工作于发电机状态;若 $\dot{E}_0$ 滞后于 $\dot{U}$,则功角为负,这表明 F_f 滞后于 F_u,对应的 P_{em} 为负,同步电机从电网吸收有功功率,同步电机工作于电动机状态。

从电枢反应的性质来看,由于 F_f 与 F_u 的空间相角差是由于电机中的交轴电枢反应引起的,即只要电机中有交轴电枢反应存在,就会使气隙合成磁场偏离空载气隙磁场一个角度,所以才有电磁功率,从而实现机-电能量转换。而直轴电枢反应仅仅在直轴位置改变磁场的大小,而不产生空间角的位移。所以说交轴电枢反应是实现机-电能量转换的关键。

三、同步发电机有功功率的调节

为简化分析,设已并网的发电机为隐极式同步发电机,略去饱和的影响和电枢电阻,且认为电网电压和频率恒为常数,即认为发电机是与"无穷大电网"并联。

一般当发电机处于空载运行状态时,发电机的输入机械功率 P_1 恰好和空载损耗 $P_0 = P_{mec} + P_{Fe} + P_{ad}$ 相平衡,没有多余的部分可以转化为电磁功率,即 $P_1 = P_0$,$T_1 = T_0$,$P_{em} = 0$,如图6.5.8(a)所示。此时如增加励磁电流,虽然可以有 $E_0 > U$,且有电流 $\dot{I}$ 输出,但它是无功电流。此时气隙合成磁场和转子磁场的轴线重合,功角等于零。

当增加原动机的输入功率 P_1,即增大了输入转矩 T_1,这时 $T_1 > T_0$,出现了剩余转矩 $(T_1 - T_0)$ 使转子瞬时加速,主磁极的位置将沿转向超前气隙合成磁场,相应的 $\dot{E}_0$ 也超前 $\dot{U}$ 一个 δ 角,如图 6.5.8(b) 所示,使 $P_{em} > 0$,发电机开始向电网输出有功电流,并同时出现与电磁功率 P_{em} 相对应的制动电磁转矩 T_{em}。当 δ 增大到某一数值使电磁转矩与剩余转矩 $(T_1 - T_0)$ 相平衡时,发电机的转子就不再加速,最后平衡在对应的功角 δ 值处。

由此可见,要调节同步发电机的有功功率输出,就必须调节来自原动机的输入功率。在调节功率的过程中,转子的瞬时转速虽然稍有变化,但进入一个新的稳定状态后,发电机的转速仍将保持同步速度。

四、静态稳定的概念

如果不断地加大发电机的输入功率,是否就一定能使发电机稳定地输出电能呢?这里除了发电容量受绕组的容量限制之外,主要还受到静态稳定的限制。对于隐极式同步发电机,当功角达到 90°时,

(a) 空载运行

(b) 负载运行

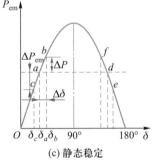

(c) 静态稳定

图 6.5.8 与无穷大电网并联时同步发电机有功功率的调节

电磁功率将达到功率的极限值 P_{emmax},若再增加输入,剩余功率将使转子继续加速,δ 角继续增大,电磁功率反而减小,结果使得发电机的转速连续上升直至失步,或称为失去"静态稳定"。

所谓"静态稳定"是指电网或原动机方面出现某些微小扰动时,同步发电机能在这种瞬时扰动消失后,继续保持原来的平衡运行状态,这时的同步发电机被称为是静态稳定的,否则就是静态不稳定。如图 6.5.8(c)中的 a 点是静态稳定的,而 d 点是静态不稳定的。

分析表明,在功角特性曲线的上升部分的工作点,都是静态稳定的,下降部分的工作点,都是静态不稳定的,为此静态稳定的条件用数学式表示为

$$\frac{\mathrm{d}P_{\text{em}}}{\mathrm{d}\delta}>0 \tag{6.5.10}$$

$\dfrac{\mathrm{d}P_{\text{em}}}{\mathrm{d}\delta}$ 是衡量同步发电机稳定运行能力的一个系数,称为比整步功率,用 P_{syn} 表示。对于隐极式同步发电机来说有

$$P_{\text{syn}}=\frac{\mathrm{d}P_{\text{em}}}{\mathrm{d}\delta}=m\frac{E_0 U}{X_{\text{t}}}\cos\delta \tag{6.5.11}$$

对于凸极式同步发电机,比整步功率为

$$P_{\text{syn}}=\frac{\mathrm{d}P_{\text{em}}}{\mathrm{d}\delta}=m\frac{E_0 U}{X_{\text{s}}}\cos\delta+mU^2\left(\frac{1}{X_{\text{q}}}-\frac{1}{X_{\text{d}}}\right)\cos 2\delta \tag{6.5.12}$$

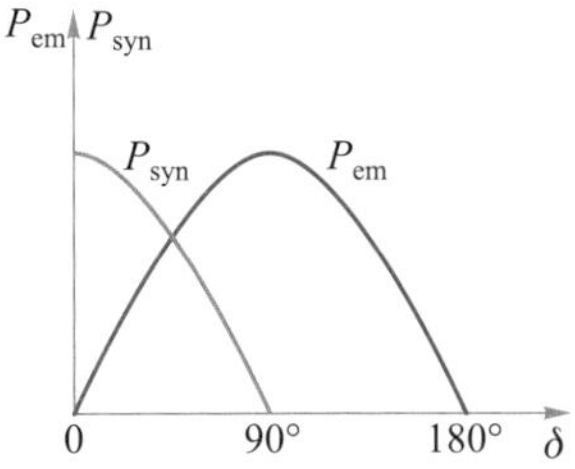

图 6.5.9 所示为隐极式同步发电机的功角特性和比整步功率特性。显然,在静态稳定区域内,功角 δ 越小,P_{syn} 值越大,电机的稳定性就越好。

为了使同步发电机能稳定运行,在发电机设计时,就使发电机的极限功率比其额定功率大一定的倍数,这个倍数称为静态过载能力,用 λ 表示。对于隐极式同步发电机

$$\lambda=\frac{P_{\text{emmax}}}{P_N}=\frac{m\dfrac{E_0 U}{X_{\text{t}}}}{m\dfrac{E_0 U}{X_{\text{t}}}\sin\delta_N}=\frac{1}{\sin\delta_N} \tag{6.5.13}$$

$P_{\text{em}} P_{\text{syn}}$

图 6.5.9　隐极式同步发电机的功角特性和比整步功率特性

一般要求 $\lambda>1.7$,通常在 $1.7\sim3$ 之间,与此对应的发电机额定运行时的功角 δ_N 在 $20°\sim35°$。

综上分析可知,同步发电机的功率极限和比整步功率都正比于 E_0,反比于 X_{t}。所以增加励磁电流、减小同步电抗可以提高同步发电机的功率极限和静态稳定程度。

【例 6.5.1】　一台国产 QFQS-200-2 型汽轮发电机,$S_N=235\ \text{MV}\cdot\text{A}$,$I_N=8\ 625\ \text{A}$,$U_N=15.75\ \text{kV}$,双 Y 联结,$\cos\varphi_N=0.85$(滞后),同步电抗标幺值 $X_{\text{t}}^*=1.9$(不饱和值),$R_a=0$。此发电机并联于无穷大电网运行,当发电机运行于额定状态时,求:不饱和时的空载电动势 E_0,额定功角 δ_N,电磁功率 P_{em} 及静态过载能力 λ。

【解】　由 $\cos\varphi_N=0.85$,得 $\varphi_N=31.8°$,$\sin\varphi_N=0.527$。

额定运行时,$U^*=U_N^*=1$,$I^*=I_N^*=1$,根据隐极式同步发电机的相量图得

$$E_0^*=\sqrt{(U^*\cos\varphi_N)^2+(U^*\sin\varphi_N+I^*X_{\text{t}}^*)^2}=\sqrt{(1\times0.85)^2+(1\times0.527+1\times1.9)^2}=2.57$$

$$\delta_N=\psi-\varphi_N=\arctan\frac{U^*\sin\varphi_N+I^*X_{\text{t}}^*}{U^*\cos\varphi_N}-\varphi_N=\arctan\frac{1\times0.527+1\times1.9}{1\times0.85}-31.8°=38.9°$$

线电动势　$E_0=E_0^* U_N=2.57\times15.75\ \text{kV}=40.478\ \text{kV}$

相电动势　$E_{0P}=\dfrac{E_0}{\sqrt{3}}=\dfrac{40.478}{\sqrt{3}}\ \text{kV}=23.37\ \text{kV}$

$$P_{\text{em}}^* = \frac{E_0^* U^*}{X_t^*} \sin \delta_N = \frac{2.57 \times 1}{1.9} \sin 38.9° = 0.85 \left(\text{或 } P_{\text{em}}^* = P_N^* = \frac{P_N}{S_N} = \cos \varphi_N = 0.85 \right)$$

三相总功率 $P_{\text{em}} = P_{\text{em}}^* S_N = 0.85 \times 235 \text{ MW} = 200 \text{ MW}$

$$\lambda = \frac{1}{\sin \delta_N} = \frac{1}{\sin 38.9°} = 1.59$$

6.5.3 同步发电机的无功功率调节及 V 形曲线

接到电网上的负载，大多数都是电感性的，这就要求发电机不仅要向电网输出有功功率，而且还要输出感性的无功功率。前面已经分析过，发电机输出感性电流时，电枢反应的去磁作用将使发电机的端电压下降，如果与电网并联的各台发电机的端电压都下降，则将导致整个电网电压下降。为了保持电力系统的电压稳定，必须满足电网负荷对无功功率的要求，因此需要对并联在电网上的同步发电机输出的无功功率进行调节。

一、无功功率的调节

同步发电机与电网并联运行时，调节发电机的励磁电流，就可以调节其无功功率。

为了分析简单，以隐极式同步发电机为例并假定调节发电机励磁时原动机提供的输入功率保持不变，于是根据功率平衡关系可知，在调节励磁电流的前后，发电机的电磁功率及输出的有功功率也应该近似不变，即

$$\left. \begin{aligned} P_2 &= mUI\cos \varphi = 常数 \\ P_{\text{em}} &= m\frac{E_0 U}{X_t} \sin \delta = 常数 \end{aligned} \right\} \tag{6.5.14}$$

由于电网电压 U 和发电机的同步电抗 X_t 均为定值，所以有

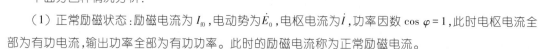

$$\left. \begin{aligned} I\cos \varphi &= 常数 \\ E_0 \sin \delta &= 常数 \end{aligned} \right\} \tag{6.5.15}$$

满足式（6.5.15）的条件下，调节励磁电流时的隐极式同步发电机相量图如图 6.5.10 所示。

下面分四种情况分析：

（1）正常励磁状态：励磁电流为 I_{f0}，电动势为 $\dot{E}_0$，电枢电流为 $\dot{I}$，功率因数 $\cos \varphi = 1$，此时电枢电流全部为有功电流，输出功率全部为有功功率。此时的励磁电流称为正常励磁电流。

（2）过励状态：增加励磁电流，使 $I_{f1} > I_{f0}$，电动势随之增加为 $\dot{E}_{01}$，因 $E_0 \sin \delta = $ 常数，故 $\dot{E}_{01}$ 的端点应落在垂线 CD 上。相应地，电枢电流变为 $\dot{I}_1$，因 $I\cos \varphi = $ 常数，故 $\dot{I}_1$ 的端点应在水平线 AB 上。此时电枢电流 $\dot{I}_1$ 滞后于电网电压 $\dot{U}$，电枢电流中除不变的有功分量外，还有滞后的无功分量。就是说，此时发电机除了向电网发出有功功率外，还向电网发出感性（滞后）的无功功率。

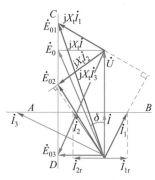

图 6.5.10 调节励磁电流时的隐极式同步发电机相量图

（3）欠励状态：减少励磁电流，使 $I_{f2} < I_{f0}$，电动势随之减小为 $\dot{E}_{02}$，相应的定子电流变为 $\dot{I}_2$，同理，$\dot{I}_2$ 和 $\dot{E}_{02}$ 的端点分别落在 AB 和 CD 线上。此时 $\dot{I}_2$ 超前 $\dot{U}$，电枢电流中除不变的有功分量外，还有超前的无功分量。就是说，此时发电机除了向电网发出有功功率外，还向电网发出容性（超前）的无功功率。

（4）极限状态：如果进一步减小励磁电流，使电动势减小为 $\dot{E}_{03}$，此时 $\delta = 90°$，发电机已达到稳定运行的极限状态。若再减小励磁电流，功角将大于 90°，发电机就将失去同步，不能稳定运行。

由上面分析可知，与无穷大电网并联的同步发电机，当保持有功功率不变，只调节励磁电流时，发电机输出的无功功率大小和性质都将发生改变。在过励状态下，发电机向电网输出的无功功率是感性的，而且励磁电流越大，输出的感性无功功率越多；在欠励状态下，发电机向电网输出的无功功率是容

性的,而且励磁电流越小,输出容性的无功功率越多。

发电机运行于过励状态时,电动势E_0增大,功率极限P_{emmax}随之增大,功角δ减小,因此发电机的静态稳定程度有所提高。相反,发电机运行于欠励状态时,E_0减小,功角δ增大,静态稳定性能下降,过分地欠励会出现不稳定运行。在现代电网中,调节励磁电流的作用不仅是为了调节无功功率,有时还可以提高系统的稳定性。

二、调节有功功率、无功功率时的相互影响

由上述分析可知,通过调节励磁电流来调节无功功率时,对有功功率不会产生影响,但减小励磁电流时,会影响发电机的静态稳定性能;而通过改变原动机的功率来调节有功功率输出时,由于功角δ改变了,不仅有功功率发生变化,无功功率也将发生变化,可由无功功率功角特性曲线说明。隐极式同步发电机输给电网的无功功率Q为

$$Q = mUI\sin\varphi \qquad (6.5.16)$$

由图 6.5.8(b)可得

$$E_0\cos\delta = U + X_t I\sin\varphi$$

即

$$I\sin\varphi = (E_0\cos\delta - U)/X_t$$

代入式(6.5.16)并整理得

$$Q = m\frac{E_0 U}{X_t}\cos\delta - m\frac{U^2}{X_t} \qquad (6.5.17)$$

式(6.5.17)说明,当E_0、U、X_t为常数时,无功功率Q与功角δ之间为余弦关系,$Q = f(\delta)$称为隐极式同步发电机的无功功率功角特性,相应曲线如图 6.5.11 所示。由此可知,随着功角δ的增加,有功功率将增加,无功功率将减少,若不改变励磁电流,将导致无功功率改变符号,即由向电网输出感性无功功率变成输出容性无功功率。因此,如果只要求改变发电机输出的有功功率,应该在调节发电机有功功率的同时适当调节发电机的无功功率,即同时调节励磁电流;当维持原动机输入转矩不变时,只调节发电机的励磁电流,只改变输出的无功功率,不改变有功功率的输出。

三、V 形曲线

在同步发电机运行过程中,定子电流I和励磁电流I_f是运行人员需要监视的两个主要变量,这两个变量关系到定子绕组和励磁绕组的温度,又牵涉到功率因数的超前、滞后以及发电机运行的稳定性。

由以上分析可知,发电机在保持有功功率不变的情况下,调节励磁电流改变无功功率时,正常励磁点$\cos\varphi = 1$,定子电流为最小值,在此基础上无论增加或减小励磁电流,定子电流均增加。与无穷大电网并联运行的同步发电机,在一定的有功功率下,定子电流I和励磁电流I_f之间的关系$I = f(I_f)$曲线呈V 形,故称为 V 形曲线。对应一个给定的有功功率输出,就有一条 V 形曲线,有功功率增大,曲线上移,如图 6.5.12 所示。

每条 V 形曲线的最低点都是相应于$\cos\varphi = 1$的工作点,这点的定子电流值最小,而且全是有功分量,这点为正常励磁。将各曲线的最低点连接起来,得到一条$\cos\varphi = 1$的稍向右倾的曲线,这说明增加有功功率输出时,要保持$\cos\varphi = 1$,必须相应地增加励磁电流。以该曲线为基准,右侧为过励(也称迟相)状态;左侧为欠励(也称进相)状态。

在 V 形曲线的左侧存在一个不稳定区,不稳定区的边缘线如图 6.5.12 中的虚线所示,表示功角已经增大到了功率极限角(隐极式同步发电机为 90°)。可以看出,输出的有功功率越大,维持稳定运行所需的励磁电流也越大,如果输出的有功功率较大,而励磁电流较小,则发电机极易进入不稳定区。在实际运行中,发电机在增大有功输出时,其励磁电流也需相应增加,且必须大于所限制的最小励磁电流,

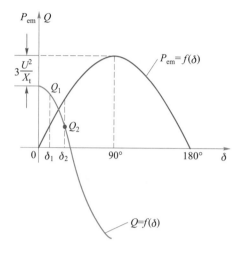

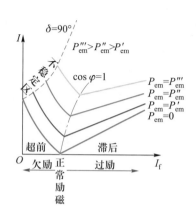

图 6.5.11 隐极式同步发电机的有功和
无功功角特性

图 6.5.12 隐极式同步发电机的 V 形曲线

从而保证发电机静态稳定。

一般情况下,发电机都运行于过励状态,功率因数一般为 0.8 ～ 0.85(滞后),大容量同步发电机的功率因数可达 0.9。发电机功率因数大于或低于额定功率因数,对发电机运行都不利。

【例 6.5.2】 在【例 6.5.1】基础上,试求:(1)若维持额定运行时励磁电流不变,输出有功功率减半时,P_{em}、δ、$\cos\varphi$、I 变为多少?(2)发电机运行在额定状态下,仅将励磁电流加大 10% 时,P_{em}、δ、$\cos\varphi$、I 变为多少?

【解】 (1)励磁电流不变,有功功率减半时:

$$P_{em} = \frac{1}{2}P_N = \frac{1}{2} \times 200 \text{ MW} = 100 \text{ MW}, \quad P_{em}^* = \frac{P_{em}}{S_N} = \frac{100}{235} = 0.426$$

由 $P_{em}^* = \dfrac{E_0^* U^*}{X_t^*}\sin\delta$,$0.426 = \dfrac{2.57 \times 1}{1.9}\sin\delta$ 可解得 $\delta = 18.36°$

由 $\dot{E}_0^* = \dot{U}^* + j\dot{I}^* X_t^*$,$2.57\underline{/18.36°} = 1\underline{/0°} + j\dot{I}^* 1.9$,可解得

$$\dot{I}^* = \frac{2.57\underline{/18.36°} - 1\underline{/0°}}{j1.9} = \frac{1.44 + j0.81}{j1.9} = 0.426 - j0.758 = 0.87\underline{/-60.66°}$$

$$\cos\varphi = \cos 60.66° = 0.49$$

$$I = \dot{I}^* I_N = 0.87 \times 8\ 625 \text{ A} = 7\ 504 \text{ A}$$

(2)额定功率不变,励磁电流增加 10% 时:

因磁路不饱和,故 E_0 增加 10%。

由 $P_N^* = \dfrac{1.1 E_0^* U^*}{X_t^*}\sin\delta$,$0.85 = \dfrac{1.1 \times 2.57 \times 1}{1.9}\sin\delta$,可解得 $\delta = 34.84°$

$$P_{em} = P_N = 200 \text{ MW}$$

由 $1.1\dot{E}_0^* = \dot{U}^* + j\dot{I}^* X_t^*$,$1.1 \times 2.57\underline{/34.84°} = 1\underline{/0°} + j\dot{I}^* 1.9$ 可解得

$$\dot{I}^* = \frac{1.1 \times 2.57\underline{/34.84°} - 1}{j1.9} = \frac{1.32 + j1.615}{j1.9} = 0.85 - j0.695 = 1.098\underline{/-39.3°}$$

$$\cos\varphi = \cos 39.3° = 0.774$$

$$I = \dot{I}^* I_N = 1.098 \times 8\ 625 \text{ A} = 9\ 470 \text{ A}$$

教学课件：
同步电动机和
同步调相机

6.6　同步电动机和同步调相机

6.6.1　同步电动机

一、同步电机的可逆原理

和其他旋转电机一样,同步电机也是可逆的,既可以作为发电机运行,也可以作为电动机运行,完全取决于它的输入功率是机械功率还是电功率。下面以一台已投入电网运行的隐极式同步电机为例,说明其从同步发电机过渡到同步电动机运行状态的物理过程,以及其内部各电磁物理量之间的关系变化。

如前所述,同步电机运行于发电机状态时,其转子主磁极轴线超前于气隙合成磁场的等效磁极轴线一个功角 δ,可以想象成转子磁极拖着合成等效磁极以同步转速旋转,如图 6.6.1(a)所示。这时发电机产生的电磁制动转矩与输入的驱动转矩相平衡,把机械功率转变为电功率输送给电网。因此,此时电磁功率 P_{em} 和功角 δ 均为正值,空载电动势 $\dot{E}_0$ 超前于电网电压 $\dot{U}$ 一个 δ 角度。

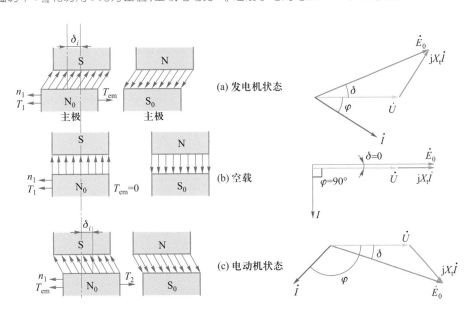

图 6.6.1　同步发电机过渡到同步电动机的过程

如果逐步减少发电机的输入功率,转子将瞬时减速,δ 角减小,相应的电磁功率 P_{em} 也减小。当 δ 减到零时,相应地,电磁功率也为零,发电机的输入功率只能抵偿空载损耗,这时发电机处于空载运行状态,并不向电网输送功率,如图 6.6.1(b)所示。

继续减少发电机的输入功率,则 δ 和 P_{em} 变为负值,同步电机开始从电网吸收功率和原动机一起共同提供驱动转矩来克服空载制动转矩,供给空载损耗。如果再卸掉原动机,就变成了空转的电动机,此时空载损耗全部由电网输入的电功率来供给。如在电机轴上再加上机械负载,则负值的功角 δ 将增大,由电网输入的电功率和相应的电磁功率也将增大,以平衡电动机的输出功率。此时,功角 δ 为负值,即 $\dot{E}_0$ 滞后于 $\dot{U}$,主极磁场落后于气隙合成磁场,转子受到一个驱动性质的电磁转矩作用,如图 6.6.1(c)所示。机–电能量转换过程由此发生逆变。

二、同步电动机的基本方程式和相量图

按照发电机惯例,同步电动机为一台输出负的有功功率的发电机,其隐极式电机的电动势方程式为

$$\dot{E}_0 = \dot{U} + R_a \dot{I} + jX_t \dot{I} \tag{6.6.1}$$

此时,$\dot{E}_0$ 滞后于 $\dot{U}$ 一个功角 δ,$\varphi > 90°$,其相量图和等效电路图如图 6.6.2(a)、(c)所示。但习惯上,人们总是把电动机看作是电网的负载,它从电网吸收有功功率。为此按照电动机惯例,重新定义,把输出负值电流看成是输入正值电流,则 $\dot{I}$ 应转过 180°,其电动势相量图和等效电路如图 6.6.2(b)、(c)所示。此时 $\varphi_M < 90°$,表示电动机从电网吸收有功功率。其电动势方程式为

$$\dot{U} = \dot{E}_0 + R_a \dot{I}_M + jX_t \dot{I}_M \tag{6.6.2}$$

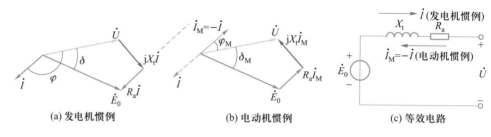

(a) 发电机惯例   (b) 电动机惯例   (c) 等效电路

图 6.6.2 隐极式同步电机的相量图和等效电路

对于凸极式同步电动机,如按电动机惯例,其电动势方程式为

$$\dot{U} = \dot{E}_0 + R_a \dot{I}_M + jX_d \dot{I}_{Md} + jX_q \dot{I}_{Mq} \tag{6.6.3}$$

式中,$\dot{I}_{Md}$ 和 $\dot{I}_{Mq}$ 为同步电动机输入电流的直轴和交轴分量。其电动势相量图如图 6.6.3 所示。

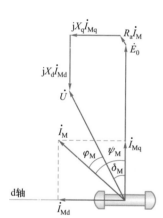

图 6.6.3 凸极式同步电动机相量图

同步电动机的电磁功率 P_{em} 与功角 δ 的关系和同步发电机的 P_{em} 与 δ 的关系一样,所不同的是在电动机中功角 δ 变为负值。因此,只需在发电机的电磁功率公式中用 $\delta_M = -\delta$ 代替 δ 即可。于是,同步电动机电磁功率公式为

$$P_{em} = \frac{mE_0 U}{X_d} \sin \delta_M + \frac{mU^2}{2}\left(\frac{1}{X_q} - \frac{1}{X_d}\right) \sin 2\delta_M \tag{6.6.4}$$

上式除以同步角速度 Ω_1,便得到同步电动机的电磁转矩为

$$T_{em} = \frac{mE_0 U}{X_d \Omega_1} \sin \delta_M + \frac{mU^2}{2\Omega_1}\left(\frac{1}{X_q} - \frac{1}{X_d}\right) \sin 2\delta_M \tag{6.6.5}$$

此外,关于同步发电机过载能力的分析,对同步电动机也完全适用。

由于同步电动机运行状态从机-电能量转换角度来看,是同步发电机运行状态的逆过程,由此可得同步电动机的功率方程式为

$$\left.\begin{array}{l} P_1 = P_{Cu1} + P_{em} \\ P_{em} = P_{Fe} + P_{mec} + P_{ad} + P_2 \end{array}\right\} \tag{6.6.6}$$

三、同步电动机的 V 形曲线

与同步发电机相似,当同步电动机输出的有功功率恒定而改变其励磁电流时,也可以调节电动机的无功功率。同步电动机的 V 形曲线如图 6.6.4 所示。图中所示为对应于不同的电磁功率时的 V 形曲线,其中 $P_{em} \approx 0$ 的一条曲线对应于同步调相机的运行状态。

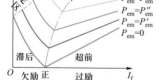

图 6.6.4 隐极式同步电动机的 V 形曲线

调节励磁电流可以调节同步电动机的无功电流和功率因数,这是同步电动机最可贵的特点。由于电网上的主要负载是感应电动机和变压器,它们都要从电网中吸收感性的无功功率。如果将同步电动

机工作在过励状态,从电网吸收容性无功功率,则可就地向其他感性负载提供感性无功功率,从而提高电网的功率因数。因此,为了改善电网的功率因数和提高电机的过载能力,现代同步电动机的额定功率因数一般均设计为 1~0.8(超前)。

6.6.2　同步调相机

通常所说的发电机和电动机,仅指有功功率而言,当电机向电网输出有功功率时便为发电机运行,当电机从电网吸收有功功率时便为电动机运行。同步电机也可以专门供给无功功率,特别是感性无功功率。这种专供无功功率的同步电机称为同步调相机或同步补偿机。

提高电网的功率因数,既可以提高发电设备的利用率和效率,也能显著提高电力系统的经济性与供电质量,具有重大的实际意义。在电网的受电端接上一些同步调相机,这是提高电网功率因数的重要方法之一。

同步调相机实际上就是一台在空载运行情况下的同步电动机。它从电网吸收的有功功率仅供给电机本身的损耗,因此同步调相机总是在电磁功率和功率因数都接近于零的情况下运行。同步调相机一般采用凸极式结构,由于转轴上不带机械负载,故在机械结构上要求较低,转轴较细。静态过载倍数也可以小些,相应地可以减小气隙和励磁绕组的用铜量。

*6.7　同步电动机的电力拖动

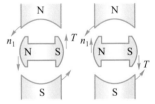

教学课件:
同步电动机的
电力拖动

与其他电动机相比,同步电动机拖动系统有突出的特点:首先,转速与电压的频率保持严格的同步,功率因数可以调节;其次,由于转子有励磁,所以可以在低频情况下运行;再次,在同样条件下,同步电动机的调速范围比异步电动机更宽,而且有较强的抗干扰能力,动态响应时间短。

6.7.1　同步电动机的起动

同步电动机的电磁转矩是由定子旋转磁场和转子励磁磁场相互作用而产生的。只有两者相对静止时,才能得到恒定的电磁转矩。如给同步电动机加励磁并直接投入电网,由于转子在起动时是静止的,故转子磁场静止不动,定子旋转磁场以同步转速 n_1 对转子磁场做相对运动,则一瞬间定子旋转磁场将吸引转子磁场向前,由于转子所具有的转动惯量还来不及转动,另一瞬间定子磁场又推斥转子磁场向后,转子上受到的便是一个方向在交变的电磁转矩,如图 6.7.1 所示,其平均转矩为零,故同步电动机不能自行起动。因此要起动同步电动机,必须借助于其他方法。

一般来讲,同步电动机的起动方法大致有三种:辅助电动机起动法、异步起动法、变频起动法。

一、辅助电动机起动法

这种起动方法必须要有另外一台电动机作为起动的辅助电动机才能工作。辅助电动机一般采用与同步电动机极数相同且功率较小(其容量为主机的 10% ~ 15%)的异步电动机。在起动时,辅助电动机首先开始运转,将同步电动机的转速拖动到接近同步转速,再给同步电动机加入励磁并投入电网同步运行。由于辅助电动机的功率一般较小,所以这种起动方法只适用于空载起动。

二、异步起动法

异步起动法是通过在凸极式同步电动机的转子上安装阻尼绕组来获得起动转矩的。阻尼绕组和异步电动机的笼型绕组相似,只是它装在转子磁极的极靴上,有时就称同步电动机的阻尼绕组为起动绕组。

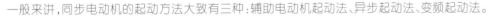

图 6.7.1　同步电动机起动时定子磁场对转子磁场的作用

同步电动机的异步起动方法如下。

第一步，将同步电动机的励磁绕组通过一个电阻短接，如图6.7.2所示。短路电阻的大小约为励磁绕组本身电阻的10倍。串电阻的作用主要是削弱由转子绕组产生的对起动不利的单轴转矩。而起动时励磁绕组开路是很危险的，因为励磁绕组的匝数很多，定子旋转磁场将在该绕组中感应很高的电压，可能击穿励磁绕组的绝缘。

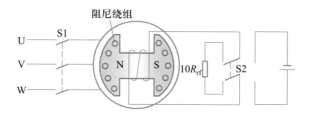

图6.7.2　同步电动机异步起动法原理线路图

第二步，将同步电动机的定子绕组接通三相交流电源。这时定子旋转磁场将在阻尼绕组中感应电动势和电流，此电流与定子旋转磁场相互作用而产生异步电磁转矩，同步电动机便作为异步电动机而起动。

第三步，当同步电动机的转速达到同步转速的95%左右时，将励磁绕组与直流电源接通，则转子磁极就有了确定的极性。这时转子上增加了一个频率很低的交变转矩，转子磁场与定子磁场之间的吸引力产生的整步转矩，将转子逐渐牵入同步。一般而言，轴上的负载越轻，电机越容易牵入同步。凸极式同步电动机由于有磁阻转矩，更易牵入同步。

三、变频起动法

变频起动法是使用变频器来起动同步电动机。变频器能将频率恒定、电压恒定的三相交流电变为频率连续可调、电压连续可调的三相交流电，而且电压与频率成比例地变化。起动时，将变频器的输入端接交流电网电压，输出端接同步电动机定子三相绕组，同时将励磁绕组通入直流励磁，调节变频器，使输出频率由很低的频率开始不断地上升，从而使得定子旋转磁场转速从极低开始上升。这样，在起动瞬间，定子、转子磁场转速相差很小，在同步电磁转矩作用下，使转子起动加速，跟上定子磁场转速。然后连续不断地使变频器的输出频率升高，转子的转速就连续不断地上升，直至变频器的输出频率达到电网的额定频率，转子转速达到同步转速，再切换至电网供电，完成起动过程。

现在的变频器具有多种功能，可以按起动时间的要求，或者按起动转矩的要求进行设定，顺利起动同步电动机。

尽管变频器价格较贵，但是当一个工厂或者车间有多台同步电动机时，可以共用一台变频器。在用变频器起动一台同步电动机后，可以将变频器从电路中切除，用于下一台同步电动机的起动。这样，从总体上看，用变频器起动同步电动机还是比较经济的。

6.7.2　同步电动机的调速

同步电动机始终以同步转速进行运转，没有转差，也没有转差功率，而且同步电动机转子磁极对数又是固定的，不能有变极调速，因此只能靠变频调速。在进行变频调速时需要考虑恒磁通的问题，所以同步电动机的变频调速也是电压频率协调控制的变压变频调速。

在同步电动机的变压变频调速方法中，从控制的方式来看，可分为他控变压变频调速和自控变压变频调速两类。

一、他控变压变频调速系统

使用独立的变压变频装置给同步电动机供电的调速系统称为他控变压变频调速系统。变压变频的装置同感应电动机的变压变频装置相同,分为交-直-交和交-交变频两大类。对于经常在高速运行的电力拖动场合,定子的变压变频方式常用交-直-交电流型变压变频器,其电动机侧变换器(即逆变器)比给感应电动机供电时更简单。对于运行于低速的同步电动机电力拖动系统,定子的变压变频方式常用交-交变压变频器(或称周波变换器),使用这样的调速方式可以省去庞大的机械传动装置。

二、自控变压变频调速系统

自控变压变频调速是一种闭环调速系统。它利用检测装置,检测出转子磁极位置的信号,并用来控制变压变频装置换相,类似于直流电动机中电刷和换向器的作用,因此也称为无换向器电机调速,或无刷直流电机调速。但它绝不是一台直流电动机。

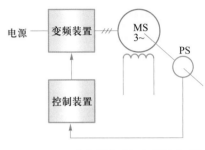

这样,同步电动机、变频器、转子位置检测器就组成了无换向器电动机变频调速系统。系统组成如图 6.7.3 所示。由于无换向器电动机中的变频器,其控制信号来自转子位置检测器,是由转子转速来控制变频器的输出频率的,故称之为"自控式变频器"。

图 6.7.3　无换向器电动机变频调速系统
MS—同步电动机;PS—转子位置检测器

对他控变压变频调速方式而言,通过改变三相交流电的频率,定子磁场的转速是可以瞬间改变的,但是转子及整个拖动系统具有机械惯性,转子转速不能瞬间改变,两者之间最终能不能同步,取决于外界条件。若频率变化较慢,且负载较轻,定子、转子磁场的转速差较小,电磁转矩的自整步能力能带动转子及负载跟上定子磁场的变化而保持同步,变频调速成功。如果频率上升的速度较快,且负载较重,定子、转子磁场的转速差较大,电磁转矩使转子转速的增加跟不上定子磁场转速的增加而出现失步,变频调速失败。

自控变压变频调速方式是基于首先改变转子的转速,在转子转速变化的同时改变电源电压频率,由于变频是通过电子线路来实现的,瞬间就可以完成,因而也就可以瞬间改变定子磁场的转速而使两者同步,不会有失步的困扰。所以这种变频调速的方法被广泛地应用到同步电动机的调速系统中。

变频控制的方法由于将同步电动机的起动、调速以及励磁等诸多问题放在一起解决,显示了其独特的优越性,已成为当前同步电动机电力拖动的一个主流。

小结

同步电机最基本的特点是电枢电流的频率和磁极对数与转速有着严格的关系。在结构上一般采用旋转磁极式。

汽轮发电机由于转速高和容量大,一般采用卧式隐极结构,水轮发电机则多为立式凸极结构。一般用途的同步电动机和调相机多数为卧式凸极结构。

在分析同步发电机对称稳态运行情况下的电磁过程时,电枢反应占有重要地位。电枢反应的性质取决于负载的性质和电枢内部的参数,即取决于 $\dot{E}_0$ 与 $\dot{I}$ 之间的夹角 ψ 的数值。一般带感性负载运行时,电枢磁动势可分解为交轴电枢反应磁动势 F_{aq} 和去磁的直轴电枢反应磁动势 F_{ad}。交轴电枢反应是机-电能量转换的关键。

基本方程式和相量图对分析同步电机各物理量之间的关系非常重要。在不考虑饱和时,可认为各个磁动势分别产生磁通及感应电动势,并由此作出电动势方程式及相量图。

隐极式同步电机由于气隙均匀,可用单一的参数——同步电抗来表征电枢反应和漏磁所产生的效果。凸极式同步电机,由于气隙不均匀,同样大小的电枢磁动势作用在交轴或直轴上时,所建立的磁通大小不一样。因此可用双反应理论把 F_a 分解为 F_{ad} 和 F_{aq} 两个分量,分别研究它们所产生的磁场和感应电动势。由此对凸极式同步电机推导出 X_d 和 X_q 两个同步电抗,以分别表征直轴和交轴电流所产生的电枢总磁场(包括电枢反应磁场和漏磁场)的效果。

正常运行时,同步发电机主要有两个运行特性:外特性和调整特性。外特性说明在不调节励磁时,端电压随负载变化而变化的情况。调整特性则说明负载变化时,为保持电压恒定,励磁电流的调整规律。

并联运行是现代同步发电机的主要运行方式,并联的方法有准同期法和自同期法,自同期法主要用于事故状态下的并联。

并联运行的主要特性是功角特性,用它可以分析同步发电机并入电网后的有功功率和无功功率的调节方法。调节时的内部过程通过相量图或功角特性来说明,有功功率的调节表现为功角 δ 的变化,而无功功率的调节为 E_0 的大小和 δ 角同时变化。有功功率的调节受到静态稳定的约束。而调节励磁电流改变无功功率时,如果励磁电流调得过低,则也有可能使电机失去稳定而被迫停止运行。

同步电动机与同步发电机的区别在于有功功率的传递方向不同。同步发电机向电网输送有功功率,因而功角为正值。同步电动机从电网吸收有功功率,因而功角为负值。

同步调相机实质上就是空载运行的同步电动机。作为无功功率电源,同步调相机对改善电网的功率因数,保持电压稳定及电力系统的经济运行起着重要的作用。

同步电动机最突出的优点是功率因数可以根据需要在一定范围内调节。但同步电动机不能自行起动是其主要问题。现在广泛应用的是异步起动法。

变频控制的方法由于将同步电动机的起动、调速以及励磁等诸多问题放在一起解决,显示了其独特的优越性,已成为当前同步电动机电力拖动的一个主流。

思考题与习题

6.1　什么是同步电机? 试问 150 r/min,50 Hz 的同步电机是几极的? 该机应是隐极式结构,还是凸极式结构?

6.2　为什么大容量同步电机都采用旋转磁极式结构?

6.3　试比较汽轮发电机和水轮发电机的结构特点。

6.4　同步电动机的转速与什么有关? 电源频率为 50 Hz,电机的极对数为 2、4、6 时,同步电动机的转速分别等于多少? 如果电源频率变为 60 Hz,同步电动机的转速又分别等于多少?

6.5　同步电动机的电磁功率与哪些物理量有关? 隐极式同步电动机与凸极式同步电动机的电磁功率表达式有何异同?

6.6　为什么 X_d 在正常运行时应采用饱和值,而在短路时却采用不饱和值?

6.7　测定同步发电机空载特性和短路特性时,如果转速降为 $0.95\,n_N$,对实验结果将有什么影响?

6.8　为什么同步发电机带感性负载时其外特性是下降的?

6.9　试述三相同步发电机理想并联的条件? 为什么要满足这些条件?

6.10　同步发电机的功角在时间和空间上各具有什么含义?

6.11　与无穷大电网并联运行的同步发电机,如何调节有功功率? 调节有功功率对无功功率是否产生影响? 如何调节无功功率? 调节无功功率对有功功率是否产生影响? 为什么?

6.12　同步发电机并联于无穷大电网运行,试比较下列三种情况下的静态稳定性,并说明理由?

(1) 在过励状态下运行或在欠励状态下运行;

(2) 在轻载状态下运行或在重载状态下运行;

(3) 直接接到电网或通过升压变压器、长输电线接到电网。

6.13　为改善电网的功率因数,同步电动机的励磁电流应如何调节?

6.14　同步电动机常用的起动方法有几种?

6.15　一台汽轮发电机,磁极对数 $2p=2$,$P_N=300$ MW,$U_N=18$ kV,$\cos\varphi_N=0.85$,$f_N=50$ Hz,试求:(1)发电机的额定电流;(2)发电机额定运行时的有功功率和无功功率。

6.16　有一台 $P_N=300$ MW,$U_N=18$ kV,Y 联结,$\cos\varphi_N=0.85$(滞后)的汽轮发电机,$X_t^*=2.18$(不饱和值),电枢电阻略去不计,当发电机运行在额定情况下,试求:(1)不饱和的励磁电动势 E_0;(2)功角 δ_N;(3)电磁功率 P_{em};(4)过载能力 λ。

6.17　一台三相水轮发电机,$P_N=1\,500$ kW,$U_N=6\,300$ V,Y 联结,$\cos\varphi_N=0.8$(滞后),$X_d=21.2$ Ω,$X_q=13.7$ Ω,电枢电阻略去不计。试:(1)绘出该发电机额定状态下的电动势相量图;(2)计算不计饱和时发电机的电压调整率 ΔU;(3)求额定运行时的电磁功率 P_{emN}。

6.18　已知一台三相隐极式同步发电机与大容量电网并联运行,已知 $U_N=400$ V,$X_t=1.2$ Ω,Y 联结,当发电机输出功率为 80 kW 时,$\cos\varphi=1$,若保持励磁电流不变,减少输出功率到 20 kW,不计电阻,试求:(1) 功角 δ;(2)功率因数 $\cos\varphi$;(3)电枢电流 I;(4)输出无功功率 Q 及其性质。

6.19　一台汽轮发电机并联于无穷大电网运行,额定负载时 $P_N=25\,000$ kW,$U_N=10.5$ kV,Y 联结,$\cos\varphi_N=0.8$($\varphi_N>0$),$X_t=7$ Ω,$R_a=0$,试求发电机在额定状态下运行时,(1)功角 δ_N;(2)电磁功率 P_{em};(3)比整步功率 P_{syn};(4)静态过载能力 λ。

6.20　在题 6.19 基础上,若维持额定运行时励磁电流不变,输出有功功率减半时,试求:(1)功角 δ;(2)电磁功率 P_{em};(3)比整步功率 P_{syn};(4)功率因数 $\cos\varphi$。

6.21　在题 6.19 基础上,即发电机运行在额定状态下,仅将其励磁电流加大 10% 时(不考虑磁路饱和),试求:(1)功角 δ;(2)电磁功率 P_{em};(3)功率因数 $\cos\varphi$;(4)电流 I。

6.22　某工厂从 6 000 V 的电网上吸取 $\cos\varphi=0.6$ 的电功率为 2 000 kW,今装一台同步电动机,容量为 720 kW,效率为 0.9,Y 联结,求功率因数提高到 0.8 时,同步电动机的额定电流和 $\cos\varphi$。

本章自测题

一、填空题(每空 1 分,共 20 分)

1. 同步发电机的短路特性为一直线,这是因为在短路时电机的磁路_____。

2. 同步发电机正常情况下并车(并联)采用_____,事故状态下并车(并联)采用_____。

3. 同步调相机又称为_____,实际上就是一台_____运行的同步电动机,通常工作于_____状态。

4. 同步发电机带负载时,如 $0°<\psi<90°$,则电枢反应磁动势 $\boldsymbol{F}_a$ 可分解为 $\boldsymbol{F}_{ad}=$_____,$\boldsymbol{F}_{aq}=$_____。其中 $\boldsymbol{F}_{ad}$ 电枢反应的性质_____,$\boldsymbol{F}_{aq}$ 电枢反应的性质_____。

5. 同步发电机与无穷大电网并联运行,过励时向电网输出_____无功功率,欠励时向电网输出_____无功功率。

6. 一台汽轮发电机并联于无穷大电网运行,欲增加有功功率输出,应_____;欲增加感性无功功率输出,应_____。(填如何调节)

7. 汽轮同步发电机气隙增大时,则同步电抗 X_t _____,电压调整率 ΔU _____,电机制造成本 _____,静态稳定性能_____。

8. 在相位上,当同步电机作发电机运行时,$\dot E_0$ _____ $\dot U$;作电动机运行时,$\dot E_0$ _____ $\dot U$。

二、判断题(每题 2 分,共 10 分)

1. 凸极式同步发电机由于其电磁功率中包括磁阻功率,即使该电机失去励磁,仍可能稳定运行。

( )

2. 采用同步电动机拖动机械负载,可以改善电网的功率因数,为吸收容性无功功率,同步电动机通常工作于过励状态。 ( )

3. 同步发电机过励运行较欠励运行稳定,满载运行较轻载运行稳定。 ( )

4. 同步发电机采用准同期法并车,当其他条件已满足,只有频率不同时,调节发电机的转速,使其频率与电网频率相等时,合上并联开关,即可并车成功。 ( )

5. 汽轮同步发电机与无穷大电网并联运行,只调节气门开度,既可改变有功功率又可改变无功功率输出。 ( )

三、选择题(每题 2 分,共 10 分)

1. 同步发电机带容性负载时,其调整特性是一条( )。

A. 上升的曲线 B. 水平直线 C. 下降的曲线 D. 与横轴重合的直线

2. 一台并联于无穷大电网的同步发电机运行于正常励磁状态,欲增加发电机有功输出,并保持功率因数不变,则应( )。

A. 增大输入转矩,增大励磁电流 B. 增大输入转矩,减小励磁电流

C. 减小输入转矩,增大励磁电流 D. 减小输入转矩,减小励磁电流

3. 同步发电机的稳定运行条件是( )。

A. $\dfrac{\mathrm{d}P_{em}}{\mathrm{d}\delta}>0$ B. $\dfrac{\mathrm{d}P_{em}}{\mathrm{d}\delta}<0$ C. $\dfrac{\mathrm{d}P_{em}}{\mathrm{d}\delta}=0$ D. $\delta<90°$

4. 同步发电机的 V 形曲线在其欠励时有一不稳定区域,而对同步电动机的 V 形曲线,这一不稳定区应该在( )区域。

A. $I_f>I_{f0}$ B. $I_f=I_{f0}$ C. $I_f<I_{f0}$

5. 工作于过励状态的同步调相机,其电枢反应主要是( )。

A. 交轴电枢反应 B. 去磁的直轴电枢反应

C. 增磁的直轴电枢反应

6. 与无穷大容量电网并联运行的同步发电机,过励时欲增加励磁电流,则( )。

A. 发出的容性无功功率增加,功角减小 B. 发出的感性无功功率增加,功角减小

C. 发出的容性无功功率增加,功角增大 D. 发出的感性无功功率增加,功角增大

7. 与无穷大容量电网并联运行的同步发电机,其电流滞后于电压一相位角,若逐渐增加励磁电流,则电枢电流( )。

A. 渐大 B. 先增大后减小 C. 渐小 D. 先减小后增大

四、简答与作图题(每题 5 分,共 25 分)

1. 同步发电机投入并联时的理想条件有哪些?

2. 试简述功角的双重物理意义。

3. 简述同步发电机"同步"的含义。

4. 与无穷大容量电网并联运行的汽轮发电机,原运行于过励状态,现欲增加有功功率而保持无功功率

输出不变,该如何调节? 画出变化前后的电动势相量图。

5. 一台并联于无穷大电网运行的隐极式同步发电机,励磁电流保持不变,增大原动机输入的功率,画图说明功角、定子电流、功率因数如何变化?

五、分析题(10 分)

同步发电机单机运行,当带上阻感性负载($\varphi > 0°$)时,其端电压将下降,试从磁路和电路两方面加以分析。

六、计算题(25 分)

1. 一台凸极式同步发电机,$P_N = 400$ kW,$U_N = 6.3$ kV,Y 联结,$R_a = 0$,$\cos \varphi_N = 0.8$,求:(1)发电机的额定电流;(2)发电机额定运行时的有功功率和无功功率。(10 分)

2. 一台隐极式三相同步发电机,定子绕组为 Y 联结,$U_N = 400$ V,$I_N = 37.5$ A,$\cos \varphi_N = 0.85$(滞后),$X_t = 2.38$ Ω(不饱和值),不计电阻,当发电机运行在额定情况下时,试求:(1)不饱和的励磁电动势 E_0;(2)功角 δ_N;(3)电磁功率 P_{em};(4)过载能力 λ。(15 分)

内容简介

　　随着科学技术的飞速发展,微控电机已经成为现代工业自动化、军事装备自动化、办公自动化等众多领域中必不可少的重要元件。微控电机是具有特定功能的小功率旋转电机,在控制系统中作为执行元件、检测元件和解算元件。微控电机在本质上和前面讲过的普通电机没有区别,只是侧重点不同而已。普通旋转电机主要是进行能量转换,要求电机具有较高的力能指标;而微控电机主要是对控制信号进行传递和转换,要求电机具有较高的控制性能,如要求响应快,精度高,运行可靠等。

　　根据用途的不同,微控电机可分为驱动用和控制用两大类。驱动用微控电机有异步电机、同步电机、永磁无刷电机、超声波电机、直线电机等,主要用来驱动各种机构、仪表以及家用电器等,通常是单独使用。控制用微控电机,根据在控制系统中的作用,可将其分为测量元件和执行元件。测量元件包括旋转变压器、测速发电机、自整角机等,它们能够将转角、转角差或转速等机械信号转换为电信号;执行元件有伺服电动机、步进电动机等,它们的任务是将电信号转换成轴上的角位移或角速度以及直线位移或线速度,并带动控制对象运动。实际上,有一些电机既可作驱动用,又可作控制用。

　　本章主要介绍单相异步电动机、伺服电动机、测速发电机、步进电动机、微型同步电动机、直线异步电动机的工作原理和应用。

教学课件:
单相异步电动机

7.1　单相异步电动机

　　单相异步电动机由单相交流电源供电,在家用电器、医疗器械和电动工具中得到广泛应用。

　　单相异步电动机的转子就是普通的笼型转子。为了产生起动转矩,单相异步电动机定子上有两个绕组,一个为工作绕组,另一个为起动绕组。起动绕组一般只在起动时接入,起动完毕就与电源断开,因此正常运行时只有一个工作绕组接在电源上。还有一些电容电动机,起动绕组在运行时仍然接在电源,这实质上是一台两相电动机,但由于接在单相电源上,故仍称为单相异步电动机。图 7.1.1 所示为一台用于洗衣机中的单相异步电动机。

图 7.1.1　单相异步
电动机外形图

7.1.1　单相异步电动机的工作原理

　　当单相异步电动机的定子上只有一个工作绕组时,通入单相正弦交流电流产生脉动磁动势,它可以分解为幅值相等,转速相同,转向相反的两个旋转磁动势 F^+ 和 F^-,在气隙中建立正向旋转磁场 Φ^+ 和反向旋转磁场 Φ^-。这两个旋转磁场切割转子导体,分别在转子导体中产生感应电动势及电流。该电流与旋转磁场相互作用产生正向电磁转矩 T_{em}^+ 和反向电磁转矩 T_{em}^-,如图 7.1.2 所示。这两个转矩叠加

动画:
单相异步
电动机的拆卸

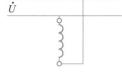

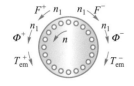

图 7.1.2　单相异步电动机
的磁场和转矩

动画：
单相异步电动
机的工作原理

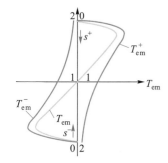

图 7.1.3　单相异步电动机
的 $s=f(T_{em})$ 曲线

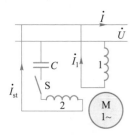

(a) 电路图

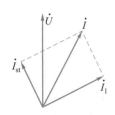

(b) 相量图

图 7.1.4　单相电容
起动电动机

起来就是推动单相异步电动机转动的合成转矩 T_{em}。

若电动机的转速为 n，则对正向旋转磁场而言，转差率 s^+ 为

$$s^+ = \frac{n_1 - n}{n_1} = s \tag{7.1.1}$$

对反向旋转磁场而言，转差率 s^- 为

$$s^- = \frac{-n_1 - n}{-n_1} = 2 - s^+ = 2 - s \tag{7.1.2}$$

即当 $s^+ = 0$ 时，对应 $s^- = 2$；当 $s^- = 0$ 时，对应 $s^+ = 2$。

s^+ 与 T_{em}^+ 的变化关系，如图 7.1.3 中 $s^+ = f(T_{em}^+)$ 曲线所示。s^- 与 T_{em}^- 的变化关系，如图 7.1.3 中 $s^- = f(T_{em}^-)$ 曲线所示。单相异步电动机的 $s = f(T_{em})$ 曲线是由 $s^+ = f(T_{em}^+)$ 与 $s^- = f(T_{em}^-)$ 两条特性曲线叠加而成的，如图 7.1.3 所示。由图可见，单相异步电动机有以下特点：

（1）单相异步电动机起动转矩为零，不能自行起动。

（2）当 $s \neq 1$ 时，$T_{em} \neq 0$，其转向取决于 s 的大小。若用外力使电动机转动起来，s^+ 或 s^- 不为 1，则合成转矩不为零。这时若合成转矩大于负载转矩，即使去掉外力，电动机也可以继续旋转，其转向取决于起动瞬间外力矩的方向。

（3）反向电磁转矩的作用，使合成转矩减小，最大转矩也减小，所以单相异步电动机的过载能力较低。

7.1.2　单相异步电动机的主要类型

单相异步电动机根据获得旋转磁场方式的不同，可分为分相电动机和罩极电动机两大类型。

一、分相电动机

分相电动机包括电容起动电动机、电容电动机和电阻起动电动机。

1. 电容起动电动机

电容起动电动机定子上有两个绕组，一个为工作绕组，用 1 表示；另一个为起动绕组，用 2 表示。两绕组在空间相差 90° 电角度。起动绕组 2 与电容 C 串联后，通过离心开关 S 与工作绕组 1 并联在同一单相电源上，如图 7.1.4（a）所示。因工作绕组呈电感性，$\dot{I}_1$ 滞后于 $\dot{U}$。若选择适当电容 C，可使起动绕组中的电流 $\dot{I}_{st}$ 超前 $\dot{I}_1$ 90°，如图 7.1.4（b）所示。在空间相差 90° 电角度的两相绕组，流入时间相差 90° 的两相电流，便产生一个旋转磁场，并产生足够大的电磁转矩，推动电动机转动起来。

电容起动电动机的起动绕组是按短时工作制设计的，当电动机的转速达到（70～85）% 同步转速时，离心开关 S 断开，起动绕组切除，这时电动机就在工作绕组单独作用下运行。若想改变电容起动电动机的转向，只需将工作绕组或起动绕组的两个出线端对调即可。

2. 电容电动机

为了提高单相异步电动机的起动转矩、功率因数和过载能力，电动机起动后，不切除电容器和起动绕组，所以这种电动机被称为电容电动机，如图 7.1.5 所示。

电容电动机实质上是一台两相异步电动机，起动绕组和工作电容应按长期工作制设计。此外，电动机工作时所需的电容比起动时小，所以电动机起动后，离心开关 S 断开，起动电容 C_{st} 切除，这时工作电容 C 和起动绕组与工作绕组一起参与运行。

电容电动机改变转向的方法与电容起动电动机相同，将工作绕组或起动绕组的两个出线端对调即可。

3. 电阻起动电动机

电阻起动电动机的起动绕组通过一个离心开关和工作绕组并联接到同一单相电源上,由于两个绕组的阻抗值不同,两绕组中的电流相位也不同,但电流相位差不大,因此其起动转矩较小,只适用于空载或轻载起动的场合。

二、罩极电动机

罩极电动机的定子铁心为凸极式,由硅钢片叠压而成,每个凸极上装有主绕组。在凸极极靴表面的 $\frac{1}{3} \sim \frac{1}{4}$ 处开有一小槽,把凸极分为两部分,在极靴较窄的那部分(称为罩极)套上一个很粗的短路铜环,称为副绕组(或罩极绕组)。其转子为笼型结构,如图 7.1.6(a)所示。

当主绕组通入交流电流时,产生脉动磁通,其中一部分磁通 $\dot{\Phi}_1$ 穿过磁极未罩部分,另一部分磁通 $\dot{\Phi}_2$ 穿过短路铜环。由于 $\dot{\Phi}_1$ 与 $\dot{\Phi}_2$ 都是由主绕组中的电流产生,故 $\dot{\Phi}_1$ 与 $\dot{\Phi}_2$ 同相位且 $\Phi_1 > \Phi_2$。脉动磁通 $\dot{\Phi}_2$ 在短路铜环中产生感应电动势 $\dot{E}_2$ 和电流 $\dot{I}_2$,$\dot{E}_2$ 滞后 $\dot{\Phi}_2$ 90°,$\dot{I}_2$ 滞后 $\dot{E}_2$ 一个 φ 角。若忽略铁损耗,$\dot{I}_2$ 与它产生的磁通 $\dot{\Phi}'_2$ 同相位,它也穿过短路铜环,实际上罩极部分穿过的总磁通为 $\dot{\Phi}_3 = \dot{\Phi}_2 + \dot{\Phi}'_2$,如图 7.1.6(b)所示。由此可见,未罩极部分磁通 $\dot{\Phi}_1$ 与罩极部分磁通 $\dot{\Phi}_3$,在时间和空间上均有相位差,因此它们的合成磁场是一个由超前相转向滞后相的旋转磁场(即由未罩极部分转向罩极部分),由此产生电磁转矩,其方向是由未罩极部分转向罩极部分,推动电动机转动起来,但电动机的转向不能改变。

7.1.3　单相异步电动机的应用

单相异步电动机与三相异步电动机相比,其单位容量的体积大,效率及功率因数较低,过载能力较差。因此,单相异步电动机只做成微型的,功率一般在几瓦至几百瓦之间。单相异步电动机由单相电源供电,因此它广泛应用于家用电器、医疗器械及轻工设备中。电容起动电动机和电容电动机起动转矩比较大,容量可做到几十瓦到几百瓦,常用于电风扇、冰箱压缩机、洗衣机和空调设备中。罩极电动机结构简单,制造方便,但起动转矩小,多用于小型风扇和电动机模型中,容量一般在 40 W 以下。下面简单介绍单相异步电动机在全自动波轮洗衣机中的应用。

如图 7.1.7 所示,这是一台将洗涤桶和脱水桶合二为一的全自动波轮洗衣机。该洗衣机的洗涤和脱水由一台单相 4 极电容电动机驱动,通过离合器分别带动波轮和脱水桶。一般电容电动机的额定功率为 120~250 W。洗衣机工作方式是波轮交替正反转,要求电动机带负载正反转且频繁起动,所以电容电动机的起动转矩和最大转矩都比较大,起动转矩可达额定转矩的 1.1~1.3 倍,最大转矩可达额定转矩的 1.8 倍左右。

7.2　伺服电动机

伺服电动机又称执行电动机,它将输入的电压信号转换为电机轴上的角位移或角速度等机械信号输出。

根据使用电源性质的不同,伺服电动机分为直流和交流两大类。直流伺服电动机的输出功率较大,通常为 1~600 W,用于功率较大的控制系统中。交流伺服电动机的输出功率小,一般为 0.1~100 W,电源频率为 50 Hz、400 Hz 等多种,用于功率较小的控制系统。

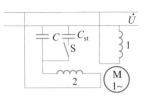

图 7.1.5　单相电容电动机

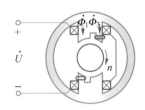

(a) 绕组接线图

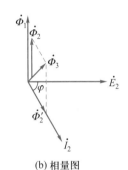

(b) 相量图

图 7.1.6　单相罩极电动机

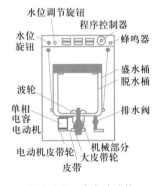

图 7.1.7　全自动波轮洗衣机结构图

教学课件:
伺服电动机

动画:
伺服电动机的工作原理

7.2.1 直流伺服电动机

一、直流伺服电动机的结构和分类

直流伺服电动机实质上就是一台他励式直流电动机。根据其结构可分为：普通型直流伺服电动机、盘形电枢直流伺服电动机、空心杯电枢直流伺服电动机和无槽电枢直流伺服电动机。

1. 普通型直流伺服电动机

普通型直流伺服电动机的结构与他励直流电动机的结构相同，由定子和转子两大部分组成。根据励磁方式可分为电磁式和永磁式两种，电磁式伺服电动机的定子磁极上装有励磁绕组，励磁绕组接励磁控制电压产生磁通；永磁式伺服电动机的磁极是永磁铁，经充磁后产生气隙磁通，其磁通是不可控的。这两种电机的转子铁心均由硅钢片叠压而成，转子外圆有槽，槽内装有电枢绕组，电枢绕组通过换向器和电刷与外电路相连。为提高控制精度和响应速度，伺服电动机的电枢铁心长度与直径之比较普通直流电机要大，气隙较小。

2. 盘形电枢直流伺服电动机

图 7.2.1 所示为盘形电枢直流伺服电动机结构示意图。它的定子由永久磁钢和前后磁轭组成，磁钢可在圆盘电枢的一侧放置，也可以在两侧同时放置。电机的气隙位于圆盘的两边，圆盘上有电枢绕组，可分为印制绕组和绕线式绕组两种形式。盘形电枢上电枢绕组中的电流沿径向流过圆盘表面，并与轴向磁通相互作用产生电磁转矩，使伺服电动机旋转。

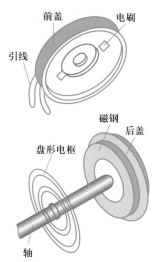

图 7.2.1 盘形电枢直流伺服电动机结构

3. 空心杯电枢直流伺服电动机

图 7.2.2 所示为空心杯电枢直流伺服电动机的结构图。它有两个定子，一个为由软磁材料构成的内定子和一个由永磁材料构成的外定子，外定子产生磁通，内定子主要起导磁作用。空心杯伺服电动机转子上的绕组可采用印制绕组，也可先绕制成单个成型线圈，然后将它们沿圆周的轴向排列成空心杯形，再用环氧树脂浇注成型。空心杯电枢直接装在转轴上，在内外定子间的气隙中旋转。电枢绕组接到换向器上，由电刷引出。

4. 无槽电枢直流伺服电动机

无槽电枢直流伺服电动机的电枢铁心上不开槽，电枢绕组直接放置在铁心的外表面，再用环氧树脂浇注成型，如图 7.2.3 所示。这种电机的转动惯量和电枢绕组的电感比无铁心转子电机要大些，动态性能也比它们差。

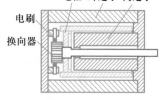

图 7.2.2 空心杯电枢直流伺服电动机的结构

二、直流伺服电动机的运行特性

在忽略电枢反应的情况下，可得直流伺服电动机的转速关系式

$$n = \frac{U_a}{k_E} - \frac{R_a}{k_E k_T} T_{em}$$ （7.2.1）

式中，$k_E = C_E \Phi$ 为电动势系数，$k_T = C_T \Phi$ 为转矩系数。

由式 (7.2.1) 可知，在电磁转矩不变的情况下，改变电枢电压 U_a 或励磁磁通 Φ，都可以控制电机的转速。通过改变电枢电压来控制电机转速的方法称为电枢控制；通过调节励磁磁通来控制电机转速的方法称为磁极控制。实际应用中直流伺服电动机主要采用电枢控制。

1. 机械特性

机械特性是指直流伺服电动机的电枢电压、电枢电阻和励磁磁通为常值时，其转速 n 随电磁转矩 T_{em} 变化的关系，即 $n = f(T_{em})$。此时，式 (7.2.1) 表示为一个直线方程

$$n = n_0 - k T_{em}$$ （7.2.2）

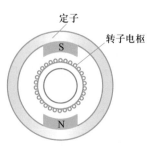

图 7.2.3 无槽电枢直流伺服电动机结构

式中，$n_0 = U_a / k_E$ 称为理想空载转速，表示电磁转矩 $T_{em} = 0$ 时电动机的转速；$k = R_a / (k_E k_T)$ 称为斜率，表示机械特性的硬度，$-k$ 表示特性曲线是下降的。

直流伺服电动机的机械特性曲线，如图 7.2.4 所示。当转速 $n = 0$ 时的转矩，称为电动机的堵转转矩，用 T_D 表示，即

$$T_D = \frac{k_T}{R_a} U_a \tag{7.2.3}$$

由图 7.2.4 可以看出，随着控制电压增大，理想空载转速 n_0 和堵转转矩 T_D 都增大，而斜率 k 不变。所以，电枢控制直流伺服电动机的机械特性是一组平行的直线。

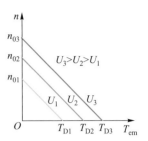

图 7.2.4　电枢控制时直流伺服电动机的机械特性

2. 调节特性

直流伺服电动机的调节特性是指负载转矩恒定时，电机转速 n 与电枢电压 U_a 的关系。根据式 (7.2.1) 可知，转速与电压的关系为一组平行线，如图 7.2.5 所示。

当电机转速 $n = 0$ 时，对应不同的负载转矩可得到不同的起动电压。当电机的控制电压大于相应的起动电压，伺服电动机才能起动并在一定的转速下运行；反之，电机不能起动。

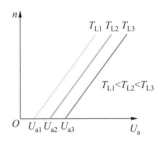

图 7.2.5　直流伺服电动机的调节特性

7.2.2　交流伺服电动机

一、交流伺服电动机的基本结构

交流伺服电动机是两相交流电机，由定子和转子两部分组成，如图 7.2.6 所示。定子铁心中安放空间互差 90° 电角度的两相绕组，其中一相作为励磁绕组，运行时接至电压为 $\dot{U}_f$ 的交流电源上；另一相作为控制绕组，输入控制电压 $\dot{U}_c$，电压 $\dot{U}_c$ 与 $\dot{U}_f$ 的频率相同。

交流伺服电动机的转子主要有两种结构：一种是笼型转子，其导条采用高电阻率的导电材料，如青铜、黄铜。为了减小转动惯量，转子做得细而长。另一种是非磁性空心杯形转子，如图 7.2.7 所示。定子铁心分外定子和内定子两部分，外定子铁心槽中放置空间相距 90° 电角度的励磁绕组和控制绕组，内定子铁心中不放绕组，仅作磁路的一部分。空心杯形转子放在内、外定子铁心之间，并固定在转轴上。它的壁很薄，一般在 0.3 mm 左右，用非磁性材料（铝或铜）制成，具有较大的转子电阻和较小的转动惯量。其转子上无齿槽，故运行平稳，噪声小。

动画：交流伺服电动机的拆卸

二、交流伺服电动机的工作原理

交流伺服电动机控制电压为零时，只有励磁电流产生脉动磁场，转子不能转动。当控制电压不为零时，励磁绕组和控制绕组中的电流共同作用产生旋转磁场，带动转子旋转。当控制电压为零时，电动机处于单相供电，并继续旋转，不能按要求停车，这样电动机就失去了控制，这就是交流伺服电动机的"自转"现象。

为防止自转现象的发生，可以增大转子电阻使临界转差率 $s_m > 1$ 时，合成转矩曲线与横轴相交仅有一点 ($s = 1$)，如图 7.2.8 所示。当电动机运行在 $0 < s < 1$ 范围内，合成转矩为负值，为制动转矩。因此当励磁电压不为零，控制电压为零时，电动机立刻产生制动转矩，与负载转矩一起使电动机迅速停转，这样就避免了自转现象的产生。

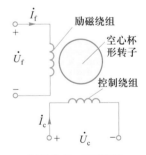

图 7.2.6　交流伺服电动机工作原理图

三、交流伺服电动机的三种控制方式

1. 幅值控制

控制电压和励磁电压保持相位差 90°，只改变控制电压幅值，这种控制方法称为幅值控制。当控制电压为零时，电机不转；当控制电压为额定值时，电机转速最高；当控制电压反相时，电机反转。

2. 相位控制

相位控制是指交流伺服电动机的励磁电压和控制电压均为额定值，改变两相电压的相位差 β，实现

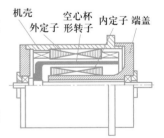

图 7.2.7　非磁性空心杯形转子交流伺服电动机结构示意图

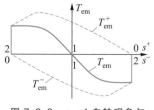

图 7.2.8　$s_m > 1$ 自转现象与
转子电阻关系

对伺服电动机的控制。

当 $\beta = 0°$ 时,电机内合成磁场为脉动磁场,电机的转速为零;当 $\beta = 90°$ 时,合成磁场为圆形旋转磁场,电机转速最高;当 β 在 $0 \sim 90°$ 时,合成磁场由脉动磁场变为椭圆形旋转磁场最终变为圆形旋转磁场,电机转速由低向高变化。

3. 幅相控制

幅相控制是通过改变控制电压的幅值及控制电压与励磁电压的相位差控制伺服电动机的转速。幅相控制的机械特性和调节特性不如幅值控制和相位控制,但由于其电路简单,不需要移相器,因此在实际应用中用得较多。

7.2.3　伺服电动机的应用

伺服电动机一般作为执行元件,在控制电压的作用下驱动生产机械工作。在伺服控制系统中,使用较多的是速度控制和位置控制。图 7.2.9 所示为雷达天线工作原理图,它是一个典型的位置控制随动系统。在该系统中,直流伺服电动机作为主传动电机拖动天线转动,被跟踪目标的位置经雷达天线系统检测并发出位置误差信号,此信号经放大后作为伺服电动机的控制信号,伺服电动机驱动天线跟踪目标。

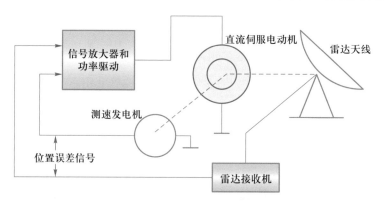

图 7.2.9　直流伺服电动机控制的雷达系统

教学课件:
测速发电机

7.3　测速发电机

测速发电机是机械转速测量装置,它的输入是转速,输出是与转速成正比的电压信号。根据输出电压性质的不同,测速发电机分为直流和交流两种。自动控制系统对测速发电机的主要要求:(1)输出电压与转速保持良好的线性关系;(2)测速发电机的转动惯量要小,保证测速的快速性;(3)输出特性斜率要大,即较小的转速变化也可引起输出电压的变化。

7.3.1　直流测速发电机

直流测速发电机实际上是微型直流发电机,根据励磁方式可分为电磁式和永磁式两种。

一、直流测速发电机的输出特性

当励磁磁通 Φ 和负载电阻 R_L 为常数时,测速发电机输出电压 U_2 与转速 n 之间的关系称为输出特性,即 $U_2 = f(n)$。直流测速发电机电枢电动势 $E_a = C_E \Phi n$,带上负载后,电刷两端输出的电压 U_a 等于负载电压 U_2,即 $U_2 = U_a = E_a - R_a I_a$,电枢电流 $I_a = U_2/R_L$,整理可得直流测速发电机输出特性的表达式为

$$U_2 = \frac{E_a}{1 + \dfrac{R_a}{R_L}} = Cn \tag{7.3.1}$$

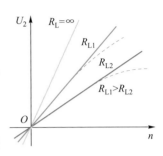

图 7.3.1 不同负载电阻时的输出特性

式中,$C = \dfrac{k_E}{1 + R_a/R_L}$ 为测速发电机的输出特性斜率。测速发电机的输出特性如图 7.3.1 所示。

二、直流测速发电机的误差及减小误差的方法

实际的直流测速发电机的输出特性并不是严格的线性特性,产生误差的原因主要有以下几个方面。

1. 电枢反应的影响

电枢反应的存在,使得主磁通发生变化。负载电阻越小或转速越高,电枢电流就越大,电枢反应去磁作用越强,输出电压下降越显著,输出特性向下弯曲,如图 7.3.1 中虚线所示。为削弱电枢反应的影响,可在定子磁极上安装补偿绕组,结构上适当加大电机的气隙,规定发电机的最大工作转速和最小负载电阻值。

2. 电刷接触电阻的影响

电刷接触电阻并非常值,当测速发电机的转速较低时,接触电阻较大,这时虽有输入转速信号,但输出电压很小,甚至会出现不灵敏区。为此,可采用接触电阻较小的银-石墨电刷。

3. 温度的影响

当电机环境温度升高,励磁绕组电阻增大,励磁电流和主磁通减小,导致输出电压降低。为减小温度的影响,总是把磁路设计得比较饱和,或者在励磁回路中串联一个比励磁绕组电阻大几倍的温度系数较低的附加电阻(如锰镍铜合金或镍铜合金)来稳定励磁电流。

4. 纹波的影响

直流测速发电机输出电压带有微弱的脉动,这种脉动称为纹波。纹波电压的存在,对高精度系统是不允许的。为消除纹波影响,可在电压输出电路中加入滤波电路。

7.3.2 交流异步测速发电机

交流测速发电机分为同步和异步两种。前者的输出电压和频率均随转速的变化而变化,一般用作指示元件,很少用于控制系统中的转速测量。后者的输出电压频率与转速无关,其输出电压与转速 n 成正比,因此在控制系统中得到广泛应用。

异步测速发电机分为笼型和空心杯形两种,空心杯形测速发电机比笼型测速发电机测量精度高,转动惯量小,性能稳定,适合于快速系统,因此空心杯形测速发电机应用比较广泛。

一、空心杯形异步测速发电机的工作原理

空心杯形测速发电机的结构与空心杯形伺服电动机的结构基本相同,但其转子电阻比空心杯形伺服电动机的转子电阻还要大。它的定子上嵌放两相空间互差 90° 电角度的绕组,一相为励磁绕组,另一相作输出绕组,机座号较小时,两相绕组都放在内定子上;机座号较大时,常把励磁绕组放在外定子上,输出绕组放在内定子上。

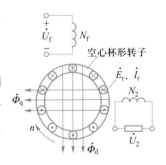

图 7.3.2 异步测速发电机的工作原理

空心杯形异步测速发电机的工作原理如图 7.3.2 所示。当匝数为 N_f 的励磁绕组加上频率为 f 的交流电源 $\dot{U}_f$,便有电流 $\dot{i}_f$ 流过励磁绕组,产生沿励磁绕组轴线(称直轴或 d 轴),以电源频率脉动的直轴磁动势 $\dot{F}_d$ 和直轴磁通 $\dot{\Phi}_d$。当转子不动,$n = 0$ 时,磁通 $\dot{\Phi}_d$ 在转子中感应出变压器电动势及电流。该电流产生的脉动磁通是直轴磁通,由于输出绕组与励磁绕组在空间相差 90° 电角度,直轴磁通不能在输出绕组中感应电动势,因此输出绕组的输出电压 $U_2 = 0$。

当转子以转速 n 转动时,转子切割磁通 $\dot{\Phi}_d$ 产生切割电动势 $\dot{E}_r$,其大小为 $E_r = C_r \Phi_d n$,C_r 为转子电动势常数。若磁通幅值 Φ_d 恒定,则转子电动势 E_r 与转速 n 成正比,即 $E_r \propto n$。转子电动势 $\dot{E}_r$ 在转子中产生同频率的转子电流 $\dot{I}_r$。考虑转子漏抗的影响,转子电流 $\dot{I}_r$ 在时间相位上滞后 $\dot{E}_r$ 一个角度。电流 $\dot{I}_r$ 产生脉动磁动势 F_r,它可分解为直轴磁动势 F_{rd} 和交轴磁动势 F_{rq}。直轴磁动势将影响励磁磁动势并使励磁电流发生变化,交轴磁动势产生交轴磁通 $\dot{\Phi}_q$,并在输出绕组中产生与励磁电源频率相同的感应电动势 $\dot{E}_2$ 且 $E_2 \propto \Phi_q$。由于 $\Phi_q \propto F_{rq} \propto F_r \propto E_r \propto n$,所以 $E_2 \propto \Phi_q \propto n$。若忽略转子漏阻抗,其输出电压 $U_2 = E_2 \propto n$,即输出电压正比于电机的转速,其频率为励磁电源的频率,与转速无关。

二、异步测速发电机的误差

1. 幅值及相位误差

由于输出电压除与转速有关外还与 Φ_d 有关,若想输出电压严格正比于转速 n,则 Φ_d 应保持为常数。当励磁电压一定时,由于励磁绕组的漏抗存在,使励磁绕组电动势与外加励磁电压有一个相位差,随着转速的变化,Φ_d 的幅值和相位均发生变化,造成输出电压的误差。为减小该误差可适当增大转子电阻。

2. 剩余电压误差

当测速发电机转速为零时,实际的输出电压不为零,此时的输出电压称为剩余电压。由剩余电压而引起的测量误差称为剩余电压误差。减小该误差的方法是:改进工艺和材料性能;在输出绕组槽内嵌放补偿绕组产生补偿电动势来抵消剩余电压;或在外电路采用补偿法抵消它。

7.3.3　测速发电机的应用

测速发电机在自动控制系统和计算装置中可以作为测速元件、校正元件、解算元件等。图 7.3.3 所示为转速自动调节系统原理图。测速发电机与电动机同轴相连,其转速与电动机的转速相同,其输出电压大小反映了电动机的转速大小。测速发电机的输出电压作为转速反馈信号送回到放大器的输入端。调节转速给定电压,系统可达到所要求的转速。

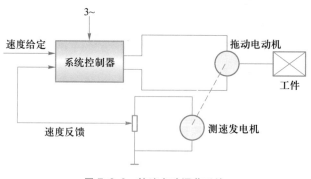

图 7.3.3　转速自动调节系统

7.4　步进电动机

步进电动机是将电脉冲信号转换为相应的直线位移或角位移的一种特殊电机。电脉冲由专用驱动电源供给,每输入一个电脉冲信号,电机就转动一个角度,它的运动形式是步进式的,所以称为步进电动机。

步进电动机按结构分为反应式、永磁式和混合式。其中反应式步进电动机具有步距角小,结构简单,寿命长等特点,应用比较广泛。

7.4.1　步进电动机的结构与工作原理

一、反应式步进电动机的结构

反应式步进电动机的结构形式很多,按定子、转子铁心的段数分为单段式和多段式两种。

1. 单段式

单段式定子、转子为一段铁心。各相绕组沿圆周方向均匀排列,又称为径向分相式。它是步进电动机中使用最多的一种结构形式,如图 7.4.1 所示。定子、转子铁心由硅钢片叠压而成,定子磁极为凸极式,磁极的极面上开有小齿。定子上有三套控制绕组,每一套有两个串联的集中控制绕组分别绕在径向相对的两个磁极上。每套绕组叫一相,三相绕组接成星形,所以定子磁极数通常为相数的两倍,转子上没有绕组,沿圆周有均匀的小齿,其齿距和定子磁极上小齿的齿距必须相等,而且转子的齿数有一定的限制。这种结构的优点是制造简便,精度高,步距角较小,起动和运行频率较高。缺点是电机的直径较小相数又较多时,径向分相较为困难,消耗功率大,断电时无定位转矩。

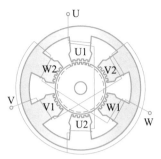

图 7.4.1　三相反应式步进电动机的结构

动画:
步进电动机的结构认识

2. 多段式

多段式是指定转子铁心沿电机轴向按相数分成 m 段,所以又称为轴向分相式。

二、反应式步进电动机的工作原理

图 7.4.2 所示为一台三相反应式步进电动机的原理图。定子铁心为凸极式,共有三对磁极,每两个相对的磁极上绕有控制绕组,组成一相。转子由软磁材料制成,也是凸极结构,只有四个齿,齿宽等于定子的极靴宽,没有绕组。

当 U 相控制绕组通电,其余两相均不通电,电机内建立起以定子 U 相为轴线的磁场。由于磁通具有走磁阻最小路径的特点,使转子齿 1、3 的轴线与定子 U 相轴线对齐,如图 7.4.2(a)所示。若 U 相控制绕组断电,V 相控制绕组通电,转子在反应转矩的作用下,逆时针方向转过 30°,使转子齿 2、4 的轴线与定子 V 相轴线对齐,即转子走了一步,如图 7.4.2(b)所示。若再断开 V 相,使 W 相控制绕组通电,转子又逆时针转过 30°,使转子齿 1、3 的轴线与定子 W 相轴线对齐,如图 7.4.2(c)所示。若按照 U—V—W—U 的顺序轮流通电,转子就会一步一步地按逆时针方向转动。电动机的转速取决于各相控制绕组通电或断电的频率,旋转方向取决于控制绕组通电的顺序。若按 U—W—V—U 的顺序通电,则电动机反向转动,即顺时针方向转动。

上述通电方式称为三相单三拍。"三相"是指步进电动机定子有三相绕组;"单"是指每次只有一相控制绕组通电;控制绕组每改变一次通电方式,称为一拍,"三拍"是指经过三次改变控制绕组的通电方式为一个循环。步进电动机每一拍转子转过的角度称为步距角,用 θ_{se} 表示。三相单三拍运行时步距角 $\theta_{se} = 30°$。除此种控制方式外,还有三相单、双六拍控制方式和三相双三拍控制方式,这两种控制方式的转子转动情况读者可以自行分析。

上面讨论的反应式步进电动机,它的步距角较大,不能满足生产实际的需要,实际上步进电动机定、转子的齿数都比较多,且步距角做得很小,如图 7.4.3 所示。

步进电动机的步距角 θ_{se} 可通过下式计算

$$\theta_{se} = \frac{360°}{mZ_rC} \tag{7.4.1}$$

(a) U相通电

(b) V相通电

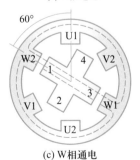

(c) W相通电

图 7.4.2　三相反应式步进电动机的工作原理图

图 7.4.3 小步距角三相
反应式步进电动机

式中,m 为步进电动机的相数;C 为通电状态系数,当单拍或双拍方式工作时 $C=1$,单双拍混合方式工作时 $C=2$;Z_r 为步进电动机转子的齿数。

步进电动机的转速 n 可通过下式计算

$$n = \frac{60f}{mZ_rC} \tag{7.4.2}$$

式中,f 为通电脉冲频率。可见,反应式步进电动机可以通过改变脉冲频率来改变电机转速。

7.4.2 反应式步进电动机的特性

一、反应式步进电动机的静态特性

1. 矩角特性

在空载情况下,控制绕组通入直流电流,转子的平衡位置称为步进电动机的初始平衡位置,此时的转矩称为静转矩,在理想空载时静转矩为零。步进电动机转子偏离初始平衡位置的电角度称为失调角。在反应式步进电动机中,转子的一个齿距所对应的电角度为 2π。

矩角特性是指在不改变通电状态的条件下,步进电动机的静转矩 T 与失调角 θ 之间的关系,即 $T=f(\theta)$。矩角特性可通过下式计算

$$T = -kI^2 \sin\theta \tag{7.4.3}$$

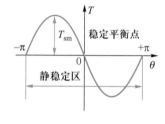

图 7.4.4 步进电动机
的矩角特性

式中,k 为静转矩常数,I 为控制绕组电流。步进电动机的矩角特性如图 7.4.4 所示,$\theta=0$ 为稳定平衡点,$\theta=\pm\pi$ 为不稳定平衡点,$-\pi<\theta<+\pi$ 为静态稳定区域。

2. 最大静转矩

在矩角特性中,静转矩的最大值称为最大静转矩。当 $\theta=\pm\dfrac{\pi}{2}$ 时,最大静转矩为 $T_{sm}=kI^2$。

二、反应式步进电动机的动态特性

1. 动稳定区

动稳定区是指使步进电动机从一种通电状态切换到另一种通电状态而不失步的区域,如图 7.4.5 所示。步进电动机的初始状态的矩角特性为图 7.4.5 中曲线 1,稳定点为 A,通电状态改变后的矩角特性为图 7.4.5 中曲线 2,稳定点为 B。起始位置只有在 ab 之间时,才能到达稳定点 B,ab 区间称为步进电动机的动稳定区,即 $-\pi+\theta_{se}<\theta<\pi+\theta_{se}$。

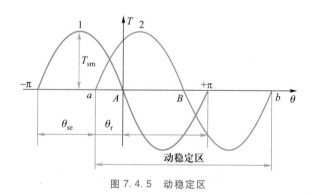

图 7.4.5 动稳定区

稳定区的边界点 a 到初始稳定平衡点 A 的角度,用 θ_r 表示,称为稳定裕量角,稳定裕量角与步距角 θ_{se} 之间的关系为

$$\theta_r = \pi - \theta_{se} = \frac{\pi}{mZ_rC}(mZ_rC-2) \tag{7.4.4}$$

稳定裕量角越大,步进电动机运行越稳定。当稳定裕量角趋于零时,电机不能稳定工作。步距角越小,稳定裕量角就越大,步进电动机运行就越稳定。

2. 起动转矩

步进电动机能带动的最大负载转矩值称为步进电动机的起动转矩。反应式步进电动机的最大起动转矩与最大静转矩之间的关系如下

$$T_{stm} = T_{sm}\cos\frac{\pi}{mZ_rC} \tag{7.4.5}$$

式中,T_{stm} 为最大起动转矩。当负载转矩大于最大起动转矩时,步进电动机将不能起动。

3. 起动频率

步进电动机的起动频率是指在一定负载条件下,电机能够不失步地起动的脉冲最高频率。影响最高起动频率的因素有步距角、最大静转矩、转子齿数和电路时间常数。对使用者而言,要想增大起动频率,可增大起动电流或减小电路的时间常数。

4. 矩频特性

矩频特性是指步进电动机的输出转矩 T 与脉冲频率 f 之间的关系。典型的步进电动机矩频特性曲线如图 7.4.6 所示,其输出转矩随频率的增大而减小。步进电动机的矩频特性与电机的转子铁心有效长度、直径、齿数、齿形、电机内部磁路、绕组的绕线方式、定子和转子间的气隙、控制线路的电压等有关。其中有些因素是电机制造时产生的,使用者不能改变,但有些因素使用者可以改变,如控制方式、绕组工作电压、线路时间常数等。

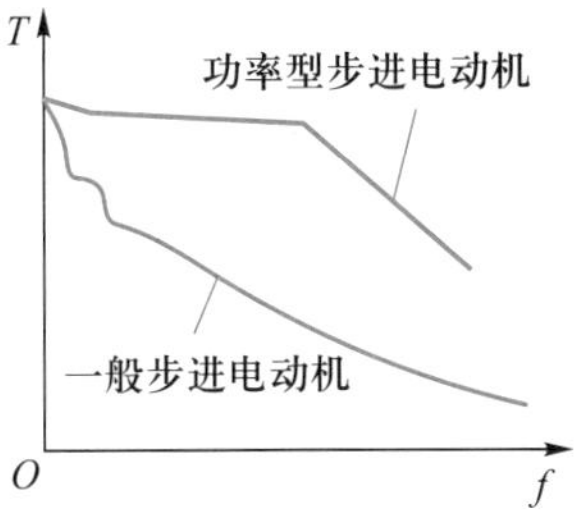

图 7.4.6　步进电动机
的矩频特性

7.4.3　驱动电源

一、对驱动电源的基本要求

(1) 驱动电源的相数、通电方式、电压和电流都要满足步进电动机的控制要求。

(2) 驱动电源要满足步进电动机起动频率和运行频率的要求。

(3) 能最大限度地抑制步进电动机的振荡。

(4) 工作可靠,抗干扰能力强,成本低,效率高,安装维修方便。

二、驱动电源的组成

驱动电源一般由脉冲信号发生器、脉冲分配器和脉冲放大器三部分组成。脉冲信号发生器产生基准频率信号供给脉冲分配器,脉冲分配器完成步进电动机控制的各相脉冲信号,脉冲放大器对脉冲分配器输出的控制信号进行放大驱动步进电动机的各相绕组,使步进电动机转动。

7.4.4　步进电动机的应用

步进电动机在机械加工、机器人、计算机的外部设备、自动记录仪表等中应用十分广泛,尤其应用在工作难度大,要求速度快,控制精度高的场合。随着电力电子技术和微电子技术的发展,步进电动机的应用前景更加广阔。

图 7.4.7 所示为步进电动机在绘图仪中的应用。记录笔的执行机构由两台步进电动机经减速齿轮用钢丝带动在 X、Y 方向运动。记录纸的执行机构由一台步进电动机经减速齿轮用同步齿形带传动,单向移动。抬笔执行机构由小型电磁铁构成,当有选笔信号时,电磁铁控制记录笔做抬、落动作。当绘图仪接收到计算机送来的代码和启动信号后,经内部控制电路或微机运算处理转化为各种动作指令信

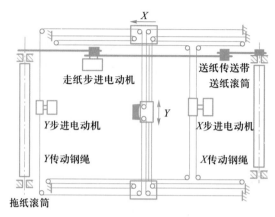

图 7.4.7　步进电动机在绘图仪中的应用

号,分别送到相应的功放单元放大,驱动步进电动机或记录笔,完成规定的绘图动作。

教学课件：
微型同步
电动机

*7.5　微型同步电动机

根据转子结构的不同,微型同步电动机主要有永磁式、反应式和磁滞式三种类型。

7.5.1　永磁式同步电动机

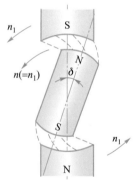

图 7.5.1　永磁式同步
电动机的工作原理

永磁式同步电动机的转子由永久磁钢制成,可以做成两极,如图 7.5.1 所示。当它的定子通入三相交流电,即产生一个旋转磁场,该磁场在图中用一对旋转磁极表示。当定子旋转磁场以同步转速 n_1 逆时针旋转时,吸引转子磁极并带动转子一起旋转,转子的转速与定子旋转磁场的转速 n_1 相等。当电机转子上的负载转矩增大时,定、转子磁极轴线间的夹角 δ 就会相应增大;当负载转矩减小时,夹角又会自动减小。两对磁极间的磁感线如同弹性的橡皮筋一样,只要负载不超过一定的限度,转子始终跟着定子旋转磁场以同步转速 n_1 转动。

永磁式同步电动机起动困难,需要附加起动装置,如转子上附加笼型绕组或磁滞材料环帮助起动。永磁式同步电动机出力大,体积小,结构简单可靠,在各种自动控制系统中得到广泛应用。

7.5.2　反应式同步电动机

反应式同步电动机是利用转子上直轴和交轴磁阻不等产生的磁阻转矩（即电磁转矩）而工作的同步电动机,又称为磁阻电动机。

反应式同步电动机的工作原理如图 7.5.2 所示,其定子旋转磁场用一对旋转磁极来表示。图 7.5.2（a）所示为圆柱形隐极转子,转子本身没有磁性,其磁通不发生扭斜,所以不能产生切向电磁力和电磁转矩。图 7.5.2（b）所示是凸极的反应式同步电动机的空转情况,由于空载损耗很小忽略不计,故电动机产生的电磁转矩 $T_{em} \approx 0$。当定子和转子磁极轴线重合,磁感线不发生扭斜。当电动机转轴上带上负载,由于转矩不平衡,转子将发生瞬时减速。于是转子的直轴将落后定子磁极轴线一个 δ 角度［如图 7.5.2（c）所示 $\delta = 45°$］,磁感线就沿磁阻最小的路径,即转子直轴方向通过转子,而被迫变弯,引起磁场发生扭斜。由于磁感线所经路径被拉长,磁阻增大,被拉长了的磁感线力图缩短所经路径减小磁阻,由此产生与定子旋转磁场转向相同的磁阻转矩与负载转矩相平衡,因而转子直轴与旋转磁场轴线保持这一角度,以定子旋转磁场相同的转速同向运转。如果再加大负载,δ 角继续增大,由于部分磁通开始直接沿转子交轴方向通过,使磁场的畸变反而开始减小。当转子偏转角 $\delta = 90°$ 时,全部磁感线都沿转子交轴通过转子,磁感线却未被扭斜,如图 7.5.2(d)所示,故电磁转矩又变为零。当 $\delta > 90°$ 时,电磁转矩将改变方向,如图 7.5.2(e)所示。$\delta = 180°$ 时,电磁转矩又等于零。

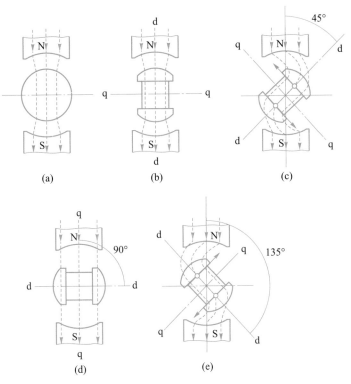

图 7.5.2 反应式同步电动机的工作原理模型

反应式同步电动机的最大电磁转矩发生在 $\delta = 45°$,如负载转矩大于最大电磁转矩,即 $\delta > 45°$ 时,电动机因失步而进入异步运行状态。

由于磁阻转矩不能用来起动,所以反应式同步电动机需安装起动绕组,通常在转子上安装笼型绕组,该绕组还可作为阻尼绕组抑制同步电动机的振荡。

反应式同步电动机具有成本低,运行可靠的优点。缺点是功率因数较低,不能自行起动。

7.5.3 磁滞式同步电动机

磁滞式同步电动机结构上的主要特点在于它的转子铁心不是用一般的软磁材料,而是用硬磁材料做成,结构形式为隐极式。

图 7.5.3(a)中,电动机转子是一个硬磁材料的实心转子处在一对用 N、S 磁极表示的旋转磁场中,转子被磁化后所产生的磁场轴线与定子磁场轴线相重合。电动机中定子、转子磁场的相互作用力是径向的,所以不会产生转矩。当旋转磁场相对转子转动以后,转子磁分子也要跟随旋转磁场转动。可是由于硬磁材料中的磁分子之间具有很大的摩擦力,磁分子在转动时不能立即随着旋转磁场方向转过同样的角度,而始终落后一个角度 δ,这样由所有磁分子产生的合成磁通,就要落后定子旋转磁场一个 δ 角,这个角称为磁滞角,如图 7.5.3(b)所示。它们之间的相互作用将产生切向分力 F_t,并形成磁滞转矩。由于磁滞转矩的作用,使电动机转子朝着定子旋转磁场的方向转动起来。显然,磁滞角的大小与定子旋转磁场相对于转子的速度无关,它取决于转子所用的硬磁材料的性质。磁滞转矩 T_z 也与转子

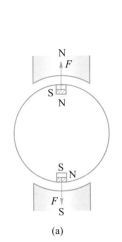

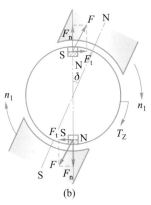

图 7.5.3 磁滞式同步电动机的工作原理

转速无关。

当转子低于同步转速运行时,转子和旋转磁场之间存在着相对运动,这时磁滞转子也要切割旋转磁场而产生涡流,转子涡流与旋转磁场相互作用产生涡流转矩,用 T_B 表示。涡流转矩随着转子转速的增加而减小,当转子以同步转速旋转时,涡流转矩为零。在磁滞电动机中,由于转子是硬磁材料,一般涡流转矩比磁滞转矩要小得多。

磁滞式同步电动机具有自起动能力,结构简单,工作可靠,运行噪声小,可以同步运行,在某些条件下又可异步运行。但磁滞式同步电动机的效率和功率因数都较低,且磁滞材料的利用率不高,使电机的重量和尺寸比其他类型的同步电动机大,价格也较高。

教学课件:
直线异步
电动机

*7.6 直线异步电动机

直线电动机是一种不需要中间转换装置能直接进行直线运动的机械。它可分为直线异步电动机、直线同步电动机、直线直流电动机和直线步进电动机。本节主要介绍直线异步电动机。

7.6.1 直线异步电动机的分类和结构

直线异步电动机主要有平板形、圆筒形和圆盘形三种形式,其中平板形应用最为广泛。

一、平板形直线异步电动机

平板形直线异步电动机可看成从旋转电动机演变而来的。设想把旋转的异步电动机沿着径向剖开,并将定子、转子圆周展开成直线,即可得到平板形直线异步电动机,如图 7.6.1 所示。由定子演变而来的一侧称为初级,由转子演变而来的一侧称为次级。直线异步电动机的运动方式可以是固定初级,让次级运动,称为动次级;也可以固定次级,让初级运动,称为动初级。在运动过程中,为了保持初级与次级之间的耦合不变,初级与次级做成不同的长度,可以是初级短,次级长,称为短初级;也可以是初级长,次级短,称为长初级,如图 7.6.2 所示。由于短初级结构比较简单,制造和运行成本较低,除特殊场合外,一般采用短初级。

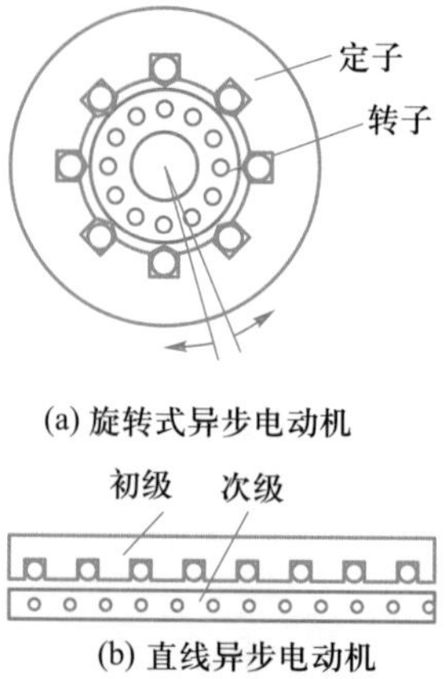

图 7.6.2 所示的平板形直线异步电动机仅在次级的一边具有初级,称为单边型。单边型除了产生切向力外,还会在初、次级间产生较大的法向力,它阻碍电机的运动。为了消除法向力,可以在次级的两侧都装上初级,这种结构称为双边型,如图 7.6.3 所示。

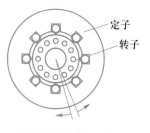

(a) 旋转式异步电动机

(b) 直线异步电动机

图 7.6.1 直线异步电动机的形成过程

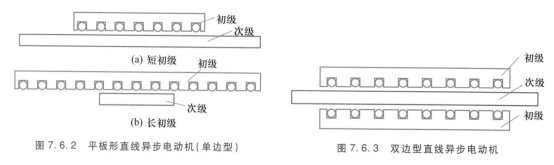

(a) 短初级

(b) 长初级

图 7.6.2 平板形直线异步电动机(单边型)

图 7.6.3 双边型直线异步电动机

二、圆筒形直线异步电动机

将平板形直线电机沿着与直线运动相垂直的方向卷成圆筒,即成圆筒形直线异步电动机。

三、圆盘形直线异步电动机

将平板形直线异步电动机的次级制成圆盘形结构,并能绕经过圆心的轴自由转动,将初级放在圆盘的两侧,使圆盘受切向力进行旋转运动,便成为圆盘形直线异步电动机。

7.6.2 直线异步电动机的工作原理

直线异步电动机的初级三相绕组中通入三相对称正弦电流后,在气隙中产生一个基波磁场,这个磁场沿着直线移动,称为行波磁场。该磁场在空间作正弦分布,如图 7.6.4 所示。它的移动速度为同步速度,用 v_1 表示,即

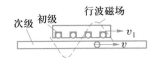

$$v_1 = 2p\tau \cdot \frac{n_1}{60} = 2\tau f_1 (\text{m/s}) \tag{7.6.1}$$

图 7.6.4 直线异步电动机的工作原理

式中,τ 为极距(m);f_1 为电源频率(Hz)。

行波磁场切割次级导条,在导条中产生感应电动势及电流,该电流与行波磁场相互作用,产生切向电磁力,使次级跟随行波磁场移动。若次级的移动速度为 v,则直线异步电动机的转差率 s 为

$$s = \frac{v_1 - v}{v_1} \tag{7.6.2}$$

则次级速度可表示为

$$v = (1-s)v_1 = (1-s)2\tau f_1 \tag{7.6.3}$$

可见,改变极距 τ 和电源频率 f_1,均可改变次级的移动速度。

7.6.3 直线异步电动机的应用

直线异步电动机的应用非常广泛,图 7.6.5 所示为直线异步电动机驱动的电动门,其初级安装在大门的门楣上,次级安装在大门上。当直线异步电动机的初级通电后,次级在初级产生的磁场作用下,将产生一个平移的推力 F,该推力可将大门打开或关闭。

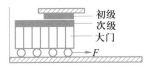

图 7.6.5 直线异步电动机驱动的电动门

直线异步电动机驱动的大门没有旋转变换装置,结构简单,整机效率高,成本低,使用方便。

*7.7 其他微控电机

教学课件:
其他微控电机

7.7.1 开关磁阻电动机

一、开关磁阻电动机系统组成

开关磁阻电动机系统是 20 世纪 80 年代迅猛发展起来的一种新型调速电动机驱动系统,它主要由开关磁阻电动机(简称 SRM)、功率变换器、控制器和检测器四部分组成。

开关磁阻电动机是实现机电能量转换的部件,功率变换器是 SRM 运行时所需能量的供给者,控制器是 SRM 系统的指挥中枢,检测器向控制器提供转子位置及速度等信号,使控制器能正确地决定绕组的导通和关断时刻。通常采用光电器件、霍尔元件或电磁线圈法进行位置检测,采用无位置传感器的位置检测方法是 SRM 系统的发展方向。

二、开关磁阻电动机的工作原理

图 7.7.1 给出了四相 8/6 极开关磁阻电动机定子、转子结构示意图,定子上均匀分布 8 个磁极,转子上沿圆周均匀分布 6 个磁极,定子、转子均为凸极结构,定子、转子间有很小的气隙。当控制器接收到位置检测器提供的电动机内定子、转子磁极相对的位置信息,如图 7.7.1(a)所示位置,控制器向功率变换器发出指令,使 U 相绕组通电,而 V、W 和 R 三相绕组都不通电。电动机建立起一个以 U1U2 为轴线的磁场,磁通经过定子轭、定子磁极、气隙、转子磁极和转子铁心等处闭合,通过气隙的磁感线是弯曲

图 7.7.1　开关磁阻电动机和各相通电开始时的磁场

的,此时,磁路的磁阻大于定子磁极轴线 U1U2 和转子磁极轴线 11′重合时的磁阻,转子受到气隙中弯曲磁感线的拉力所产生的转矩作用,使转子逆时针转动,使转子磁极轴线 11′向定子磁极轴线 U1U2 趋近。当轴线 U1U2 与 11′重合时,转子达到稳定平衡位置,切向电磁力消失,转子不再转动。如图 7.7.1(b)所示,此时 V1V2 与 22′的相对位置关系与图 7.7.1(a)中 U1U2 与 11′的相对位置相同。控制器根据位置检测器的位置信息,命令断开 U 相,合上 V 相,建立起以 V1V2 为轴线的磁场。同理使 V1V2 与 22′轴线对齐。依此类推,定子绕组按 U—V—W—R—U 的顺序通电时,转子会沿逆时针方向转动。反之,若按 V—U—R—W—V 的顺序通电时,转子会沿顺时针方向转动。

三、开关磁阻电动机系统的特点及应用

1. 开关磁阻电动机的优点

(1) 电动机结构简单、坚固,成本低,制造工艺简单,可工作于极高转速;定子绕组为集中绕组,嵌线容易,端部短而牢固,工作可靠,适用于各种恶劣环境。

(2) 损耗主要产生在定子,易于冷却;转子无永磁体,允许有较高的温升。

(3) 转矩方向与相电流方向无关,可减少功率变换器的开关器件数,降低系统成本。

(4) 起动转矩大,低速性能好;调速范围宽,控制灵活,易于实现各种特殊要求的转矩特性。

(5) 四象限运行,具有较强的回馈制动能力。

2. 开关磁阻电动机的缺点

(1) 转矩脉动较大。开关磁阻电动机由脉冲电流供电,在转子上产生的转矩是一系列脉冲转矩的叠加,且由于双凸极结构和磁路饱和的非线性影响,合成转矩不是一个恒定转矩,而有较大的谐波分量,这将影响开关磁阻电动机低速运行的性能。

(2) 开关磁阻电动机系统的噪声和振动比一般电动机大。

3. 开关磁阻电动机的应用

开关磁阻电动机具有结构简单,制造成本低,效率高,工作可靠等优点,并且随着电力电子技术的快速发展,SRM 的发展取得了显著的进步。目前,SRM 已成功应用于电动车驱动、航空工业、家用电器、纺织机械等领域。例如,SRM 应用于食品加工机械中,表现出其独特的优点:体积小,外形设计灵活,适应性好,可安全停机,速度可以是离散值,也可以连续调节,易实现特殊要求的机械特性,而得到广泛应用。

7.7.2　永磁无刷直流电动机

永磁无刷直流电动机是集永磁电动机、微处理器、功率逆变器、检测元件、控制软件和硬件于一体的新型机电一体化产品,采用功率电子开关和位置传感器代替电刷和换向器。

一、永磁无刷直流电动机的基本结构

永磁无刷直流电动机主要是由永磁电动机本体、转子位置传感器和功率电子开关(逆变器)三部分组成。

电动机本体是一台反装式的普通永磁直流电动机,电枢放置在定子上,永磁磁极位于转子上,与永磁式同步电动机结构相似。定子铁心中安放对称的多相绕组,通常是三相绕组,绕组可以是分布式或集中式,接成 Y 形或封闭形,各相绕组分别与电子开关中的相应功率管连接。永磁转子多用铁氧体或钕铁硼等永磁材料制成,无起动绕组,主要有凸极式和内嵌式结构。

逆变器主电路有桥式和非桥式两种,以三相 Y 形六状态和三相 Y 形三状态使用最广泛。

转子位置传感器的作用是检测转子磁场相对于定子绕组的位置,决定功率电子开关器件的导电顺序。位置传感器有光电式、电磁式和霍尔元件式等。

二、永磁无刷直流电动机的工作原理

图 7.7.2 所示为一台两极三相星形三状态永磁无刷直流电动机,三只光电位置传感器 H1、H2、H3 在空间对称均布,互差 120°,遮光圆盘与电机转子同轴安装,调整圆盘缺口与转子磁极的相对位置,使缺口边沿位置与转子磁极的空间位置相对应。

设缺口位置使光电传感器 H1 受光而输出高电平,功率开关管 V1 导通,电流流入 U 相绕组,形成位于 U 相绕组轴线上的电枢磁动势 F_U。F_U 顺时针方向转过转子磁动势 F_f150°电角度,如图 7.7.3(a)所示。

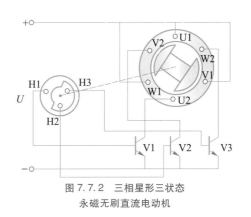

图 7.7.2　三相星形三状态
永磁无刷直流电动机

电枢磁动势 F_U 与转子磁动势 F_f 相互作用,拖动转子顺时针方向旋转。电流流通路径为:电源正极→U 相绕组→V1 管→电源负极。当转子转过 120°电角度至图 7.7.3(b)所示位置时,与转子同轴安装的圆盘转到使光电传感器 H2 受光,H1 遮光,功率开关管 V1 关断,V2 导通,U 相绕组断开,电流流入 V 相绕组,电流换相。电枢磁动势变为 F_V,F_V 在顺时针方向继续领先转子磁动势 F_f150°电角度,两者相互作用,又驱动转子顺时针方向旋转。电流流通路径为:电源正极→V 相绕组→V2 管→电源负极。当转子磁极转到图 7.7.3(c)所示位置时,电枢电流从 V 相换流到 W 相,产生的电磁转矩,使电机转子继续旋转,直至重新回到图 7.7.3(a)的起始位置,完成一个循环。

三、永磁无刷直流电动机的运行特性

1. 机械特性

永磁无刷直流电动机的机械特性为

$$n = \frac{U - \Delta U}{C_E \Phi} - \frac{R_a}{C_E C_T \Phi^2} \cdot T_{em} \qquad (7.7.1)$$

式中,U 为电源电压;ΔU 为一个功率开关管饱和压降;R_a 为每相电枢绕组电阻。图 7.7.4 所示为无刷直流电动机的机械特性曲线。

2. 调节特性

根据式(7.7.1)可分别求得调节特性的起动电压 U_0 和斜率 k,即

$$U_0 = \frac{R_a T_{em}}{C_T \Phi} + \Delta U, \quad k = \frac{1}{C_E \Phi} \qquad (7.7.2)$$

得到调节特性曲线如图 7.7.5 所示。

从机械特性和调节特性可见,永磁无刷直流电动机具有与有刷直流电动机一样良好的控制性能,可以通过改变电源电压实现无级调速。

四、永磁无刷直流电动机的应用

近年来,随着永磁材料性能不断提高及其价格不断下降以及电力电子技术日新月异的发展,无刷直流电动机的应用范围迅速扩大。目前在计算机系统、家用电器、办公自动化、汽车、医疗仪器、军事装备控制、数控机床、机器人伺服控制中得到广泛应用。

7.7.3　交直流两用电动机

交直流两用电动机既适用于交流电源,又适用于直流电源。当采用交流电源供电时,称为交流串励电动机;当采用直流电源供电时,称为直流串励电动机。

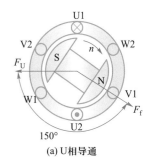

(a) U 相导通

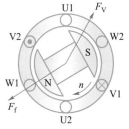

(b) V 相导通

(c) W 相导通

图 7.7.3　三相三状态无刷直流
电动机绕组通电顺序
和磁动势位置图

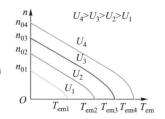

图 7.7.4　无刷直流电动机
的机械特性曲线

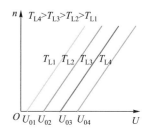

图 7.7.5　无刷直流电动机
的调节特性曲线

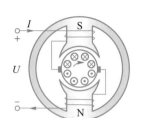

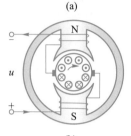

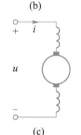

图 7.7.6 交直流两用
电动机工作原理图

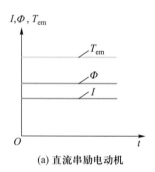

一、交直流两用电动机的基本结构

交直流两用电动机与普通直流串励电动机的结构在总体上相似,但其定子铁心是由 0.5 mm 厚硅钢片叠压而成,这是与普通直流串励电动机不同之处。

二、交直流两用电动机的工作原理

如图 7.7.6 所示,将交直流两用电动机的励磁绕组与电枢绕组串联,当在其端部施加直流电压 U 时,便有直流电流 I 流过励磁绕组和电枢绕组,此电流与励磁电流 I_f 和电枢电流 I_a 相等。励磁电流 I_f 将产生磁通 Φ,它与电枢电流 I_a 相作用产生电磁转矩 T_{em},驱动转子旋转。直流串励电动机的电磁转矩 T_{em}、电枢电流 I_a 和磁通 Φ 随时间变化的关系如图 7.7.7(a)所示。

若将单相交流电压接入该电机,设流入电机的电流 $i = i_f = i_a = I_m \sin \omega t$。在忽略换向元件损耗和铁损的情况下,励磁磁通与励磁电流 i_f 同相位,即

$$\phi(t) = \Phi_m \sin \omega t \tag{7.7.3}$$

电枢电流与该磁通相作用产生的电磁转矩为

$$T_{em} = C_T \phi(t) \cdot i(t) \tag{7.7.4}$$

单相交流串励电动机的电磁转矩随时间变化的关系如图 7.7.7(b)所示。可见,此时的电磁转矩为脉动转矩,其平均值为正,故能驱动电动机连续旋转。

三、交直流两用电动机的特点

(1) 转速高,体积小,其转速不受电源频率和极数的限制,一般在 4 000～27 000 r/min。

(2) 起动转矩大,其起动转矩可达额定转矩的 4～6 倍。

(3) 过载能力大且有较小的电气和机械时间常数。

四、交直流两用电动机的应用

交直流两用电动机优点突出,其产量相当大,应用极为广泛。它主要用于各类电动工具、家用电器、医疗器械和小型机床,如手电钻、电刨、吸尘器、榨汁机、电吹风、豆浆机、碎纸机等。此外,它也可制成通用电机形式,作驱动及伺服电机使用。

7.7.4　超声波电机

超声波电机是国内外日益受到重视的一种新型直接驱动电机,它是将电力电子、自动控制、振动学、波动学、摩擦学、动态设计、新材料和新工艺等学科结合的新技术产物。超声波电机由定子和转子两部分组成,定子用压电材料制成,在定子上施加 20 kHz 以上的交变电压,定子将产生机械振动,通过定子和转子之间的摩擦作用将定子的微观振动转换为转子的宏观的单方向转动。超声波电机的特点:(1)结构简单,紧凑;(2)低速大转矩;(3)无电磁噪声,电磁兼容性好;(4)动态响应快,控制特性好;(5)运行无噪声,断电自锁。

目前,超声波电机已有多种规格的产品问世,广泛应用在航空航天、汽车专用电器、生物医疗仪器、机器人、精密仪器仪表等领域。

图 7.7.7　交直流两用电动机的
电枢电流、磁通和电磁转矩波形

小结

单相异步电动机起动转矩为零,为了获得起动转矩,在定子上安装起动绕组,根据所采取的起动方法不同,分为分相电动机和罩极电动机。单相异步电动机广泛应用于家用电器、医疗器械和电动工具中。

伺服电动机将输入的电压信号转变为电机轴上的角位移或角速度输出,在自动控制系统中作执行元件。

直流伺服电动机实质是一台他励式直流电动机,有电枢控制和磁极控制两种,主要采用电枢控制。交流伺服电动机的转子电阻很大,能防止自转现象,它有幅值控制、相位控制和幅相控制三种,其中幅相控制电路简单,在实际中应用较多。直流伺服电动机的输出功率大,交流伺服电动机的输出功率小。

测速发电机是自动控制系统中的测速元件,它可以把转速信号转换成电压信号。根据输出电压性质不同,测速发电机可分为直流和交流两类。直流测速发电机的工作原理与普通直流发电机相同。直流测速发电机产生误差的主要原因有电枢反应,电刷接触电阻,温度和纹波的影响。交流异步测速发电机的误差主要有幅值及相位误差和剩余电压误差。使用时应当尽量减小误差的影响。直流测速发电机输出特性好,但由于有电刷和换向问题限制其应用;交流测速发电机的转动惯量小,快速性好,但输出为交流电压且需要特定的交流励磁电源。

步进电动机是将控制脉冲信号变换为角位移或直线位移的一种微特电机。步进电动机能按控制脉冲的要求,迅速起动、反转、制动和无级调速,运行时不失步,无积累误差,步距精度高,因此被广泛应用于数字控制系统中作执行元件用。

微型同步电动机主要有永磁式、反应式和磁滞式三种。这些电动机的定子结构可以是相同的,但转子的结构形式和材料却有很大差别,因而其运行原理也不同。这些电机转子上没有励磁绕组、电刷和滑环装置,因而结构简单,运行可靠,广泛应用于需要恒速运转的各种自动控制,无线电通信及同步随动系统中。

直线异步电动机是一种能直接产生直线运动的电动机,它由旋转电动机演变而来。直线异步电动机有平板形、圆筒形和圆盘形三种结构形式。直线异步电动机因结构简单,运行可靠,效率高而得到广泛应用。

开关磁阻电动机系统是一种新型的调速电动机驱动系统,具有较广泛的应用前景。

永磁无刷直流电动机使用位置传感器和功率电子开关代替传统直流电动机中的电刷和换向器,具有普通直流电动机的控制特性,它可以通过改变电源电压实现无级调速。

交直流两用电动机既适用于交流电源,又适用于直流电源。这种电机的起动转矩大,过载能力强,转速高,体积小,调速方便,大量用于电动工具和吸尘器等家用电器中。

超声波电机是新技术的产物,其优异的性能引起了广泛关注,并具有良好的应用前景。

思考题与习题

7.1　单相单绕组异步电动机能否自行起动？为什么

7.2　一台三相异步电动机轻载运行,工作中如果一相电源断线,电机能否继续旋转,为什么?

7.3　一台直流伺服电动机的起动电压与负载的大小有什么关系?

7.4　什么是交流伺服电动机的自转现象？如何消除自转现象？

7.5　什么是直流测速发电机的输出特性？其理想输出特性和实际输出特性有何不同？为什么？

7.6　什么是异步测速发电机的剩余电压？产生的原因是什么？如何降低？

7.7　为什么空心杯形测速发电机应用比较广泛？

7.8　什么是步进电动机的拍？单拍和双拍有什么区别？

7.9　简述三相双三拍反应式步进电动机的工作原理。

7.10　一台三相六极反应式步进电动机,步距角 $\theta_{se} = 1.5°/0.75°$。试求:(1)转子齿数 Z_r;(2)电源脉冲频率 $f = 3\,000$ Hz 时电动机的转速 n。

7.11　永磁式同步电动机能否自行起动,为什么?

7.12　为什么磁滞式同步电动机不需要安装起动绕组?

7.13　简述直线异步电动机的工作原理。如何改变它的转向?

7.14　简述开关磁阻电动机系统的工作过程。

7.15　转子位置传感器在无刷直流电动机中的作用是什么?

7 16　交直流两用电动机的定子铁心为什么采用硅钢片叠压而成,而不采用普通的铸钢?

7.17　为什么交直流两用电动机的转速比一般交流电动机的转速要高很多?

本章自测题

一、填空题(每空1分,共20分)

1. 根据获得旋转磁场方式的不同,单相异步电动机分为＿＿＿＿＿和＿＿＿＿＿两大类型,后者电动机的转向不能改变。

2. 直流伺服电动机控制电机转速的方式有＿＿＿＿＿控制和＿＿＿＿＿控制,实际应用中主要采用＿＿＿＿＿控制方式。

3. 为了削弱电枢反应对直流测速发电机输出特性的影响,需要规定发电机的＿＿＿＿＿工作转速和＿＿＿＿＿负载电阻值。

4. 当交流测速发电机转速为零时,实际输出电压不为零,此时的输出电压称为＿＿＿＿＿。由于该电压的存在而引起的测量误差称为＿＿＿＿＿误差。

5. 三相反应式步进电动机的通电顺序为 U—V—W—U,此时电动机顺时针方向旋转,步距角为 $1.5°$。如果电机还是顺时针旋转,步距角 $0.75°$,此时的通电顺序应为＿＿＿＿＿。

6. 开关磁阻电动机系统主要由开关磁阻电动机、＿＿＿＿＿、＿＿＿＿＿和＿＿＿＿＿四部分组成。

7. 直线异步电动机初级的三相绕组中通入三相对称交流电后,产生的气隙磁场为＿＿＿＿＿磁场,该磁场的移动速度与＿＿＿＿＿和＿＿＿＿＿有关。

8. 永磁无刷直流电动机采用＿＿＿＿＿和＿＿＿＿＿代替电刷和换向器,实现了换向。

9. 交直流两用电动机的转速不受＿＿＿＿＿和＿＿＿＿＿的限制,因此电机转速可以设计得很高。

二、判断题(每题2分,共12分)

1. 交流伺服电动机的转子电阻一般都做得较大,目的是当控制绕组电压为零时,防止自转现象发生。　　　　　　　　　　　　　　　　　　　　　　　　　　　　　　(　　)

2. 步进电动机的步距角越小,稳定裕量角越大,电机的稳定性越好。　　　　　(　　)

3. 反应式同步电动机的最大同步转矩发生在功角 $\delta = 90°$ 时。　　　　　　(　　)

4. 交流伺服电动机采用相位控制,当 $\beta = 0°$ 时,合成磁场为圆形旋转磁场,电机转速最高。(　　)

5. 交流异步测速发电机输出电压 U_2 的频率由转子转速 n 的大小决定,并且 U_2 的幅值与测速发电机的转速成正比。　　　　　　　　　　　　　　　　　　　　　　　　　　(　　)

6. 永磁无刷直流电动机具有与有刷直流电动机一样好的控制性能,并可以通过改变电源电压实现无级调速。　　　　　　　　　　　　　　　　　　　　　　　　　　　　　(　　)

三、选择题(每题 2 分,共 8 分)

1. 单相电容异步电动机实际上是( )。

   A. 起动时是双绕组,运行时是单绕组电动机
   B. 双绕组电动机
   C. 起动时是单绕组,运行时是双绕组电动机
   D. 单绕组电动机

2. 直流伺服电动机的旋转方向由( )决定。

   A. 电动机的磁极对数
   B. 控制电压的幅值
   C. 电源的频率
   D. 控制电压的极性

3. 下列电机中具有自起动能力的是( )。

   A. 普通同步电动机
   B. 永磁式同步电动机
   C. 反应式同步电动机
   D. 磁滞式同步电动机

4. 采用双拍制的步进电动机步距角与采用单拍制的步进电动机步距角相比( )。

   A. 减小一半
   B. 相同
   C. 增大一半
   D. 增大一倍

四、简答与作图题(每题 5 分,共 30 分)

1. 简述永磁无刷直流电动机的机械特性曲线向下弯曲的原因。

2. 试画出直流伺服电动机的调节特性曲线,并说明起动电压与负载大小的关系。

3. 交直流两用电动机的定子铁心为什么不采用普通的钢片叠压而成,而是采用硅钢片?

4. 交流伺服电动机有哪几种控制方式?并分别加以简单说明。

5. 为什么直线异步电动机的速度总是低于同步速度?

6. 试画出步进电动机的矩角特性曲线,并在图中标出最大静转矩和静态稳定区域。

五、分析题(10 分)

一台三相异步电动机空载运行,定子绕组为 Y 形联结,突然电源一相断线,此时电动机是否继续旋转? 若停机后,能否起动? 为什么?

六、计算题(每题 10 分,共 20 分)

1. 一台六相 12 极反应式步进电动机,转子齿数 $Z_r = 40$,单拍或双拍方式工作时,试求:其步距角为多大? 若频率为 1 000 Hz,电动机的转速是多少?

2. 一台直线异步电动机,初级固定,次级运动,极距 $\tau = 10$ cm,电源频率为 50 Hz,额定运行时的转差率 $s = 0.02$。试求:电动机的同步速度 v_1 和次级的移动速度 v。

*第 8 章　电力拖动系统中电动机的选择

内容简介

在设计电力拖动系统时,电动机的选择是一项重要的内容。电动机的选择主要是指电动机的额定功率、额定电压、额定转速、种类及形式等项目的选择。

选择电动机的原则,一是要满足生产机械负载的要求,二是从经济上看应该是最合理的,因此,电动机额定功率的选择是非常重要的。如果功率选得过大,电动机的容量得不到充分利用,电动机经常处于轻载运行,效率低,运行费用就高;反之,如果功率选得过小,电动机将过载运行,长期过载运行,电动机的寿命将缩短。因此,电动机功率选得过大或过小都是不经济的。

额定功率的选择,要根据电动机的发热、过载能力和起动能力三方面来考虑,其中以发热问题最为重要。

8.1　电动机的发热和冷却

电动机负载运行时,因产生损耗而发热。由于电动机内部热量的不断产生,电动机本身的温度就要升高,最终将超过周围环境的温度,电动机温度比环境温度高出的数值,称为电动机的温升。一旦有了温升,电动机就要向周围散热,温升越高,散热越快。当电动机在单位时间内产生的热量等于散出去的热量时,电动机的温度将不再增加,而保持着一个稳定不变的温升值,称为稳定温升,此时电动机处于发热与散热的动平衡状态。

电动机从开始发热到热平衡状态的过程称为发热的过渡过程,在此过程中,电动机的温升 τ 随时间 t 的变化规律,即温升 τ 的瞬态过程表达式,经推导可得

$$\tau = \tau_0 e^{-\frac{t}{T}} + \tau_s (1 - e^{-\frac{t}{T}}) \tag{8.1.1}$$

式中, τ_0、τ_s 分别为电动机发热过程的起始温升和稳定温升; T 为电动机的发热时间常数。若发热过程开始时,电动机的温度与周围介质的温度相等,则 $\tau_0 = 0$,这时的温升表达式为

$$\tau = \tau_s (1 - e^{-\frac{t}{T}}) \tag{8.1.2}$$

式(8.1.1)、式(8.1.2)对应的温升曲线,如图 8.1.1 所示。

由图 8.1.1 可见,电动机的温升是按指数规律变化的。温升变化的快慢与时间常数 T 有关,理论上, $t \to \infty$ 时才能达到稳定温升 τ_s,实际上当 $t = (3 \sim 4) T$ 时已接近 τ_s。对于小容量电动机, $T = 20 \sim 30 \text{ min}$;对于大容量电动机 $T = 2 \sim 3 \text{ h}$。

温升的变化规律可以解释如下:发热开始时,由于温升小,散发出去的热量较少,大部分热量被电动机吸收,因而温升增长得较快;其后,随着温升的增高,散发的热量不断增多,而电动机产生的热量因负载不变而不变,则电动机吸收的热量不断减少,温升曲线趋于平缓;最后,当发热量与散热量相等时,

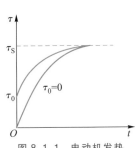

图 8.1.1　电动机发热过程温升曲线

电动机的温升不再升高而达到了稳定值。

由式（8.1.1）、式（8.1.2）可见，当 $t = \infty$ 时，$\tau = \tau_s$，说明当负载一定时，电动机产生的热量是一定的，稳定温升也是一定的，它与起始温升无关，这一点从图8.1.1也可以看出来。

当电动机的负载减小或电动机断电停止工作时，电动机的温度便开始下降，冷却过程开始。冷却过程的温升变化曲线与发热过程在形式上是相同的，可以表示为

$$\tau = \tau_0' e^{-\frac{t}{T'}} + \tau_s'(1-e^{-\frac{t}{T'}}) \tag{8.1.3}$$

式中，τ_0' 为冷却开始时的温升；τ_s' 为冷却后的稳定温升，显然 $\tau_s' < \tau_0'$；T' 为冷却时间常数，一般 $T' > T$。

当电动机断电时，电动机不再发热，于是 $\tau_s' = 0$，式（8.1.3）变为

$$\tau = \tau_0' e^{-\frac{t}{T'}} \tag{8.1.4}$$

对应式（8.1.3）、式（8.1.4），两条冷却时的温升变化曲线如图8.1.2所示，显然冷却过程的温升曲线也是按指数规律变化。

电动机运行时，由于损耗产生热量，使电动机的温度升高。电动机容许达到的最高温度是由电动机使用绝缘材料的耐热程度决定的，绝缘材料的耐热程度称为绝缘等级。不同的绝缘材料，其最高容许温度是不同的，电动机中常用的绝缘材料分为五个等级，见表8.1.1，其中的最高允许温升值是按环境温度为40℃计算出来的。

目前我国生产的电机多采用E级和B级绝缘，发展趋势是采用F级和H级绝缘，这样可以在一定的输出功率下，减轻电机的重量，缩小电机的体积。

电机的使用寿命主要是由它的绝缘材料决定的，当电机的工作温度不超过其绝缘材料的最高允许温度时，绝缘材料的使用寿命可达20年左右，若超过最高允许温度，则绝缘材料的使用寿命将大大缩短，一般是每超过8℃，寿命减少一半。

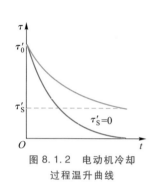

图8.1.2 电动机冷却过程温升曲线

表8.1.1 绝缘材料

等级	绝缘材料	最高允许温度/℃	最高允许温升/℃
A	经过浸渍处理的棉、丝、纸板、木材等，普通绝缘漆	105	65
E	环氧树脂、聚酯薄膜、青壳纸、三醋酸纤维薄膜，高强度绝缘漆	120	80
B	用提高了耐热性能的有机漆作黏合剂的云母、石棉和玻璃纤维组合物	130	90
F	用耐热优良的环氧树脂黏合或浸渍的云母、石棉和玻璃纤维组合物	155	115
H	用硅有机树脂黏合或浸渍的云母、石棉和玻璃纤维组合物，硅有机橡胶	180	140

由此可见，绝缘材料的最高允许温度是一台电动机带负载能力的限度，而电动机的额定功率正是这个限度的具体体现。事实上，电动机的额定功率是指在环境温度为40℃，电动机长期连续工作，其温度不超过绝缘材料最高允许温度时的最大输出功率。

上述环境温度40℃是国家标准规定的环境温度。如果实际环境温度低于40℃，则电动机可以在稍大于额定功率下运行；反之，电动机必须在小于额定功率下运行。总之，要保证电动机的工作温度不要超过其绝缘材料的极限温度。

8.2 电动机的工作制分类

教学课件：
电动机的
工作制分类

电动机工作时，其温升的高低不仅与负载的大小有关，而且还与负载的持续时间有关。同一台电

动机,如果工作时间的长短不同,则它的温升也不同,或者说,它能够承担负载功率的大小也不同。为了适应不同负载的需要,按负载持续时间的不同,国家标准把电动机分成了三种工作方式或三种工作制,细分为十类,用 S1、S2、…、S10 来表示。

8.2.1　连续工作制(S1)

连续工作制的电动机,其工作时间 $t_w > (3 \sim 4)T$,可达几小时或几十小时,其温升可以达到稳定值,所以也称为长期工作制。它的功率负载图 $P = f(t)$ 及温升曲线 $\tau = f(t)$,如图 8.2.1 所示。属于此类工作制的生产机械有水泵、通风机、造纸机和纺织机等。

8.2.2　短时工作制(S2)

短时工作制的电动机,其工作时间很短,$t_w < (3 \sim 4)T$,在工作时间内,温升达不到稳定值。但它的停机时间 t_0 却很长,$t_0 > (3 \sim 4)T'$,停机时电动机的温度足以降至周围环境的温度,即温升降至零。其功率负载图和温升曲线,如图 8.2.2 所示。属于此类工作制的生产机械有水闸闸门、吊车、车床的夹紧装置等。我国短时工作制电动机的标准工作时间有 15 min、30 min、60 min、90 min 四种。

8.2.3　断续工作制(S3~S10)

断续工作制包括断续周期工作制和断续非周期工作制。

断续周期工作制下电动机按一系列相同的工作周期运行,在一个周期内,工作时间 $t_w < (3 \sim 4)T$,停歇时间 $t_0 < (3 \sim 4)T'$。因而,工作时温升达不到稳定值,停歇时温升也降不到零。按国家标准规定,每个工作周期 $t_C = t_w + t_0 \leq 10$ min,所以这种工作制也称为重复短时工作制。

根据一个周期内电动机运行状态的不同,断续周期工作制可分为六类(详见国家标准 GB/T 755—2019):

（1）断续周期工作制(S3)。

（2）包括起动的断续周期工作制(S4)。

（3）包括电制动的断续周期工作制(S5)。

（4）连续周期工作制(S6)。

（5）包括电制动的连续周期工作制(S7)。

（6）包括负载与转速相应变化的连续周期工作制(S8)。

此外,还有负载和转速非周期分量变化工作制(S9)以及离散恒定负载工作制(S10)两种。

断续周期工作制的电动机,其温升经过若干个周期后,将在某一范围内上下波动。图 8.2.3 所示为断续周期工作制(S3)的功率负载图及温升曲线。属于此类工作制的生产机械有起重机、电梯和某些自动机床的工作机构等。

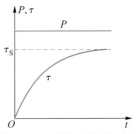

图 8.2.1　连续工作制的功率负载图及温升曲线

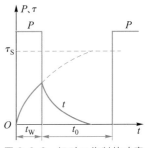

图 8.2.2　短时工作制的功率负载图及温升曲线

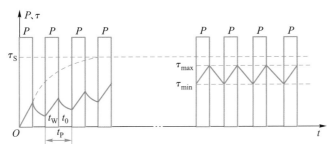

图 8.2.3　断续周期工作制的功率负载图及温升曲线

在断续周期工作制中，工作时间与周期之比称为负载持续率，也称暂载率，用 $FC\%$ 表示，即

$$FC\% = \frac{t_\mathrm{w}}{t_\mathrm{w} + t_0} \times 100\% \tag{8.2.1}$$

我国规定的标准负载持续率有 15%、25%、40%、60% 四种。断续周期工作制电动机因起动频繁，要求过载能力强，飞轮矩小，机械强度好，所以需要专门设计。

8.3 电动机容量的选择方法

8.3.1 连续工作制电动机容量的选择

连续工作制的负载，按其大小是否变化可分为常值负载和变化负载两类。

一、常值负载下电动机容量的选择

这时电动机容量的选择非常简单，只要选择一台额定容量等于或略大于负载容量、转速又合适的电动机即可，不需要进行发热校验。

二、变化负载下电动机容量的选择

图 8.3.1 所示为一变化负载的功率图（图中只画出了生产过程的一个周期），自动车床在加工各道工序时，主轴电动机的负载就属这一类。当电动机拖动这类生产机械工作时，因为负载周期性变化，所以电动机的温升也必然呈周期性波动。温升波动的最大值将低于最大负载（如图 8.3.1 中 P_1）时的稳定温升，而高于最小负载（如图 8.3.1 中 P_2）时的稳定温升。这样，如按最大负载功率选择电动机的容量，则电动机就不能得到充分利用；而按最小负载功率选择电动机容量，则电动机必将过载，其温升将超过允许值。因此，电动机的容量应选在最大负载与最小负载之间。如果选择得合适，既可使电动机得到充分利用，又可使电动机的温升不超过允许值，通常可采用以下方法进行选择。

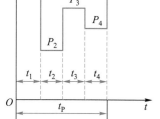

图 8.3.1 变化负载的功率图

1. 等效电流法

等效电流法的基本思想是用一个不变的电流 I_eq 来等效实际上变化的负载电流，要求在同一个周期内，等效电流 I_eq 与实际变化的负载电流所产生的损耗相等。假定电动机的铁损耗与绕组电阻不变，则损耗只与电流的平方成正比，由此可得等效电流为

$$I_\mathrm{eq} = \sqrt{\frac{I_1^2 t_1 + I_2^2 t_2 + \cdots + I_n^2 t_n}{t_1 + t_2 + \cdots + t_n}} \tag{8.3.1}$$

式中，t_n 为对应负载电流 I_n 时的工作时间。求出 I_eq 后，则选用电动机的额定电流 I_N 应大于或等于 I_eq。采用等效电流法时，必须先求出用电流表示的负载图。

2. 等效转矩法

如果电动机在运行时，其转矩与电流成正比（如他励直流电动机的励磁保持不变，异步电动机的功率因数和气隙磁通保持不变时），则式（8.3.1）可改写成等效转矩公式

$$T_\mathrm{eq} = \sqrt{\frac{T_1^2 t_1 + T_2^2 t_2 + \cdots + T_n^2 t_n}{t_1 + t_2 + \cdots + t_n}} \tag{8.3.2}$$

此时，选用电动机的额定转矩 T_N 应大于或等于 T_eq，当然，这时应先求出用转矩表示的负载图。

3. 等效功率法

如果电动机运行时，其转速保持不变，则功率与转矩成正比，于是由式（8.3.2）可得等效功率为

教学课件：
电动机容量的
选择方法

$$P_{eq} = \sqrt{\frac{P_1^2 t_1 + P_2^2 t_2 + \cdots + P_n^2 t_n}{t_1 + t_2 + \cdots + t_n}} \qquad (8.3.3)$$

此时,选用电动机的功率 P_N 大于或等于 P_{eq} 即可。

必须注意的是用等效法选择电动机的容量时,要根据最大负载来校验电动机的过载能力是否符合要求,如果过载能力不能满足,应当按过载能力来选择较大容量的电动机。

8.3.2　短时工作制电动机容量的选择

一、直接选用短时工作制的电动机

我国电机制造行业专门设计制造了一种专供短时工作制使用的电动机,其工作时间分为 15 min、30 min、60 min、90 min 四种,每一种又有不同的功率和转速。因此可以按生产机械的功率、工作时间及转速的要求,由产品目录中直接选用不同规格的电动机。

如果短时负载是变动的,也可采用等效法选择电动机,此时等效电流为

$$I_{eq} = \sqrt{\frac{I_1^2 t_1 + I_2^2 t_2 + \cdots + I_n^2 t_n}{\alpha t_1 + \alpha t_2 + \cdots + \alpha t_n + \beta t_0}} \qquad (8.3.4)$$

式中, I_1 、 t_1 为起动电流和起动时间; I_n 、 t_n 为制动电流和制动时间; t_0 为停转时间; α 、 β 为考虑对自扇冷电动机在起动、制动和停转期间因散热条件变坏而采用的系数,对于直流电动机, $\alpha = 0.75$, $\beta = 0.5$;对于异步电动机, $\alpha = 0.5$, $\beta = 0.25$ 。

采用等效法时,也必须注意对选用的电动机进行过载能力的校核。

二、选用断续周期工作制的电动机

在没有合适的短时工作制的电动机时,也可采用断续周期工作制的电动机来代替。短时工作制电动机的工作时间 t_w 与断续周期工作制电动机的负载持续率 $FC\%$ 之间的对应关系,见表 8.3.1。

表 8.3.1　t_w 与 $FC\%$ 的对应关系

$t_w / \min$	30	60	90
$FC\%$	15%	25%	40%

8.3.3　断续周期工作制电动机容量的选择

可以根据生产机械的负载持续率、功率及转速,从产品目录中直接选择合适的断续周期工作制的电动机。但是,国家标准规定该种电动机的负载持续率 $FC\%$ 只有四种,因此常常会出现生产机械的负载持续率 $FC_x\%$ 与标准负载持续率 $FC\%$ 相差较大的情况。在这种情况下,应当把实际负载功率 P_x 按下式换算成相邻的标准负载持续率 $FC\%$ 下的功率 P

$$P = P_x \sqrt{\frac{FC_x\%}{FC\%}} \qquad (8.3.5)$$

根据上式中的标准负载持续率 $FC\%$ 和功率 P 即可选择合适的电动机。

当 $FC_x\% < 10\%$ 时,可按短时工作制选择电动机;当 $FC_x\% > 70\%$ 时,可按连续工作制选择电动机。

8.3.4　统计法和类比法

前面介绍了选择电动机功率的基本原理和方法,它对各种生产机械普遍适用。但是这种方法在实用中会遇到一些困难,一是它的计算比较繁杂;二是电动机和生产机械的负载图难以精确地绘制。为

此，人们在工程实践中总结出了一些常见生产机械选择电动机容量的实用法，即统计法和类比法。

一、统计法

统计法就是对各种生产机械的拖动电动机进行统计分析，找出电动机容量与生产机械主要参数之间的关系，用经验公式作为选择电动机容量的主要依据。以机床为例，主拖动电动机容量与机床主要参数之间的关系如下。

（1）卧式车床

$$P = 36.5D^{1.54}(\text{kW})$$

式中，D 为加工工件的最大直径（m）。

（2）立式车床

$$P = 20D^{0.88}(\text{kW})$$

式中，D 为加工工件的最大直径（m）。

（3）摇臂钻床

$$P = 0.0646D^{1.19}(\text{kW})$$

式中，D 为最大钻孔直径（mm）。

（4）外圆磨床

$$P = 0.1KB(\text{kW})$$

式中，B 为砂轮宽度（mm）；K 为考虑砂轮主轴采用不同轴承时的系数，对于滚动轴承 $K = 0.8 \sim 1.1$，对于滑动轴承 $K = 1.0 \sim 1.3$。

（5）卧式镗床

$$P = 0.004D^{1.7}(\text{kW})$$

式中，D 为镗杆直径（mm）。

（6）龙门刨床

$$P = \frac{B^{1.15}}{166}(\text{kW})$$

式中，B 为工作台宽度（mm）。

根据以上各式计算出的功率便可选取电动机的容量。

二、类比法

通过对长期运行考验的同类生产机械所采用的电动机容量进行调查，然后对生产机械的主要参数和工作条件进行类比，从而确定新的生产机械拖动电动机的容量，这就是所谓的类比法。

8.4 电动机种类、形式、电压、转速的选择

选择电动机时，除了正确地选择功率外，还要根据生产机械的要求及工作环境等，正确地选择电动机的种类、形式、电压和转速。

8.4.1 电动机种类的选择

电动机的种类分为直流电动机和交流电动机两大类。直流电动机又分为他励、并励、串励电动机等。交流电动机又分为笼型、绕线转子异步电动机以及同步电动机等。电动机种类的选择主要是从生产机械对起动性能及调速性能的要求来考虑，例如，对于起动转矩倍数、调速范围、调速精度、调速的平

滑性、低速运转状态等性能的要求来考虑。

　　凡是不需要调速的拖动系统,总是考虑交流拖动,特别是采用笼型异步电动机拖动。长期工作,不需要调速且容量相当大的生产机械,如空气压缩机、球磨机等,往往采用同步电动机拖动,因为它能改善电网的功率因数。

　　如果拖动系统的调速范围不广,调速级数少,且不需在低速下长期工作,可以考虑采用交流绕线转子异步电动机或变级调速电动机。因为目前应用的交流调速拖动,大部分由于低速运行时能量损耗大(如串级调速、电磁调速电动机),故一般均不宜在低速下长期运行。

　　对于调速范围宽,调速平滑性要求较高的场合,通常采用直流电动机拖动,或者采用近年发展起来的交流变频调速电动机拖动。

8.4.2　电动机形式的选择

　　各种生产机械的工作环境差异很大,电动机与工作机械也有各种不同的连接方式,所以应当根据具体的生产机械类型、工作环境等特点,来确定电动机的结构形式,如直立式、卧式、开启式、封闭式、防滴式、防爆式等。

8.4.3　电动机额定电压的选择

　　电动机额定电压的选择,一般是由工厂或车间的供电条件所决定。我国一般标准是交流电压为三相 380 V,直流电压为 220 V。大容量的交流电动机通常设计成高压供电,如 3 kV、6 kV 或 10 kV 电网供电,此时电动机应选用额定电压为 3 kV、6 kV 或 10 kV 的高压电动机。采用大容量直流电动机时,为了减少电枢电流,可以考虑用额定电压为 440 V 的电动机。

8.4.4　电动机额定转速的选择

　　电动机额定转速的选择关系到电力拖动系统的经济性和生产机械的效率。其选择的原则通常是根据初期投资和维护费用的大小来决定。在频繁起动、制动或反向的拖动系统中,还应根据电动机瞬态过程时间最短,能量损耗最小来选择适当的额定转速。

小结

　　本章简要介绍了电力拖动系统中选择电动机的基本原理和方法。电动机的选择主要是其容量的选择,其次是电压、转速、种类和形式的选择。

　　电动机容量的选择,要根据电动机的发热情况来决定。电动机发热限度受电动机使用的绝缘材料决定;电动机发热程度由负载大小和工作时间长短决定。体积相同的电动机,其绝缘等级越高,允许输出的容量越大;负载越大,工作时间越长,电动机发热量越多。所以电动机容量的选择要根据负载大小和工作制的不同来综合考虑。

　　针对各种不同工作制的负载,应优先选择对应工作制的电动机,这时,只要使电动机的容量等于或略大于负载的容量即可。

　　对于变化的负载,应采用等效法,将变化的负载等效成一个常值负载,再选择对应容量的电动机。

　　用统计法和类比法来选择电动机的容量,也是一种实用的好方法。

　　根据生产机械现场的供电条件、转速要求、安装形式,不难选择电动机的电压、转速、种类和形式。

思考题与习题

8.1 电动机的温升、温度以及环境温度三者之间有什么关系? 电机铭牌上的温升值的含义是什么?

8.2 电动机在使用中,电流、功率和温升能否超过额定值? 为什么?

8.3 电动机发热和冷却各按什么规律变化?

8.4 电动机的允许温升取决于什么? 若两台电动机的通风冷却条件不同,而其他条件完全相同,它们的允许温升是否相等?

8.5 电动机的工作方式有哪几种? 试查阅国家标准:电机基本技术要求(GB/T 755—2019)说明工作制 S3、S4、S5、S6、S7、S8、S9、S10 的定义,并绘制出负载图。

8.6 电动机的三种工作制是如何划分的? 负载持续率 $FC\%$ 表示什么意义?

第 1 章

1.15　$I_N = 93.10$ A；$P_1 = 20.48$ kW

1.17　（1）当 $n = 1\,500$ r/min 时，$E_a = 209$ V；（2）当 $n = 500$ r/min 时，$E_a = 69.65$ V

1.18　$T_2 = T_N = 1\,833.465$ N·m；$T_{em} = 2\,007.74$ N·m；$T_0 = 174.275$ N·m

1.19　（1）$T_2 = 118.93$ N·m；（2）$\eta = 73\%$

1.20　$n = 2\,100$ r/min；$T_{em} = 19.1$ N·m

第 2 章

2.19　（1）$T_m = 67.53$ N·m　$T_2 = 63.67$ N·m　$T_0 = 3.86$ N·m

　　　（2）$n_0 = 1\,662$ r/min，$n_0 = 1\,653$ r/min

　　　（3）$n_{1/2} = 1\,581$ r/min

　　　（4）$I_a = 20.4$ A

2.20　（1）$n = 1\,662 - 2.389 T_{em}$

　　　（2）$n = 1\,662 - 11.95 T_{em}$

　　　（3）$n = 831 - 2.389 T_{em}$

　　　（4）$n = 2\,347 - 4.876 T_{em}$

2.21　（1）$I_{st} = 3\,283.6$ A　$I_{st}/I_N = 15.8$ 倍

　　　（2）$R_s = 0.64$ Ω

2.22　（1）$n = 1\,016$ r/min

　　　（2）$n = 830$ r/min

　　　（3）$I_a = -193$ A　$n = 859$ r/min

　　　（4）$n = 1\,251$ r/min

2.23　（1）$R_s = 1.05$ Ω　$P_1 = 4\,928$ W　$P_2 = 2\,365$ W　$\eta = 48\%$

　　　（2）$U = 63.1$ V　$P_1 = 2\,827$ W　$P_2 = 2\,365$ W　$\eta = 83.66\%$

2.24　$n_{max} = 1\,363$ r/min　$\delta\% = 9.13\%$

　　　$n_{min} = 180$ r/min　$\delta\% = 28\%$

2.25　$D = 2.98$　$D = 5.11$

第 3 章

3.24　$I_{1N} = 4.76$ A；$I_{2N} = 217.39$ A

3.25　(1) $U_{1N} = 10$ kV, $U_{2N} = 6.3$ kV; $I_{1N} = 288.67$ A, $I_{2N} = 458.21$ A;

　　　(2) $U_{1NP} = 5.77$ kV; $I_{1NP} = I_{1N} = 288.67$ A; $U_{2NP} = U_{2N} = 6.3$ kV; $I_{2NP} = 264.55$ A

3.26　$N_1 = 630$ 匝; $N_1' = 1\,000$ 匝

3.27　(1) $R_m' = 218.75$ Ω, $X_m' = 2\,393.75$ Ω, $R_1 = R_2' = 1.19$ Ω, $X_1 = X_2' = 2.77$ Ω;

　　　(2) $\Delta U = 3.92\%$, $U_2 = 384.3$ V, $\eta = 97.61\%$;

　　　(3) $\beta_m = 0.59$, $S = 442.5$ kV · A

3.28　(1) $R_S^* = 0.022\,2$, $X_S^* = 0.056$, $R_m^* = 2.743$, $X_m^* = 22.05$;

　　　(2) $\Delta U = 5.136\%$;

　　　(3) $\eta = 97.3\%$

第 4 章

4.17　(1) $I_{1N} = 359.4$ A; (2) $n_1 = 1\,500$ r/min; (3) $P = 2$; (4) $S_N = 0.03$

4.18　(1) $s_N = 0.05$; (2) $P_{Cu2} = 1.532$ kW; (3) $I_{1N} = 56.68$ A; (4) $\eta = 85.3\%$; (5) $f_2 = 2.5$ Hz

4.19　(1) $n_N = 1\,456$ r/min; (2) $T_0 = 1.77$ N · m; (3) $T_2 = 65.59$ N · m; (4) $T_{em} = 67.36$ N · m

4.20　$P_{em} = 59$ kW; $P_{MEC} = 57.23$ kW; $P_{Cu2} = 1.77$ kW

第 5 章

5.17　(1) $s_m = 0.166$

$$(2)\ T_{em} = \frac{218.86}{\dfrac{s}{0.166} + \dfrac{0.166}{s}}$$

　　　(3) $T_{em} = 106.9$ N · m

5.18　$s_m = 0.183$　$T_m = 2\,387.5$ N · m

5.19　(1) $I_{st} = 46.67$ A, 不能

　　　(2) 60%, $I_{st} = 50.4$ A

5.20　$R_{st} = 2$ Ω

5.21　$n = -266$ r/min, 倒拉反转运行状态

5.22　$R = 1.4$ Ω

第 6 章

6.15　(1) $I_N = 11\,320$ A; (2) $P_N = 300$ MW, $Q = 186$ M var

6.16　(1) $E_0 = 51.05$ kV 或 $E_{0P} = 29.48$ kV; (2) $\delta_N = 40.71°$;

　　　(3) $P_{em} \approx P_N = 300$ MW; (4) $\lambda = 1.533$

6.17　(1) 相量图(略); (2) $\Delta U = 77.9\%$; (3) $P_{emN} = 1\,500$ kW

6.18　(1) $\delta' = 7.4°$; (2) $\cos\varphi = 0.692$; (3) $I' = 41.75$ A;

　　　(4) $Q = 20.882$ kVar(感性)

6.19 （1）$E_0 = 16.4$ kV；（2）$\delta_N = 35.93°$；（3）$P_{em} = 25\,000$ kW；

（4）$P_{syn} = 34.5$ MW/rad；$\lambda = 1.704$

6.20 （1）$\delta = 17.06°$；（2）$P'_{em} = 12\,500$ kW；（3）$P_{syn} = 40.8$ MW/rad；

（4）$\cos\varphi = 0.45$

6.21 （1）$\delta = 32.2°$；（2）$P_{em} = 25\,000 \times 10^3$ kW；（3）$\cos\varphi = 0.72$；

（4）$I = 1\,909.2$ A

6.22 $I = 94.3$ A；$\cos\varphi = 0.816$（超前）

第 7 章

7.10 （1）$Z_r = 80$；（2）$n = 750$ r/min（$c = 1$），$n = 375$ r/min（$c = 2$）

第 1 章自测题

一、填空题(每空 1 分,共 20 分)

1. 交变,整流,直流

2. $E_a = C_E \Phi n$,反电动势

3. $T_{em} = C_T \Phi I_a$,驱动转矩

4. 电枢磁动势对励磁磁动势的作用,交轴(交磁作用),交轴和直轴电枢反应(即交磁,又直轴去磁)

5. 机械,电,$T_{em}\Omega, E_a I_a$

6. 输出的电,输出的机械

7. p,1

8. 每极气隙磁通量,电枢电流

二、判断题(每题 2 分,共 10 分)

1.($\times$) 2.($\sqrt{}$) 3.($\times$) 4.($\sqrt{}$) 5.($\times$)

三、选择题(每题 2 分,共 10 分)

1.(A) 2.(C) 3.(B) 4.(B) 5.(B)

四、简答与作图题(每题 5 分,共 25 分)略

五、分析题(10 分)略

六、计算题(共 25 分)

1.(1) 217.78 V,87.54 N·m;(2) 79.58 N·m,7.96 N·m

2.(1) 2 750 W,2 546.62 W,346.62 W,27.38 W,176 W;(2) 75.29%

   (3) 28.01 N·m,4.41 N·m,32.43 N·m

第 2 章自测题

一、填空题

1. $U = U_N$、$\Phi = \Phi_N$,电枢回路不串电阻,n 和 T_{em}

2. 降压起动、电枢回路串电阻起动

3. 2

4. 理想空载转速

5. 降压或电枢回路串电阻,弱磁

6. 飞轮矩,惯性转矩

7. $T_{em} > T_L$,$T_{em} < T_L$

8. 相反,零

9. 位能,高于理想空载转速

10. 降压,弱磁

11. 电源反接制动,倒拉反转制动

二、判断题

1.（×）2.（√）3.（×）4.（√）5.（√）

三、选择题

1.（B）2.（C）3.（B）4.（B）5.（B）

四、简答与作图题(每题 5 分,共 25 分)略

五、分析题(10 分)略

六、计算题

1.（1）$n = 1\ 528$ r/min

　　（2）$n = 1\ 738$ r/min

　　（3）$R_B = 2.69\ \Omega$

2.（1）$I_{st}/I_N = 15.8$ 倍

　　（2）$R_{st} = 0.64\ \Omega$

第 3 章自测题

一、填空题(每空 1 分,共 20 分)

1. 外加电压,材质和几何尺寸

2. 越大,越小

3. 铁心损耗,铜损耗

4. 负载的大小,负载的性质

5. 励磁电抗 X_m,一次绕组漏电抗和二次绕组漏电抗

6. 下降,增加,下降

7. 绕向,首末端标记,联结方式

8. 0.5,20

9. 供给铁心损耗,建立磁场

二、判断题(每题 2 分,共 10 分)

1.（×）2.（×）3.（×）4.（×）5.（√）

三、选择题(每题 2 分,共 10 分)

1.（C）2.（D）3.（C）4.（B）5.（C）

四、简答与作图题(每题 5 分,共 25 分)略

五、分析题(10 分)略

六、计算题(共 25 分)

1.（1）$R_S^* = P_{SN}^* = 0.022\ 5, X_S^* = 0.039$;（2）$U_2 = 391.72$ V

2.（1）$\eta = 98.38\%$;（2）$\beta_m = 0.567, \eta_{max} = 98.6\%$

第 4 章自测题

一、填空题(每空 1 分,共 20 分)

1. 电动机,驱动转矩;发电机,制动转矩;电磁制动,制动转矩

2. 950,50,0

3. 笼型转子异步电动机,绕线式转子异步电动机

4. U 相绕组轴线

5. $\dot{F}_1 + \dot{F}_2 = \dot{F}_0$

6. 总机械功率

7. 0.01~0.06

8. 转子转速与定子旋转磁场的转速不同,转子电流是感应产生的

9. 0.03,1.5

10. 大

二、判断题(每题 2 分,共 10 分)

1.(√) 2.(√) 3.(√) 4.(√) 5.(√)

三、选择题(每题 2 分,共 10 分)

1.(B) 2.(B) 3.(A) 4.(B) 5.(C)

四、简答与作图题(每题 5 分,共 25 分)略

五、分析题(10 分)略

六、计算题(共 25 分)

1.(1) Y 形联结时:$U_N = 380$ V,$I_{1N} = 10.68$ A;△形联结时:$U_N = 220$ V,$I_{1N} = 18.45$ A

(2) $n_1 = 1\,500$ r/min,$P = 2$。(3) $S_N = 0.033\,3$

2.(1) $P_{em} = 10\,625$ W;(2) $P_{Cu2} = 425$ W;(3) $T_{em} = 101.46$ N·m

第 5 章自测题

一、填空题

1. $0 \sim S_m$

2. T_m / T_N

3. 1/3 倍

4. 大

5. 正比

6. 主磁通,转子电流有功分量

7. 临界转差率,成正比

8. 的平方成正比,无关

9. 0.01~0.06 同步

10. 下降,增大

11. 电阻,第四

12. 物理、参数、实用

二、判断题

1.（×）2.（√）3.（×）4.（√）5.（√）

三、选择题

1.（B）2.（A）3.（A）4.（C）5.（A）

四、简答与作图题（每题 5 分,共 25 分）略

五、分析题（10 分）略

六、计算题

1. 能起动,不能起动。

2. $T_m = 2387.5\ \text{N}\cdot\text{m}, s_m = 0.183$

第 6 章自测题

一、填空题（每空 1 分,共 20 分）

1. 处于不饱和状态

2. 准同期法,自同期法

3. 同步补偿机,空载,过励

4. 去磁性质,交磁性质

5. 感性,容性

6. 应增大进气量,增加励磁电流

7. 减小,减小,增加,增加

8. 超前于,滞后于

二、判断题（每题 2 分,共 10 分）

1.（√）2.（√）3.（×）4.（×）5.（√）

三、选择题（每题 2 分,共 10 分）

1.（C）2.（A）3.（B）4.（B）5.（A）

四、简答与作图题（每题 5 分,共 25 分）略

五、分析题（10 分）略

六、计算题（共 25 分）

1.（1）$I_{1N} = 45.8\ \text{A}$;（2）$P_N = 400\ \text{kW}, Q_N = 300\ \text{kW}$

2.（1）$E_0 = 499.1\ \text{V}$;（2）$\delta_N = 15.26°$;（3）$P_{em} \approx P_2 = 22.087\ \text{kW}$;（4）$\lambda = 3.8$

第 7 章自测题

一、填空题（每空 1 分,共 20 分）

1. 分相式,罩极式

2. 电枢,磁极,电枢

3. 最大,最小

4. 剩余电压,剩余电压

5. U–UV–V–VW–W–WU–U

6. 功率变换器,控制器,检测器

7. 行波,电机极距,电源频率

8. 功率电子开关;位置传感器

9. 极数,电源频率

二、判断题(每题 3 分,共 18 分)

1.（√）2.（√）3.（×）4.（×）5.（×）6.（√）

三、选择题(每题 3 分,共 12 分)

1.（B）2.（D）3.（D）4.（B）

四、简答与作图题(每题 5 分,共 30 分)略

五、分析题(10 分)略

六、计算题(每题 10 分,共 20 分)

1. $\theta_{se} = 1.5°$；$n = 500$ r/min

2. $v_1 = 10$ m/s；$v = 9.8$ m/s

[1] 魏炳贵.电力拖动基础[M].北京:机械工业出版社,1994.

[2] 杨长能.电力拖动基础[M].重庆:重庆大学出版社,1989.

[3] 周定颐.电机及电力拖动[M].北京:机械工业出版社,1998.

[4] 许实章.电机学[M].北京:机械工业出版社,1995.

[5] 吕宗枢.电机学[M].北京:高等教育出版社,2014.

[6] 严震池.电机学[M].北京:中国电力出版社,1999.

[7] 吴浩烈.电机及电力拖动基础[M].重庆:重庆大学出版社,1996.

[8] 李岚,梅丽凤,等.电力拖动与控制[M].北京:机械工业出版社,2011.

[9] 应崇实.电机及拖动基础[M].北京:机械工业出版社,1987.

[10] 麦崇裔.电机学与拖动基础[M].广州:华南理工大学出版社,2006.

[11] 唐介.电机拖动及应用[M].北京:高等教育出版社,2011.

[12] 赵君有,徐益敏,等.电机学[M].北京:中国电力出版社,2005.

[13] 胡幸鸣.电机及拖动基础[M].北京:机械工业出版社,2002.

[14] 陈隆昌,阎治安,刘新正.控制电机[M].西安:西安电子科技大学出版社,2000.

[15] 杨渝钦.控制电机[M].北京:机械工业出版社,2003.

[16] 上海微电机研究所.微特电机[M].上海:上海科学技术出版社,1983.

[17] 程明.微特电机及系统[M].北京:中国电力出版社,2007.

[18] 中国电器工业协会微电机分会,西安微电机研究所.微特电机应用手册[M].福州:福建科学
技术出版社,2007.

[19] 叶云岳等编著(卢琴芬,范承志,方攸同).直线电机技术手册[M].北京:机械工业出版
社,2003.

[20] 孙冠群,于少娟.控制电机与特种电机及其控制系统[M].北京:北京大学出版社,2011.

[21] 林瑞光.电机与拖动基础[M].杭州:浙江大学出版社,2002.

[22] 许建国.电机与控制[M].武汉:武汉测绘科技大学出版社,1998.

[23] 张松林.电机及拖动基础习题集与实验指导书[M].北京:机械工业出版社,1998.

[24] 许建国.电机与拖动基础[M].北京:高等教育出版社,2004.

[25] 吴裕隆.电机及电力拖动[M].北京:冶金工业出版社,1998.

[26] 任志锦.电机与电气控制[M].北京:机械工业出版社,2002.

[27] 吴建华.开关磁阻电机与应用[M].北京:机械工业出版社,2001.

[28] 王志新,罗文广.电机控制技术[M].北京:机械工业出版社,2011.

郑重声明

高等教育出版社依法对本书享有专有出版权。任何未经许可的复制、销售行为均违反《中华人民共和国著作权法》，其行为人将承担相应的民事责任和行政责任；构成犯罪的，将被依法追究刑事责任。为了维护市场秩序，保护读者的合法权益，避免读者误用盗版书造成不良后果，我社将配合行政执法部门和司法机关对违法犯罪的单位和个人进行严厉打击。社会各界人士如发现上述侵权行为，希望及时举报，本社将奖励举报有功人员。

反盗版举报电话　（010）58581999　58582371　58582488

反盗版举报传真　（010）82086060

反盗版举报邮箱　dd@ hep.com.cn

通信地址　北京市西城区德外大街 4 号
　　　　　高等教育出版社法律事务与版权管理部

邮政编码　100120